AF548896

Mareike Vennen

Das Aquarium

Mareike Vennen

Das Aquarium

Praktiken, Techniken und Medien
der Wissensproduktion (1840–1910)

WALLSTEIN VERLAG

Diese Publikation wurde durch die Unterstützung der Andrea von Braun Stiftung ermöglicht.

Die Andrea von Braun Stiftung hat sich dem Abbau von Grenzen zwischen Disziplinen verschrieben und fördert insbesondere die Zusammenarbeit von Gebieten, die sonst nur wenig oder gar keinen Kontakt miteinander haben. Grundgedanke ist, dass sich die Disziplinen gegenseitig befruchten und bereichern und dabei auch Unerwartetes und Überraschungen zu Tage treten lassen.

Andrea von Braun Stiftung

voneinander wissen

Bibliografische Information der Deutschen Nationalbibliothek
Die Deutsche Nationalbibliothek verzeichnet diese Publikation in der Deutschen Nationalbibliografie; detaillierte bibliografische Daten sind im Internet über http://dnb.d-nb.de abrufbar.

www.wallstein-verlag.de
Vom Verlag gesetzt aus der Adobe Garamond
Umschlaggestaltung: Marion Wiebel, WSV
Abbildungen:
Vorderseite: Gustav Jaeger, »Das Leben im Wasser und das Aquarium«, Hamburg 1868, S. 263.
Rückseite: William T. Innes: The Complete Aquarium Book. The Care and Breeding of Goldfish and Tropical Fishes [1917], New York 1936 (8. Aufl.), S. 132, Foto: William T. Innes.
Druck und Verarbeitung: Hubert & Co, Göttingen

ISBN 978-3-8353-3252-2

Inhalt

Teil II

Einleitung

Eröffnung

Mehr als fünfzehnhundert geladene Gäste hatten sich am Abend des 10. Oktober 1876 zur Eröffnung des *Great New York Aquarium* an der 35. Straße Ecke Broadway eingefunden. Sie alle wollten den angekündigten Beginn einer neuen Ära miterleben. Nachdem sich öffentliche Aquarien in Europa bereits ein gutes Jahrzehnt zuvor etabliert hatten, schwappte die Mode gerade nach New York herüber. »Man cannot follow the fish in his own element«, verkündete Robert B. Roosevelt in seiner Eröffnungsrede, »he cannot leap into the brook with the little salmon sprat, [...] but man can bring the fish in his native element before him and expose his ways and his doings to the light of day.«[1] Der durch Aquarien vermittelte Blick in den Unterwasserraum, der heute selbstverständlich erscheint und dem gar etwas Biederes anzuhaften scheint, erwies sich Mitte des 19. Jahrhunderts als geradezu sensationell. War doch bis dahin die Unterwasserwelt dem menschlichen Zugriff weitgehend entzogen und das aquatische Leben hauptsächlich in Form toter, in Alkohol eingelegter Tiere oder leerer Gehäuse ansichtig. Was das Aquarium daher versprach, waren gänzlich neue Einblicke in das Leben unter Wasser.

Wie eng diese neuen Einsichten mit dem Anspruch einer Beherrschung von ›Natur‹ einhergingen, lässt sich unschwer an den Eröffnungsworten Roosevelts, des Vorsitzenden der *New York State Fish Commission*, ablesen. Er stellte den neuen Einblick als fortschreitende Sichtbarmachung des Unterwasserraums unumwunden in eine aufklärerische Linie der Eroberungen neuer Naturräume durch den Menschen.[2]

1 Anonym: »The Opening of the New York Aquarium«, in: *New York Aquarium Journal* 1, 25.10.1876, 2, S. 12-13, hier S. 12.

2 Das galt insbesondere für die frühen Schauaquarien, die meist in privater Hand waren, wie auch das *Great New York Aquarium*, das von William Cameron Coup, ehemaliger Geschäftsführer des legendären Schaustellers P.T. Barnum, und dem Tierhändler und Importeur Henry Reiche ins Leben gerufen wurde.

Möglich machte das der gläserne Behälter, der eine praktische Inbesitznahme und visuelle Aneignung der Unterwasserwelt verkörperte, indem er durch räumliche Grenzziehungen zwischen dem Aquarieninnern und seinem Außen den Unterwasserraum im Kleinformat überschaubar und handhabbar machte.

Mit einem Schlag ging diese Vorstellung am Eröffnungsabend des *Great New York Aquarium* indes wieder zu Bruch. Just in dem Moment, als die Besucher dicht gedrängt die lebenden Salz- und Süßwassersensationen in Augenschein nehmen wollten, ertönte plötzlich »vor einem Behältniß, in welchem Aale, Drachen- und ähnliche Fische sich befanden«, ein »furchtbarer Krach«, wie sogar die *Illustrirte Zeitung* in Deutschland über den transatlantischen Vorfall berichtete (**Abb. 1**).

Eine der zentimeterdicken Glasscheiben war unter dem Wasserdruck zerbrochen, und »heraus [ergoß] sich ein Wasserstrom mit den Insassen des Behältnisses auf die verblüfften Beschauer«.[3] Die *Illustrirte Zeitung* setzt dieses Ereignis als sintflutartigen Einbruch einer unkontrollierten, verselbständigten Natur in Szene – einer Natur, die das künstliche Arrangement eines geschlossenen Raumes zerstört und sich in ungebremsten Wassermassen mitsamt dem glitschigen Getier über die bürgerliche Gesellschaft ergießt. Eine ebensolche zerstörerische Kraft entfaltet sich im Bild des berstenden Behälters, aus dessen scharfen spitzen Glassplittern die gewaltsame Zerschlagung einer vermeintlich stabilen (An-)Ordnung spricht.[4] Was sich angesichts von Wasser, Scherben und wimmelnden Wasserwesen aufzulösen drohte, war nicht zuletzt auch eine symbolische Ordnung: Mit dem Bersten ging die Vorstellung einer eingeschlossenen und eingehegten Natur zu Bruch. Das im überschaubaren Kasten wohlgeordnete Ensemble verkehrte sich vielmehr in ein wirres Durcheinander und hob die Grenzen zwischen menschlichen und tierlichen Räumen und die vermeintlich saubere Trennung zwischen ›Natur‹ und ›Kultur‹ aus den Angeln.

In dieser Episode aus dem *Great New York Aquarium* lässt sich ablesen, was mit der Erfindung des Aquariums auf dem Spiel stand: die Sichtbarmachung und Einhegung einer vormals weitestgehend opaken Welt. Zugleich zeugt die Episode davon, dass diese neuen Einsichten,

3 Anonym: »Eine Wasserkatastrophe im Neuyorker Aquarium«, in: *Illustrirte Zeitung*, 11.11.1876, Nr. 1741, S. 406.

4 Nicht umsonst wurde später das Zerbersten von – insbesondere großen prestigeträchtigen – Aquarienbehältern zum verbreiteten Filmmotiv. Vgl. Christine N. Brinckmann: »Das Aquarium«, in: Dies., Britta Hartmann, Ludger Kaczmarek (Hg.): *Motive des Films. Ein kasuistischer Fischzug*, Marburg 2012, S. 100-108, insb. S. 106-107.

Abb. 1: Zerberstender Aquarienbehälter bei der Eröffnung des *Great New York Aquarium* 1876, abgebildet in der *Illustrirten Zeitung*.

die epistemische, praktische und ästhetische Aneignung der submarinen Welt, nicht ohne Widerstände zu haben waren. Diese Prozesse genauer zu befragen, unternimmt dieses Buch. Es untersucht, wie das Aquarium in der zweiten Hälfte des 19. Jahrhunderts die Unterwasserwelt auf gänzlich neue Weise beobachtbar, erforschbar und erfahrbar machte. Dafür zeichnet es die historischen Voraussetzungen und den Verlauf der frühen Aquariengeschichte von den ersten amateurwissenschaftlichen Versuchen mit Heimaquarien in Großbritannien[5] um 1850 bis zur Verbreitung und Etablierung von Aquarien Anfang des 20. Jahrhunderts in Europa, insbesondere in Deutschland, nach. Im Zentrum steht dabei das Wissen, das mit Hilfe des Aquariums gewonnen wurde. Denn das Aquarium war nicht einfach nur dekoratives Zierobjekt im bürgerlichen Salon – es war vielmehr ein epistemisches

5 Der Begriff des Amateurforschers steht in Großbritannien in Zusammenhang mit der Tradition der *Gentleman Scientists*; es handelte sich hier zunächst um einen durchaus überschaubaren Kreis von Akteuren, die sich vielfach durch wissenschaftliche Gesellschaften kannten. Zu den Kulturen der Amateurforschung vgl. Samuel Alberti: »Amateurs and Professionals in One County. Biology and Natural History in Late Victorian Yorkshire«, in: *Journal of the History of Biology* 34 (2001), S. 115-147; vgl. auch Robert E. Kohler: *All Creatures. Naturalists, Collectors and Biodiversity, 1850-1950*, Princeton 2006.

Objekt ersten Ranges; in ihm verdichten sich die naturkundlichen Wissenswelten des 19. Jahrhunderts.

Wissensumwelten im Glas

Wassertiere und -pflanzen außerhalb des Meeres am Leben zu erhalten, bedeutete anfangs vor allem eines: »much and dirty hard work«.[6] Welche Mühen es kostete und wie viel Arbeit es machte, der Unterwasserwelt neue Einsichten abzuringen, zeigt bereits ein kurzer Blick auf die Vorbereitungen zur Eröffnung des *Great New York Aquarium*. Nicht nur der Versuch, tropische Fische zu beschaffen, erwies sich als langwierig und kostspielig. Die Glasscheiben für die Ausstellungsbehälter mussten aus England importiert und die ungeheuren Mengen frischen Meerwassers von einem Dampfschiff aus Sandy Hook in New Jersey beschafft und vom New Yorker Hafen aus in tragbaren Behältern zum Aquarium transportiert werden. Dort musste das Wasser wiederum aufwendig mihilfe von Filtern gereinigt und zwecks Temperaturregulierung regelmäßig von den Aquarienbehältern in unterirdische Reservoirs gepumpt werden.[7]

Die Frage nach »dirty hard work«, also nach dem praktischen Umgang mit Aquarien, ihrer Machart und Handhabe, kurz: ihrer Benutzungsgeschichte im 19. Jahrhundert bildet den Ausgangspunkt dieses Buches. Denn von den Aneignungsweisen der klassischen Naturgeschichte unterschied sich das Aquarium zuallererst durch seinen *praktischen Zugriff* auf die Lebewesen, der gerade nicht auf dem Töten, sondern auf ihrer Lebenserhaltung basierte.

Zwar war es Mitte des 19. Jahrhunderts keineswegs neu, lebende Wassertiere im eigenen Heim zu halten[8] – zweifellos ließen sich viele Anfänge und Anfangserzählungen des zerstreuten Beginns dieser Geschichte finden, wie etwa frühere Formen sowie außereuropäische

6 William Alford Lloyd an Richard Owen, 20.10.1877, in: Natural History Museum Archives, 10 (9a). P.S. Ref 440.

7 Vgl. Anonym: »[O]nly after repeated filterings and purifications can this fresh water be made clear enough to display the contents of the tanks.« Anonym 1876f, S. 10.

8 Zur Geschichte der Haustierhaltung vgl. Katja Kynast: »Geschichte der Haustiere«, in: Roland Borgards (Hg.): *Tiere. Ein kulturwissenschaftliches Handbuch*, Stuttgart 2016, S. 130-138; sowie älteren Datums etwa Norbert Benecke: *Der Mensch und seine Haustiere*, Stuttgart 1994; Frederick Everard Zeuner: *Geschichte der Haustiere*, München/Basel u.a. 1967.

Praktiken der Fischhaltung aus Japan oder China.[9] Das, was die Zeitgenossen in Europa unter dem neuen Begriff ›Aquarium‹ verstanden, markiert jedoch einen historischen Umbruch im Feld der Praktiken und des Wissens. Bis zu dieser Zeit war es – wie noch heute beim Goldfischglas – gängige Praxis, *einzelne* Tiere *isoliert* in wassergefüllten Behältern ohne die Beigabe von Pflanzen unterzubringen.[10] Eben das unterschied in der Sicht der Aquarianer sämtliche bisherigen Versuche qualitativ von dem, was fortan mit dem neuen Begriff »Aquarium« belegt wurde.

Aquarien setzten somit die Einrichtung zumindest einer minimalen Umwelt voraus. Dadurch machte die Aquarienhaltung von Anfang an ein Wissen über die Beziehungen zwischen Lebewesen und ihrer Umwelt zur praktischen Notwendigkeit, und eben das hatte tiefgreifende Auswirkungen auf den Blick in die submarine Welt, das Wissen über sie und den Umgang mit ihr. Als somit um 1850 Amateurforscher, vornehmlich in Großbritannien im Kontext der praktischen Naturkunde[11] erstmals begannen, mit Aquarien im eigenen Heim zu experimentieren, brachten ihre praktischen Versuche ein gänzlich neues Wissen über die Bedingungen des Lebens im Wasser hervor. Genau hier, bei der Frage nach den Produktions- und Vermittlungsweisen von Wissen im und durch das Aquarium, setzt dieses Buch an. Aquarien verstehe ich in diesem Sinne als mediale Dispositive der Wissensproduktion[12], die das Wissen und die Vorstellungen über das Leben unter Wasser nachhaltig veränderten, indem sie die Praxis und Orte, die Gegenstände und Produkte naturkundlicher Forschung und populärer Vorstellungen beeinflussten.

9 Vgl. Bernd Brunner: *Wie das Meer nach Hause kam. Die Erfindung des Aquariums*, Berlin 2011, S. 25-35.

10 Sowohl die Goldfischhaltung als auch die ästhetisch und züchterisch motivierte heimische Fischhaltung in Bassins, deren Wurzeln historisch weit zurückreichen, stammen aus anderen Traditionslinien als das Aquarium. Für eine Bibliografie früherer Formen der Fischhaltung vgl. Philip E. Rehbock: »The Victorian Aquarium in Ecological and Social Perspective«, in: Mary Sears, Daniel Merriman (Hg.): *Oceanography, The Past*, New York u.a. 1980, S. 522-539.

11 Lynn K. Nyhart verwendet den Begriff »practical natural history«, wobei im Englischen keine Unterscheidung zwischen Naturgeschichte und Naturkunde möglich ist. Lynn K. Nyhart: *Modern Nature. The Rise of the Biological Perspective in Germany*, Chicago u.a. 2009, S. 253-255.

12 Zum Dispositiv vgl. Michel Foucault: *Dispositive der Macht. Über Sexualität, Wissen und Wahrheit*, Berlin 1978, sowie Gilles Deleuze »Was ist ein Dispositiv?«, in: François Ewald, Bernhard Waldenfels (Hg.): *Spiele des Denkens. Michel Foucaults Denken*, Frankfurt a.M. 1991, S. 153-163.

Man würde vermuten, das Wissen um die im heutigen Denken so selbstverständliche Wechselbedingung zwischen dem lebenden Organismus und seiner stofflichen Umgebung ginge aus einem avancierten theoretischen Forschungsprogramm hervor. Es geht aber maßgeblich auf die amateurbetriebenen Heimaquarien zurück. Aquarien stellen damit, so die These, einen entscheidenden, bislang wenig beachteten Schauplatz in der Frühgeschichte ökologischen Denkens dar und wirkten entscheidend an einem ökologischen Wissen *avant la lettre* mit. Denn die frühen amateurwissenschaftlichen Experimente mit Heimaquarien praktizierten bereits, was erst Jahre später als Forschungsprogramm und Disziplin deutlichere Konturen gewann: ein ökologisches Denken der Beziehungen und Abhängigkeiten, das Fragen nach den Wechselwirkungen zwischen Lebewesen sowie zwischen ihnen und ihrer Umgebung in den Blick rückt. Somit spielten Aquarien eine zentrale Rolle für den umfassenden Wandel von einer systematischen Naturgeschichte hin zu einer biologisch-ökologischen Perspektive im 19. Jahrhundert. Über diese praxeologische Dimension der frühen Aquariengeschichte wissen wir bislang wenig.

Dieses Buch setzt damit bewusst *vor* der Etablierung des Aquariums als dekoratives Zierobjekt im bürgerlichen Salon und als öffentliche Einrichtung wie auch *vor* seiner wissenschaftlichen Institutionalisierung an.[13] Obwohl die Geschichte des Aquariums im 19. Jahrhundert in den letzten Jahren zunehmend Beachtung erfahren hat, interessiert sich die Forschung hierfür bislang meist aus kulturgeschichtlicher[14]

13 Mit der Geschichte biologischer Forschungsstationen beschäftigen sich etwa Samantha K. Muka: *Working at Water's Edge. Life Sciences at American Marine Stations, 1880-1930*, [unveröffentlichte Dissertation] Pennsylvania 2014; sowie Raf de Bont: *Stations in the Field. A History of Place-Based Animal Research, 1870-1930*, Chicago 2015. Zur Zoologischen Station Neapel vgl. Hans Reiner Simon: *Anton Dohrn und die Zoologische Station Neapel*, Frankfurt a.M. 1980; Christiane Groeben: »The Stazione Zoologica Anton Dohrn as a Place for the Circulation of Scientific Ideas. Vision and Management«, in: Kristen L. Anderson, Cecile Thiery (Hg.): *Information for Responsible Fisheries. Libraries as Mediators. Proceedings of the 31st Annual Conference. Rome, Italy, October 10-14, 2005*, Fort Pierce 2006; Charles B. Metz (Hg.): »The Naples Zoological Station and the Marine Biological Laboratory. One Hundred Years of Biology«, in: *Biological Bulletin* 168 (1985) 3, S. 1-207.

14 Inzwischen liegen hierzu neben Bernd Brunners Schrift ausführliche Studien von Ursula Harter und Natascha Adamowsky sowie diverse Aufsätze zu verschiedenen Einzelaspekten vor. Vgl. Brunner 2011; sowie die reich bebilderte Monografie von Ursula Harter: *Aquaria in Kunst, Literatur und Wissenschaft*, Heidelberg 2014; sowie Natascha Adamowsky: *Ozeanische Wunder.*

oder im engeren Sinne wissenschaftshistorischer Perspektive.[15] Um aber zu verstehen, wie die Erfindung und Verbreitung von Aquarien das Wissen über die Unterwasserwelt veränderte, gilt es, die Anfänge der privaten, amateurwissenschaftlichen Aquarienhaltung genauer in den Blick zu nehmen. Dabei geht es weniger um die Identifizierung einzelner Gründungsfiguren und die Festlegung einer Geburtsstunde

Entdeckung und Eroberung des Meeres in der Moderne, Paderborn 2017. Zum US-amerikanischen Kontext vgl. Judith Hamera: *Parlor Ponds. The Cultural Work of the American Home Aquarium, 1850-1970*, Ann Arbor 2012. Vgl. weiterhin Isabel Kranz: »›Parlour oceans‹, ›crystal prisons‹. Das Aquarium als bürgerlicher Innenraum«, in: Thomas Brandstetter, Karin Harrasser, Günther Friesinger (Hg.): *Ambiente. Das Leben und seine Räume*, Wien 2010, S. 155-174; Natascha Adamowsky: »Annäherungen an eine Ästhetik des Geheimnisvollen. Beispiele aus der Meeresforschung des 19. Jahrhunderts«, in: Viola Weigel (Hg.): *Unter Wasser, über Wasser. Vom Aquarium- zum Videobild* [Kat.], Bielefeld 2009, S. 8-17; Ursula Harter: »Künstliche Ozeane oder die Erfindung des Aquariums«, in: *Das Meer im Zimmer. Von Tintenschnecken und Muscheltieren* [Kat.], Graz/Köln 2005, S. 115-119; dies: »Le Paradis artificiel. Aquarien, Leuchtkästen und andere Welten aus Glas«, in: Wolfgang Kemp, Gert Mattenklott, Monika Wagner, Martin Warnke (Hg.): *Vorträge aus dem Warburg-Haus*, Bd. 6, Berlin 2002, S. 77-124. Zu literaturwissenschaftlichen Analysen vgl. Susanne Friede: »Die Welt als Aquarium. Spuren eines Schlüsselmotivs in Gides *Paludes*, Prousts *Recherche* und Robbe-Grillets *Les Gommes*«, in: *Romanistische Zeitschrift für Literaturgeschichte* 27 (2003), S. 161-188. Aus medienwissenschaftlicher Sicht beschäftigt sich mit dem Aquarium u.a. der bereits aufgeführte Band Weigel 2009.

15 Hier ist vor allem die reichhaltige Dissertation von Christian Reiß zu nennen, der sich dem Aquarium im Kontext von amateurwissenschaftlichen und wissenschaftlichen (Infra-)Strukturen als Instrument biologischer Forschung widmet und dem ich zahllose Anregungen verdanke. Vgl. Christian Reiss: *Der Axolotl. Ein Labortier im Heimaquarium (1864-1914)*, Göttingen 2018 (im Erscheinen). Zudem wurde es etwa für eine Begriffsgeschichte von Milieu- oder Umweltkonzepten fruchtbar gemacht. Im vorliegenden Kontext geht es dagegen nicht primär um eine Begriffsgeschichte, auch wenn sie zeitlich in etwa mit dem Aufkommen der Bezeichnung ›Aquarium‹ einsetzt. Daher werden auch Begriffe wie ›Milieu‹, ›Umwelt‹ oder ›Lebensraum‹ im Folgenden nicht historisch, sondern vielmehr analytisch verwendet. Aktuell untersucht Christina Wessely das Aquarium als Medium ökologischer Milieuforschung. Vgl. Christina Wessely: »Wässrige Milieus. Ökologische Perspektiven in Meeresbiologie und Aquarienkunde um 1900«, in: *Berichte zur Wissenschaftsgeschichte* 36 (2013) 2, S. 128-147. Zur Begriffsgeschichte von ›Milieu‹ vgl. auch Florian Sprenger: »Zwischen *Umwelt* und *milieu*. Zur Begriffsgeschichte von *environment* in der Evolutionstheorie« in: *Forum Interdisziplinäre Begriffsgeschichte* 3 (2014) 2, o.S.; sowie grundlegend Georges Canguilhem: »Das Lebendige und sein Milieu«, in: Ders.: *Die Erkenntnis des Lebens*, Berlin 2009, S. 233-279; Leo Spitzer: »Milieu and Ambiance. An Essay in Historical Semantics«, in: *Philosophy and Phenomenological Research*

der Aquaristik auf eine Jahreszahl, als vielmehr um die materiellen, epistemischen und technischen Bedingungen und Funktionsweisen von Aquarien in der zweiten Hälfte des 19. Jahrhunderts.

Im Zentrum stehen also die Praktiken, Techniken und Medien, mit denen zwischen 1840 und 1910 qua Aquarium neues Wissen produziert, präsentiert und vermittelt wurde. Welche Ressourcen und Akteure mussten mobilisiert werden, um Wassertiere außerhalb ihrer ›natürlichen Umgebung‹ am Leben zu erhalten; wie wurden die Tiere gesammelt und transportiert? Welches Wissen war für ihre Haltung notwendig und an welche Aufschreibe- und Bildpraxis war die Wissensproduktion gebunden? Was für Techniken kamen dabei wiederum zum Einsatz – von Techniken der Beobachtung bis zu solchen der Regulierung und (Selbst-)Disziplinierung? Durch welche Medien und Medienverbünde[16] – von Feldzeichnungen bis zu den ersten verschwommenen Aquarienfotografien – wurden schließlich die Beobachtungen und das Wissen vom Leben unter Wasser festgehalten und weitergegeben, ausgehandelt und stabilisiert?

Mit diesen Fragen verschiebt das Buch den Blick von institutionalisierten Orten, klassischen Schauplätzen und einschlägig bekannten Persönlichkeiten der Naturgeschichte auf die materielle Kultur und die medientechnischen Bedingungen naturkundlicher Forschung im 19. Jahrhundert,[17] auf viele bislang weitgehend ›unsichtbare‹ Akteure

3 (1942) S. 1-42 und 169-218. Zur frühen Aquariengeschichte im wissenschaftshistorischen Kontext vgl. weiterhin Christian Reiss: »Gateway, Instrument, Environment. The Aquarium as a Hybrid Space between Animal Fancying and Experimental Zoology«, in: *NTM. Zeitschrift für Geschichte der Wissenschaften, Technik und Medizin* 20 (2012) 4, S. 309-336. Für einen bibliografischen Überblick über ältere Quellen vgl. zudem Rehbock 1980 sowie Christopher Hamlin: »Robert Warington and the Moral Economy of the Aquarium«, in: *Journal of the History of Biology* 19 (1986) 1, S. 131-153.

16 Die Arbeit untersucht das Aquarium selbst als Medium der Wissensproduktion und zugleich die Verbünde, die es mit anderen Medien eingeht. Zu diesen zählen Aufzeichnungsmedien von der Zeichnung bis zur Fotografie wie auch Transfer-, Speicher- und Distributionsmedien wie etwa Transport-, Verkehrsmittel und Infrastrukturen.

17 Hier kann die Untersuchung an die inzwischen reichhaltige Forschungsliteratur im Zuge von *material turn* und *practical turn* anschließen. Zum *material turn* vgl. etwa Dan Hicks: »The Material-Cultural Turn. Event and Effect«, in: ders., Mary C. Beaudry: *The Oxford Handbook of Material Culture Studies*, Oxford 2010, S. 25-98; Steven Lubar, W. David Kingery (Hg.): »Introduction«, in: *History from Things. Essays on Material Culture*, Washington/London 1993, S. 8-17. Zum *practical turn* vgl. David G. Stern: »The Practical Turn«, in: Stephen P. Turner, Paul A. Roth: *The Blackwell*

und Akteursgruppen,[18] nicht-diskursiviertes, häufig implizites und unsicheres Wissen[19] und nicht-standardisierter Wissenspraktiken.[20] Das Aquarium wird dabei stark von seinen Räumen her gedacht, womit das Buch an eine Geografie der Wissenschaften anschließt[21], sich aber vor-

Guide to the Philosophy of Social Sciences, Oxford 2003, S. 185-206; Andrew Pickering (Hg.): *Science as Practice and Culture*, Chicago 1992. Die Konjunktur der Dinge schlägt sich in einer stetig wachsenden Zahl von Objektbiografien nieder. Zu diesem Konzept vgl. Lorraine Daston (Hg.): *Biographies of Scientific Objects*, Chicago/London 2000; sowie dies. (Hg.): *Things that Talk. Object Lessons from Art and Science,* New York 2004. Der materiellen Kultur naturhistorischer Forschung haben sich in den letzten Jahren vermehrt wissenschafts- und kunsthistorische Studien gewidmet. Vgl. etwa Pamela H. Smith, Benjamin Schmidt (Hg): *Making Knowledge in Early Modern Europe. Practices, Objects, and Texts, 1400-1800*, Chicago u.a. 2007; Pamela H. Smith (Hg): *Ways of Making and Knowing. The Material Culture of Empirical Knowledge*, Ann Arbor 2004; Bettina Dietz: »Die Naturgeschichte und ihre prekären Objekte«, in: Ulrich J. Schneider (Hg.): *Kulturen des Wissens im 18. Jahrhundert*, Berlin/New York 2009, S. 615-621; Christian Reiß 2018.

18 Vgl. Steven Shapin: »The Invisible Technician«, in: *The American Scientist* 77 (1989) 6, S. 554-563.

19 Im Anschluss an Michael Polanyis Konzept des impliziten Wissens wurden aus historischer und methodischer Sicht unterschiedlich akzentuierte Begriffe vorgeschlagen. Vgl. Michael Polanyi: *Implizites Wissen* [1966], Frankfurt a.M. 1985; zum Begriff des situierten Wissens vgl. Donna Haraway: »Situated Knowledge. The Science Question in Feminism as a Site of Discourse on the Privilege of Partial Perspective«, in: *Feminist Studies* 14 (1988) 3, S. 575-599. Zum »experiential knowledge« vgl. Jeremy Vetter: »Introduction. Lay Participation in the History of Scientific Observation«, in: *Science in Context* 24 (2011) 2, S. 127-141; zum »residential knowledge« vgl. Kohler 2006, insb. S. 184.

20 Zu naturkundlichen Wissenspraktiken vgl. etwa Anke te Heesen, Emma C. Spary: *Sammeln als Wissen. Das Sammeln und seine wissenschaftsgeschichtliche Bedeutung*, Göttingen 2001; Lorraine Daston: *Eine kurze Geschichte der wissenschaftlichen Aufmerksamkeit*, München 2001; Lorraine Daston, Elisabeth Lunbeck (Hg.): *Histories of Scientific Observation*, Chicago u.a. 2011. Des Weiteren schließt die Untersuchung hier an Studien zu *paper technologies* an. Vgl. Anke te Heesen, Juliane Vogel (Hg.): *Papieroperationen. Der Schnitt in die Zeitung*, Stuttgart 2004; Bernhard Siegert: »Weiße Flecken und finstre Herzen. Von der symbolischen Weltordnung zur Weltentwurfsordnung«, in: Daniel Gethmann, Susanne Hauser (Hg.): *Kulturtechnik Entwerfen. Praktiken, Konzepte und Medien in Architektur und Design Studies*, Bielefeld 2009, S. 19-47.

21 Vgl. Richard C. Powell: »Geographies of Science. Histories, Localities, Practices, Futures«, in: *Progress in Human Geography* 31 (2007) 3, S. 309-329; Vgl. weiter gefasst auch Dorit Müller, Sebastian Scholz (Hg.): *Raum, Wissen, Medien. Zur raumtheoretischen Reformulierung des Medienbegriffs*, Biele-

nehmlich außer-institutionellen Orten der Wissensproduktion[22] und ihren Zwischenräumen, den Verkehrs- und Transiträumen zuwendet und so den Blick auf infrastrukturelle Bedingungen,[23] Verpackungstechniken und Mobilisierungspraktiken richtet.[24]

Die frühe Geschichte des Aquariums rückt gleichzeitig Prozesse der Stabilisierung, Normalisierung und Disziplinierung in den Blick,

feld 2009; sowie als Überblickswerke Jörg Döring, Tristan Thielmann (Hg.): *Spatial Turn. Raumparadigma in den Kultur- und Sozialwissenschaften*, Bielefeld 2008; Stephan Günzel (Hg.): *Raum. Ein interdisziplinäres Handbuch*, Stuttgart u.a. 2010.

22 Vgl. etwa David N. Livingston, Charles W.J. Withers (Hg.): *Geographies of Nineteenth Century Science*, Chicago u.a. 2011; Bernard Lightman, Aileen Fyfe (Hg.): *Science in the Marketplace. Nineteenth-Century Sites and Experiences*, Chicago u.a. 2007; sowie Christine von Oertzen, Maria Rentetzi, Elisabeth S. Watkins: »Finding Science in Surprising Places. Gender and the Geography of Scientific Knowledge Introduction to ›Beyond the Academy. Histories of Gender and Knowledge‹«, in: *Centaurus* 55 (2013) 2, S. 73-80; Alix Cooper: »Homes and Households«, in: Katherine Park, Lorraine Daston (Hg.): *The Cambridge History of Science*, Bd. 3 Early Modern Science, Cambridge 2006, S. 224-237.

23 Zum Begriff der Infrastruktur und ihrer Historiografie vgl. Dirk van Laak: »Der Begriff ›Infrastruktur‹ und was er vor seiner Erfindung besagte«, in: *Archiv für Begriffsgeschichte* 41 (1999), S. 280-299; sowie ders.: »Infra-Strukturgeschichte«, in: *Geschichte und Gesellschaft* 27 (2001), S. 367-393. Zur kultur- und medienwissenschaftlichen Sicht auf Infrastrukturen und Logistik vgl. auch Gabriele Schabacher: »Medium Infrastruktur. Trajektorien soziotechnischer Netzwerke in der ANT«, in: *Zeitschrift für Medien- und Kulturforschung* (2013) 2, S. 1-20; sowie dies.: »Raum-Zeit-Regime. Logistikgeschichte als Wissenszirkulation zwischen Medien, Verkehr und Ökonomie«, in: *Archiv für Mediengeschichte* 8 (2008), S. 135-148; Christoph Neubert, Gabriele Schabacher (Hg.): *Verkehrsgeschichte und Kulturwissenschaft. Analysen an der Schnittstelle von Technik, Kultur und Medien*, Bielefeld 2013. Vgl. auch Susanne Bauer, Sarah Blacker, Nils Güttler, Martina Schlünder: »The Racehorse on the Runway. The Hybrid Ecologies of Frankfurt Airport Show how Homes and Borders Intersect«, in: *Nautilus* 2013, o.S. [http://nautil.us/issue/8/home/the-racehorse-on-the-runway, zuletzt gesehen am 27.3.2018]. Zur materiellen Kultur der Postgeschichte vgl. Bernhard Siegert: *Relais. Geschicke der Literatur als Epoche der Post, 1751-1913*, Berlin 1993.

24 Zu Mobilisierungspraktiken in Naturkunde und Naturwissenschaft vgl. etwa Marianne Klemun: »Live Plants On the Way. Ship, Island, Botanical Garden, Paradise and Container as Systemic Flexible Connected Spaces in Between«, in: *Host. Journal of History of Science and Technology* 5 (2012), S. 30-48; sowie Kijan Espahangizi: »›Immutable Mobiles‹ im Glas. Grenzbetrachtungen zur Zirkulationsgeschichte nicht-inskribierter Objekte«, in: David Gugerli u.a. (Hg.): *Nach Feierabend. Zürcher Jahrbuch für Wissensgeschichte* 7 (2011), S. 105-125.

die sich auf das Wissen wie auch die Akteure der Aquaristik im 19. Jahrhundert beziehen. So veränderte sich beispielsweise die Beobachterperspektive, der aquarienvermittelte Blick in den Unterwasserraum. Die visuelle Kultur der Unterwasserwelt ist heute sogar so stark vom Aquarium geprägt, dass der vertikale Schnitt, der eine Unterwasser-Perspektive sozusagen auf Augenhöhe der Meeresbewohner installiert, mitunter als ›natürliche‹ wahrgenommen wird und die Bilder, die daraus hervorgehen, längst zu »ganz normalen Bildern« geworden sind.[25] Eine solche Verknüpfung, ja ein solcher Kurzschluss von Meer und Aquarium war um 1850 keineswegs selbstverständlich. Erst durch das neue Medium traten der Unterwasserraum und das Leben systematisch in das Feld des Sichtbaren und Sagbaren ein. Wann wurde dieser Blick zur Sehgewohnheit und das durch-sichtige Medium selbst zur *Black Box*[26]?

Wieder lohnt hierfür ein Blick auf Praktiken, Techniken und Medien: Wie wurde die Blickperspektive in den submarinen Raum praktisch hergestellt, und auf welche Weise gab das mediale Blickdispositiv dabei vor, was in ihm und durch es jeweils zur Erscheinung kam? Wie stellte der vertikale Schnitt mit seiner frontalen Sicht in die Unterwasserwelt visuelle Evidenz her und in welchem Maße perspektivierte, formatierte oder normierte er im gleichen Zuge den Blick? Solche Fragen machen deutlich: Die aquarienvermittelte Blick- und Bildperspektive in die submarine Welt hat eine Geschichte und ist im Grunde ein relativ junges Phänomen, und es lohnt sich, genauer zu verfolgen, wie im Laufe des 19. Jahrhunderts die neue Seherfahrung des ›Aquarienblicks‹ zur Sehgewohnheit avancierte und als visueller Standard fortan wissenschaftliche, kulturelle und soziale Perspektiven prägte.

Spätestens hier zeigt sich: Das Aquarium war anfangs weder reines Salonobjekt noch gehörte es allein der Wissenschaft. Disziplinäre Zugänge stoßen deshalb an ihre Grenzen, da Aquarien anfangs nicht auf *eine* Funktion festgelegt waren. In diesem Buch greifen daher wissensgeschichtliche, medien- und kulturwissenschaftliche Ansätze

25 Die »ganz normalen Bilder« verstehe ich im Sinne von Gugerli und Orland. Vgl. Christopher David Gugerli, Barbara Orland (Hg.): *Ganz normale Bilder. Historische Beiträge zur visuellen Herstellung von Selbstverständlichkeit*, Zürich 2002.

26 Zum Begriff der *Black Box* und Prozessen des *Blackboxing* in wissenssoziologischer Perspektive vgl. Bruno Latour: *Die Hoffnung der Pandora. Untersuchungen zur Wirklichkeit der Wissenschaft*, Frankfurt a.M. 2002, insb. S. 373.

ineinander, um einen Beitrag zur Wissensgeschichte des Aquariums wie zur Mediengeschichte naturkundlichen Wissens zu leisten.

Störfallgeschichte(n) und Reinigungsarbeiten

Das Aquarium lädt förmlich dazu ein, seine Entwicklung zuallererst als Faszinationsgeschichte zu erzählen. Ein Blick in das oft reich bebilderte Quellenmaterial zur Geschichte des Aquariums und seine bis heute anhaltende Popularität machen das schnell klar. Die überwiegend von den historischen Akteuren selbst geschriebene Historiografie des Aquariums wiederum präsentiert sich häufig als teleologische Fortschrittsgeschichte optimierter Techniken, verbesserter Einsichten und fortschreitender Erhellung des Unterwasserraums.[27] Allein der kurze historische Ausflug ins *Great New York Aquarium* lässt indes erkennen: Was das Aquarium herzustellen antrat, stand im 19. Jahrhundert stets auf der Kippe. Während der Unfall bei der Eröffnungsfeier für die Tiere fatal endete, kamen die Besucher dieses Mal mit dem Schrecken davon, und das »angerichtete Unheil« beschränkte sich der *Illustrirten Zeitung* zufolge lediglich auf mehrere »gründlich durchweichte Toiletten.«[28] Tatsächlich aber war der Zwischenfall am Eröffnungsabend keineswegs der erste in der jungen Geschichte dieses Aquarienhauses, sondern lediglich der sichtbarste, da sich die meisten Störfälle hinter den Kulissen abspielten. Bereits bei den ersten Montageversuchen waren mehrere der extra aus England importierten Glasscheiben unter dem gewaltigen Wasserdruck zerborsten.[29] Das umständlich beschaffte Meerwasser blieb trotz aufwendiger

27 Nichtsdestotrotz stellen gerade diese Schriften, die sich in Form von Festschriften, Zeitschriftenbeiträgen, Jahrbüchern oder auf privaten sowie Vereins-Internetseiten der Geschichte der Aquaristik widmen, eine unverzichtbare Quelle für die andernfalls teilweise gar nicht oder nur schwer zugängliche Frühgeschichte im 19. Jahrhundert dar. Exemplarisch sei hier für die frühe britische Aquariengeschichte die Homepage von Robert Alexander genannt [http://www.parlouraquariums.org.uk, zuletzt gesehen am 27.03.2018], dem ich zahlreiche Anregungen und Materialien verdanke. Für den deutschsprachigen Raum vgl. beispielsweise die vom Verband Deutscher Vereine für Aquarien- und Terrarienkunde e.V. herausgegebene *Festschrift zum 90jährigen VDA-Jubiläum. Beiträge zur Geschichte der Aquaristik und Terraristik in Deutschland*, Bochum 2001.

28 Anonym 1876c, S. 406.

29 Einer dieser Zwischenfälle verlief weniger glimpflich als der am Eröffnungsabend. Das Herzstück der Ausstellungshalle, ein Tank von neun Metern

Bearbeitung durch Filter und Pumpen lange Zeit trüb.[30] Wenig besser stand es um den Transfer der marinen Lebewesen ins Aquarium: Bereits die Überführung heimischer Süßwasserfische aus den Western Lakes gelang erst »after repeated failures«,[31] und auch dann erreichten durchschnittlich nicht mehr als zehn Prozent der Tiere das Aquarium lebend. Am Versuch, tropische Fische zu sammeln, scheiterten gleich vier eigens unternommene Expeditionen: »In the first instance a storm encountered off Sandy Hook, killed all these fish, a second party lost their full cargo on crossing the Gulf stream, and the third and forth having landed safely at the New York dock, yet failed to bring their rare treasure to the Aquarium.«[32]

Wo Aquarien also Umwelten und Lebewesen sichtbar, handhabbar, kontrollier- und regulierbar machen sollten, gab es vielfältige Widerstände. Immer wieder mussten umgekippte Aquarien entleert, tote Populationen beklagt und eingetrübte Sichtverhältnisse aufgeklärt werden. Die Geschichte der Aquarienpraxis im 19. Jahrhundert erweist sich nicht zuletzt – wenn nicht zuallererst – als eine Krisengeschichte. Störungen, Unfälle und Widerstände waren nicht die Ausnahme, sondern strukturierten die Generierung des genuin neuen aquatischen Wissens grundlegend. Ständig bewegten sich die Aquarianer daher in einer Spannung zwischen Vorstellung und Praxis, Ambition und Anwendbarkeit.

Um den wirkmächtigen Narrativen der Aquaristik selbst nicht allzu rasch zu erliegen, nimmt dieses Buch genau das in den Blick, was die Erfolgserzählungen unterbricht: die Widerstände, welche die praktische, epistemische und ästhetische Aneignung des Unterwasserraums

Durchmesser, der 227 Kubikmeter Wasser fassen sollte, hielt beim Befüllen dem Druck nicht stand, wie das *New York Aquarium Journal* berichtet: »[A] loud crash was heard, and about one-fourth of the wall, or side of the structure, gave way, flooding the whole of the space about it.« Ein Arbeiter wurde von den Glassplittern schwer verletzt, zwei weitere mussten ebenfalls mit leichten Verletzungen im Krankenhaus behandelt werden. Anonym: »Bursting of a Tank. Damage of the New York Aquarium. Three Men Badly Injured«, in: *New York Times*, 25.6.1876, S. 12. Hierzu heißt es im *New York Aquarium Journal*: »It was only after repeated trials and the loss of many of these splendid glass plates that a plan was devised for securing them safely and firmly in position.« Anonym: »The New York Aquarium«, in: *New York Aquarium Journal* 1, 25.10.1876, 2, S. 9-19, hier S. 9.

30 So gab es manchen »murmur at the lack of perfect clearness in this water«. Ebd.

31 Ebd.

32 Ebd.

durch das Aquarium immer wieder aufhielten, durchkreuzten oder infrage stellten. Die Störfälle dienen als methodischer Ansatzpunkt, weil sie ein wichtiges Moment in der Wissensproduktion darstellten.[33] Das Störpotential der Technik, des Lebendigen und seines Milieus macht die (Eigen-)Dynamiken im historischen Prozess der Wissensproduktion beschreibbar. Denn eine Störung, die etablierte Ordnungen irritiert, zwingt dazu, permanent Wissen explizit zu machen. So lässt sich verfolgen, welches Wissen in diesem Prozess ausgeschlossen oder ausgeblendet wurde, wie aber gleichzeitig Störungen im Aquarium produktiv waren, in Forschung, Technik und Vorstellung zurückwirkten und so mithin selbst eine wissenskonstitutive Funktion innehatten; kurz: wie die Dynamiken funktionieren, die das Aquarium, seinen Inhalt und das gewonnene Wissen stabilisieren und manchmal im Gegenzug wieder destabilisieren. Das zeigt sich besonders eindringlich am Beispiel des Schlamms – einer der hartnäckigsten Störfälle im Aquarium, der entsprechend im Laufe des Buches immer wieder auftaucht. Die praktischen Probleme mit dem Schlamm, der als Sicht- und Stoffproblem aus den Aquarien von Anfang an ausgeschlossen werden sollte, resultierten Ende des 19. Jahrhunderts in eine Neuinterpretation, im Zuge dessen er vom störenden Element zu einem produktiven Bestandteil des Milieus avancierte und sich somit der Störfall selbst als produktiv erwies, da durch ihn neues Wissen entstand.

Störfälle machen gleichzeitig die historischen Techniken und Praktiken beschreibbar, die zu ihrer Beseitigung oder Vermeidung eingesetzt wurden. Im Verlauf des Buches werden deren Funktionsweisen offensichtlich – wie also im Aquarium klares Wasser, ein ausgewogenes Gleichgewicht und eindeutige Grenzziehungen hergestellt und aufrechterhalten werden sollten. Diese Techniken und Praktiken wer-

33 In der Wissensgeschichte und in den Medienwissenschaften wurde die konstitutive und produktive Funktion von Störungen bereits theoretisch fruchtbar gemacht. An diese Forschungen schließt das vorliegende Buch an. Zur wissenskonstitutiven Funktion von Störungen vgl. Lars Koch, Christer Petersen: »Störfall – Fluchtlinien einer Wissensfigur«, in: dies., Joseph Vogl: *Zeitschrift für Kulturwissenschaften* 2 (2011), S. 7-12; sowie Thomas Bäumler, Benjamin Bühler, Stefan Rieger (Hg.): *Nicht Fisch – nicht Fleisch. Ordnungssysteme und ihre Störfälle*, Zürich 2011. Aus medienwissenschaftlicher Perspektive vgl. Albert Kümmel: »Störung«, in: Alexander Roesler, Bernd Stiegler (Hg.): *Grundbegriffe der Medientheorie*, Paderborn 2005, S. 229-236; sowie Butis Butis (Hg.): *Stehende Gewässer. Medien der Stagnation*, Zürich 2007. Zu literatur- und kulturwissenschaftlichen Analysen vgl. etwa Stephan Habscheid, Lars Koch (Hg.): *Zeitschrift für Literaturwissenschaft und Linguistik* 173 (2014).

den in Anlehnung an ein Konzept Bruno Latours unter dem Begriff der »Reinigungsarbeiten«[34] gefasst. In seinem Buch *Wir sind nie modern gewesen* unterscheidet Latour zwei Ensembles von Praktiken, die er als kennzeichnend ansieht für eine sich selbst als »modern« beschreibende Gesellschaft. Zum einen beschreibt Latour, wie durch eine Arbeit der Übersetzung vielfältige Verbindungen zwischen sozialen und natürlichen Entitäten geknüpft werden und netzwerkartige Gebilde entstehen, in denen gesellschaftliche und materielle, diskursive und technische, kulturelle und dingliche Komponenten ineinandergreifen. Diese Übersetzungsarbeit produziert daher immer mehr und immer neue »Mischungen zwischen Wesen: Hybriden«[35], die sich der kategorialen Unterscheidung zwischen Natur und Technik nicht fügen. Diese Vermischungen erscheinen jedoch durch »Reinigungsarbeiten« wiederum als »zwei vollkommen getrennte ontologische Zonen«[36]: die der Menschen einerseits, die der nicht-menschlichen Wesen andererseits. Reinigungsarbeit bestehe folglich darin, »die Hybriden [zu] zivilisieren«, indem sie gewaltsam entweder der Gesellschaft oder der Natur zugewiesen werden. Das Projekt der Moderne blendet Latour zufolge in seiner Selbstbeschreibung die Übersetzungsarbeiten aus, ignoriert also, dass es sich selbst mit seinen Grenzziehungen und Ausschlüssen überhaupt nur entfaltet »weil die Hybriden sich darunter ausbreiten«.[37]

Auch im Hinblick auf die Geschichte des Aquariums lassen sich Formen der ›Reinigungsarbeit‹ ausmachen, zum einen wortwörtliche wie das Putzen der Fensterscheiben, zum anderen epistemische und ästhetische wie etwa Techniken des Rahmens und Filterns, der Regulierung und Visualisierung. Von Anfang an gingen im Aquarium die praktische Stabilisierung der Miniaturumwelt und der Versuch einer epistemischen Stabilisierung, die an einer umfassenden Regierbarmachung von Lebewesen und Umwelten arbeitete, Hand in Hand. Die materiellen Techniken dienten stets auch differenzierten und

34 Zum Begriff der ›Reinigungsarbeit‹ vgl. Latour: *Wir sind nie modern gewesen. Versuch einer symmetrischen Anthropologie*, Berlin 1995, insb. S. 18-21; sowie Nacim Ghanbari, Marcus Hahn (Hg.): *ZfK – Zeitschrift für Kulturwissenschaften* 1 (2013).

35 Latour 1995, S. 19.

36 Ebd. Vgl. weiter: »Solange wir die beiden Praktiken der Übersetzung und der Reinigung getrennt betrachten, sind wir wirklich modern, das heißt, wir stimmen dem kritischen Projekt mit ganzem Herzen zu, auch wenn dieses sich nur entfaltet, weil die Hybriden sich darunter ausbreiten.« Ebd., S. 20.

37 Ebd.

differenzierenden Einsichten, die Kategorisierungen vornahm und eine Ordnung herzustellen und zu stabilisieren suchte. Indem so in der frühen Aquaristik materielle, epistemische und ästhetische Formen der ›Reinigungsarbeit‹ konvergieren, erweist sich Latours Begriff für die vorliegende Untersuchung als besonders anschlussfähig. Er ermöglicht es, die »Materialität des Symbolischen«[38] in den Blick zu nehmen und vor allem, die aquaristischen Reinigungspraktiken in ihrer historischen Produktivität herauszustellen – und zwar sowohl hinsichtlich ihrer Funktionsweisen als auch ihrer Wirksamkeit: Wie brachte ›Reinigungsarbeit‹ die Vorstellungen von Transparenz, Gleichgewicht und Geschlossenheit hervor? Welche Funktion kam diesen Narrativen in der Herstellung und Stabilisierung von Ordnungs(t)räumen zu und welche Wirkmacht entfalteten sie davon ausgehend in unterschiedlichen Wissensfeldern, Diskursen und Kontexten? Diese Mechanismen zu analysieren, zielt zum einen darauf ab, (wieder) sichtbar zu machen, was aus dem Aquarium ausgeschlossen, ausgeblendet, unsichtbar gemacht werden sollte. Zum anderen werden hierdurch beispielhaft Prozesse der Stabilisierung, Naturalisierung und Normalisierung von Wissen und von Praktiken in ihrer Funktionsweise beschreibbar und zugleich Narrative, die teils noch heute wirkmächtig sind, historisierbar.

Offenes und geschlossenes Objekt

Mehr noch als zu Zeiten der Eröffnung des *New York Aquariums* im Jahr 1876 sind Aquarien heute nicht nur geografisch weit verbreitet, sondern funktional in verschiedene Räume ausdifferenziert, zu deren wichtigsten die privaten Hobbyaquarien, öffentlichen Schauaquarien und wissenschaftlichen Forschungsaquarien gehören.[39] Löst man das Aquarium aus dieser Gegenwartskonfiguration räumlicher und funktionaler Aufteilungen, zeigt sich schnell, dass es Mitte des 19. Jahrhunderts zunächst ein höchst prekäres Objekt mit unklarem, offenem Status darstellte. Es war anfangs ein »offenes Objekt« im Sinne von Lorenz Engell und Bernhard Siegert. Hierunter verstehen sie »Objekte im

38 Bernhard Siegert: »Türen. Zur Materialität des Symbolischen«, in: *Zeitschrift für Medien- und Kulturforschung* (2010) 1, S. 151-170.

39 Hinzu treten heute freilich zahlreiche weitere Formen wie etwa die Aquakultur von Speisefischen, deren integrativer Bestandteil Aquarien sind, wo diese jedoch nicht als Blickdispositiv fungieren – eine Funktion, die für die vorliegende Arbeit bedeutsam ist.

Zustand des noch Unentschiedenen«[40], die dadurch »vor allem anderen begegnungsfähige Dinge sind«.[41] Als ein solches erwies sich das Aquarium in verschiedenste Richtungen hin anschlussfähig, sowohl räumlich als auch diskursiv – es bildete Funktionsensembles mit den Räumen des Interieurs und den städtischen Infrastrukturen und knüpfte gleichzeitig an Diskurse um Hygiene, Wohneinrichtung und Naturtheologie an. Das Buch setzt an eben diesem Punkt an, wo weder die Verwendungsweisen und die Materialität von Aquarien eindeutig festgeschrieben noch die Übergänge zwischen Liebhaberei und Forschung klar getrennt waren und chemiko-theologische mit ökologischen Wissensformen Hand in Hand gingen; wo Alltagspraktiken in Austausch mit wissenschaftlichem Wissen und ästhetischer Gestaltung traten. Denn gerade dieser produktive Austausch, diese materiellen, epistemischen und symbolischen Verbindungen, die das Aquarium mit unterschiedlichen (Wissens-)Räumen[42], Medien und Diskursen einging, zwischen denen es vermittelte oder Grenzen ziehen sollte, brachte ein genuin neues Wissen über die Beziehungen zwischen Lebewesen und ihrer Umwelt in einem umfassenden Sinne hervor.

Dieses beschränkte sich entsprechend keineswegs auf Wissen über das Leben unter Wasser. Die Verflechtungen unterschiedlicher Wissensformen und -felder, die im Aquarium zusammenlaufen, zeigen sich beispielhaft an drei Akteuren der frühen Aquariengeschichte, die in diesem Buch eine Rolle spielen: Philip Henry Gosse, ein englischer Schriftsteller und Prediger an der südenglischen Küste, der mit naturkundlichen und gleichzeitig religiösen Schriften sein Geld verdiente, das erste öffentliche Aquarium im Londoner Zoologischen Garten mit lebenden Meerestieren bestückte und mit seinen Texten die Popularität privater Aquarien maßgeblich vorantrieb. Ein Londoner Chemiker namens Robert Warington, der zuerst bei sich daheim und später im Labor der *Society of Apothecaries* systematisch mit Aquarien expe-

40 Lorenz Engell, Bernhard Siegert: »Editorial«, in: dies. (Hg.): *Zeitschrift für Medien- und Kulturforschung* (2011) 1, S. 5-9, hier S. 8. Vgl. ebd., S. 9: »›Offene‹ Objekte sind noch keiner Herkunft oder Funktion zugeschrieben, weder Kunst-, noch Natur-, noch Technikding.«

41 Ebd.

42 Zum Begriff des Wissensraums vgl. Hans-Jörg Rheinberger: *Räume des Wissens. Repräsentation, Codierung, Spur*, Berlin 1997. Zu den medialen Architekturen des Wissens vgl. Wolfgang Schäffner: »Elemente architektonischer Medien«, in: *Zeitschrift für Medien- und Kulturforschung* (2010) 1, S. 137-149; sowie ders.: »Architecture of the Openings. Windows, Doors and Switches«, in: Joachim Krausse, Stephan Pinkau (Hg.): *Architecture and the Media Space*, Dessau 2007, S. 1-4.

rimentierte und das Prinzip des *balanced aquarium* einführte. Und schließlich der Ingenieur William Alford Lloyd, der in London das erste Aquariengeschäft seiner Art eröffnete und nach dessen Bankrott die technischen Anlagen zahlreicher öffentlicher Aquarien in ganz Europa einrichtete.

Für das Aufkommen des Aquariums und seine Geschichte spielen naturkundliches, chemisches, naturtheologisches und ingenieurtechnisches Wissen eine Rolle. In Anbetracht dieser Gemengelage wird schnell klar: Aquarien machten nicht nur ›Natur‹ ansichtig; an ihnen wurden zugleich die Manipulations- und Steuerungsmöglichkeiten der nachgebildeten ›Natur‹ erprobt. Aus den frühen Aquarienexperimenten resultierte ein Wissen über die Lebensbedingungen unter Wasser wie auch über die Herstellung künstlicher Umwelten und über Techniken der Regulierung dieser Umwelten. Die heimischen Aquarienexperimente im 19. Jahrhundert arbeiteten so an einer umfassenden Regierbarkeit von Umwelten mit, womit sie gleichermaßen als Teil einer Geschichte der Naturforschung wie einer Geschichte künstlicher (Um-)Welten zu begreifen sind. »Umgebungswissen«[43] bezog sich somit auf den Innenraum wie auf den Umraum des Aquariums. Deshalb genügt es nicht, die Geschichte auf das »innere Milieu«[44] des Aquariums zu beschränken. Das Innen ist hier nicht ohne das Außen zu denken, oder präziser: Wo das Innen aufhört und das Außen beginnt, ist beim Aquarium keineswegs immer eindeutig.

Methodisch sind solche Prozesse nicht mit einer streng disziplinären Zugangsweise zu fassen. Einzig ein interdisziplinärer Ansatz und eine methodische Offenheit vermögen es, das Potenzial dieses vielfältigen Objekts in seiner historischen Heterogenität und Komplexität zu (be-)greifen. Der Zugriff der vorliegenden Studie auf ihren Gegenstand verfährt damit gegenläufig zur Funktionsweise der aquaristischen ›Reinigungsarbeiten‹: Während in der konkreten Anschaulichkeit und Handhabbarkeit des Aquariums die komplexen Prozesse, die es fassbar machen sollte, geradezu ostentativ vereinfacht wurden, so ist hier das Ziel, diese Komplexität wieder zu entfalten. Während im Glaskasten das schier grenzenlose Meer daheim überschaubar und auf neue Weise verfügbar werden sollte, oszilliert dieses Buch zwischen unterschied-

43 Wessely 2013, S. 138.

44 Frei nach Claude Bernard werden im Folgenden die Begriffe des ›inneren‹ und ›äußeren‹ Milieus verwendet und an ihnen die Prozesse räumlicher und epistemischer Grenzziehungen, Übertragungen und Vermittlungen analysiert. Vgl. Claude Bernard: *Leçon sur les phénomènes de la vie commune aux animaux et aux végétaux*, Paris 1878, insb. S. 113.

lichen Skalierungsebenen. Es zoomt gleichsam von der Ebene des Lokalen zum Globalen, vom konkreten Objekt zum komplexen Netz seiner Ermöglichungsbedingungen und Wirkweisen und nimmt dabei menschliche und nicht-menschliche Akteure gleichermaßen in den Blick. Anstatt seinen Gegenstand in und mit einer disziplinär eindeutig verorteten Perspektive und einer theoretischen Definition einhegen zu wollen, nimmt es immer wieder neue Standpunkte ein, um von diesen aus kaleidoskopartig auf die frühe Aquarienpraxis der zweiten Hälfte des 19. Jahrhunderts in ihren jeweiligen historischen Erscheinungsformen zu blicken.

Das ermöglicht es, die Vielfalt von Wissensformen, medialen Verbünden, praktischen Verwendungsweisen und Diskursen auszuloten, die für sein Aufkommen relevant waren und für die das Aquarium in der Folge wichtig wurde. Dabei profitiert die Untersuchung nicht nur vom symmetrischen Analyseansatz der *Actor Network Theory* (ANT), die eine Agentur der Dinge stärker in den Blick rückt und diese als eigenmächtige Akteure beschreibbar macht[45], sie schließt auch an Arbeiten der *Science and Technology Studies* an, die im Anschluss an die ANT den Objektbegriff noch einmal erweitern, um Dinge noch stärker von ihrer Relationalität und Dynamik her zu fassen[46] oder unterhalb von Dinggrenzen bei der Ebene von Material- und Stoffgeschichten anzusetzen.[47]

Die Strategie ist somit die einer Vervielfältigung der Betrachterstandpunkte, Anschlüsse und Skalierungen. Dadurch wird das Aqua-

45 Das Buch wendet dabei die Ansätze der *Actor Network Theory* und ihrer symmetrischen Analyse historisch. Vgl. Bruno Latour: »Where are the Missing Masses? The Sociology of a Few Mundane Artifacts«, in: Deborah J. Johnson, Jameson M. Wetmore (Hg.): *Technology and Society. Building Our Sociotechnical Future*, Cambridge, MA 2008, S. 151-180; ders.: *Das Parlament der Dinge. Für eine politische Ökologie*, Frankfurt a.M. 2001.

46 Wo der ANT vorgeworfen wurde, *immutable mobiles* als allzu stabile Einheiten und Netzwerkrelationen als zu statisch zu betrachten, antworteten insbesondere Ansätze aus den *Science and Technology Studies* mit Begriffen der »network objects« oder »fluid objects«. Vgl. beispielsweise John Law: »Objects and Space«, in: *Theory, Culture & Society* 19 (2001) 5/6, S. 91-105; John Law, Vicky Singleton: »Object Lessons«, in: *Organization* 12 (2005), S. 331-353; Marianne de Laet, Annemarie Mol: »The Zimbabwe Bush Pump. Mechanics of a Fluid Technology«, in: *Social Studies of Science* 30 (2000) 2, S. 225-263.

47 Vgl. Kijan Espahangizi: *Wissenschaft im Glas. Eine historische Ökologie moderner Laborforschung*, [unveröffentlichte Dissertation], Zürich 2010; ders., Barbara Orland (Hg.): *Stoffe in Bewegung. Beiträge zu einer Wissensgeschichte der materiellen Welt*, Zürich/Berlin 2014.

rium als Knotenpunkt eines Geflechts historischer Wissenspraktiken und Medientechniken erkennbar, das im 19. Jahrhundert aus einem Zusammenspiel unterschiedlicher Wissensfelder, Akteure, Institutionen und sozialen Interaktionen entsteht und besteht. Hierdurch lassen sich vermeintlich getrennte Wissensfelder, Disziplinen und Kontexte auf neue Weise zusammendenken; so werden historische Verbindungen zwischen Biologie und Chemie, zwischen einer Geschichte der Ökologie und der Glasproduktion, zwischen hygienischen Praktiken und Verkehrsgeschichte, zwischen einer Technik- und Imaginationsgeschichte künstlicher (Um-)Welten und der Geschichte naturkundlicher Visualisierungstechniken im 19. Jahrhundert sichtbar.

Diese Gemengelage des Aquariums als »offenes Objekt« verändert sich zum Ende des 19. Jahrhunderts hin in Richtung einer zunehmenden räumlich-funktionalen Ausdifferenzierung in Heim-, Schau- und Forschungsaquarien. Der hier aufgespannte Bogen reicht daher von den ersten heimischen Aquarienversuchen zu Beginn der 1850er Jahre bis zum anbrechenden 20. Jahrhundert. Bei einem solchen Fokus auf die Frühgeschichte besteht eine Herausforderung darin, dass hier Dinge, Praktiken und implizite Wissensformen zu untersuchen und entsprechend zu beschreiben sind, die von den Akteuren selbst häufig nicht in systematische Terminologien gefasst, ja manchmal überhaupt erst nachträglich auf einen Begriff gebracht wurden. In diesen Fällen werden die Begriffe – wie etwa ›Umwelt‹ – nicht historisch, sondern analytisch verwendet. Als besonders prekär erwies sich das Finden von Begrifflichkeiten dann, wenn diese bereits in zeitgenössischen Diskursen vorkamen, jedoch nicht von den betrachteten Akteuren oder in den analysierten Wissensfeldern angewandt wurden, wie beispielsweise der Begriff ›Milieu‹, der im 19. Jahrhundert bereits in den Lebenswissenschaften verbreitet war, doch von den frühen Aquarianern zunächst selten benutzt wurde.[48] Auch in diesem und vergleichbaren Fällen versteht sich der Begriffsgebrauch analytisch und nicht historisch. Eine Ausnahme bildet der Begriff der »Lebensgemeinschaft«, dessen historische Begriffsbildung in diesem Buch dezidiert untersucht wird und der daher in ihrem Verlauf als historischer verwendet wird.

So weit das Geflecht reicht, innerhalb dessen das Aquarium im 19. Jahrhundert verortet ist, so vielschichtig und heterogen ist die Quellenbasis, auf die sich dieses Buch stützt. Es arbeitet ein umfassendes, breit angelegtes Materialkorpus auf, das Archivmaterialien, vor allem aber eine Vielzahl publizierter Quellen einbezieht und

48 Vgl. Canguilhem 2009.

verschiedene Genres und mediale Formate umfasst. Um den Praktiken, Techniken und Medien auf die Spur zu kommen, von denen das Wissen und seine Verbreitung abhängig waren, spielt vor allem die Gebrauchsliteratur eine wichtige Rolle, zu der Experimentalberichte, Aquarientagebücher und Anleitungsschriften gehören. Hinzu kommen populäre Familienzeitschriften und die ersten aquaristischen Fachzeitschriften sowie verschiedenste Bildformate von Feldskizzen und experimentellen Entwürfen über Farblithografien bis zu den ersten Aquarienfotografien.

Aus den verwendeten Quellen ergibt sich wiederum eine weitere Schwierigkeit, die Frage des Gendering. Wenn im Folgenden die männliche Form verwendet wird, so korrespondiert dies damit, dass männliche Aquarianer als Autoren sichtbarer in Erscheinung traten. Obwohl ebenso Frauen im hier untersuchten Zeitraum Aquarien besaßen und mit diesen geforscht haben, durchzieht die ungleiche Verteilung in der Sichtbarkeit der Geschlechter die gesamte Aquarienliteratur des 19. Jahrhunderts und prägt damit gleichfalls die Quellenlage. Da hier in der Mehrzahl gedruckte Quellen als Basis dienten, macht die Verwendung der männlichen Form zum einen die darin vorherrschende ungleiche Gewichtung bewusst sichtbar. Sie resultiert zum anderen aus dem Schwerpunkt auf der Analyse aquaristischer Praktiken, Techniken und Medien statt einzelner Personen – seien es Akteurinnen oder Akteure.[49]

Aufbau

In einer Reihe mikrohistorischer Fallgeschichten folgt das Buch unterschiedlichen menschlichen wie nicht-menschlichen Akteuren: Amateurforscher, Wissenschaftler, Glasplatten, Pumpen, tropfende Briefsendungen, Seeanemonen und der Schlamm treten als Protagonisten auf. Die Kapitel sind jeweils mit zentralen aquaristischen Wissenspraktiken oder Techniken überschrieben, die immer auch an verschiedene Medien und Medienverbünde gebunden sind: Einrichten, Stabilisieren, Mobilisieren, Aneignen, Ins Bild bannen, Rahmen, Erweitern. Dabei gliedert sich das Buch in zwei Teile. In einem doppelten Par-

49 Als bislang einer der wenigen Autoren hat der Wissenschaftshistoriker Christian Reiß die Forschungen einer Aquarianerin, Marie von Chauvin, rekonstruiert. Vgl. Reiß 2004, insb. Kapitel 4.2. Zur Genderthematik in den Wissenschaften vgl. Oertzen/Rentetzi/Watkins 2013.

cours ruft es in seinem Verlauf jedes Phänomen zweimal auf: Jedem Kapitel im ersten entspricht ein Kapitel des zweiten Teils, wodurch die jeweiligen Fragen noch einmal neu perspektiviert werden. Indem so zentrale Praktiken, Techniken und Medien aquaristischen Wissens erneut aufgegriffen, anders gewendet oder neu befragt werden, können vor allem Widerstände und Kippmomente sichtbar werden – wie dem Gelingen ein Misslingen folgt, der Entdeckung eine Katastrophe und eine daraus folgende Neuausrichtung. So werden historische Kontinuitäten wie auch Wandlungen erkennbar, die am Ende die Geschichte des Aquariums im 19. Jahrhundert weniger als lineare Geschichte fortschreitender Naturaneignung ausweisen; vielmehr werden auf diese Weise die Dynamiken, Umwege und Abwege, die Verluste wie auch die produktiven Störungen sichtbar, die den Aufbau eines neuen Wissensfeldes charakterisieren.

Im ersten Teil steht die Frage im Zentrum, wie und unter welchen Bedingungen die frühen amateurwissenschaftlichen Heimaquarien um die Mitte des 19. Jahrhunderts erstmals Wassertiere und -pflanzen in lebendigem Zustand beobachtbar machten – zu einer Zeit, als die taxonomisch ausgerichtete Naturgeschichte noch vornehmlich mit toten Organismen hantierte. Die Ersten, die um 1850 mit Aquarien zu experimentieren begannen, waren vor allem Amateurforscher, *practical naturalists*, die lebende Wassertiere vom Strand mit ins eigene Heim brachten, um sie dort weiter zu beobachten.[50] Ihnen folgt das Buch zunächst an die südenglische Küste, um von dort die Wege und Praktiken des Transfers der Lebewesen ins Aquarium mit Blick auf die Techniken der Einrichtung, Besetzung und Pflege dieser privaten Aquarien.

Daraufhin geht es um die Experimente und Beobachtungen, die mit heimischen Aquarien angestellt wurden, um Wissen über die Bedingungen des Lebens unter Wasser zu gewinnen; und schließlich darum, wie die an Aquarien gemachten Beobachtungen in Bilder und Texte übersetzt wurden. Weiter geht das Buch der Frage nach, wie und auf welchen Wegen die Tiere, Texte und Bilder in Umlauf gebracht und so Wissen und Praktiken innerhalb der sich formierenden *community* der Aquarianer ausgetauscht und weitergegeben wurden und dadurch gleichzeitig das Selbstbild der Aquarianer als epistemische und soziale Gemeinschaft festigten. Der erste Teil dreht sich somit aus

50 Zum Begriff des *practical naturalist* vgl. Nyhart 2009, S. 5 sowie Allen 1994. Zur frühen privaten Aquariengeschichte und ihren Verbindungen zur Naturkunde u.a. Reiß 2014.

verschiedenen Blickwinkeln um die Frage, wie durch die frühe Heimaquarienpraxis in den ersten Jahrzehnten ein genuin neues Wissen über die Beziehungen zwischen den Lebewesen und ihrer Umwelt entstand.

Im Anschluss an die frühen Versuche mit Heimaquarien nimmt der zweite Teil die weitere Verbreitung und Etablierung des Aquariums in den 1860er Jahren und weiter bis ins frühe 20. Jahrhundert episodenhaft in den Blick. Was mit verstreuten Experimenten einzelner Amateure begann, avancierte binnen kurzem zum kollektiven Phänomen, ja zu einem regelrechten Aquarienboom. Dabei steht zum einen die zunehmende Mobilisierung der Objekte, des Wissens und der Praktiken von lokalen Transfers zu globalen Zirkulationen im Mittelpunkt. Gleichzeitig verfolgt das Buch geografisch von Großbritannien ausgehend insbesondere die Verbreitung von Aquarien im deutschsprachigen Raum, da sich hier die Aquaristik im Unterschied zu England ab Mitte der 1850er Jahre weitaus intensiver entfaltete und nachhaltiger institutionalisierte. Dabei geht es konkret um die Frage, wie sich im Zuge der raschen Etablierung des Aquariums dessen Formen, Status und Funktionen wandelten oder besser erweiterten, welche Techniken und Medien bei der Übertragung und Weitergabe von Wissen und von Praktiken zum Einsatz kamen und diese stabilisierten oder dynamisierten. In welchen Räumen, Medien, Wissensfeldern und Diskursen wurden Aquarien wirksam, wie wurden sie in diese neuen Räume integriert, an Diskurse angeschlossen und in Ordnungen aufgenommen, wie transformierte das Aquarium diese Räume und veränderte sich dadurch wiederum selbst? Dieser Teil geht in einzelnen Episoden den Abgrenzungen, Verbindungen und der gegenseitigen Beeinflussung der jeweiligen Räume, der Praktiken und Akteure nach, die bei der Popularisierung, Kommerzialisierung und Verwissenschaftlichung eine Rolle spielen. Im zweiten Teil verschiebt oder erweitert sich somit der Fokus von den frühen amateurwissenschaftlichen Versuchen zu den fortschreitend organisierten und etablierten Formen der Aquaristik; von weitgehend improvisierten Praktiken und unsicherem Wissen hin zu standardisierten Techniken und festgeschriebenem Wissen und vom Meer hin zum Salon und zum Stadtraum. Das bedeutet indes keineswegs eine lineare Stabilisierungsgeschichte des Aquariums. Alle drei Räume – Meer, Stadtraum und Aquarium – wurden vielmehr im späten 19. Jahrhundert immer wieder als Orte wuchernden Lebens erfahren, was neue Bemühungen vorantrieb, sie territorial zu erfassen, wissenschaftlich zu erschließen, symbolisch in Besitz zu nehmen und praktisch unter Kontrolle zu bringen. Infolgedessen nahmen Aquarien in der zweiten Hälfte des 19. Jahrhunderts zunehmend eindeutige materielle Formen und epistemische Konturen an, indem sie sich in dekorative Salonobjekte, öffentliche Schauaquarien und wissenschaftliche Forschungsinstrumente ausdifferenzierten.[51] Am Ende steht dennoch anstelle einer vermeintlich sauberen Trennung zwischen diesen aquaristischen Räumen und anstelle einer kategorialen Scheidung von ›Natur‹ und ›Kultur‹ vielmehr die Einsicht in die strukturelle Unabschließbarkeit des Aquariums, dessen Grenzen keineswegs an den Glaswänden enden, sondern vielmehr ein Geflecht von Beziehungen umspannen, in dem sich ›äußere‹ und ›innere‹ Faktoren wechselseitig beeinflussen.

51 Ein solcher Fokus geht zwangsläufig mit Perspektivierungen und Beschränkungen einher. So werden manche Institutionen, Akteure und Orte stärker als andere berücksichtigt, wie etwa der Schwerpunkt auf Großbritannien und Deutschland, nicht aber auf Frankreich und den USA, die ebenfalls für die frühe Geschichte des Aquariums bedeutsam sind. Vgl. Reiß 2014.

Teil I

Einrichten I

Wardian Cases. Heimische und mobile Glasumwelten vor dem Aquarium

Stoffkreisläufe im Glas

Gute zwanzig Jahre bevor naturkundliche Amateurforscher in Großbritannien mit gläsernen Behältern als künstliche Lebensräume für Wassertiere zu experimentieren begannen, machte ein Objekt von sich reden, das aus historischer Sicht für das Aufkommen der Aquarienpraxis, aber auch für den methodischen Einsatz dieses Buches eine wichtige Rolle spielt und daher hier den Auftakt bildet: der Wardian Case, der ab den 1830er Jahren zum einen in der Form eines Zimmergewächshauses die Haltung neuer Pflanzen ermöglichte und zugleich als mobiles Transportmittel den globalen Pflanzentransfer nachhaltig beeinflusste.

Im Sommer 1829 begab sich der Arzt und Pflanzenliebhaber Nathaniel Bagshaw Ward daran, in seinem Hinterhof, »surrounded by numerous manufactories and enveloped in their smoke«[1], verschiedene Farne zu kultivieren. Seine Bemühungen scheiterten allesamt kläglich. Einen Verantwortlichen hierfür wusste Ward in seiner Monografie *On the Growth of Plants in Closely Glazed Cases* aus dem Jahr 1842 schnell zu benennen: die städtische Umwelt.[2] Sie war nicht nur der Schauplatz, sondern zugleich Ursache und Auslöser dafür, dass Ward sich näher mit den Faktoren beschäftigte, »which interfere with the Natural Conditions of Plants in large Towns«.[3] Besonders der Osten Londons, wo Ward lebte, war von schädlichen Staub- und Rußablagerungen damals so eingehüllt, dass die Bemühungen städtischer Kleingärtnerei nur selten Früchte trugen. Mitten im Herzen der Industria-

1 Nathaniel Bagshaw Ward: *On the Growth of Plants in Closely Glazed Cases*, London 1842, S. 25.

2 Der Begriff »Umwelt« wird hier und im Folgenden nicht historisch, sondern vielmehr analytisch verwendet.

3 Ward 1842, S. 11-21.

lisierung machte diese Erfahrung im frühen 19. Jahrhundert die Frage nach ›gesunden‹ Lebensbedingungen zum Mittelpunkt medizinisch-hygienischer Debatten und sanitärer Reformen.[4] Ward, der am Wellclose Square die Arztpraxis seines Vaters weiterführte, war nicht nur bei seiner eigenen gärtnerischen Tätigkeit, sondern auch in seiner täglichen Arbeit als Arzt mit den gesundheitsgefährdenden Auswirkungen urbaner Luftverschmutzung konfrontiert und dadurch für die Frage nach ›frischer Luft‹ sensibilisiert. Umso größer war seine Überraschung, als in einer mit Erde und Blättern ausgelegten Flasche, die er 1829 zur Beobachtung einer Schmetterlingsraupe verschlossen auf sein Fenstersims gestellt hatte, nach kurzer Zeit kleine Pflanzentriebe zu sprießen begannen.

Bei näherer Untersuchung entdeckte Ward, der die geschlossene Flasche daraufhin direkt vor seinem »study window«[5] platzierte, dass sich in ihrem Innern ein eigenes Mikroklima ausgebildet hatte:

> »In watching the bottle from day to day, I observed that the moisture which during the heat of the day arose from the mould, condensed on the internal surface of the glass, and returned from whence it came, thus keeping the mould always equally moist. […] [O]wing to the prevention of the escape of the moisture contained within the cases, plants will grow for many months, and even for years, without requiring fresh supplies of water.«[6]

Durch den internen Kreislauf von Verdunstung und Kondensation war ein klimatisches Gleichgewicht geschaffen, in dem das Gewächs ohne die fortwährende Beigabe von Wasser und trotz äußerer Temperaturschwankungen langfristig überlebte. Durch diesen geschlossenen Kreislauf im abgeschlossenen Glasbehälter gelang es in der Folge tatsächlich, selbst empfindliche Pflanzen langfristig in der Großstadt zu halten. Genau wie einige Jahre später in den Aquarienversuchen des Londoner Chemikers Robert Warington basierte das Prinzip

4 Zur Problematik der Luftverschmutzung im 19. Jahrhundert vgl. Eric Ashby, Mary Anderson: *The Politics of Clean Air*, Oxford 1981; Peter Joseph Thorsheim: *Inventing Air Pollution. The Social Construction of Smoke in Britain*, University of Wisconsin/Madison 2000.

5 Nathaniel Bagshaw Ward: »Letter from N.B. Ward to Dr. Hooker, On the Subject of His Improved Method of Transporting Living Plants«, in: *Companion to the Botanical Magazine* 1 (1835), S. 317-320, hier S. 317.

6 Nathaniel Bagshaw Ward: »A Letter from Mr. N.B. Ward to Sir W.J. Hooker, On the Growth of Plants Without Open Exposure to Air«, in: *Companion to the Botanical Magazine* 2 (1836), S. 340.

der Erhaltung im Innern von Wards Glasflasche auf einem Zirkulationsprinzip. Während Warington, ein Aquarianer der ersten Stunde, sich kurz darauf an einem bio-chemischen Stoffkreislauf zwischen Tieren und Pflanzen versuchte, stand in Wards Fall erst einmal das Überleben einer einzelnen Pflanze durch einen einfachen hydrologischen Kreislauf von Kondensation und Evaporation auf dem Spiel, bei dem das Wasser während des Tages von den Blättern transpiriert, nachts wiederum kondensiert, von den Glasscheiben heruntertropft und über die Wurzeln wieder von den Pflanzen aufgenommen wird.

Bereits in dieser äußerst reduzierten künstlichen Miniaturumwelt, basierend auf dem Einschluss von Sporen, Erde und Wasser in einem Glasgefäß, findet sich das Bild einer Natur, die sich laufend selbst wiederverwertet: »They [the plants in the case] required no attention, the same circulation of the water continuing.«[7] Das Prinzip von Wards Flasche, das Modell des (hydrologischen) Kreislaufs, genauer gesagt eines potenziell ewigen Wasserkreislaufs, ist selbst keine Idee des 19. Jahrhunderts. Die Evaporation und Kondensation des Wassers als Teil eines gemeinsamen Kreislaufgeschehens zu deuten, geht bereits auf das 18. Jahrhundert zurück und ist eng mit physikotheologischen Vorstellungen verknüpft.[8] Gleichwohl sich Annahmen über die Kondensation des Grundwassers aus der atmosphärischen Luft sogar bis in die Antike zurückverfolgen lassen, wurde eine einheitliche Kreislaufkonzeption für die Bewegung des Wassers maßgeblich in der providenziellen Literatur an der Schwelle zum 18. Jahrhundert entwickelt.[9] In diesem Kontext ging es vornehmlich um makrokosmische Strukturen, um die erdumspannenden Wege des Wassers. Nicht durch Feldforschung, sondern durch Berechnung und Bilanzierung der wahrscheinlichen Wassermenge an bestimmten Stationen des weltumfassenden Kreislaufs wurde hierbei die gesamte Wasserverteilung ermittelt, wie etwa in John Rays *The Wisdom of God Manifested in the Works of the Creation* aus dem Jahr 1691. So konnte mit einem *Black*

7 Ward 1842, S. 27.

8 In der frühneuzeitlichen Naturforschung wurde zunehmend die Kreisbewegung der Materie nicht mehr als rekursiver Verlauf, also feste und determinierbare Kreisbahnen des Zirkulats (etwa Planeten), sondern vielmehr über eine Ortsbewegung beschrieben, die nun deshalb als kreisförmig galt, weil das Zirkulat zum Ausgangsort zurückkehrte. Dieser Diskurs war auch im 19. Jahrhundert noch wirksam. Vgl. Engelbert Schramm: *Im Namen des Kreislaufs. Ideengeschichte der Modelle vom ökologischen Kreislauf*, Frankfurt a.M. 1997, insb. S. 91-147.

9 Vgl. Schramm 1997, S. 104.

Box-Modell von einem sehr begrenzten Ausschnitt der ›Natur‹ auf deren Ganzes geschlossen werden, selbst wenn die Bewegungsbahnen des Kreislaufs im Einzelnen unbekannt und praktisch unbestimmbar waren. Mit diesem physikotheologisch geprägten Modell eines ausgeglichenen Wasserkreislaufs wurde erstmals, wie Engelbert Schramm gezeigt hat, eine »wirksame Verknüpfung des hydrologischen Teilkreislaufes mit seinem Formwechsel Wasser – Wasserdampf – Niederschlagswasser und der anschließenden unterirdischen Speicherung von Grundwasser im hydrogeologischen Teilkreislauf des Wassers«[10] als Erklärung formuliert.

Was die Naturtheologie und -philosophie für erdumspannende Prozesse in der Theorie errechnete, wurde bei Ward durch eine neue Skalierung im begrenzten, überschaubaren und einsehbaren (Experimental-)Raum einer Glasflasche der direkten Beobachtung zugänglich. Das gläserne Behältnis leistete hier epistemische Vermittlungsarbeit zwischen lokalem Zirkulationssystem und globalem Kreislauf. Mit Wards Flasche waren die makrokosmischen Abläufe auf eine mikrokosmische Ebene verlagert. Abstrakte Berechnungen wurden hier durch konkrete Anschauung ersetzt und in aktuelle Problemlagen eingespannt. So lag das Bemerkenswerte für Ward vor allem darin, dass er hier einen Raum vor sich hatte, der nur mittelbar mit der äußeren Umgebung im Austausch stand und daher von deren schädlichen Einflüssen wie dem »fuliginous matter«[11] in der Luft weitgehend befreit war.

Auch den Gleichgewichtsgedanken, den Ward in Bezug auf die Stoffkreisläufe innerhalb der Flasche formulierte und den kurze Zeit später die Aquarianer fortführen sollten, übernahm Ward vom physikotheologischen Kreislaufmodell. In Schriften wie etwa John Rays *The Wisdom of God*[12] aus dem 17. oder Johann Albert Fabricius' *Hydrotheologie*[13] aus dem frühen 18. Jahrhundert sollte durch Bilanzierung der Zirkulatmenge belegt werden, dass die Menge der Materie, die sich innerhalb des Kreislaufs bewegte, stets erhalten blieb.

10 Ebd.

11 Ward 1842, S. 14.

12 John Ray spricht vom »equilibre of Reciept and Expence of the whole Sea«, in: John Ray: *The Wisdom of God Manifested in the Works of the Creation*, London 1691, zit. nach Schramm 1997, S. 107. William Derham wiederum, ein Freund von John Ray, veröffentlichte 1711/12 seine *Physiko-Theologie*, die der deutsche Theologe Johann Albert Fabricius übersetzte.

13 Johann Albert Fabricius: *Hydrotheologie Oder Versuch, durch aufmerksame Betrachtung der Eigenschaften, reichen Austheilung und Bewegung der Wasser, die Menschen zur Liebe und Bewunderung ihres gütigsten, weisesten, mächtigsten Schöpfers zu ermuntern*, Hamburg 1743.

Diesen Nachweis einer *ausgeglichenen* Wasserbilanz in den Weltmeeren deuteten sie als harmonische Ordnung. In diese Tradition reiht sich der Flaschenkreislauf, der Ward zufolge gleichbleibende klimatische Bedingungen (Temperatur und Feuchtigkeitsgehalt) herzustellen vermochte, und zwar durch ein ausgewogenes Verhältnis von Kondensation und Verdunstung. Hier wie dort fungiert der Kreislauf des Wassers als vereinheitlichendes Ordnungsschema der Vorgänge in der Natur und gleichzeitig, in den Worten Engelbert Schramms, »als Sinnbild und Symbol einer von Gott patriarchalisch-harmonisch geordneten ›Natur‹, als ordnungs- bzw. einheitsstiftendes Schema«.[14] Ward stellte nun das Prinzip geschlossener Kreisläufe in den Dienst einer gereinigten Atmosphäre und damit letztlich besserer Luftqualität. Ihm ging es darum, unter Bedingungen der Selbstregulierung qua innere Zirkulation einen stabilen, ausgeglichenen inneren Stoffhaushalt herzustellen und zu erhalten und dadurch eine dauerhafte (Über-) Lebensfähigkeit seiner Pflanzen zu sichern. Und hätte nicht gewöhnliche Materialschwäche – das Rosten des Flaschendeckels und das dadurch eintretende Regenwasser, das den geschlossenen Kreislauf unterbrach – dem Experiment nach vier Jahren ein Ende gesetzt, würden wohl jene Flaschenfarne, so möchte man annehmen, noch heute in ihrer gläsernen Hülle weiterwachsen.[15]

Die Welt im Zimmer – closely glazed cases

Die materielle Basis für das farnhafte Erscheinen und Gedeihen bildete der verschlossene Glasbehälter, der die innere Zirkulation erst in Gang brachte und hielt. Die Geschlossenheit des hydrologischen Kreislaufs setzte hier die materielle Schließung der Glasflasche voraus. Die Verwendung von Glasbehältern als Einschlussgefäße konnte Anfang des 19. Jahrhunderts bereits auf eine lange Tradition experimenteller Naturforschung zurückblicken. Nicht nur in den Präparate-Gläsern der Kabinette, sondern auch im Gefolge der Alchemie im 17. Jahrhundert wurden verschiedenste Dinge und Substanzen in Glasgefäße eingeschlossen, um durch Beobachtung neue Erkenntnisse über Naturvor-

14 Schramm 1997, S. 113.

15 Vgl. Ward: »At the end of this time [after nearly four years] they [the ferns in the bottle] accidentally perished, during my absence from home, in consequence of the rusting of the lid, and the admission of rain water.« Ward 1842, S. 27.

gänge zu gewinnen.[16] Schon Robert Boyle setzte Pflanzen in Glasgefäße als proto-chemische Experimentierbehälter, und auch die chemischen Theorien über die pflanzenphysiologischen Vorgänge und die Prozesse der Atmung im späten 18. Jahrhundert entstanden gleichsam *in vitro*.[17] Kijan Espahangizi hat in seiner Dissertation diesen »Aufstieg des Glasgefäßes zum idealen Gefäß der Forschung« nachgezeichnet, der auf der »Grenzarbeit« des Materials basierte und »den materialen Rahmen für den kausalen Einschluss und die (Re-)Produktion von *matters of fact* bildete.[18] Das Spektakuläre an Wards Flasche bestand nun darin, dass sich die Anordnung als funktionsfähige, das heißt lebenserhaltende Umgebung entpuppte, die ihre innere Funktionsweise zugleich beobachtbar machte. Das war entscheidend – die Zufallsentdeckung führte erst in Verbindung mit disziplinierter Beobachtung zu neuem Wissen.[19] Die tägliche Beobachtung brachte Ward zu einem Verständnis der inneren Kreisläufe in seiner Flasche. Die Glasflasche fungierte somit als Wissensraum im doppelten Sinne: als Raum innerer stofflicher Regulierung und als Beobachtungsdispositiv, das Einsichten in diese Prozesse vermittelte.

Der Mechanismus war ebenso einfach wie wirksam: »The principle«, schreibt entsprechend Stephen H. Ward 1854 über die Entdeckung seines Vaters, »is the exclusion from the plants of deleterious influences and agents, the admission and retention of those that are necessary.«[20] In seiner Grenzleistung schloss der gläserne Behälter »soot, and dust, and noxious gases« der Außenatmosphäre aus und dagegen den »nutritious vapour« ein.[21] Zugleich blieb er in dieser Filterfunktion aber für das Sonnenlicht durchlässig und konnte so

16 Vgl. etwa Steven Shapin, Simon Schaffer: *Leviathan and the Air-Pump. Hobbes, Boyle, and the Experimental Life*, Princeton 1985.

17 Bereits Robert Boyle beschrieb die Zucht einer in Glas eingeschlossenen Pflanze, vgl. Robert Boyle: *The Sceptical Chymist; or Chymico-Physical Doubts & Paradoxes*, London 1661, S. 107-115. Vgl. hierzu Shapin/Schaffer 1985. Dass Ward mit den aktuellen Debatten chemischer Forschung, insbesondere den Experimenten mit ›Lüften‹ (später Gasen) vertraut war, geht aus seinen Besprechungen und Kommentaren zeitgenössischer chemischer Experimente hervor.

18 Kijan Espahangizi: *Wissenschaft im Glas. Eine historische Ökologie moderner Laborforschung*, [unveröffentlichte Dissertation], Zürich 2010, S. 39. Espahangizi geht es dabei um die historische Genese moderner Laborforschung.

19 Ward 1935, S. 317.

20 Stephen H. Ward: *On Wardian Cases for Plants, and Their Applications*, London 1854, S. 7.

21 Ebd., S. 8.

letztlich Feuchtigkeit im Inneren der Flasche konstant halten. Über Ein- und Ausschlussoperationen konnte das innere Klima beliebig manipuliert werden – zumindest in der Theorie.

Damit erweist sich das begrenzte und begrenzende Gefäß als konstitutiv für die Lebensprozesse in seinem Innern, indem es die Wechselwirkungen zwischen innen und außen regulierte. Es kann damit im Sinne Wolfgang Schäffners als »mediale Architektur des Wissens«[22] bezeichnet werden, die Funktionen der Speicherung und Verteilung übernimmt. Denn die Flasche verhinderte als (beinah) geschlossenes gläsernes Behältnis den Austausch von Materie und ermöglichte zugleich den Austausch von Energie – wobei Ward selbst einschränkend feststellen musste, dass es sich nicht um einen vollständigen Abschluss gegen das Außen handelte. Denn seine Flasche war eben nicht vollkommen hermetisch abgedichtet, sondern erlaubte einen – wenn auch geringen – Luftaustausch.[23] Dennoch: Was Ward von Anfang an mit dem Objekt verband, war die Vorstellung dieser doppelten medialen Funktion geschlossener gläserner Gefäße.[24]

Als Versuchsanordnung bildet Wards Anordnung ein wichtiges und folgenreiches historisches Beispiel für die Konstruktion einer (beinah) abgeschlossenen Umwelt, und nährte damit die Vorstellung eines einfach herzustellenden, nach außen hin unabhängigen und im Innern sich selbst regulierenden Raumes. Was sich hier materialisiert, ist die Vision einer autarken Umwelt im Glas und eben diesen Gedanken sollte wenig später das Aquarium fortführen. Wards Flaschenepisode wird somit als Teil einer (Medien-)Geschichte eines Umgebungswissens im 19. Jahrhundert lesbar, die aufzuzeigen vermag, auf welche Weise die Materialien und Medien der Naturforschung an der historischen Genese von kulturellen Umwelt-Vorstellungen mitwirken.

Das Prinzip künstlich hergestellter, in Glas eingeschlossener ›Natur‹ fand in den kommenden Jahren zwei hauptsächliche Verwendungen. Zum einen spielte das Prinzip des geschlossenen Kreislaufs,

22 Schäffner 2010, S. 137.

23 In Wards Buchausgabe von 1842 heißt es hierzu: »It is desirable that there should be an opening in the bottom of the cases for the purpose of draining off the superfluous moisture, and likewise of giving us the opportunity of washing the mould with lime water should slugs make their appearance, which sometimes occurs.« Ward 1842, S. 40-41.

24 Die Frage, auf welche Weise das Gefäßmaterial Glas selbst mit dem Eingeschlossenen in Wechselwirkung trat und sich so in die vermeintlich klar abgegrenzte Umwelt buchstäblich einmischte, wurde Mitte des 19. Jahrhunderts vor allem in der Laborforschung als Problem erkannt. Vgl. Espahangizi 2010, insb. S. 89-92.

Abb. 2: Abbildung eines Wardian Case für Farnhaltung im privaten Haushalt, die 1852 in der zweiten Auflage von Wards Publikation abgedruckt ist.

nun im Format eines gläsernen Kastens, für den zeitgenössischen Aufschwung der Zimmergewächshäuser eine wichtige Rolle (**Abb. 2**).

Eine Voraussetzung hierfür bildeten die zeitgenössischen Entwicklungen in der Glasproduktion, auf die Wards ›Erfindung‹ wiederum selbst zurückwirkte.[25] Erst ab dem frühen und vermehrt ab Mitte des 19. Jahrhunderts wurde Glas in punkto Herstellung und Kosten für einen massenhaften Gebrauch verfügbar und verband sich mit dem Aufschwung naturkundlicher Sammelmoden zum ›crystal age‹. Der Wardian Case wird so als Produkt und Motor jener Periode des doppelten Aufschwungs der Glasarchitektur und Amateurgärtnerei zu Beginn des 19. Jahrhunderts erkennbar, aus deren Verbindung die unterschiedlichsten Spielarten viktorianischer Glasarchitektur vom Miniaturgewächshaus über das Glasfensterhaus bis zum angebauten Wintergarten hervorgingen.[26] Was fortan unter dem Namen

25 Vgl. hierzu Kapitel »Aneignen II« der vorliegenden Untersuchung.

26 Zur Architekturgeschichte des Glashauses vgl. Georg Kohlmaier: *Das Glashaus, ein Bautypus des 19. Jahrhunderts*, München 1981; Stefan Koppelkamm: *Künstliche Paradiese. Gewächshäuser und Wintergärten des 19. Jahrhunderts*, Berlin 1988. Zur Kulturgeschichte vgl. Jürgen Landwehr (Hg.): *Natur hinter Glas. Zur Kulturgeschichte von Orangerien und Gewächs-*

›Wardian Case‹ firmierte, war daher schon bald in beliebiger Anzahl und Größe handelsfertig erhältlich und ließ Farne in bürgerlichen Salons im wahrsten Sinne des Wortes sprießen. Gleichzeitig wurden auf der ersten Londoner Weltausstellung 1851 im Kristallpalast, jener monumentalen Glasarchitektur, die selbst Teile des Hyde Parks umschloss, Wardian Cases mit ihren Miniaturlandschaften präsentiert, die käuflich erworben werden konnten. Was die Kästen versprachen, war die Haltung zahlreicher neuer Zimmerpflanzen und besonders exotischer Gewächse, die ein warmes Klima benötigten. Sie wurden zur materiellen Grundlage für eine geradezu unersättliche viktorianische Farnmode, den sogenannten *fern craze*[27], für den der Schriftsteller Charles Kingsley damals den Begriff der »Pteridomania« (ein Kompositum aus »Pteridophyta«, also farnartigen Pflanzen und »mania«, der Manie) prägte.[28] Mit den schon bald handelsfertigen Farnkästen ließen sich nun kleine gläserne Heterotopien in Serie herstellen und in den Wohnräumen wohlhabender Städter installieren.[29] Welch exzessive Züge die kollektive (Sammel-)Mode zum Ende der 1850er Jahre bereits angenommen hatte, sobald sie die richtigen Medien zur Verfügung hatte, zeigt sich nicht zuletzt in den verheerenden umweltlichen Folgen des *fern craze*.[30]

häusern, St. Ingbert 2003; sowie Torkild Hinrichsen: *Die Welt im Glashaus. Die Kulturgeschichte gläserner Räume und künstlicher Welten*, Husum 2007. Für eine Übersicht zeitgenössischer Formen und Debatten vgl. Anonym: »Ferns in Glass Cases and Shades«, in: *Land and Water* 11 (1871), S. 97.

27 Eines der frühesten populären Bücher über Farne stammte aus der Feder von George William Francis: *An Analysis of the British Ferns and Their Allies*, London 1837, worauf Edward Newman mit *A History of British Ferns*, London 1840 folgte sowie Thomas Moore: *A Handbook for British Ferns*, London 1848. Zum *fern craze* im 19. Jahrhundert vgl. David Elliston Allen: *The Victorian Fern Craze. A History of Pteridomania*, London 1969; ders.: »Tastes and Crazes«, in: Nicholas Jardine, James A. Secord, Emma C. Spary (Hg.): *Cultures of Natural History*, Cambridge 1996, S. 394-407; ders.: *The Naturalist in Britain. A Social History, Princeton 1994;* Sarah Whittingham: *The Victorian Fern Craze*, Oxford 2009; dies.: *Fern Fever. The Story of Pteridomania; a Victorian Obsession*, London 2012.

28 Charles Kingsley: *Glaucus; or, The Wonders of the Shore*, Cambridge 1859, S. 4.

29 Zum Begriff der Heterotopie vgl. Michel Foucault: »Andere Räume«, in: Karlheinz Barck u. a. (Hg.): *Aisthesis. Wahrnehmung heute oder Perspektiven einer anderen Ästhetik*, Leipzig 1991, S. 34-46.

30 Vgl. Allen 1969, S. 400: »[The] greatest and ultimately most destructive natural history fashion of all«.

Ward selbst erweiterte unterdessen seine ersten Beobachtungen mithilfe der »closely glazed cases« zu einer systematischen Forschungsreihe im eigenen Heim. Dabei ging es ihm zum einen darum, die Rolle unterschiedlicher Umwelteinflüsse auf das Wachstum von Pflanzen zu untersuchen. Zum anderen wollte er verschiedene Mikroklimata im Innern der Glasbehälter schaffen, indem er die internen Parameter seiner Kästen systematisch variierte: »My object«, schrieb Ward 1842, »was to obtain as many varied modifications of the natural conditions of plants as it was possible in the small space to which I was confined.«[31] Entsprechend blieb es in Wards Haushalt nicht bei einzelnen überschaubaren Kästen. Die Kästen, die sich rasant in der viktorianischen Gesellschaft ausbreiteten, nahmen auch Wards Haus mehr und mehr ein. Schon bald schwebten ihm größere Dimensionen vor und er errichtete ganze »experimental house[s]«[32] – ans Wohnhaus angebaute Gewächshäuser, deren größtes über sieben Meter lang, dreieinhalb Meter breit und beinah drei Meter hoch war. Hierin sollten unterschiedlichste Klimazonen vom alpinen bis zum tropischen Raum unter ein und demselben (Glas-)Dach vereint werden: »[V]ery different degrees of heat, light and moisture are apportioned to the various plants«[33], schrieb Ward über seinen Gewächshaus-Anbau, in dem er durch landschaftliche Gestaltung wie Hügel unterschiedliche Höhenverhältnisse und dadurch unterschiedliche Klimazonen einzurichten suchte. Damit stand er ganz im Zeichen seiner Zeit, verband sich in dem Vorhaben doch das zeitgenössische Wissen und die Theorien der Pflanzengeografie im Gefolge Alexander von Humboldts[34] und die ko-

31 Er variierte die Farngattungen, die Erde, die Ausrichtung der Kästen sowie Feuchtigkeit, Lichteinfall und Luftaustausch. Ebd., S. 35.

32 Ward 1842, S. 35.

33 Ebd.

34 Vgl. Alexander von Humboldt: *Idee zu einer Geographie der Pflanzen*, hg. von Mauritz Dittrich, Leipzig 1960. Zur Pflanzengeografie im 19. Jahrhundert vgl. Nils Güttler: *Das Kosmoskop. Karten und ihre Benutzer in der Pflanzengeographie des 19. Jahrhunderts*, Göttingen 2014.

lonial geprägten Praktiken der Akklimatisierung.[35] Unterschiedlichste Klimazonen und deren Vegetation sollten in einem Raum zusammenkommen. Die treibhausartige Künstlichkeit sollte alle möglichen extremen, ja exzessiven Temperaturen im Innern der gläsernen Hülle ermöglichen: »Thus we procure, in a space not exceeding ten feet, an insular, and what may be called an excessive climate«[36], so Ward. Die der Flaschenepisode entstiegene Vorstellung selbstregulierender (Natur-)Kreisläufe verkehrt sich somit mehr und mehr zum expliziten Akt der Naturbeherrschung, ja zur Vision einer künstlichen Modellierung einer zweiten Natur, flankiert vom Technikeinsatz in Wards »experimental house«[37].

Nicht nur im *Inneren* der Glasbehälter schlug Gleichgewicht in Exzess um. Als der Botaniker und Landschaftsarchitekt John Loudon, Autor der einflussreichen *Encyclopaedia of Gardening* (1822) und Gründer des *Gardener's Magazine*, im Jahr 1834 Ward einen Besuch abstattete, fand er Pflanzenkästen nicht nur in jedem Fenster vor, sondern auch »along the tops of all the walls of his dwelling-house, of the offices behind, and of the wall round the yard, even up the gable ends and slopes of lean-tos«.[38] Nicht weniger als 1500 verschiedene Pflanzenarten zählte er. Beinah der gesamte Wohnraum, die Innenräume (Salon), Zwischenräume (Fenster) und Außenräume (Dach, Nische zwischen seinem und dem Nachbarhaus) mussten für den gläsern ummantelten Anbau verschiedenster Farne und Moose, Palmen und Kakteen, Heilkräuter, Blumen, alpiner Heidekrautgewächse und Krokusse herhalten.

Wo der Wardian Case angetreten war, ›Natur‹ durch materielle Umgrenzung eingehegt zu kultivieren, da florierte nun gleichsam ein Kastenwildwuchs im und ums Haus – was eingrenzen und abschlie-

35 Zu den europäischen Akklimatisierungsbewegungen vgl. Michael A. Osborne: »Acclimatizing the World. A History of the Paradigmatic Colonial Science«, in: *Osiris* 15 (2000), S. 135-151; Warwick Anderson: »Climates of Opinion. Acclimatization in Nineteenth-Century France and England«, in: *Victorian Studies* 35 (1992), S. 135-157; Darin Kinsey: »Seeding the Water as the Earth. The Epicentre and Peripheries of a Western Aquacultural Revolution«, in: *Environmental History* 11 (2006), S. 527-566.

36 Ward 1842, S. 35. Vgl. weiter.: »The range of the thermometer throughout the year in the lowest part [of the biggest experimental house] is between 45° and 90°, whilst at the top it is between 30° and 130°.« Ebd.

37 Vgl. ebd.

38 John Loudon: »Growing Ferns and Other Plants in Glass Cases«, in: *The Gardener's Magazine and Register of Rural & Domestic Improvement* 10 (1834), S. 162-163, hier S. 162.

ßen sollte, wucherte nun selbst. Als exzessiv erwies sich somit nicht nur das Klima in Wards »experimental house«, sondern auch die Auswüchse der gläsernen Architektur. Die ineinander verschränkten Mikroarchitekturen im Interieur und die Ausstülpungen des Gebäudes griffen dabei immer tiefer in die architektonische Struktur des Hauses ein.[39] Mit dem Einsatz von Warmwasserpumpen im Gewächshaus, die mit der Haustechnik verbunden waren, wurden Wardian Cases und Wohngebäude architektonisch und infrastrukturell zusammengeschlossen – gerade dort also, wo Wards Flasche anfangs ›Natur‹ maximal überschaubar machte, indem sie ein einzelnes Pflänzlein fein säuberlich in einer gläsernen Hülle umschloss, fand sich nun ein »ökotechnologische[s] Netz«.[40]

Un- / Abgeschlossene Umgebungen

Die »closely glazed cases« hatten von Anfang an die Vorstellung einer hermetisch abgeschlossenen inneren Sphäre befeuert. Doch stellte sich schnell heraus, dass mit dem Wardian Case keine von der Außenwelt vollkommen unabhängige Miniaturumwelt geschaffen war, sondern die Materialien doch zumindest einen minimalen (Luft-)Austausch zuließen und sich dieser für die Funktionsfähigkeit als wichtig erwies. Das belegen die zahlreichen Kritiken, die auf Wards erste Veröffentlichungen folgten. An den heftigen Diskussionen um diese Frage lässt sich die Anziehungskraft ablesen, die mit der Vision einer möglichst kapsularen, gleichsam versiegelten Umwelt einherging. Wenn Hibberd das Wardsche Prinzip als »a delusion and a snare«[41] abqualifizierte, zeigt sich an dieser Drastik vor allem, wie wirkmächtig die Imagination vollkommen autarker, selbsterhaltender Lebenswelten bereits geworden war. So sehr Ward sich selbst die Rolle des missverstandenen Forschers zuwies und später betonte, eine hermetische Geschlos-

39 Ward errichtete mehrere ans Haus angebaute Gewächshäuser. Vgl. Ward 1842, S. 30. Sogar das Dach eines angrenzenden Schuppens bedeckte er mit Erde, teilte es in einzelne Kompartimente und baute darauf verschiedene Sukkulenten an. Vgl. ebd. Zur Figur des Exzesses bei Ward vgl. Margaret Flanders Darby: »Unnatural History. Ward's Glass Cases«, in: *Victorian Literature and Culture* 35 (2007) 2, S. 635-647.

40 Hans-Jörg Rheinberger: »Natur, NATUR« [1995], in: ders.: *Iterationen*, Berlin 2005, S. 30-50, hier S. 47.

41 Shirley Hibberd: *Rustic Adornments for Homes of Taste*, London 1856a, S. 137.

senheit nie im Sinne gehabt zu haben[42], arbeitete er der Vorstellung einer quasi-magischen »talismanic power« des Wardian Case zumindest rhetorisch weiterhin in die Hände.

So wurde der Wardian Case zum Case Ward, zum Streit-Fall, ja gar zum Betrugs-Fall erklärt: »Throw away all ideas of any talismanic power existing in such a plant receptacle with respect to plant developments, and consider the total exclusion of air as a popular fallacy«[43], verkündete etwa der *Garden Chronicle* 1872. Warum wurde einer vermeintlichen Detailfrage wie der nach dem *totalen* Abschluss des Behälters so viel Raum gegeben? Offensichtlich stand mit dem, was der populäre britische Naturkundler und Autor zahlreicher naturkundlicher Schriften Shirley Hibberd die »*close* theory«[44] nannte, mehr auf dem Spiel als die Erneuerung gartenbaulicher Praxis: Vielmehr trafen die Diskussionen um Durchlässigkeit oder Abschluss jenes gläsernen Behälters, in dem sich die Vision autarker (Lebens-)Umwelten materialisierte, mitten ins Herz der zeitgenössischen Auseinandersetzungen um Natur-Kultur-Grenzen. Was veränderte sich, wenn sich die Behältergrenzen als minimal durchlässig herausstellten und sich das innere Treiben in der Flasche damit als keineswegs unabhängig von der äußeren Umgebung erwies? Wenn Hibberd bemerkte, »*a close case is an open failure*«[45], war das Versprechen einer praktischen Modellierbarkeit künstlicher Umwelten, die wiederum als Chiffre von ›Natur‹ schlechthin fungierten, indem sie sich (vermeintlich) beständig selbst erneuerten, dahin. Schlimmer noch: Schloss man den Wardian Case tatsächlich möglichst luftdicht ab und überließ ihn sodann ganz sich selbst, war das Ergebnis geradezu fatal: »the closeness of the vessel insures what? – transparency? No, *opacity*!«, wie Shirley Hibberd schrieb:

> »In a *close* case it is impossible to rear flowering plants of any kind, and whatever may be grown in such a structure will be more or less drawn, spindling, and sickly; the glass will usually be in a semi-opaque condition, from the excessive condensation of moisture,

42 Vgl. Ward 1842, S. v.

43 Hier wird aus einem nicht näher angegebenen Artikel des *Garden Chronicle* von 1872 zitiert, zit. nach Darby: »Unnatural History«, S. 641.

44 Hibberd 1856a, S. 137 (kursiv im Original).

45 Shirley Hibberd: »Crystal Palaces for Home«, in: *National Magazine* 1 (1857) 3, S. 207-208, hier S. 207 (kursiv im Original).

> and a succession of disappointments and annoyances will a last determinate the cultivator to abolish it altogether [...]«.[46]

So blieb auch der Wardian Case letztlich in gewissem Maße von äußeren Eingriffen und den Klimatechniken des Treibhauses in Form von Drainage und Belüftungssystemen abhängig.[47] Die Vision eines dauerhaft von jeglicher Wartung befreiten gläsernen Gartens vermochte er nicht einzulösen. Ebenso stand es um den Ausblick, die (zimmer-)gärtnerische Praxis könne sich jeglichen botanisch-gartenbaulichen Wissens entledigen, indem sämtliche Aufgaben vom Zimmergärtner an das gläserne Behältnis delegiert würden. Vielmehr war beim Bepflanzen der Kästen spezielles Wissen über die »natürlichen Bedingungen«[48] der jeweiligen Pflanzen erforderlich; auf die Frage nämlich, wie viel Feuchtigkeit eine Pflanze im Wardian Case benötigte oder welche Pflanzenarten darin zusammen gediehen, konnte Ward stets nur antworten: »it depends« – genauer gesagt hing dies von der Pflanzengattung, dem aktuellen Wachstumsstadium der Pflanze, den Lichtverhältnissen im Raum und vielem mehr ab. Lokale Anpassungen ließen sich gerade nicht durch ein einheitliches universelles Prinzip ersetzen, das der Wardian Case zunächst zu verkörpern schien.

Hinaus in die Welt – Medien des Pflanzentransports

Während sich die Kästen in Wards Haus und in der viktorianischen Gesellschaft unaufhaltsam ausbreiteten, traten sie zugleich jenseits des privaten Heims eine zweite Karriere an: als global zirkulierendes Transportmedium für lebende Pflanzen auf Schiffen (**Abb. 3**).

Bis ins frühe 19. Jahrhundert stand es um die erfolgreiche Verschiffung lebender Gewächse nicht sonderlich gut; trotz des bereits weltweiten kolonialen Pflanzenhandels war eine einheitliche und vor allem zuverlässige Methode für den globalen Transfer kaum in Sicht.

46 Hibberd 1856a, S. 137-138. Laut Hibberd führe der Abschluss dazu, »[that] many delicate things ›damp off‹ and decay at the junction of the stem with the soil [...], the appearance of the glass is that of oiled paper«. Hibberd 1857, S. 208.

47 Vgl. hierzu Hibberd: »[W]e must regard ventilation as a *necessity, not an accident*, of their management in order to be successful.« Hibberd 1856a, S. 137-138.

48 Ward widmete ein Kapitel seines Buches den »natural condictions of plants«. Vgl. Ward 1842.

Abb. 3: Wardian Case wie er seit der zweiten Hälfte des 19. und bis Mitte des 20. Jahrhunderts in Kew Gardens für den Pflanzentransport verwendet wurde.

Obgleich bereits im 18. Jahrhundert – vor allem im Zuge kolonialer Expansion – enorme Summen in überseeische Sammelexpeditionen flossen, um Nutz- und Zierpflanzen aus Asien, beiden Amerikas und Australien zu importieren, und obwohl sich im Laufe des 18. Jahrhunderts durchaus ein »code of accepted practice«[49] etabliert hatte, kamen doch die kostbaren Gewächse allzu häufig tot oder zumindest schwer angeschlagen in Europa an.[50]

49 Janet Browne: »Wardian Case«, in: John L. Heilbron (Hg.): *The Oxford Companion to the History of Modern Science*, Oxford 2003, S. 826.

50 Das galt für Nutzpflanzen wie die aus Ostasien stammenden Teepflanzen als auch für Zierpflanzen wie Orchideen, die aus Samen zu ziehen oder zu vermehren im europäischen und besonders im britischen Klima bislang von wenig Erfolg gekrönt war. Trotz vielfältiger Akklimatisierungsbestrebungen, also dem Versuch, Pflanzen (und Tiere) anderer Klimazonen in europäischen Klimata anzusiedeln, war noch im späten 18. Jahrhundert ein Preis von bis zu 300 Pfund für eine ursprünglich in Übersee beheimatete Pflanze, die London lebend erreichte, keine Seltenheit. Vgl. Hansjörg Gadient: »Matrosen sind keine Gärtner«, in: *mare* (2010) 81, S. 117-121. Vgl. weiterhin Marianne Klemun: »Live Plants on the Way. Ship, Island, Botanical Garden, Paradise and Container as Systematic Flexible Connected Spaces in Between«, in: *Journal of History of Science and Technology* 5 (2012), S. 30-48.

Die Probleme hingen maßgeblich mit den Bedingungen auf See zusammen. Zu vielen widrigen und wechselnden Einflüssen waren die Pflanzen während ihrer oft monate- oder gar jahrelangen Reise, die zudem häufig durch unterschiedliche Klimazonen führte, ausgesetzt. Einer der Lösungsansätze in Großbritannien lag in der Einrichtung botanischer Gärten mit Personal aus dem Royal Botanic Garden entlang der kolonialen Handelsrouten, wo die angeschlagenen Vegetabilien einen Zwischenstopp einlegten.[51] Eine weitere und weitaus größere Hoffnung lag jedoch in verbesserten Transportbedingungen. In den Reiseinstruktionen für überseeische Expeditionen im 18. Jahrhundert trifft man auf ganze Kapitel mit praktischen gartenbaulichen Hinweisen für Kapitäne und Schiffsbesatzungen zur Behandlung lebender Pflanzen auf See. Sie legen dar, wie Schiffe für den Transport lebender Pflanzen umgebaut und mitunter selbst in schwimmende Gewächshäuser verwandelt wurden, um den klimatischen Bedürfnissen der fragilen Fracht zu entsprechen. Joseph Banks etwa, Berater der königlichen Gärten in Kew und James Cooks Gefährte auf dessen Reise nach Australien, entwarf für die »Bounty« sogenannte »Plant Cabins«, seitlich oder oben verglaste Kabinen, die an Deck aufgestellt wurden. Inwiefern diese Vereinnahmung durch Pflanzen, deren Pflege meist in der Hand der Schiffsbesatzungen lag, mitunter zu Unmut und gar zu Aufständen führte, dafür ist die Meuterei auf der »Bounty« wohl selbst das beste Beispiel.[52]

Waren die Pflanzen nicht in eigens umgebauten Kabinen und Kajüten untergebracht, dienten als Transportbehälter vornehmlich an Deck aufgestellte Holzbehälter. Über ihre Herstellung berichten Handbücher wie die 1770 erschienenen *Directions For Bringing Over Seeds and Plants*[53] von John Ellis, Naturkundler und Mitglied der

51 Vgl. Klemun 2012, S. 30-48; sowie Richard Grove: *Green Imperialism. Colonial Expansion, Tropical Island Edens and the Origin of Environmentalism, 1600-1860*, Cambridge 1996, S. 336-339; Londa Schiebinger: *Plants and Empire. Colonial Bioprospecting in the Atlantic World*, Cambridge/London 2004.

52 Vgl. David Philip Miller: »Joseph Banks, Empire, and ›Centers of Calculation‹ in late Hanoverian London«, in: ders., Peter Hanns Reill (Hg.): *Visions of Empire. Voyages, Botany, and Representations of Nature*, Cambridge u.a., S. 21-37; Neil Chambers: »General Introduction«, in: ders.: *Scientific Correspondence of Sir Joseph Banks, 1765-1820*. Bd. 1. The Early Period, 1765-1784. Letters 1765-1782, London 2007, S. xxif.

53 John Ellis: *Directions For Bringing Over Seeds and Plants, From the East Indies and Other Distant Countries, in a State of Vegetation*, London 1770. Fünf Jahre später erschien die deutsche Ausgabe. Vgl. Johann Ellis: *Anwei-*

Royal Society, der Beauftragter des Königs für die Kolonie von West Florida und Londoner Repräsentant für die Regierung von Dominica war. Die Holzkästen wurden vom Schiffszimmermann[54] hergestellt, oder es handelte sich um ohnehin an Bord vorhandene Fässer oder Proviantkisten, die sich für den Pflanzentransport umnutzen ließen, indem sie für die Licht- und Luftzufuhr mit kleinen Luken versehen wurden.[55] Im Falle eigens hergestellter Behälter orientierten sich die Kästen trotz einer gewissen Formenvielfalt in Bau und Material meist an den alten Pflanzenkabinetten. Auf die wechselnden Bedingungen auf hoher See antworteten dabei bewegliche Deckel, die eine flexible Praxis des Öffnens und Schließens ermöglichten und die Kästen so an lokale Bedingungen anpassbar machten.

In Ellis' *Directions* sind nicht nur verschiedene Behälterformen und die Technologien des Pflanzentransfers beschrieben, sondern es finden sich darin auch Hinweise zu ihrer Nutzung. So riet Ellis etwa, Samen in einen transportablen Kasten einzupflanzen, sodass sie während der Reise keimen und wachsen sollten. Auf diese Weise wurden etwa Mangos, Pfeffer, Rosen, Zitronen und vieles mehr transportiert.[56] Über die Klappoperation des Öffnens und Schließens fungierte der Deckel wahlweise als trennendes oder verbindendes Element zwischen dem Inneren des Behälters und seiner Umgebung[57] (**Abb. 4** und **5**).

Damit blieben die Kästen indes von den Witterungseinflüssen abhängig und auf äußere Regulierung angewiesen. Stets musste man abwägen, wann ein Behälter aufzuklappen war, um Licht- und Luftaustausch zu ermöglichen, und wann er wiederum geschlossen werden

sung wie man Saamen und Pflanzen aus Ostindien und andern entlegenen Ländern frisch und grünend über See bringen kann, Leipzig 1775. Vgl. hierzu auch Klemun 2012, S. 30-48.

54 Vgl. Maren Mayer-Schwieger: »Umwege auf See. Zur Pflanzenverschiffung Ende des 18. Jahrhunderts«, in: *ilinx. Berliner Beiträge zur Kulturwissenschaft* (2017) 4, S. 145-156, insb. S. 148; Nigel Rigby: »The Politics and Pragmatics of Seaborne Plant Transportation, 1769-1805«, in: Margarette Lincoln (Hg.): *Science and Exploration in the Pacific. European Voyages to the Southern Oceans in the Eighteenth Century*, Woodbridge 1998, S. 81-100, insb. S. 87.

55 Vgl. Ellis 1770, S. 7.

56 Ebd., S. 8.

57 Das Bild funktioniert dabei selbst als Handlungsanweisung. Bei dem unteren rechten Kasten ist zu beachten, dass es sich nicht, wie auf den ersten Blick vermutbar, um einen Glasbehälter handelt, sondern um die bildliche Sichtbarmachung der inneren Pflanzenanordnung des darüber dargestellten geschlossenen Holzbehälters. Zu den architektonischen Funktionen des Öffnens und Schließens vgl. auch Schäffner 2007, S. 1-4.

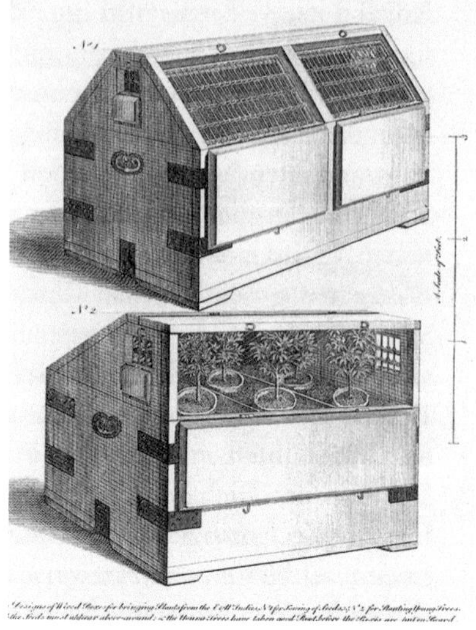

Abb. 4 und 5: Pflanzentransportbehälter wie sie im 18. und frühen 19. Jahrhundert vor der Erfindung des Wardian Case verwendet wurden.

musste zum Schutz vor Salzwasser, Wind und Hitze.[58] Das mobile Objekt blieb damit an menschliche Akteure und ein situatives Wissen über die wechselnden (Umwelt-)Bedingungen auf Schiffen während transatlantischer Überfahrten gebunden.[59] Und selbst als Anfang des 19. Jahrhunderts bereits vereinzelt Glas in Form einfacher Gewächshäuser auf Deck zum Einsatz kam, wurde weitgehend an der flexiblen Öffnungs- und Schließungspraxis festgehalten, die auf die Witterungsbedingungen reagierte und dadurch die Pflanzen zum Gegenstand anhaltender Betreuung machte.[60]

58 Vgl. beispielsweise John Coakley Lettsom: »Directions for Bringing over Seeds and Plants from Distant Countries«, in: *The Naturalist's and Traveller's Companion* [1772], London 1799 (3. Aufl.), S. 23-40; sowie John Fothergill: *Directions for Taking up Plants and Shrubs, and Conveying them by Sea*, London 1796. Zur ordnenden Funktion der mobilen Pflanzenbehälter vgl. auch Anke te Heesen: »Pflanzen in Kästen. Zur Geschichte eines ordnenden Gevierts«, in: Johannes Bilstein, Matthias Winzen (Hg.): *Park. Zucht und Wildwuchs in der Kunst*, Nürnberg 2005, S. 143-149.

59 Vgl. Klemun 2012, S. 30-48.

60 Solche Versuche unternahm unter anderem Joseph Banks, Leiter von Kew Gardens, Ratgeber König Georges III. und von 1778 bis zu seinem Tod 1820 Präsident der Royal Society. Vgl. Alan Frost: *Sir Joseph Banks and the Transfer of Plants to and from the South Pacific, 1786-1798*, Melbourne 1993, S. 26.

Immutable Containers

Hier kam der Wardian Case ins Spiel, der als »Möglichkeit autarker botanischer Kulturen in handlichen Glaskästen«[61] zu einem weltweit zirkulierenden Medium für den Transport von Pflanzen avancierte. Stabile Bedingungen im Innern des Kastens herzustellen und zu erhalten, kann damit als Technik der Globalisierung begriffen werden. Dabei bezog der Wardian Case aus den Holzanteilen seine robuste Stabilität, während die lamellenartig angeordneten Glasscheiben zwischen innen und außen vermittelten, indem sie für Licht durchlässig, aber für hereinspritzendes Meer- und herabfallendes Regenwasser undurchlässig blieben (**Abb. 6**).

Damit konnte sich der Behälter von äußerer Regulierung weiter lösen. Genau wie Papierobjekte als gleichzeitig stabile und mobile *immutable mobiles* global zirkulierend Machteffekte entfalten[62], wird hier der nach innen hin stabilisierte *immutable container*[63] (indem er ein konstantes inneres Mikroklima schafft) selbst räumlich mobil. Durch Techniken der klimatischen Stabilisierung konnte der Pflanzentransport von einem zufallsabhängigen Prozess, bei dem die Empfänger nie sicher sein konnten, was sie erwartete, selbst in eine stabile(re) Praxis überführt werden. Das möglichst abgeschlossene Transportmedium beförderte im Weltverkehr[64] nun konstante innere Temperaturen von einer Weltregion in eine andere.

61 Ralo Meyer: »We Have Never Been Earth. *Biosphere 2* als ungeplantes Post-Human Experiment«, in: *dérive. Zeitschrift für Stadtforschung* 51 (2013), S. 24-29, hie S. 25.

62 Vgl. Bruno Latour: *Science in Action. How to Follow Scientists and Ingeneers through Society*, Cambridge 2003; sowie ders.: »Die Logistik der immutable mobiles« in: Jörg Döring, Tristan Thielmann (Hg.): *Mediengeographie. Theorie – Analyse – Diskussion*, Bielefeld 2009, S. 111-144.

63 Diesen Ausdruck übernehme ich von Kijan Espahangizi, der ihn in Auseinandersetzung mit Bruno Latours Konzept der *immutable mobiles* entwickelt. Vgl. Espahangizi 2010, insb. S. 215-222. Vgl. auch ders.: »›Immutable Mobiles‹ im Glas. Grenzbetrachtungen zur Zirkulationsgeschichte nicht-inskribierter Objekte«, in: David Gugerli u.a. (Hg.): *Nach Feierabend. Zürcher Jahrbuch für Wissensgeschichte* 7 (2011), S. 105-125. Zum Konzept der *immutable mobiles* vgl. Bruno Latour: »Drawing Things Together. Die Macht der unveränderlich mobilen Elemente«, in: Andrea Belliger, David J. Krieger (Hg.): *ANThology. Ein einführendes Handbuch zur Akteur-Netzwerk-Theorie*, Bielefeld 2006, S. 259-308.

64 Zum Weltverkehr im 19. Jahrhundert vgl. Markus Krajewski: *Restlosigkeit. Weltprojekte um 1900*, Frankfurt a.M. 2006.

Abb. 6: Beispiel eines geöffneten Wardian Cases, der nach dem Einsetzen der Pflanzen in Kew Gardens während des gesamten Transports geschlossen blieb, ca. 1908.

Vermochte der Wardian Case somit einerseits unterschiedliche Klimazonen der Erde heterotopisch an einem Ort zusammenzubringen und unter einer Glaskapsel einzuschließen, verhalf er zugleich in abgewandelter Form und Gestalt dem globalen Pflanzentransfer zu neuen Dimensionen. Hierzu amalgamierte das schon längere Zeit im Pflanzentransport eingesetzte Material Holz mit dem erst im 19. Jahrhundert massenweise verfügbaren Glas. Gerade dieser weitgehende Abschluss des Objekts machte es anschlussfähig. So ließ sich mit dem Wardian Case der Pflanzentransfer im Dienste des British Empire global weiter ausdehnen. An den materiellen Umwandlungen der Transportbehältnisse für Pflanzen werden somit die Transformationen des Wissens und der Praktiken konkret greifbar. Im Übergang des Wardian Case aus der privaten Gewächshauspraxis hin zu einem stabilmobilen Transportmedium amalgamierten die herkömmlichen Holzkästen mit gläsernen Bauteilen und dem praktischen Wissen um die Herstellung künstlicher Umwelten. In diesem Objekt kreuzen sich somit verschiedene Materialien, Wissensbestände und Anwendungsfelder, die gemeinsam die Mobilisierung lebender Pflanzen nachhaltig veränderten.

»[I]n the beginning of June, 1833, I filled two cases with ferns, grasses, &c., and sent them to Sydney under the care of my zealous friend Capt. Mallard«[65], berichtete Ward später über die erste Reise zweier Kästen, die er wohl nicht zufällig bis ans andere Ende der Welt zum kolonialen botanischen Garten in Sydney schickte; ließ sich doch so die Potenz des neuen Transportmediums am eindrücklichsten demonstrieren. In den 1820er Jahren war die führende Pflanzenschule in London die Botanic Nursery Garden in Hackney, ein Familienunternehmen der Loddiges, deren Sammlung tropischer Pflanzen, von Orchideen bis zu Farnen, kaum ihresgleichen hatte. Dort wurden die Kästen nach Wards Vorgaben angefertigt und von dort stammt auch das Pflanzenmaterial für das Experiment.[66] Vier Monate später, am 23. November 1833 erhielt Ward einen Brief von Schiffskapitän Charles Mallard, in dessen Obhut er die Kästen gegeben hatte: »[Y]our experiment for the preservation of plants alive [...] has fully succeeded.«[67]

Im Februar 1834 wurden die Kästen, diesmal mit australischen Gewächsen besetzt, zurück nach London geschickt.[68] In der Folge nahmen zahlreiche Schiffskapitäne und Reisende während ihrer Überfahrten einzelne oder mehrere Wardsche Kästen zu Testzwecken mit und ab Mitte der 1830er Jahre verwendeten sie Sammler, kommerzielle Baumschulen und Gärtnereien zunehmend systematisch, um lebende Pflanzen über weite Strecken transportieren zu können. In den Wardian Cases, die sowohl Zier- als auch Nutzpflanzen wie Hanf, Tee, Gummi und Chinarinde um die Welt beförderten, kommen verschiedene Wissens- und Praxisfelder vom Gartenbau bis zur Schifffahrt und unterschiedliche Agenden von kolonialwirtschaftlichen bis zu wissenschaftlichen Interessen zusammen.[69] Die ersten Erprobungen Wardscher Kästen lagen dabei vornehmlich in den Händen amateurwissenschaftlich oder kommerziell agierender Akteure aus der (gartenbaulichen) Praxis – Gärtner, *gentleman scientists* und Mitglieder Londoner Horticultural Society[70] im Verbund mit Samenhändlern

65 Ward 1842, S. 46.

66 Allen 1996, S. 12. Das Teakholz bezoge Loddiges von alten Schiffen der Ostindien-Kompanie. Vgl. ebd., S. 6.

67 Vgl. Ward 1842, S. 77.

68 Vgl. ebd., S. 46-47; sowie Stuart McCook: »›Squares of Tropic Summer‹. The Wardian Case, Victorian Horticulture, and the Logistics of Global Plant Transfers, 1770-1910«, in: Patrick Manning, Daniel Rood (Hg.): *Global Scientific Practice in an Age of Revolutions, 1750-1850*, Pittsburgh 2016, S. 199-215, insb. S. 205.

69 Vgl. Lettsom 1799.

70 Mit der Gründung von Gesellschaften wie dieser ging eine Welle neuer Zeitschriften wie Curtis' *Botanical Magazine*, das *Botanical Register* und kurz darauf der *Gardener's Chronicle* einher. Vgl. McCook 2016.

und Seeleuten, die für den Transport verantwortlich waren.[71] Die rasche und weitläufige Verbreitung dieser Transportpraxis war eng an das weit verzweigte Netzwerk dieser Akteure geknüpft. Hinzu kamen staatliche und wissenschaftliche Institutionen wie die Botanischen Gärten. Das hing wiederum nicht zuletzt mit Wards eigener Vernetzung und sozialer Stellung zusammen. Seit 1817 war er Mitglied der Linnean Society of London und zudem mit Persönlichkeiten wie Sir William Hooker, Direktor der Royal Botanic Gardens, Kew, befreundet. Außerdem engagierte er sich für die botanischen Angelegenheiten der Society of Apothecaries, insbesondere ihren Chelsea Physic Garden.

Der zunächst über private Korrespondenzen und persönliche Kontakte verlaufende Austausch wurde durch veröffentlichte Briefe, Vorträge und Aufsätze rasch größeren Kreisen zugänglich.[72] 1836 druckte der *Companion for the Botanical Magazine* einen Brief von Ward an Sir William Hooker ab, zu dieser Zeit Regius-Professor für Botanik in Glasgow und später Direktor von Kew Gardens. Darin berichtete Ward von seinem Vorschlag einer »improved method of transporting plants«.[73] Als 1842 wiederum sein Buch erschien, listete

71 Der Gärtner und Sammler Robert Fortune, der unter anderem für den Edinburgh Botanical Garden und den Botanischen Garten der Londoner Horticultural Society in Chiswick arbeitete, setzte Wardian Cases auf seiner Reise nach China im Auftrag der Horticultural Society im Februar 1843 ein. Im Auftrag der Britischen Ostindien-Kompanie importierte er kurz darauf über 20000 junge Teepflanzen von China nach Indien. Vgl. hierzu Gadient 2010; Toby Musgrave: »The Remarkable Case of Dr Ward. A Victorian Fern Enthusiast Changed Gardening Forever«, in: *The Telegraph* 19.1.2002, o.S.

72 Der erste öffentliche Bericht erschien 1833. Vgl. Nathaniel Bagshaw Ward: »No. II. Letter Addressed to R.H. Solly, Esq., from N.B. Ward, Esq., Respecting His Method of Conveying Ferns and Mosses from Foreign Countries, and of Growing Them with Success in the Air of London«, in: *Transactions of the Society, Instituted at London, for the Encouragement of Arts, Manufactures, and Commerce* 50 (1833), S. 225-227. 1834 erschien ein kurzer Bericht in John Loudons *Gardener Magazin* sowie 1836 ein veröffentlichter Brief an William Hooker im *Companion to the Botanical Magazine*, vgl. Nathaniel Bagshaw Ward, »On Growing Ferns and Other Plants in Glass Cases, in the Midst of the Smoke of London, and on Transplanting Plants from One Country to Another, by Similar Means«, in: *Gardener's Magazine* 10 (1834), S. 207-208.

73 Ward 1835.

er im Anhang positive Berichte, die Personen und Institutionen aus Botanik, Gartenbau und von staatlicher Seite her bereitwillig abgaben und die ihm gleichsam als Zertifizierung ›seines‹ Prinzips dienten.[74] Unter anderem berichtete der in den Kolonialhandel involvierte Botaniker und Arzt Dr. William Stanger von einer Probe aufs Exempel, welche die Überlegenheit des Wardian Case gegenüber den bisherigen Transportbehältern demonstrieren sollte. Im Jahr 1839 unternahm er auf der Überfahrt vom australischen New South Wales über Kap Horn nach London einen Versuch mit zwei (nicht näher spezifizierten) Pflanzen derselben Art, von denen er die eine in einem Wardian Case und die andere in einer offenen Kiste unterbrachte und Letztere regelmäßig goss, während er sich um Erstere nicht weiter kümmerte. »On my arrival in the Thames«, so Stanger, »all the plants in the open case had perished except one, and that was looking very bad; while those in the closed one were very healthy and vigorous, not one having in the least suffered.«[75]

Diese und viele weitere Beispiele machen deutlich: Anders als sein Name suggerieren mag, war der Wardian Case kein Produkt eines Einzelnen. Das vermag gerade der Blick auf die materielle Kultur und die Benutzungsgeschichte zu zeigen. Er vielmehr aus einem Zusammenspiel von Praktiken, Wissensfeldern, Institutionen und Akteuren hervor. Gerade seine anfängliche materielle, epistemische und ontologische Offenheit machte den Wardian Case für unterschiedliche Formen, Anwendungsbereiche und Bedeutungszuschreibungen anschlussfähig und gleichermaßen lokal wie global einsetzbar. Davon ausgehend etablierte sich der Wardian Case ebenso im kommerziellen Handel wie in wissenschaftlichen Kontexten.[76] Beispielhaft hierfür sind die Königlichen Botanischen Gärten in Kew im Südwesten Londons als zentrale staatliche Anlaufstelle und globaler Umschlagplatz.[77] Dort wurden Wardian Cases bis Mitte des 20. Jahrhunderts zum festen Bestandteil

74 Außerdem hielt er verschiedene Vorträge über die Verfahrensweise – wie etwa im Jahr 1854 vor der Royal Society, in die er zwei Jahre zuvor aufgenommen worden war. Damit wurde das praktische Wissen in unterschiedlichen Feldern verbreitet, aufgenommen und wirksam.

75 Brief von W. Stanger an Ward, abgedruckt im Anhang von Ward 1842, S. 88.

76 McCook 2016, S. 200.

77 Zur Rolle von Kew Gardens in der zweiten Hälfte des 19. Jahrhunderts vgl. Daniel Hendrik: *The Tentacles of Progress. Technology Transfer in the Age of Imperialism, 1850-1940*, New York 1988; Lucille Brockway: *Science and Colonial Expansion. The Role of the British Royal Botanic Gardens*, New York 1974.

Abb. 7: Entpacken eines frisch in Kew Gardens eingetroffenen Wardian Case, ca. 1940er Jahre. Hier im Bilde ist Harry Ruck, der von 1912 bis 1957 als Pflanzenpacker und Lagerarbeiter in Kew Gardens tätig war. Im Vordergrund sind herkömmliche Transport-Holzkisten zu sehen.

der Verschickungspraxis (**Abb. 7**).[78] Innerhalb von fünfzehn Jahren erreichten bereits sechsmal so viele exotische Pflanzen die Gärten wie im gesamten vorigen Jahrhundert dort nicht eingetroffen waren.

Prozesse der Produktion, Verbreitung, der Anwendungen und Umnutzungen wie auch der Stabilisierung von Wissen, Praktiken und Materialien innerhalb der Naturkunde, wie sie beispielhaft im Wardian Case zum Ausdruck kommen, sind bereits seit einiger Zeit in den Fokus kulturwissenschaftlicher, wissenschafts- und sozialhistorischer Forschungen gerückt.[79] So befragen etwa botanikgeschichtliche

78 Der letzte Seetransport von Pflanzen aus Kew ging 1962 nach Fidschi. Heute werden Pflanzen in luftdicht versiegelten Polyurethanbeuteln vornehmlich per Flugzeug verschickt. Vgl. David R. Hershey: »Doctor Ward's Accidental Terrarium«, in: *The American Biology Teacher* 58 (1996) 5, S. 276-281, insb. S. 279; sowie Gadient 2010, S. 121.

79 Vgl. etwa Hershey 1996; McCook 2016; Mayer-Schwieger 2017; Richard Clough: »Opening the Wardian Case. Experiments in Plant Transportation«, in: *Australian Garden History* 19 (2007) 1, S. 4-6.

Arbeiten verstärkt die materielle Kultur, die Logistik und die sozialen Netzwerke naturkundlicher Praxis im 18. und 19. Jahrhundert und insbesondere die kolonialen globalen Verflechtungen des Pflanzentransports wie auch die weitreichenden und teilweise verheerenden ökologischen Folgen verbesserter Transporttechnologien und Infrastrukturen, die an der globalen Verbreitung etwa von Krankheiten maßgeblich beteiligt waren und sind.[80] Indem der Fokus von der akademischen Botanik, ihren staatlich-institutionellen Zentren und historiografischen Heldenerzählungen hin zu den Praktiken und »technologies-in-use«[81] verschoben wird, rücken bislang »unsichtbare Akteure«[82] und Verflechtungen in den Blick.

Eben darin sind Wardian Cases und Aquarien im 19. Jahrhundert vergleichbar. Denn auch Letztere entstanden weniger aus einem wissenschaftlichen Forschungsprogramm, sondern vornehmlich aus der Praxis, genauer gesagt aus dem Ineinandergreifen unterschiedlicher Wissensformen und Praxisfelder. Und auch sie erwiesen sich aufgrund ihres anfangs offenen Status für verschiedenste Diskurse und Kontexte als anschlussfähig. Im Gegensatz zu den Objekten, Praktiken und Medien der Botanikgeschichte im 19. Jahrhundert steht indes eine eingehende Auseinandersetzung mit den Objekten, Praktiken und Medien der Wissensproduktion über das Leben unter Wasser im 19. Jahrhundert noch weitgehend aus. Auch inhaltlich weisen die Geschichte des Wardian Case und des Aquariums Parallelen und Anschlüsse auf. Beide entstehen aus und antworten auf virulente Probleme ihrer Zeit: die Frage nach einer gereinigten Atmosphäre und daraus resultierend die Frage nach der praktischen Herstellung künstlicher Umwelten, die zugleich die Beziehungen und Wechselwirkungen zwischen Lebewesen und ihrer Umgebung in den Blick rücken.

80 Vgl. Ray Desmond: »The Problems of Transporting Plants«, in: John Harris (Hg.): *The Garden. A Celebration of One Thousand Years of British Gardening*, London 1979, S. 99-104; McCook 2016; William Beinart, Karen Middleton: »Plant Transfers in Historical Perspective. A Review Article«, in: *Environment and History* 10 (2004) 1, S. 3-29; Roy Ellen, Simon Platten: »The Social Life of Seeds. The Role of Networks of Relationships in the Dispersal and Cultural Selection of Plant Germplasm«, in: *Journal of the Royal Anthropological Institute* 17 (2011) 3, S. 563-84; Rigby 1998; Klemun 2012; Eric Pawson: »Plants, Mobilities and Landscapes. Environmental Histories of Botanical Exchange«, in: *Geography Compass* 2 (2008) 5, S. 1464-1477.

81 David Edgerton: *The Shock of the Old. Technology and Global History since 1900*, Oxford 2007, S. XI.

82 Vgl. Shapin 1989.

Ward selbst entwarf ein umfassendes, geradezu mit sozialutopischem Potenzial ausgestattetes Programm möglicher Anwendungsfelder für die Wardian Cases: Ärmeren Bevölkerungsschichten sollte die kastenförmige Zimmergärtnerei sinnvolle, ja sinnerfüllte Beschäftigung sein, einen demokratisierten Zugang zu Wissen bieten, der moralischen, wenn nicht religiösen Erbauung dienen und zugleich konkrete Ernährungs- und Gesundheitsprobleme in urbanen Zentren lösen (durch den Eigenanbau von Nutzpflanzen in Wardian Cases).[83] Ganz im Zeichen seiner ärztlichen Profession übertrug er zudem die Gründe für das schlechte Gedeihen oder gar Verkümmern seiner Pflanzen auf die Lebensbedingungen in Städten allgemein.

Es lag entsprechend nahe, die Einkapselung in eine künstliche, gereinigte Atmosphäre auf andere Lebewesen auszuweiten, die von den positiven Effekten des Wardian Case profitieren könnten. Ward beschloss daher seine Schrift mit der möglichen zukünftigen Anwendung des Wardian Case auf den Menschen, wodurch sich das Prinzip gleichsam umkehrte. Indem die gläserne Umgebung nun den Menschen selbst in eine »properly regulated atmosphere«[84] einschließen sollte, konnte sie in Wards Augen als Schutz- und zugleich Quarantäneräume bei der Therapie von Masern oder Schwindsucht dienen.[85] Im Zuge dessen projektierte Ward zudem – zumindest theoretisch – auch die Übertragung des Wardian Case auf die Haltung von Wasserpflanzen und -tieren.[86] Die praktische Umsetzung dessen erfolgte einige Jahre später, wenn auch nicht durch Ward selbst. Mit den gläsernen Kästen

83 Nathaniel Bagshaw Ward, W.H. Wills: »Back Street Conservatories«, in: *Household Words*, 14.12.1850, S. 271-275. Ward sah in der Welt der Pflanzenbeobachtung und Aufzucht im Kleinen gar die Möglichkeit einer »hortikulturellen Therapie«, die nicht zuletzt darauf zielte, die Verknüpfung von Gartenkunst und religiöser Naturerfahrung neu zu entdecken. Vgl. Ward 1842, S. 62. Entgegen der anvisierten Anwendungen zur Verbesserung der Lebenslage ärmerer Bevölkerungsschichten bevölkerten die Wardian Cases indes vornehmlich die Salons der wohlhabenden Schichten.

84 Ebd.

85 Ebd. Vgl. zu dieser Thematik auch Henrik Schoenefeldt: »Adapting Glasshouses for Human Use. Environmental Experimentation in Paxton's Designs for 1851 Great Exhibition Building and the Crystal Palace, Sydenham«, in: *Architectural History* 54 (2011), S. 233-73.

86 Ebd, S. 36; sowie Anonym: »Report from Mr. James Yates, as One of the Committee for Making Experiments on the Growth of Plants Under Glass, and Without any Free Communication with the Outward Air, on the Plan of Mr. N.B. Ward, of London«, in: *Report of the Seventh Meeting of the British Association for the Advancement of Science, held in Liverpool in September 1837* 6 (1838), S. 501-505, insb. S. 505.

waren jedoch wichtige materielle und epistemische Grundlagen für jene weitere Version gläserner Miniaturumwelten im Heim gelegt, die unter dem Namen Aquarium um 1850 von England ausgehend ganz Europa eroberte und um deren Geschichte es im Folgenden geht.

Stabilisieren I

Das *balanced aquarium*. Ausgeglichene Kreisläufe und »green slimy matter«

In »a small tank in the heart of London«[1] begann der Londoner Chemiker Robert Warington im Jahr 1849 mit Wasserpflanzen und -tieren zu experimentieren, um das aquatische Leben und insbesondere die Wechselbeziehungen zwischen der Flora und Fauna der Unterwasserwelt zu erforschen. Der Mitbegründer der Chemical Society of London gehörte zu jenen, die zu Beginn der 1850er Jahre bereits eigene systematische Versuche mit Aquarien im eigenen Heim anstellten.

Die besondere Herausforderung der Aquarienpraxis lag in der praktischen Notwendigkeit, für die Tiere zumindest eine Minimalumwelt herzustellen. Wassertiere waren ohne ihre aquatische Umgebung weder denkbar noch handhabbar. Die Einrichtung und Stabilisierung einer solchen eigenen Lebenswelt im Aquarium setzte wiederum eine möglichst umfassende Kenntnis der Lebensbedingungen unter Wasser voraus. Von Anfang an ging es bei Aquarientieren weniger um Einzelwesen, um individuelle Heimtiere als um ein Ensemble aus Tierzusammenstellungen und Umwelt, deren Wechselbeziehungen entscheidend waren. Die ersten Heimaquarien rückten damit die *Beziehungen* zwischen den Lebewesen in den Blick. Zwar war es Mitte des 19. Jahrhunderts keineswegs neu, lebende Wassertiere im eigenen Heim zu halten.[2] Bis zu dieser Zeit war es jedoch – wie noch

1 Robert Warington: »Notice of Observations on the Adjustment of Relations between the Animal and Vegetable Kingdoms, by which the Vital Functions of Both are Permanently Maintained«, in: *Quarterly Journal of the Chemical Society* 3 (1851), S. 52-54, hier S. 52; zu Waringtons frühen Experimenten vgl. auch Mareike Vennen: »›Echte Forscher‹ und ›wahre Liebhaber‹. Der Blick ins Meer durch das Aquarium im 19. Jahrhundert«, in: Alexander Kraus, Martina Winkler (Hg.): *Weltmeere. Wissen und Wahrnehmung im langen 19. Jahrhundert*, Göttingen 2014, S. 84-102.

2 Zur Geschichte der Haustierhaltung vgl. Kynast 2016; Benecke 1994; Zeuner 1967.

heute beim Goldfischglas – gängige Praxis, *einzelne* Tiere *isoliert* in wassergefüllten Behältern unterzubringen.[3] Aufgrund des Sauerstoffverbrauches musste dabei das Wasser regelmäßig gewechselt werden. Eben dies unterschied in der Sicht der Zeitgenossen sämtliche bisherigen Versuche qualitativ von dem, was fortan mit dem neuen Begriff »Aquarium« belegt wurde.

Robert Waringtons Aquarium

Waringtons erste »experimental investigation«[4] bildete den Auftakt einer ganzen Reihe von Versuchen über Süß- und Salzwasseraquarien, deren Ergebnisse späterhin zu den Grundlagen der Aquaristik erklärt wurden.[5] Was sich an diesem frühen Schauplatz privater Aquarienpraxis formiert, war ein gänzlich neues Wissen über das Leben unter Wasser. Waringtons erstes Experiment bestand zunächst schlicht darin, einen etwa 45 Liter fassenden Behälter bis zur Hälfte mit Quellwasser zu füllen und mit Sand, einigen Steinen sowie zwei Goldfischen und der Wasserpflanze *Vallisneria spiralis* zu besetzen.[6] Mit dieser einfachen Anordnung suchte er einen geschlossenen chemischen Stoffkreislauf im Aquarium zu etablieren: Genau wie in der Natur sollten die Wasserpflanzen den Sauerstoff produzieren, den die Tiere des Wassers fortlaufend verbrauchten und diese wiederum den Kohlensäurebedarf der Pflanzen decken. Ziel dieses Kreislaufs stofflicher Umwandlungen war ein sich selbst erhaltendes Gleichgewicht zwischen den Tieren und

3 Sowohl die Goldfischhaltung als auch die ästhetisch und züchterisch motivierte heimische Fischhaltung in Bassins, deren Wurzeln historisch weit zurückreichen, stammen jedoch aus anderen Traditionslinien als das Aquarium. Für eine Bibliografie früherer Formen der Fischhaltung vgl. Rehbock.

4 Warington 1851, S. 52.

5 Dass sich die Erfindung des Aquariums nicht auf einen Namen zuspitzen lässt, zeigt sich etwa darin, dass Robert Warington und der Naturforscher und Aquarienpionier Philip Henry Gosse zeitgleich, jedoch unabhängig voneinander ähnliche Experimente mit vergleichbaren Ergebnissen durchführten. Vgl. Philip Henry Gosse: »On Keeping Marine Animals and Plants Alive in Unchanged Sea-Water«, in: *Annals and Magazine of Natural History* 10 (1852) 58, S. 263-268; sowie William Hodson Brock: »The Warington-Gosse Aquarium Controversy. Two Unrecorded Letters«, in: *Archives of Natural History* 18 (1991) 2, S. 179-183.

6 Warington 1851, S. 52.

Pflanzen – »that admirable balance sustained between the animal and vegetable kingdoms«.[7] Dieses Gleichgewicht war hier entscheidend und wurde als ›natürliches Gleichgewicht‹ gefasst.

Über den Zweck seines ersten Versuchs mit Aquarien schrieb Warington: »My experiment has reference to the healthy life of fish preserved in a limited and confined portion of water.«[8] In dem kleinformatigen Raum erwies sich die Frage nach der Luft- und Wasserqualität als existenziell. Mit der richtigen Einrichtung des Aquariums ging es Warington darum, für klares Wasser und reine Luft im Inneren zu sorgen und so die Lebewesen »in a healthy condition« zu halten.[9] Das Aquarium war somit in einen experimentellen Wissenskontext eingeschrieben und diente ihm, ebenso wie vielen weiteren Amateurforschern um die Jahrhundertmitte, als Objekt und Medium heimbasierter Naturforschung.[10]

Das Überleben der Tiere und Pflanzen in der künstlichen Umgebung des Aquariums zu sichern, setzte spezifisches Wissen über die Beziehungen der Lebewesen untereinander voraus. Genau darum ging es in Waringtons experimenteller Praxis. Sein theoretischer Erkenntniseinsatz fiel somit anfangs mit dem praktischen Versuch zusammen, ein Aquarium überhaupt anzulegen und ›richtig‹ einzurichten. Und das bedeutete in erster Linie, ein möglichst »selbstgenügsames« Aquarium zu schaffen. Eben das war ein zentraler Punkt heimischer Aquarienpraxis: die Nachahmung natürlicher Kreisläufe im überschaubaren Experimentalraum zu dem Zweck, ein inneres, sich selbst erhaltendes Gleichgewicht herzustellen.[11] Damit zielte die fachgemäße Einrichtung

7 Ebd. Für einen Überblick zur Geschichte des Kreislaufbegriffs vgl. Schramm 1997; Georg Toepfer: »Kreislauf«, in: ders.: *Historisches Wörterbuch der Biologie. Geschichte und Theorie der biologischen Grundbegriffe*, Bd. 2 Gefühl–Organismus, Stuttgart/Weimar 2011, S. 302-339; Joseph Vogl: »Kreisläufe«, in: Anja Lauper (Hg.): *Transfusionen. Blutbilder und Biopolitik in der Neuzeit*, Zürich 2005, S. 99-117.

8 Warington 1851, S. 52.

9 Robert Warington: »On Preserving the Balance between Animal and Vegetable Organisms in Sea Water«, in: *Annals and Magazine of Natural History* 12 (1853a) 71, S. 319-324, hier S. 321.

10 Zur Geschichte des Aquariums im Kontext (amateur-)wissenschaftlicher Forschung vgl. Nyhart 2009, Kapitel 4.

11 Zu Begriff und Geschichte des Gleichgewichts vgl. Engelbert Schramm: »Gleichgewicht«, in: *Archiv der Geschichte der Naturwissenschaften* 7 (1983), S. 355-358; Georg Toepfer: »Gleichgewicht«, in: ders.: *Historisches Wörterbuch der Biologie. Geschichte und Theorie der biologischen Grundbegriffe*, Bd. 2 Gefühl–Organismus, Stuttgart/Weimar 2011, S. 98-116; Frank N. Egerton: »Changing Concepts of the Balance of Nature«, in: *Quarterly*

eines internen Stoffaustausches im gläsernen Behälter – wie kurz vor ihm der Wardian Case – auf eine möglichst vollkommene Autonomie des Aquarium-Inneren von den Bedingungen der Außenwelt.

Dieser Einsatz wird umso greifbarer, wenn man sich klarmacht, an welche Praktiken die Haltung aquatischer Tiere bis in die frühen 1850er Jahre gebunden war. In Edinburgh legte bereits im Jahr 1790 der schottische Anwalt und *gentleman scientist* Sir John Graham Dalyell eine Sammlung lebender mariner Tiere an. Um seine an der schottischen Küste gesammelten Seeanemonen und Krebse beobachten zu können, setzte Dalyell sie einzeln in verschieden große, mit Meerwasser gefüllte Glasgefäße, die er auf der Fensterbank seines Arbeitskabinetts platzierte. Aufgrund des Sauerstoffverbrauchs musste das Wasser regelmäßig gewechselt werden. Daran erinnerte rückblickend der Londoner Aquarienhändler William Alford Lloyd: »[I]n the year 1790 – there might have been seen trudging along the streets of Edinburgh an ›old blue-coated serving-man‹, carrying an earthenware pitcher or jar, of three or four gallons capacity. That pitcher contained sea-water for the marine aquarium of Sir John Graham Dalyell, Bart., who thus employed a man, or probably a succession of men [during] a period of sixty-one years.«[12] Einzig die fortwährende Bewegung von Menschen und Wasser auf den Verkehrs- und Transportwegen zwischen Meer und Stadt – in Dalyells Fall zwei- bis dreimal die Woche – sicherte den notwendigen permanenten Wassernachschub bei dieser frühen Praxis der Wassertierhaltung. Einen solchen Aufwand konnte sich freilich nur leisten, wer über ausreichend Zeit, Mittel und Bedienstete verfügte. Denn folgt man Lloyds Rechnung, wurden allein für den Unterhalt des Aquariums von Sir John Graham Dalyell in sechzig Jahren stolze 39.650 Meilen (63.810 Kilometer) zurückgelegt.[13]

Sechzig Jahre später ging es dem Chemiker Robert Warington darum, mit Tieren und Pflanzen gemeinsam einen geschlossenen Stoffkreislauf und dadurch ein selbsterhaltendes Gleichgewicht im Aquarium herzustellen, das die ständigen Wasserwechsel überflüssig machte. Sein Aquarium sollte möglichst unabhängig von äußerlichen Interventionen sein. Er rekurrierte dabei wie kurz zuvor Ward auf ein Kreislaufdenken, das bereits im 18. Jahrhundert für die Beschrei-

Review of Biology 48 (1973), S. 322-350; A.J. Jansen: »An Analysis of ›Balance in Nature‹ as an Ecological Concept«, in: *Acta Biotheoretica* 21 (1972), S. 86-114.

12 William Alford Lloyd: »Aquaria, their Present, Past and Future«, in: *Popular Science Review* 15 (1876), S. 253-265, hier S. 253.

13 Ebd.

bung von Lebensprozessen und Stoffkreisläufen prominent war.[14] Für Warington, der die bereits bekannten Prinzipien des Gasaustausches zwischen Tieren und Pflanzen auf das aquatische Element anwendete, diente das Aquarium dem experimentellen Nachweis eines Wissens um tier-pflanzliche Stoffkreisläufe. Dieses ging auf Forschungsarbeiten aus dem 17. und 18. Jahrhundert zurück, das indes erst jetzt auf das Leben im Wasser übertragen und im überschaubaren Raum des Aquariums unter experimentellen Bedingungen erprobt wurde. Warington stellte sich selbst explizit in eine Genealogie chemischen Wissens.[15] An dieses chemische Wissen um Atmung, Sauerstoff und Stoffumwandlungen anschließend, suchte er ein Gleichgewicht im Aquarium durch einen Austausch von Gasen zwischen den Fischen und Pflanzen zu erreichen. Hierbei kamen ihm seine Arbeiten in analytischer Chemie, die er zwischen 1828 und 1831 an der jüngst eröffneten London University vorgelegt hatte,[16] ebenso zugute wie seine jahrelange Erfahrung als Brauereichemiker und später als *Chemical Operator* im Laboratorium der Society of Apothecaries.[17] Mit chemischen Wasseranalysen,

14 Zum Kreislaufdenken bei Warington vgl. Hamlin 1986, insb. S. 134-138.

15 Im historiografischen Teil der frühen Aquarienschriften wurden meist Antoine Lavoisier mit seinen Forschungen zum Sauerstoff, Joseph Priestleys Studien zum Gasaustausch im Pflanzenreich und Jan Ingenhousz mit seinen Fortsetzungen zur Fotosynthese-Forschungen erwähnt. Eine weniger explizite, jedoch zentrale Einflusslinie bestand im Anschluss an die Tradition neuzeitlicher Experimentalwissenschaften, die mit Glasbehältern Versuche anstellten. Vgl. etwa Edwin Lankester: *The Aquavivarium, Fresh and Marine; Being an Account of the Principles and Objects Involved in the Domestic Culture of Water Plants and Animals*, London 1856, S. 2.

16 Warington war zunächst Schüler des Chemikers John Thomas Cooper, dann von 1828 für drei Jahre Assistent von Edward Turner, dem ersten Chemieprofessor der neueröffneten London University und unterrichtete dort die praktischen Chemieklassen. Zu den Publikationen im Bereich analytischer Chemie zählten Robert Warington: »Examination of a Native Sulphureted of Bismuth«, in: *The Philosophical Magazine or Annals of Chemistry, Mathematics, Astronomy, Natural History, and General Science* 9 (1831), S. 29-31.

17 1831 verließ er den akademischen Betrieb und arbeitete bis 1839 als Chemiker in der Brauerei Truman, Habury and Buxton, bis er 1842 mit seiner Familie auf das Gelände der *Apothecaries Hall* zog, wo er bis 1866, ein Jahr vor seinem Tod, das chemische Laboratorium betreute. Die Worshipful Society of Apothecaries of London war zugleich Handels- und Wissenschaftsinstitution, die bereits 1672 ein chemisches Laboratorium einrichtete, wo unter anderem Chemikalien, Medikamente und pharmazeutische Produkte hergestellt wurden. Vgl. Anonym: »The Apothecaries' Hall, Water Lane, Bridge Street, Blackfriars«, in: *The British Metropolis in 1851. A Classified Guide to London*, London 1851, S. 199-200; sowie Charles Dickens: »Apothecaries«,

Stoffkreisläufen und Gärungsprozessen bestens vertraut, wusste er theoretisches chemisches Wissen mit dem Praxiswissen angewandter Chemie kurzzuschließen – eine Verbindung, die für die frühe Geschichte des Aquariums von zentraler Bedeutung war.

Doch war dies keineswegs ein Garant für schnellen Erfolg. Wie prekär anfangs die Haltung aquatischer Lebewesen außerhalb ihres ursprünglichen Lebensraums war, musste Warington am eigenen Leib erfahren. Nachdem in seinem ersten aufgestellten Aquarium zunächst alles nach Plan zu verlaufen schien, wie er 1853 den Mitgliedern der *British Association for the Advancement of Science* berichtete,[18] begannen abgestorbene Pflanzenteile zu faulen, und das Wasser wurde trüb, was schließlich zur Ausbildung von »green slimy matter, on the surface of the water and on the sides of the receiver« führte.[19] Die Überproduktion verwesender Stoffe resultierte, das war Warington klar, in der Verunreinigung des Wassers und das wiederum im raschen Tod der Fische. Die sich ausbreitende schlammige Bodenschicht aus totem organischem Material war gleichzeitig ein Sicht- und Stoffproblem und erschien ihm als Abfallprodukt und eklatanter Störfaktor. Mehr noch: War der permanente Stoffkreislauf einmal unterbrochen und dadurch der Zirkulationsraum als Stauraum stillgestellt, drohte das Aquarium sich in jenen geschichtsträchtigen Ort der Stagnation zu verwandeln, der bereits seit Hippokrates mit Krankheit und Tod assoziiert wurde: der Sumpf.[20] Gerade da also, wo es Warington um die eindeutige Bestimmung und Anordnung einzelner benennbarer Elemente und ihre ›richtige‹ Zusammensetzung ging, erwies sich sein Aquarium als schlammiger Raum. Die Beziehungen zwischen den Lebewesen stellten sich komplexer dar als gedacht.

Warington blieb nichts anderes übrig, als die Einrichtung des tier-pflanzlichen Stoffkreislaufs zu überdenken. Die Störung des labilen Gleichgewichts verlangte eine Modifikation der inneren Zusammensetzung im Aquarium, mithin eine Neuanordnung des ganzen

in: *Household Words* 14 (1856) 333, S. 108-115. Zur Geschichte der Gesellschaft vgl. Penelope Hunting: *A History of the Society of Apothecaries*, London 1998.

18 Warington 1851, insb. S. 52.

19 Ebd., S. 53.

20 Vgl. Jan Behnstedt, Christina Hünsche, Alexander Klose, Helga Lutz: »Einleitung«, in: Butis Butis: *Stehende Gewässer. Medien der Stagnation*, Zürich 2007, S. 7-27. Dieser hygienische Diskurs um das Wasser war Mitte des 19. Jahrhunderts in Debatten um Privathaushalte wie städtische Einrichtungen virulent, vgl. hierzu Mareike Vennen: »Die Hygiene der Stadtfische und das wilde Leben in der Wasserleitung. Zum Verhältnis von Aquarium und Stadt im 19. Jahrhundert«, in: *Berichte zur Wissenschaftsgeschichte* 36 (2013) 2, S. 148-171.

Systems. Daher machte er sich daran herauszufinden, welche Elemente und Parameter in seinem Aquarium störten – die verwesenden Pflanzen – und wie diese zu beseitigen waren. Probeweise setzte er daher einige Exemplare der Wasserschnecke *Limnea stagnalis* zu den Pflanzen und Fischen in sein Aquarium. Tatsächlich erwiesen sie sich als »very useful little scavenger, whose beneficial functions have been too much overlooked in the economy of animal life«.[21] Auf die zunehmende Verschlammung seines Aquariums reagierte Warington folglich, indem er einen neuen Akteur hinzufügte, wodurch der anfänglich rein chemisch konzipierte Sauerstoff-Kohlensäure-Kreislauf im Versuch eine organische Erweiterung erfuhr. Gerade die Stockung wurde so zum Motor für die Gewinnung neuer Erkenntnisse über die (Stoff-)Kreisläufe unter Wasser.[22] Neben dem Gasaustausch zwischen Pflanzen und Fischen galt es also, so Waringtons Ergebnis, eine weitere biologische Komponente mit einzubeziehen, die den chemischen Gasaustausch ergänzte.

Hier wird deutlich, wie erst das Zusammenwirken verschiedener Wissensfelder sein Aquarium zum funktionsfähigen Lebensraum machte: Chemisches Wissen über den tier-pflanzlichen Gasaustausch musste mit biologischem Wissen über die Fressgewohnheiten der Schnecke kurzgeschlossen werden. Und tatsächlich schien mit der Schnecke eben jenes fehlende Bindeglied gefunden, um den Kreislauf im Inneren des Aquariums (zumindest vorerst) zu schließen: Komplementär zur »purifying action of the plant«[23], die das Wasser durch die Umwandlung von Kohlenstoff in Sauerstoff reinigte, übernahm die Schnecke auf die ihr eigene Weise eine ›Reinigungsarbeit‹. Denn *Limnea stagnalis* diente nicht nur als Nahrung für die Fische; vor allem fraß sie die abgestorbenen Pflanzenteile und verhinderte dadurch eine übermäßige Veralgung. Auf diese Weise wurde die Überproduktion organischer Abfälle ausgeglichen. Mit dieser Kombination aus

21 Warington 1851, S. 53. Auf die Frage, wie er gerade auf die Schnecke als fehlende Zutat gekommen war, ging Warington in seinem Bericht nicht ein, woraufhin viele der folgenden Aquarienschriften diese Leerstelle mit voneinander abweichenden Erklärungen zu füllen versuchen. Vgl. etwa Arthur M. Edwards: *Life beneath the Waters; or, The Aquarium in America*, New York/London 1858, S. 18-19.

22 Zur wissenskonstitutiven Funktion von Störungen vgl. Koch/Petersen 2011, S. 7-12.

23 Robert Warington: »On Some Alterations in the Composition of Carbonate-of-Lime Waters, Depending on the Influence of Vegetation, Animal Life, and Season«, in: *Annals and Magazine of Natural History* 1 (1868) 2, S. 145-151, hier S. 151.

Abb. 8: Eine 5×5 cm große Skizze von Robert Warington zur experimentellen Anordnung eines *balanced aquarium*, Anfang der 1850er Jahre.

Pflanzen, Fischen und Schnecken, die bald darauf zum Musterset für die Herstellung eines selbsterhaltenden Gleichgewichts avancierten, gelang es Warington, sein Aquarium ganze vier Jahre lang »in a healthy state«[24] zu erhalten – ohne das Wasser je wechseln zu müssen.

Von dieser Anordnung fertigte Warington eine Skizze an, die alle Komponenten des *balanced aquarium* – inklusive der Schnecken – festhielt (**Abb. 8**). Auf der 5×5 Zentimeter großen Zeichnung ist der Aquarienbehälter, der die tier-pflanzliche Gemeinschaft zugleich einfasste und ansichtig machte, in Form schwarzer Ränder eingetragen. Die schraffierten Stellen am inneren Rand links und rechts stellen eine räumliche Tiefe her, die klarmacht, dass das Aquarium nicht nur eine plane (Ansichts-)Fläche bot, sondern einen dreidimensionalen Raum bildete, einen Experimentalraum, in dessen Innern stoffliche Austauschprozesse stattfinden. Gleichzeitig machte das Aquarium als Blickdispositiv diese Prozesse beobachtbar. Die Rahmung machte durch Begrenzung und Umgrenzung den Unterwasserraum als klar definierten Innenraum überschaubar und übernahm somit eine epistemische Funktion der Grenzziehung, indem der Rahmen das experimentelle Setting herstellte und gleichzeitig den Blick inwärts lenkte und nach außen hin begrenzte.

24 Robert Warington: »Memoranda of Observations Made in Small Aquaria, in which the Balance Between Animal and Vegetable Organisms was Permanently Maintained«, in: *Annals and Magazine of Natural History* 14 (1854) 83, S. 366-373, insb. S. 366-367.

Balanced aquarium

Mit seinen ersten Aquarienversuchen und insbesondere durch die Erweiterung seiner experimentellen Anordnung um einen neuen Akteur, die Schnecke, schuf Robert Warington die Grundlage des sogenannten *balanced aquarium*.[25] Mit seinem Namen verband sich fortan, was zu einem wichtigen Untersuchungsfeld der Aquaristik wurde. Dabei handelt es sich um eine Wissensfigur, die sich zugleich im konkreten Objekt des Aquariums und in seiner inneren Anordnung materialisieren sollte. Als sich im Laufe der 1850er Jahre die Bezeichnung ›Aquarium‹ zunehmend durchsetzte, war mit diesem Begriff zunächst fast immer ein *balanced aquarium* gemeint. Aquarien waren damit in den Augen ihrer Besitzer mehr als nur Wasserbehälter aus Glas. Erst wenn durch die richtige Einrichtung, also im Verbund von Tieren, Pflanzen und eventuell weiteren Umgebungselementen, ein selbsterhaltendes Gleichgewicht geschaffen war, konnte in den Augen der Aquarianer von einem Aquarium überhaupt die Rede sein.

Im *balanced aquarium* konstelliert sich folglich eine spezifische Beziehung zwischen dem Lebendigen, der Vorstellung eines natürlichen Gleichgewichts und dem Prinzip der Selbstregulierung. Diese Figur stieg in den folgenden Jahren zu einer zentralen Wissensfigur der Aquaristik auf. Der Natur und ihrer Nachbildung im Aquarium wurde hier die Fähigkeit des Selbsterhalts zugeschrieben und dies herzustellen war der programmatische Einsatz der frühen Aquarianer. Während bislang – sei es im klassischen Goldfischglas oder in Fischzuchtbassins – ein ständiger Wasserwechsel nötig gewesen war, sollte das Aquarium möglichst unabhängig von äußerlichen Interventionen sein. Der stoffliche Austausch zwischen Tieren und Pflanzen sollte, so die Idee, die Produktion von Überschüssen in einen Prozess kontinuierlicher Kompensationen überführen. Zwei zentrale Konzepte – die Vorstellung eines geschlossenen Kreislaufs zwischen Tieren und Pflanzen und die Idee eines sich selbst erhaltenden Gleichgewichts – waren auf diese Weise untrennbar verknüpft.

Der Aquarianer sah sich dabei in der Rolle, im »Buche der Natur« lesend deren Zusammenhänge zu erkennen und im Aquarium nachzubilden. Die dem *balanced aquarium* zugrunde liegende Vorstellung einer im Kleinen (re-)konstruierbaren Natur verstand sich als eine Kunst der

25 Den Ausdruck *balanced aquarium* verwendete Warington selbst noch nicht, doch wurde die Konzeption ihm im zeitgenössischen wie auch später im historiografischen Aquariendiskurs eindeutig zugeschrieben.

Kombinatorik, bei der die Kenntnis um die einzelnen Komponenten und ihre richtige Anzahl, Zusammensetzung und Anordnung zu einem selbsterhaltenden Gleichgewicht führt. Der Aquarianer detektierte also jene Elemente und Verhältnisse, die für ein Gleichgewicht im Aquarium notwendig waren, um dieses dann (bestenfalls) sich selbst zu überlassen. Denn einmal ins richtige Verhältnis zueinander gesetzt, wurde dem inneren Stoffkreislauf im Aquarium die Fähigkeit des Selbsterhalts und der Selbstregulation zugesprochen: »An *Aquarium* should be constructed on such principles that it will be, to a certain extent, a world in miniature, being self-supporting, self-renovating and, in fact, nature on a small scale removed into our parlor.«[26]

Hierfür war wiederum eine möglichst umfassende Kenntnis der Lebensbedingungen unter Wasser notwendig. Die heimische Aquarienpraxis machte also eine Erforschung der *Beziehungen* zwischen den Lebewesen und Wechselwirkungen mit ihrer Umgebung zur praktischen Notwendigkeit, von der das Überleben der Organismen im Aquarium abhing. Eben dieses praktische Wissen um Zusammenhänge wurde von den frühen Aquarianern schnell zum epistemischen Programm erhoben. Und mit diesem Einsatz setzten sie sich zugleich explizit von der zeitgenössischen taxonomisch ausgerichteten Zoologie ab, die sich zu dieser Zeit noch vornehmlich dem einzelnen Organismus widmete und Formvergleiche zwischen Lebewesen anhand äußerer Merkmale vornahm. Das Aquarium ermögliche dagegen eine »imitation of nature, not in outward appearance merely, but in *conditions*«[27], wie 1870 der Naturforscher Shirley Hibberd über den Anspruch der frühen Aquarianer schrieb. Hier waren nicht nur Kenntnisse der *sichtbaren* Beziehungen und morphologischen Vergleiche zwischen einzelnen Lebewesen entscheidend,[28] sondern ebenso ein Wissen um die *unsichtbaren* Beziehungen, welche die aquatischen Lebewesen miteinander unterhielten. Die Erfindung des Aquariums ist damit ein wichtiger, und bislang vernachlässigter, Schauplatz jenes umfassenden epistemischen Übergangs von einem weitgehend kontextunabhängigen taxonomischen Wissen hin zu einem Kontextwissen,

26 Edwards 1858, S. 15 (kursiv im Original).

27 Hibberd 1856a, S. 47.

28 Neben zoologischen Studien spielten Aquarien in der zweiten Hälfte des 19. Jahrhunderts auch in physiologischen Versuchen eine wichtige Bedingung, allerdings vor allem als Wasserreservoirs für die Lebenserhaltung der Untersuchungsobjekte, weshalb sie keine Aquarien im engeren Sinne darstellten. Vgl. Sven Dierig: *Wissenschaft in der Maschinenstadt. Emil Du Bois-Reymond und seine Laboratorien in Berlin*, Göttingen 2006.

das Wechselwirkungen und Funktionszusammenhänge zwischen den Lebewesen mitbedenkt.

Heimische Aquarienpraxis

Die Praxis der Aquarienhaltung war dabei anfangs untrennbar mit dem privaten Heim verbunden und auf dieses angewiesen. Zunächst hatte das Aquarium im Wohnraum keinen festgeschriebenen Ort, es fand sich in Studierstuben, Schlafzimmern, in der Küche, häufig nah am Fenster. Die zunächst improvisierenden Amateure griffen dabei auf die Gegenstände wie auch die Räumlichkeiten im eigenen Haushalt zurück.[29] Im Haus von Philip Henry Gosse beispielsweise, ebenfalls ein englischer Amateuraquarianer der ersten Stunde, waren Aquarien verschiedenster Form und Größe auf einem großen, nah am Fenster platzierten, Tisch in der Wohnstube (»sitting-room«) aufgestellt, die dadurch zum Studierzimmer avancierte.[30]

Der private Haushalt erwies sich auch deshalb als geeigneter Ort, da die Einheit von Wohn- und Experimentierstätte den Aquarianern eine kontinuierliche Beobachtung zu jeder Tages- und Nachtzeit ermöglichte. Mit dieser bequemen Zugänglichkeit zum Unterwasserraum versprachen die Heimaquarien eine neue Form der Naturbeherrschung. Wie viele Beobachtungen tatsächlich zu nächtlicher Stunde angestellt wurden, belegen die frühen Aquarienschriften vielstimmig – angefangen bei Robert Warington, der sich von der Beobachtung des nächtlichen Treibens im Aquarium neue Erkenntnisse versprach.[31] Die heimische Aquarienpraxis ermöglichte also eine individuelle, langfristige und weitgehend ungestörte Beobachtung des Geschehens im Innern der Behälter. In diesem Sinne schrieb William Alford Lloyd, der 1858 in London das erste Aquariengeschäft eröffnete, an die Naturkundlerin Margarete Gatty:

29 Vgl. etwa Ernst Bade: *Praxis der Aquarienkunde. Süßwasser-Aquarium, Seewasser-Aquarium, Aqua-Terrarium*, Magdeburg 1899, S. 148.

30 Vgl. Eliza Gosse: »Appendix I. Reminiscences of my Husband From 1860 to 1888«, in: Edmund Gosse: *The Life of Philip Henry Gosse*, London 1890, S. 353-373, hier S. 355.

31 Robert Warington: »Observations on the Natural History and Habits of the Common Prawn, *Palaemon serratus*«, in: *The Zoologist* 13 (1855), S. 4695-4701, hier S. 4698. Vgl. auch Warington 1853a, S. 319-320; ders. 1854a, S. 366-67; Karl Möbius: »Das Verhalten einiger Fische bei Nacht«, in: *Der Zoologische Garten* 8 (1867) 4, S, 148-150.

»I am thinking of setting up (in my bed-room […]) a Tank exclusively for Rhodosperms. […] By keeping it at home […], I shall have a chance of preserving specimens in something like a state of integrity, and such a thing would be impossible […] in any room where anyone could be admitted! […] I like having things in my bed-room, as I see them mornings and evenings when I am too tired or too lazy to go into any other room to look at them, and besides, most marine creatures are nocturnal.«[32]

Die unterschiedlichen und selbst die intimsten Wohnräume wurden damit zum genuinen Ort naturkundlicher Beobachtung.[33] Die Geschichte des Aquariums ist somit nicht ohne die Rolle des bürgerlichen Wohnraums als Wissensraum zu denken und umgekehrt gilt es, das Aquarium als Wissensraum in der Geschichte der Wohnpraxis zu berücksichtigen. Es sind somit einmal mehr gerade vermeintlich randständige Orte und Akteure außerhalb institutioneller Kontexte, die sich für die Geschichte des Aquariums ebenso wie für eine Geschichte experimenteller Naturforschung als bedeutsam erweisen.[34]

Das Wissen, das zur Lebenserhaltung aquatischer Tiere und Pflanzen im Aquarium notwendig war, musste freilich zunächst vor allem mit Verlusten erkauft werden. Das richtige Einrichten eines Aquariums war anfangs weitgehend von Zufällen und Unfällen bestimmt, und eine weitgehend improvisierende Praxis, die der Bastelei nahestand.[35] Viele Aquarienexperimente waren daher gar nicht von konkreten wissenschaftlichen Fragestellungen oder auch nur Kenntnissen geleitet, sondern von Zufällen. So erfolgte beispielsweise die Zusammenstellung der ersten Aquarienpopulation des britischen Naturforschers und Amateuraquarianers James Scott Bowerbanks »rather from a notion of

32 William Alford Lloyd an Margarete Gatty, 5.10.1860, in: Sheffield Archives: MD2138.

33 Für Fallstudien nicht-institutionalisierter Orte der Wissensproduktion vgl. Livingston/Withers 2011; Lightman/Fyfe 2007; von Oertzen/Rentetzi/Watkins 2013; Cooper 2006.

34 An beiden Kontexten waren zahllose »unsichtbare Akteure« beteiligt, die in den Archiven und Publikationen nur bedingt auffindbar sind. Vgl. Shapin 1989. Christian Reiß hat dies anhand der heimischen Aquarienforscherin Marie von Chauvin dargelegt. Vgl. Reiß 2014, insb. Kapitel 4.2.

35 Zum ›Tinkering‹ in der Laborpraxis vgl. Karin Knorr-Cetina: »Tinkering Toward Success. Prelude to a Theory of Scientific Practice«, in: *Theory and Society* 8 (1979), S. 347-526. Zur Geschichte der Figur des Bastlers vgl. Christoph Eggersglüß: »Bastlergeschichte(n). Was es heißt, Tinkerer zu sein«, in: *eject – Zeitschrift für Medienkultur* 1 (2011), S. 35-49.

providing the creatures with the general surroundings of their actual habitats than from any knowledge he had of the chemical operations of plants and insects or other animals on each other«[36], wie sich der Ingenieur und Aquarienhändler William Alford Lloyd 1873 rückblickend erinnerte. Gleiches galt für die Versuche des Weymouther Naturkundlers William Thompson, der sich 1853 ein Meerwasseraquarium einrichtete, das er mit lebendigen Fundstücken seiner Strandspaziergänge bestückte. Zunächst musste er das Wasser häufig wechseln, um es klar zu erhalten, bis ihm nach eigener Aussage der Zufall eines Tages zu Hilfe kam:

> »[A]ccident caused me to place some plants of Delesseria and Rhodymenia in the vessel [...]. [A] storm threw on the beach a quantity of weeds attached to pieces of stone; [...] [which] attracted my attention by the beauty of their fronds. I took them home and placed them in a vessel of salt-water which contained Crustacea [...].«[37]

Kontinuierliche Beobachtung und das eher akzidentielle, ästhetisch motivierte Hinzufügen von Seegras führten ihn schließlich zu der Entdeckung, dass eben diese Kombination von Pflanzen und Tieren ein funktionsfähiges Aquarium schuf: »to my astonishment at the end of a month the whole of the animals were healthy, and the water remained in my opinion pure and limpid.«[38] Bowerbanks und Thompsons Versuchen gingen somit keine spezifischen wissenschaftlichen Vorannahmen – beispielsweise über chemische Kreisläufe – voraus und sie wurden auch nicht unbedingt in einem theoretischen Konzept synthetisiert. Ästhetische Kriterien spielten hier ebenso eine Rolle wie Neugier. Gerade diese (noch) nicht systematisierte, improvisierende Praxis

36 William Alford Lloyd: »The Aquarium«, in: *The Popular Recreator* (1873b), S. 218-220, hier S. 219; fortgesetzt S. 113-116; 170-171; 187-190; 218-220. Lloyd fügte hinzu: »[S]uch [chemical] operations are nowhere expressed at that time, though twenty years later, as we have seen Dr. Bowerbank did know of them«, ebd.

37 William Thompson: »On Marine Vivaria«, in: *Annals and Magazine of Natural History* 11 (1853) 65, S. 382-386, hier S. 382.

38 Ebd. Die Idee des *balanced aquarium* wurde sowohl auf Süß- als auch Salzwasseraquarien angewendet. Warington selbst übertrug seine Versuchsergebnisse der Süß- auf Meerwasseraquarien: »It follows then, as a natural deduction, from the successful demonstration of these premises, that the same balance should be capable of being established, under analogous circumstances, in sea-water.« Warington 1853a; sowie ders.: »Note on his Aquarium«, in: *The Zoologist* 11 (1853b) 71, S. 3881-3882.

bildete eine wichtige Grundlage des Wissens darüber, wie Lebewesen außerhalb ihres ursprünglichen Habitats – mehr oder weniger erfolgreich – am Leben erhalten werden konnten. Das, was sich praktisch durchsetzte, hatte sich rein erfahrungsbasiert als funktionsfähig erwiesen, wie Thompson retrospektiv feststellt:

> »This fact, through my ignorance of the rudiments of ›Chemistry of Creation‹ [by Robert Ellis 1850], I did not set down to the right cause. I however knew the effect, and from that time invariably placed a few marine plants in my vivarium, knowing from experience that they prolonged the life of the animals […].«[39]

Hier zeigt sich die Ausbildung eines situierten und häufig impliziten Erfahrungswissens[40] am Werke, das meist erst im Austausch mit der und durch die Lektüre anderer, insbesondere wissenschaftlich informierter Berichte von Aquarienexperimenten in eine Metareflexion überführt wurde, jedoch in der Praxis bereits wirksam war. Es erweist sich damit weniger als eine Vorform wissenschaftlichen Wissens, denn als konstitutiv für das sich im 19. Jahrhundert herausbildende Verständnis von den Wechselbeziehungen zwischen Lebewesen.[41]

39 Thompson 1853, S. 382.

40 Zum Begriff des situierten Wissens vgl. Haraway 1988; sowie Astrid Deuber-Mankowsky, Christoph F.E. Holzhey (Hg.): *Situiertes Wissen und regionale Epistemologie. Zur Aktualität Georges Canguilhems und Donna J. Haraways*, Wien u.a. 2013. Ich verwende den Begriff des Erfahrungswissens angelehnt an Jeremy Vetters Definition des »experiential knowledge«, worunter er in Abgrenzung zum »cosmopolitan knowledge« ein Wissen versteht »[which] derives from the everyday experiences of lay people in particular contexts«. In diesem Begriffspaar sieht Vetter die Chance »to distinguish different types of knowledge not by their geographical position within the structure of cosmopolitan knowledge, but by the fundamentally different character of such knowledge based on its relation to personal experience and practice, which can overlap in time and space«. Vetter 2011, insb. S. 131-134. Als ebenfalls fruchtbar erweist sich Robert E. Kohlers Begriff des »residential knowledge«, also »a local knowledge of where animals live here and now«. Dieses stellt er ebenfalls dem »cosmopolitan knowledge« gegenüber, verstanden als »museum and library skills: knowing what previous collectors had found, what kinds of habitats different species preferred, and their normal ranges and abundances«, Kohler 2006, S. 184.

41 Zur Bedeutung des Experiments in den Wissenschaften des 19. Jahrhunderts vgl. Christoph Hoffmann: *Unter Beobachtung. Naturforschung in der Zeit der Sinnesapparate*, Göttingen 2006; Hans-Jörg Rheinberger, Michael Hagner (Hg.): *Die Experimentalisierung des Lebens. Experimentalsysteme in den biologischen Wissenschaften 1850/1950*, Berlin 1993.

Durch experimentelle Praxis – und vor allem zahllose Fehlschläge – bildeten die frühen Aquarianer nach und nach ein Wissen darüber aus, welche Elemente für das Leben im Aquarium notwendig waren, und wie diese miteinander zusammenhingen. Damit verfestigte sich zugleich die Vorstellung, Umwelten beliebig übertragen, simulieren und stabilisieren zu können. In diesem experimentellen Rahmen stellte das Aquarium ein Instrument der Wissensproduktion dar, das die Beziehungen zwischen Pflanzen, Fischen und Schnecken in ihren Austauschprozessen als Funktionszusammenhänge empirisch erforschbar machte. Denn das Erfahrungswissen der frühen Aquarianer war vor allen Dingen ein Wissen über Beziehungen, über die »mutual relations«[42] zwischen Lebewesen.

In der Forschungsliteratur wurde häufig kritisch angemerkt, dass innerhalb der Aquarienbewegung kein explizites ökologisches Forschungsprogramm formuliert wurde oder ein solches aus dieser erwuchs – so habe sich die aquatische und marine Ökologie vornehmlich an anderen Schauplätzen und zudem erst Jahrzehnte später als eigenes Forschungsfeld entwickelt.[43] Betrachtet man indes die Formierung einer Wissen(schaft)sdisziplin von ihren materiellen und praktischen Bedingungen her, so rücken nicht-diskursive, implizite Wissensformen und nicht-systematisierte Wissenspraktiken als konstitutive Faktoren in den Blick.[44] Dann zeigt sich: Die frühen amateurwissenschaftlichen Experimente mit Heimaquarien in den 1850er Jahren praktizierten bereits, was erst Jahre später als Forschungsprogramm und Disziplin ausformuliert wurde: ein ökologisches Denken der Beziehungen und Abhängigkeiten, das Fragen nach den Wechselwirkungen zwischen Lebewesen sowie zwischen ihnen und ihrer Umgebung in den Blick rückt.

Bilder eines harmonischen Naturhaushalts

Wie viele der frühen amateurwissenschaftlichen Versuche waren auch Robert Waringtons Experimente zum *balanced aquarium* nicht allein wissenschaftlich motiviert. Das chemische Wissen um Stoffkreisläufe

42 Lankester 1856, S. 1.

43 Vgl. Reiß 2012a S. 309-336. Vgl. ebenfalls Wessely 2013.

44 Vgl. Hamlin 1986, S. 133; Frank N. Egerton: »The History of Ecology. Achievements and Opportunities, pt. 1«, in: *Journal of the History of Biology* 16 (1983), S. 281-290; ders.: *Early Marine Ecology*, New York 1977; sowie Stephen A. Forbes: *Ecological Investigations of Stephen A. Forbes*, New York 1977.

ging Hand in Hand mit Kreislauf- und Gleichgewichtsvorstellungen früherer Jahrhunderte. Seine Versuche waren insbesondere in eine um 1850 weit verbreitete chemiko-theologische Sichtweise eingebettet, die in chemischen Kreisläufen – hier dem tier-pflanzlichen Austausch von Kohlensäure und Sauerstoff – einen Ausdruck göttlicher Providenz erblickte.[45] In der Tradition der Natürlichen Theologie, die Naturwissenschaft vor allem betrieb, um die Weisheit, Allmacht und Güte des göttlichen Schöpfers zu beweisen, nutzte Warington seine Experimente, um am Exempel des Aquariums ein höheres Prinzip aufleuchten zu lassen, das den Einzelfall transzendiert und auf die göttliche Vorsehung verweist. Dem *balanced aquarium* im Sinne Waringtons kam somit eine doppelte Rolle zu: Fungierte es zum einen als Instrument biologisch-chemischer Forschung, so war es zugleich Sinnbild einer göttlichen Einrichtung der Natur. Ja, gerade im Aquarium als gelungene experimentelle Einrichtung sah Warington den sichtbaren Ausweis einer harmonischen Natur,

> »that beautiful and wonderful provision which we see every where displayed throughout the animal and vegetable kingdoms, whereby their continued existence and stability are so admirably sustained, and by which they are made mutually to subserve, each for the other's nutriment, and even for its indispensable wants and vital existence«.[46]

Eine solche Sicht war nicht nur innerhalb der Chemie, sondern in der britischen Naturgeschichte allgemein weit verbreitet und findet sich bei zahlreichen der frühen Aquarianer. Im Anschluss an physikotheologische Traditionen englischer Naturforschung des 17. und 18. Jahrhunderts und gespeist aus dem Vokabular und Bildrepertoire ihrer Schriften[47] gerinnt – wie vorher der Wardian Case – bei Wa-

45 Zur chemiko-theologischen Perspektive bei Warington vgl. Hamlin 1986, S. 142-143.

46 Warington 1851, S. 52.

47 Zentral hierfür war das 1691 erschienene Werk *Wisdom of God* des Zoologen und *virtuoso* John Ray (1627-1705). John Ray 1691. Zum 17. Jahrhundert vgl. Richard S. Westfall: *Science and Religion in Seventeenth-Century England*, New Haven 1958, insb. S. 127-129; sowie Richard G. Olson: *Science and Religion, 1450-1900. From Copernicus to Darwin*, Westport/London 2004, S. 104-106. Zum physikotheologischen Naturverständnis im 18. Jahrhundert vgl. Udo Krolzik: »Das physiko-theologische Naturverständnis und sein Einfluß auf das naturwissenschaftliche Denken im 18. Jahrhundert«, in: *Medizinhistorisches Journal* 15 (1980) 1/2, S. 90-102. Zur Physikotheologie allgemein vgl. Wolfgang Philipp: »Die Physikotheologie«, in: ders. (Hg.):

rington das Aquarium mit seinen inneren chemischen Ausgleichbeziehungen zur Chiffre eines wohleingerichteten Naturganzen, in dem sich alles gegenseitig nützt und dient. Dabei dienten die Kenntnisse der (Stoff-)Beziehungen zugleich als eine ordnende Instanz, die jedem Element einen festen Platz zuwies. Das Aquarium war hier eingebunden in eine »oeconomia naturae«, wie sie bereits 1749 Carl von Linné auf den Begriff gebracht hatte, und die im 18. Jahrhundert zu einem Schlüsselkonzept der klassischen Naturgeschichte avancierte. In dieser Vorstellung des Naturhaushalts als Hauswirtschaft oder Verwaltung (›oeconomia‹ von griech. *oikos*, der Haushalt) findet sich zum einen die Vorstellung von der Natur als sinnvoll – weil göttlich – geordneter Ganzheit, die den Sinn der einzelnen Teile im ›gemeinschaftlichen‹ Zweck offenbart.[48] Zum anderen ist die Idee der Bilanzierung ein wesentliches Kriterium dieser Ökonomie. In der utilitaristischen Sicht, die auch dem frühen Aquarium als Folie diente, antworten die Überschüsse des einen auf die Bedürfnisse des anderen und die Natur vermag durch Bilanzierung einen Ausgleich ihrer Einnahmen und Ausgaben zu kalkulieren und damit – durch Stoffkreisläufe in Gang gesetzt – fortwährend ein dynamisches Gleichgewicht zu erzielen. Eine solchermaßen quantifizierende Betrachtung findet sich in vielen der frühen Aquarienschriften.

Wenn nun der Aquarianer selbst die ›natürlichen‹ Kreisläufe im Aquarium einrichtete, war es – gottgleich – an ihm, durch die richtige Bilanzierung und Verwaltung des Stoffaustauschs zwischen Tieren und Pflanzen jedwede Produktion von Überschüssen zu vermeiden beziehungsweise durch kontinuierliche Kompensationen einen ausgeglichenen Zustand herzustellen. Indem er die »economy of animal life«[49] – und entsprechend die Aquarienökonomie – auf die Grundsätze gegenseitiger Angewiesenheit stellte (»mutually to subserve, each for the other's nutriment«), wurde sie zugleich moralisch aufgeladen und so zu einer moralischen Ökonomie[50] – eine von moralischen Werten getragene ›Haushaltsweise‹, als deren vorrangiges Prinzip der

Das Zeitalter der Aufklärung, Bremen 1963, S. VIII-LXVIII; sowie ders.: *Das Werden der Aufklärung in theologiegeschichtlicher Sicht*, Göttingen 1957.

48 Vgl. Carl Linné: *L'Équilibre de la Nature, textes traduits par Bernard Jasmin, introduction et notes par Camille Limoges, Collection ›L'histoire des sciences. Textes et études‹*, Paris 1972.

49 Warington 1851, S. 53.

50 Vgl. Hamlin 1986, S. 145, Zur moralischen Ökonomie in den Wissenschaften vgl. Lorraine Daston: »The Moral Economy of Science«, in: *Osiris* 10 (1995), S. 2-24.

Gemeinschaftsgedanke und die gegenseitige Unterstützung galt, die zu einem sich selbst erhaltenden Gleichgewicht führen sollten. In diesem Sinne vermochte Warington die Pflanzen, Fische und Schnecken nach innen hin als komplementäre und nach außen hin autarke Gemeinschaft zu fassen, innerhalb derer jedes Lebewesen seinen festen Platz und seine Funktion hatte.

Wissensgeschichtlich betrachtet, ist Robert Waringtons Aquarium dadurch in einem hybriden Raum angesiedelt, in dem sich chemisches Analysewissen, zoologisches und naturtheologisches Wissen verbanden. Diese verschiedenen Wissensformen ließen sich (noch) nicht auf eine Seite hin auflösen, sondern führten gerade im Verbund zum Objekt und Konzept des *balanced aquarium*. Indem Warington die Austauschprozesse zwischen den Lebewesen gleichzeitig als wissenschaftlichen Funktionszusammenhang und chemiko-theologisch gedeuteten Naturhaushalt fasste, waren seine Versuche an der historischen Schnittstelle unterschiedlicher Wissensordnungen angesiedelt. Entsprechend rückten die Lebewesen im Aquarium gleichzeitig als biologische (Lebens-)Gemeinschaft und als a-historische Gemeinde eines göttlich eingerichteten Naturhaushalts in den Blick. Diese Einbettung von Experimenten in eine ideale göttliche (Natur-)Ordnung, die in der viktorianischen Naturgeschichte des 19. Jahrhunderts weit verbreitet war[51], belegt somit die Dauer von Wissensformen und macht die Übergänge zwischen unterschiedlichen Wissensordnungen stärker als ein Kontinuum denn als klare Brüche vorstellbar.

Neues Wissen ging hier gerade aus einer genuinen Verbindung verschiedener Wissensformen und -formationen hervor.[52] Im Aquarium kreuzten sich Liebhaberei und Forschung, religiöses und wissenschaftliches Weltbild. Was Ende des 19. Jahrhunderts zunehmend in Konkurrenzbeziehung zueinander treten sollte, bildete hier ein produktives Zusammenspiel: Einerseits spielte die experimentelle Praxis dem providenziellen Denken in die Hände, da das Aquarium gerade in seiner epistemischen Funktion als Bild göttlicher Schöpfung firmierte, wie der Aquarianer Charles Alexander Johns den Zweck experimenteller Aquarienpraxis zusammenfasst: »The experimental process of discovering the right proportion of plants and animals, so that each may promote the well-bing of the other, will afford a

51 Vgl. Amy M. King: »Reorienting the Scientific Frontier. Victorian Tide Pools and Literary Realism«, in: *Victorian Studies* 47 (2005) 2, S. 153-163.

52 Zur Dauer von Wissensformen und der Überlagerung bereits länger existierender und neuer Techniken vgl. Edgerton 2006.

fruitful field for illustrating the all-wise and unfailing providence of GOD.«[53] Experimentelle Wissensproduktion führte in den Augen der britischen Amateuraquarianer zur Offenbarung. Andererseits übernahm die Schöpfungsidee als Folie der Experimente eine epistemische Funktion, woraus ein Wissen resultierte, das wiederum über die Chemiko-Theologie selbst hinauswies. Dies zeigt nicht zuletzt die Schnecken-Episode in Waringtons Experiment: Während mit der Produktion materieller Überschüsse gleichsam Kontingenz in den wohlgeordneten (Aquarien-)Haushalt einbrach, führte doch eben diese Störung dazu, dass Warington neben dem anfänglich rein chemisch gedachten Gasaustausch auch biologische Faktoren einbezog. Gerade die Dysfunktion im vermeintlich harmonischen Naturhaushalt wurde hier zum Motor für die Produktion neuen Wissens.

53 Charles Alexander Johns: *Hints for the Formation of a Fresh-Water Aquarium* [1857], London 1859 (2. Aufl.), S. 12.

Mobilisieren I

Transferbeziehungen. Übersetzungen zwischen Meer und Aquarium

Im Frühjahr 1852 reiste der britische Naturforscher Philip Henry Gosse mit seiner Familie an die südenglische Küste nach South Devon. War der Aufenthalt am Meer ursprünglich eine gesundheitliche Maßnahme auf ärztliches Drängen hin, interessierte sich Gosse schon bald mehr für seine naturkundlichen Studien an den felsigen Küstenstrichen, die zu einer lebenslangen Passion und Profession wurden. Hier sammelte er kleine Meerestiere am Strand, in sogenannten Tidetümplen oder Felsenhöhlen. Gosse gehörte wie Robert Warington zu jenen frühen Amateur-Aquarianern, die Mitte der 1850er Jahre in Großbritannien begannen, das Leben unter Wasser im eigenen Heim zu untersuchen.[1] Im Gegensatz zu Warington aber, der mitten in London im Laboratorium der Society of Apothecaries in einem Kontext zwischen Wirtschaft und Wissenschaft arbeitete, war Gosse sowohl institutionell als auch geografisch stärker an der Peripherie verortet.[2]

1 Die beiden standen im Austausch und bereits im Dezember 1852 besichtigte Gosse die Aquarien Robert Waringtons. Vgl. Philip Henry Gosse: *A Naturalist's Rambles on the Devonshire Coast*, London 1853, S. 234.

2 Seine Erfahrungen im Bereich der *practical natural history* (Vgl. Nyhart 2009, S. 253-255. Zum Begriff des *practical naturalist* vgl. auch ebd., S. 5; sowie Allen 1994) am Meer verarbeitete er zu Büchern wie *A Naturalist's Rambles at the Devonshire Coast* und *Tenby. A Sea-Side Holiday* (Gosse 1853; Philip Henry Gosse: *Tenby. A Sea-Side Holiday*, London 1856). Ebenso wie kurz darauf die Schriften von Charles Kingsley, George Henry Lewes oder John Harper waren diese Texte als Spaziergänge mit Fokus auf einen bestimmten Küstenstrich angelegt (Vgl. Charles Kingsley: »The Wonders of the Shore«, in: *North British Review* 22 (1854), S. 1-56; George Henry Lewes: *Sea-Side Studies at Ilfracombe, Tenby, Scilly Islands, and Jersey* [1858], Edinburgh/London 1860 (2. Aufl.); John Harper: *The Seaside and Aquarium; or, Anecdote and Gossip on Marine Zoology*, Edinburgh 1858.).

In seinen Schriften, die das Aquarium in weiten Kreisen bekannt und populär machten, verknüpfte er die heimische Aquarienpraxis programmatisch mit den Seestrandstudien als Ort der Wissensproduktion. Gerade das wurde zu einem zentralen Merkmal im Selbstverständnis der frühen Aquarianer.

Naturkunde am Meer

Anfang der 1850er Jahre waren die bessergestellten Schichten der viktorianischen Gesellschaft bereits von einer um sich greifenden Meereslust erfasst, die sich seit Beginn des Jahrhunderts Bahn brach, wie Alain Corbin in seiner gleichnamigen Studie ausführlich nachgezeichnet hat.[3] Waren Strand und Küste in vorigen Jahrhunderten durchaus keine öffentlich besuchten Orte, wurden sie im ersten Drittel des 19. Jahrhunderts zunächst im Rahmen eines medizinisch-therapeutischen Programms als Stätten der Heilung und Erholung entdeckt und avancierten wenig später zu beliebten Ferien- und Freizeitorten. Im Zuge dieser umfangreichen Erschließung der britischen Küsten trieb es neben immer beträchtlicheren Touristenströmen auch zahlreiche *practical naturalists* zu sogenannten *seaside studies* hinaus ans Meer.[4] Eine zentrale Voraussetzung hierfür war der infrastrukturelle Ausbau von Eisenbahnlinien und Strandressorts.[5] Gleichzeitig war die Begeisterung für die *seaside studies* Teil eines umfassenden zeitgenössischen Aufschwungs naturkundlicher Praxis, der vor allem die gehobenen bürgerlichen Schichten erfasste. Beides war wiederum für das Aufkommen privater Aquarienpraxis in Großbritannien von zentraler Bedeutung. Dem Transfer von Meerestieren in heimische Aquarien ging somit zunächst eine Mobilisierung der *practical naturalists* voraus. Gosse versorgte eine Reihe anderer Aquarianer mit lebendem

3 Vgl. Alain Corbin: *Meereslust. Das Abendland und die Entdeckung der Küste 1750-1840*, Frankfurt a.M. 1999. Speziell zum britischen Kontext vgl. Christopher Marsden: *The English at the Seaside*, London 1947; James Wavin: *Beside the Seaside. A Social History of the Popular Seaside Holiday*, London 1978.

4 Zu den Praktiken, Akteuren und dem Genre der *seaside studies* im britischen Kontext vgl. Angela Schwarz: »›Seaside Studies‹. Eine populäre Freizeitbeschäftigung von Reisenden ans Meer im England des 19. Jahrhunderts«, in: Karlheinz Wöhler (Hg.): *Erlebniswelten. Herstellung und Nutzung touristischer Welten*, Münster 2005, S. 71-85.

5 Vgl. John F. Travis: *The Rise of the Devon Seaside Resorts, 1750-1900*, Exeter 1993. Zum Begriff der Infrastruktur, vgl. van Laak 1999; ders. 2001.

Material.[6] Als mobiler Akteur wurde er dadurch innerhalb der frühen Aquariengeschichte in mehrfacher Hinsicht zu einem Bindeglied zwischen Meer und Aquarium, Küste und Stadt. Gosses naturkundliche Tätigkeiten der 1850er Jahre vermitteln einen Eindruck von diesen Mobilisierungsprozessen, welche die Erfindung und Verbreitung von Aquarien voraussetzte und nach sich zog. Sie betreffen sowohl die Sozialgeschichte als auch die Geschichte naturkundlicher Praxis.

Kurz nach seinem Aufenthalt am Meer erschien 1853 unter dem Titel *A Naturalist's Rambles on the Devonshire Coast*[7] Gosses erste Seestrandstudie, in der er über einhundert Tier- und rund zwanzig Algenarten vorstellte, die an der Küste Devonshires zu finden waren. Gosse war zu diesem Zeitpunkt bereits weit gereist und hatte sich auf verschiedenen Feldern der Naturkunde betätigt. Im Jahr 1827 siedelte er zunächst von England nach Neufundland über, wo er seine ersten Insektensammlungen anlegte. Acht Jahre später ging er zur Bewirtschaftung einer Farm nach Kanada.[8] Nach weiteren Reisen und einem achtzehnmonatigen Aufenthalt in der damaligen britischen Kolonie Jamaika, wo er unter anderem im Auftrag des Naturforschers Hugh Cuming Insekten sammelte[9], schlug er sich zeitweise als Dorfschullehrer, Maler und Prediger durch.[10] Gosse gehörte somit bereits früh einem Netz global agierender Naturkundler an und partizipierte an der naturhistorischen Publikationspraxis ebenso wie an kolonialen Sammelprojekten mit deren weltweitem Transfer naturkundlicher (hier noch präparierter) Objekte.

Nachdem er Mitte der 1840er Jahre endgültig nach England zurückgekehrt und kurz darauf aus gesundheitlichen Gründen von London in das kleine Dorf St Marychurch gezogen war, galt sein Forschungsinteresse fortan vor allem den lokalen marinen Lebensformen der südenglischen Küste. Damit reihte er sich in die damals verbreiteten biogeografischen Studien regionaler Floren und Faunen ein, die sich dem Vorkommen und der Verteilung unterschiedlicher Arten

6 Dabei gesellten sich im Laufe der Zeit zu den Amateuren auch die ersten professionellen Aquarienhändler und Sammler sowie Institutionen wie die Zoological Society of London.

7 Gosse 1853.

8 Vgl. Philip Henry Gosse: *The Canadian Naturalist. A Series of Conversations on the Natural History of Lower Canada*, London 1840.

9 Aus diesem Aufenthalt ging die Trilogie *The Birds of Jamaica* (1847), *Illustrations to the Birds of Jamaica* (1847) und *A Naturalist's Sojourn in Jamaica* (1851) hervor.

10 Zu Gosses Biografie vgl. Edmund Gosse 1890; sowie Ann Thwaite: *Glimpses of the Wonderful. The Life of Philip Henry Gosse, 1810-1888*, London 2002.

in bestimmten Gebieten widmeten.[11] Während einerseits Sammler, reisende Wissenschaftler, Marineoffiziere oder Kolonialbeamte – im Namen der britischen Krone oder auf eigene Rechnung – die Flora und Fauna ferner Länder aufsammelten, katalogisierten und verschickten[12], begaben sich zeitgleich in Großbritannien die *practical naturalists*, größtenteils Amateurforscher, an die systematische Inventarisierung der heimischen Tier- und Pflanzenwelt. 1854 veröffentlichte Gosse eine Liste all jener marinen Tierarten, die er im Sommer 1853 in Weymouth gefangen und gesammelt hatte.[13] Dabei ging es vor allem darum, Reichtum und Vielfalt der lokalen Fauna publik zu machen und damit ihre biogeografische Erforschung aufzuwerten und voranzutreiben: »Local Faunas are not without value, especially to a right understanding of the geographical distribution of animals, and the external conditions which regulate their presence or absence«[14], hieß es in den einleitenden Bemerkungen zu der Liste. Die möglichst umfassende wissenschaftliche Inventarisierung der bislang weitgehend unbekannten marinen Lebensformen der britischen Küsten war damit zentraler Bestandteil eines inneren geopolitischen Projekts der Erfassung eines Tier-Besitzstandes der marinen Welt, das als Pendant zum kolonialen Projekt einer weltumspannenden Erschließung und Nutzbarmachung der Tier- und Pflanzenbestände durch das British Empire verstanden werden kann.[15]

Hier wie dort ging die schriftliche Erfassung mit einer praktischen Aneignung der Natur einher. Denn Gosses Seestrandstudien in den frühen 1850er Jahren beschränkten sich nicht auf Beobachtungen vor

11 Janet Browne schreibt hierzu: »[T]he idea of geographical *regions* also came to the fore in the mid-eighteenth century, crystallized in part by Linnaeaus's emphasis on the discrete, self-contained nature of faunas and floras, and given concrete force by the long-standing public awareness that different kinds of animals and plants were specific to different areas.« Janet Browne: »Biogeography and Empire«, in: Nicholas Jardine, James A. Secord, Emma C. Spary (Hg.): *Cultures of Natural History*, Cambridge 1996, S. 305-321, hier S. 314. Vgl. auch John MacKenzie (Hg.): *Imperialism and the Natural World*, Manchester 1990.

12 Browne 1996, S. 305; vgl. auch dies.: »A Science of Empire. British Biogeography before Darwin«, in: *Revue d'histoire des sciences* 45 (1992) 4, S. 453-475.

13 Philip Henry Gosse: »A List of Marine Animals Obtained at Weymouth«, in: *Zoologist* 12 (1854) 22, S. 4368-4369.

14 Ebd., S. 4368.

15 Vgl. Sofie Lachapelle, Heena Mistry: »From the Waters of the Empire to the Tanks of Paris. The Creation and Early Years of the Aquarium Tropical, Palais de la Porte Dorée«, in: *Journal of the History of Biology* 47 (2014) 1, S. 1-27.

Ort; täglich sammelte er auf seinen Strandgängen zahllose Meereslebwesen, um sie daheim in Glasbehältern, die er zunächst »marine vivaria«, später »aquaria« nannte, weiter zu erforschen. Auch wenn er durch seine viel gelesenen Schriften schon bald als einer der Erfinder des Aquariums gehandelt wurde, war er freilich weder der Erste noch der Einzige, der zu dieser Zeit mit Wassertieren im Heim experimentierte. In derselben Gegend hatte beispielsweise die Naturkundlerin Anne Thynne bereits 1846 erfolgreich niedere Formen von Seetieren in Seewasseraquarien (so der damals geläufige Begriff für Meerwasser) mit Algen am Leben.[16]

Frauen waren in vielfältiger Weise in naturkundliche Aktivitäten wie *fern hunting*, *seaside studies* oder die Aquarienhaltung involviert. Als Autorinnen in Publikationen traten sie jedoch viel seltener in Erscheinung. Zu den Beispielen, wo Frauen auch als Autorinnen sichtbar wurden, zählt neben Anna Thynne auch Margaret Gatty, eine Autodidaktin im Feld der Meereszoologie, die nicht nur Korrespondenzen mit eminenten Naturforschern der Zeit unterhielt[17], sondern 1848 selbst einen zweibändigen Exkursionsführer über *British Sea-Weeds* publizierte, der mehr als zweihundert Algen vorstellte. Viele andere, die ebenfalls Versuche anstellten und daher für die frühe Aquarienpraxis bedeutsam waren, bleiben dagegen bis heute als Akteurinnen weitgehend unsichtbar. Ihre Spuren lassen sich – wenn überhaupt – meist nur in Archiven, etwa anhand von Bestelllisten oder privaten Korrespondenzen auffinden. Das gilt für viele der Ehefrauen bekannter Aquarianer, die sowohl an Sammelexkursionen und aquaristischen Studien als auch an der wissenschaftlichen Text- und Bildproduktion maßgeblich beteiligt waren, wie etwa die erste und zweite Frau von Philip Henry Gosse oder William Alford Lloyds Ehefrau.[18]

Besser sichtbar war dagegen der Kreis jener vornehmlich aus dem viktorianischen Bürgertum stammenden Amateurforscher, die durch

16 Vgl. Anna Thynne: »On the Increase of Madrepores«, in: *Annals and Magazine of Natural History* 3 (1859) 29, S. 449-461. Zu Anna Thynne vgl. auch Rebecca Stott: *Theatres of Glass. The Woman who Brought the Sea to the City*, London 2003.

17 Ihre umfangreiche Sammlung ist heute im St Andrews University Herbarium aufbewahrt und eine weitere Sammlung von Seegras und marinen Invertebraten in Sheffield.

18 Lloyd schrieb 1858 in einem Brief an Margaret Gatty über seine Ehefrau: »[Y]ou don't know her value and practical skill in marine affairs. We worked together in a garret, and studied marine zoology and botany in old pickle bottles.« William Alford Lloyd an Margaret Gatty, 19.11.1858, in: Sheffield Archives: MD2138. Vgl. auch Oertzen/Rentetzi/Watkins 2013.

wissenschaftliche Gesellschaften und andere Foren gut vernetzt waren und regelmäßig in wissenschaftlichen Fachzeitschriften und populären Organen der Naturkunde publizierten.[19] Eben diese trieb es Anfang der 1850er Jahre vermehrt an die Küsten Großbritanniens.

Das Studium lokaler Meereswesen unter freiem Himmel war somit von Anfang programmatisch mit der heimischen Aquarienhaltung verknüpft und bildete einen festen Bestandteil des Selbstbildes der sich formierenden *community* der Aquarianer. Die Verbindung zwischen Meer und Aquarium hatte zugleich eine praktische Seite. Denn bis sich in den späten 1850er Jahren aquaristische Fachhandlungen etabliert hatten, die fertige Aquarien inklusive Inhalt anboten, war es in der Aquarienhaltung gängige, ja unumgängliche Praxis, die Lebewesen wie auch die anderen Elemente für das heimische Aquarium eigenhändig zu sammeln, zu transportieren und einzusetzen. Wenn daher die meisten privaten Aquarien in Großbritannien zunächst vor allem mit der Flora und Fauna regionaler Küstenstriche bevölkert waren, hatte dies mit dem verstärkten Interesse an der Erforschung der regionalen Fauna, aber auch mit praktischer Verfügbarkeit zu tun.

Aquaristische Sammelpraktiken

Um die kleinen, häufig glitschigen marinen Lebewesen zu sammeln, rüsteten sich die Naturkundler mit verschiedenen Instrumenten aus. In *The Aquarium. An Unveiling of the Wonders of the Deep Sea*, eine der ersten und schnell zum Bestseller avancierten Aquarienmonografien, die ein Jahr nach seinem Buch über Devonshire erschien, beschrieb Philip Henry Gosse, wie er ausgestattet mit diversen Transportbehältern, Fangutensilien und Instrumenten – die Insignien des *practical naturalis*t – im Sommer des Jahres 1852 beinah täglich Exkursionen zum Strand und aufs offene Meer unternahm.[20] Diese Exkursionen dienten dem doppelten Zweck von Beobachtungen *in situ* und der Beschaffung lebenden Materials für seine heimischen Aquarien. Zu den

19 Robert Warington war Gründer der Chemical Society of London; Philip Henry Gosse wurde 1850 zum assoziierten Mitglied der Linnean Society und 1856 in die Londoner Royal Society aufgenommen. Vgl. Allen 1994; Klaus Nathaus: *Organisierte Geselligkeit. Deutsche und britische Vereine im 19. und 20. Jahrhundert*, Berlin 2009.

20 Philip Henry Gosse: *The Aquarium. An Unveiling of the Wonders of the Deep Sea*, London 1854c, S. 22-23. Für eine ausführliche Beschreibung der Fanginstrumente vgl. auch Lewes 1860 (2. Aufl.), S. 12-13.

Dingen, die Gosse im Gepäck hatte, gehörten Hammer und Meißel, wie sie in geologischen, mineralogischen und paläontologischen Kontexten und nun auch für die zahlreichen Arten der auf Steinen haftenden Seeanemonen eingesetzt wurden. Hinzu kamen diverse Eimer und Fangnetze, aber auch Alltagsgegenstände wie Einmachgläser oder leere Flaschen,[21] in die er Aktinien oder Algen setzte. Für seine Fahrten aufs Meer wiederum, wo die Lebewesen aus größeren Wassertiefen an die Oberfläche befördert werden mussten, waren andere Fanginstrumente wichtig, allen voran Schleppnetze, genannt Dredgen. Dabei erforderten die diversen Tierarten je unterschiedliche Fangmethoden, »the oyster dredge for rough bottoms, the toothed-dredge for sand, and the double dredge for deep water«, wie die *Southern Times* 1853 über die Beschaffung von Aquarientieren schrieb.[22] Wie Gosse engagierten die meisten für ihre Dredgefahrten stunden- oder tageweise einen Fischer.[23] Doch gab es auch immer wieder Beschwerden von Seiten der Naturkundler, dass die Fischer nicht auf den Fang derjenigen Tiere ausgerichtet seien oder überhaupt über Fundorte und Fangweisen jener Lebewesen Bescheid wüssten, nach denen Aquarianer trachteten. Denn Letzteren ging es um andere Beute als der Fischerei; ausgewählt wurde hier nach der Eignung der Lebewesen als Dekorations- oder Forschungsobjekte und zugleich ganz praktisch mit Blick auf die Transport- und Überlebensfähigkeit der jeweiligen Tiere in Aquarien. Eine erfolgreiche Sammelexkursion, meinte daher die *Southern Times* in ihrem Artikel über die ersten Meerwasseraquarien, hänge vor allem vom praktischen Wissen über die Benutzung unterschiedlicher Dredgen ab: »Many a professed dredger knows nothing of it [the means resorted to for obtaining the different species], the consequence is, disappointment, and the dredge and sea bottom are blamed for what really is the dredger's own fault.« Gerade in der Frühzeit der Aquarienhaltung mussten somit zoologische Kenntnisse mit dem praktischen Wissen der Fischerei kurzgeschlossen werden. Während die Naturkundler sich Wissen über Fangmethoden aneignen mussten,

21 Anfangs kamen bei den meist selbstangefertigten Heimaquarien im Zuge der Bastelpraktiken vor allem Haushaltsgegenstände wie »a common tumbler, a white finger glass, a shallow pan of any kind« als Aquarienbehälter zum Einsatz. Vgl. Thompson 1853, S. 487.

22 Anonym: »Marine Wonders. Zoological Gardens, Regent's Park, and the Marine Vivarium«, in: *Southern Times*, 18.6.1853, o.S.

23 Zur Entwicklung der wissenschaftlichen und Fischerei-Instrumente im 19. Jahrhundert vgl. Helen M. Rozwadowski: *Fathoming the Ocean. The Discovery and Exploration of the Deep Sea*, Cambridge/London 2005.

erweiterte sich umgekehrt das Einsatzgebiet lokaler Fischer – so lange zumindest, bis sich ein institutionalisiertes aquaristisches Netzwerk von professionellen Sammlern, Dredgern und Händlern ausgebildet hatte. Sammeln im Feld erweist sich im Falle der frühen Aquarianer somit als Zusammenspiel unterschiedlicher Wissens- und Praxisfelder mit deren jeweiligen Akteuren.

Unter den Aquarianern begannen die gesammelten Erfahrungen schnell in Form loser oder gebundener »Instructions for Collecting« zu zirkulieren. Nebst Hinweisen zu den besten Orten, zu Tide-, Tages- und Jahreszeiten, zu selbst erprobten Sammel- und Fangtechniken sowie den nötigen Instrumenten enthielten diese stets auch eine Auflistung jener Lebewesen der lokalen marinen Fauna, die sich für Meerwasseraquarien eigneten.[24] Die seitenlangen Listen legen ein beredtes Zeugnis davon ab, wie sich die Praxis der Aquarienhaltung in die zeitgenössischen Projekte einer umfassenden Erfassung und Inventarisierung der Natur einreihte. Gleichzeitig konnte nicht *alles* gesammelt werden. Die Auswahl der lebenden Sammelobjekte folgte ästhetischen oder wissenschaftlichen Kriterien, je nachdem, ob die Tiere als Dekorations- oder Forschungsobjekte dienen sollten. Zudem spielten praktische Aspekte eine entscheidende Rolle – welche Tiere waren überhaupt verfügbar und welche erwiesen sich als besonders transport- und widerstandsfähig?

Zu den »common objects of the seashore«[25] an britischen Küsten gehörten damals vor allem Seeanemonen. Die kleinen Weichtiere waren nicht nur mit vielen Arten am Strand vertreten, sondern auch deshalb so beliebte Sammelobjekte, weil sie ohne großen Aufwand, nämlich ohne Wasser, einzig in Seegras eingewickelt, transportiert werden konnten. Hierbei konnten die Naturkundler auf das Wissen und die Praktiken zurückgreifen, die bereits durch den Pflanzentransport des 17. und 18. Jahrhunderts erprobt waren. Dazu gehörte, lebende Pflanzen während einer Reise in feuchtes organisches Material einzuhüllen. Dieses Prinzip fand auch bei Seeanemonen und anderen marinen Kleintieren Anwendung, die zu Transportzwecken in feuchtes pflanzliches ›Verpackungsmaterial‹, meist Braunalgen oder Seegras,

24 Vgl. beispielsweise Philip Henry Gosse: *A Handbook to the Marine Aquarium. Containing Practical Instructions for Constructing, Stocking, and Maintaining a Tank, and for Collecting Plants and Animals*, London 1855, S. 37-47.

25 John George Wood: *The Common Objects of the Sea Shore; Including Hints for an Aquarium*, London 1859, insb. S. 83-124.

eingewickelt wurden, um die Zwischenräume auszupolstern und im Innern eine feuchte Atmosphäre aufrechtzuerhalten.[26]

Obwohl Listen und praktische Fingerzeige dabei halfen, die marinen Wesen aufzuspüren und zu identifizieren, erwies sich der Versuch, Lebewesen einzeln ihrer natürlichen Umgebung zu entnehmen und in Aquarien zu versetzen, nicht immer als praktikabel. So mancher Meeresbewohner war von seiner Umgebung gar nicht zu lösen, weshalb etwa Seeanemonen und andere »festsitzende Tiere« nicht selten mit den Steinen, also mit Elementen ihrer Umgebung transportiert oder auf einem Schwamm festgenäht werden mussten.[27] Manchmal waren nicht einmal die physischen Grenzen der Lebewesen eindeutig. Wie stand es etwa mit Einsiedlerkrebsen, die in Schneckenhäusern lebten, oder mit algenbesetzten Steinen oder mikroskopischen Lebewesen im Wasser, die einzeln zu transportieren schlicht unmöglich war? Vor allem aber mussten die meisten Tiere mitsamt ihres wässrigen Milieus[28] ins Aquarium gebracht werden. Die besondere Herausforderung beim Transfer aquatischer Lebewesen lag in der praktischen Notwendigkeit, für die Tiere zumindest eine Minimalumwelt herzustellen. Das setzte wiederum eine möglichst umfassende Kenntnis der Lebensbedingungen unter Wasser voraus, also welche Teile ihrer Umgebung für die Tiere lebenswichtig waren, wie viel davon für ihr Überleben im Aquarium notwendig war und folglich mitgenommen werden musste. Nicht

26 Vgl. Lloyds Beschreibung: »In the moist system the animals are usually placed in layers of sea-weed, contained in large cans or baskets, with ready access to air through their interstices; and, so long as the moisture from the weed is sufficient to keep wet the bodies of the anemones and corals […], this plan is a good one.« William Alford Lloyd: *A Guide Book to the Marine Aquarium of the Crystal Palace Aquarium Company*, London 1872a, S. 11.

27 Für den Transport wurden sie häufig wortwörtlich fixiert, indem man sie mit Nadel und Faden auf einem Schwamm festnähte. Anna Thynne etwa schrieb: »With a needle and threat I fixed the Madepores on a large sponge, that there might be no damage from collision.« Thynne 1859, S. 450. Vgl. Warington 1853a, S. 320; sowie Paul Nitsche: *Der Import von lebenden Fischen. Rathschläge und Winke für die Einführung von Reptilien, Amphibien, Seewasserthieren und Wasserpflanzen für Aquarien- und Terrarienzwecke; gleichzeitig eine Anweisung für jeden Seereisenden, sich leicht einen reichlichen Nebenverdienst zu schaffen*, Berlin 1901, S. 89.

28 Zu diesem Begriff vgl. Wessely 2013; zur Problematik des Transfers von Meerestieren vgl. auch Christian Reiß, Mareike Vennen: »Muddy Waters. Das Aquarium als Experimentalraum proto-ökologischen Wissens, 1850-1877«, in: Kijan Malte Espahangizi, Barbara Orland (Hg.): *Stoffe in Bewegung. Beiträge zu einer Wissensgeschichte der materiellen Welt*, Zürich/Berlin 2014, S. 121-142.

erst im heimischen Aquarium, sondern bereits durch den Transfer rückten daher die *Beziehungen* zwischen den Tieren, den Pflanzen und den Stoffen ihrer jeweiligen Umgebung in den Fokus.

Transfer vom Meer ins Aquarium

Die Sammel- und Mobilisierungspraktiken der Aquarianer unterschieden sich grundsätzlich von den materiellen Zurichtungs- und epistemischen Aneignungsweisen im Umgang mit toten Objekten. In der klassischen Naturgeschichte beruhte die Forschung vornehmlich auf dem Töten und Klassifizieren der Tiere und Pflanzen, die räumlich (präpariert und in eine Reihe angeordnet) und epistemisch (durch taxonomische Benennung und Etikettierung) in eine Ordnung gebracht wurden. Um aus Lebewesen naturhistorische (Sammlungs-)Objekte zu machen, wurden die Tiere getrocknet, eingelegt oder ausgestopft, genadelt und montiert. Die Haltung lebender Wassertiere setzte sowohl beim Transfer als auch im Aquarium gänzlich andere Praktiken voraus.

Daheim angekommen, mussten die Aquarianer, um »den Kindern der salzigen Flut auch in kleinerem Maßstabe bei uns Wohnung zu bereiten«[29], zunächst geeignete Behälter bereitstellen. Der Bau eines solchen lag in diesen frühen Jahren weitgehend in den Händen der Amateurforscher selbst.[30] Entweder ließ man sich von verschiedenen Seiten die einzelnen Teile anfertigen – vom Glaser die Scheiben in den gewünschten Maßen und vom Schreiner einen Holzunterbau – und setzte sie anschließend zusammen, oder man legte gleich selbst Hand an. In zahlreichen Erfahrungsberichten, die naturkundliche Zeitschriften abdruckten, berichteten die Heimaquarianer, wie sie bei der anfangs häufig improvisierten Bastelpraxis auf alle möglichen häuslichen Utensilien und Alltagsgegenstände zurückgriffen, wodurch sich die Kosten erheblich senken ließen.[31] Ein deutscher Aquarianer berichtete etwa, wie man für nur 1,10 Mark ein Aquarium herstellen konnte, indem man Tee- und Biskuitbüchsen aus Delikatessgeschäften, die für rund 35 Pfennig zu haben waren, zu Aquariengestellen umfunktionierte, die mittleren Blechwände herausschnitt, einfache Scheiben

29 Schubert 1880, S. 99.

30 Vgl. William Alford Lloyd: *A List, With Descriptions, Illustrations, and Prices of Whatever Relates to Aquaria*, London 1858, o.S.

31 Vgl. exemplarisch Bade 1899, S. 148.

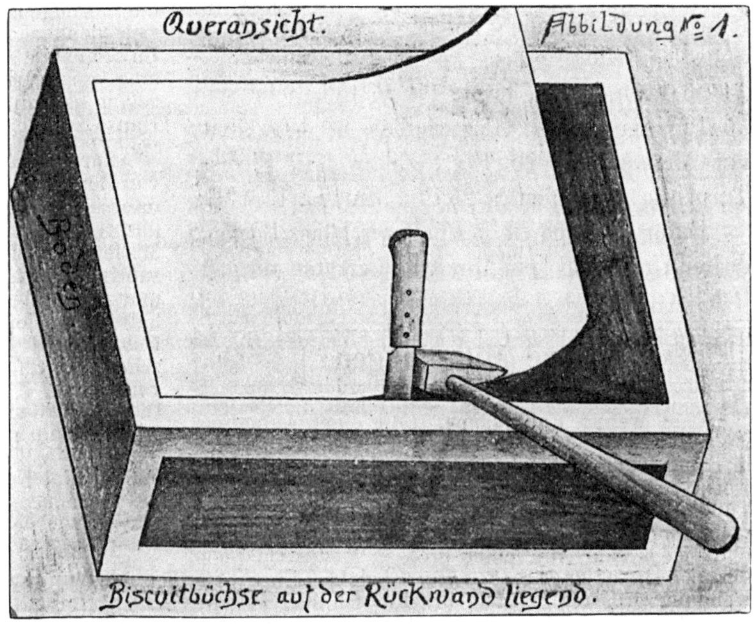

Abb. 9: Aquaristische Bastelpraxis: Anleitung für ein selbstgebautes Gestellaquarium aus einer umfunktionierten Biskuitbüchse.

für 30 Pfennig einsetzte, das Gestell versiegelte und anschließend mit Zinkweiß bestrich (**Abb. 9**).[32]

Diese und ähnliche Anleitungen für eigenhändig gebaute Aquarien wurden durch Vorträge vor wissenschaftlichen Gesellschaften, Handbücher und populäre naturkundliche Zeitschriften weiter in Umlauf gebracht. Sie legen aber auch ein beredtes Zeugnis davon ab, welche Tücken beim Bau von Aquarien lauerten. Insbesondere bei Meerwasseraquarien musste der Behälter mittels Kitt, Öl und Lack präpariert und abgedichtet werden, da das Salzwasser viele der verwendeten Materialien angriff. Die materielle Abdichtung gegen das Außen beförderte die Vorstellung von Aquarien als »a little world in themselves«[33], wurden aber den Aquarientieren durch mangelnde Fachkenntnis oder Materialschwäche nicht selten zum Verhängnis.

32 Ernst Nieselt: »Praktische Gestellaquarien«, in: *Blätter für Aquarien- und Terrarien-Freunde* (1874), S. 462-464, hier S. 463.

33 Samuel Orchart Beeton: *Beeton's Book of Garden Management*, London 1862, S. 237.

Der Chemiker Robert Warington etwa, der Mitte der 1850er Jahre zahlreiche Versuche mit Aquarien anstellte, verlor gleich eine ganze Aquarienpopulation dadurch, dass er Wasser und Lebewesen in einen frisch geölten, jedoch noch nicht vollständig getrockneten Aquarienbehälter füllte.[34] Die materiellen Verbindungen, welche die Tiere im Aquarium zum Zwecke der Lebenserhaltung mit den Apparaturen eingingen, kostete sie also nicht selten ihr Leben. Umgekehrt riskierte man, mit jeder Pflanze und jedem Tier Krankheiten oder Schmutz in das Aquarium einzuführen. Daher setzte sich rasch die Praxis durch, sowohl die Lebewesen als auch sämtliche anderen Elemente wie Steine, Bodenbelag und Pflanzen vor ihrem Transfer ins Aquarium sorgfältig zu untersuchen, zu selektieren und ausgiebig zu reinigen: »Objects when first obtained from the sea have to go through a process of selection [...], and they require much cleaning by repeated changes and washings in ample supplies of sea-water, before being fit for distribution in [...] Aquaria«[35], wie etwa der Londoner Aquarianer Lloyd empfahl. Mit großem Aufwand und künstlichen Eingriffen arbeiteten die Naturkundler so daran, »Natur« im Aquarium einzurichten.

Die Zusammenstellung der Aquarienpopulation erwies sich ebenfalls als komplizierter Prozess der Selektion und Homogenisierung, zumal ein Wissen darüber, welche Lebewesen gemeinsam im Aquarium gehalten werden konnten, häufig durch Verluste erkauft werden musste. Erneut verlor Robert Warington eine komplette Aquarienpopulation an die Gefräßigkeit eines neu eingesetzten Schleimfisches. Solche Erfahrungen mit »glutonous [...] and murderous animals«[36], »attacking and devouring each other«[37], machten schnell klar: Es gab durchaus miteinander unverträgliche Arten unter den Meereslebewesen. »[I]t therefore becomes a point of great importance« fuhr Warington in seinen Überlegungen fort, »to ascertain what varieties may be safely associated in the same tank.«[38] Um eine überlebensfähige ›Gemeinschaft‹ im Aquarium zusammenzustellen, reichte daher ein Wissen um einzelne Tiere nicht mehr aus. Von Anfang an ging es bei Aquarientieren weniger um Einzelwesen, um

34 Vgl. Warington 1853a, S. 321.

35 Lloyd 1858, o.S.

36 Gosse 1854a, S. 73.

37 Warington 1853a, S. 322.

38 Ebd. Vgl. auch Wilhelm Hess: *Das Süßwasseraquarium und seine Bewohner. Ein Leitfaden für die Anlage und Pflege von Süßwasseraquarien*, Stuttgart 1886, S. 4; sowie Wilhelm Geyer: *Katechismus für Aquarienliebhaber*, Magdeburg 1892, S. 31.

individuelle Heimtiere als um ein Ensemble aus Tierzusammenstellungen und Umwelt, deren Wechselbeziehungen entscheidend waren. »[I]f we throw in our stock indiscriminately, we shall find that many of the stronger will prey on the weaker, and thus we shall have constant warfare going on among those which should form a ›happy family‹«[39], mahnte auch Edwards.

In einem solchen »happy family aquarium« waren buntgemischte Tierarten, die normalerweise nicht zusammenlebten (sich aber nicht gegenseitig fraßen), zu einer »glücklichen Familie« gruppiert. In diesem künstlich hergestellten Idyll klingt ein in viktorianischer Zeit verbreitetes Bild aus der christlichen Ikonografie an: das Friedensreich – ein Idealstaat, in dem Raubtiere mit ihren Beutetieren friedvoll, wie in einer großen Familie, einträchtig nebeneinander leben.[40] Wie beim »happy familiy aquarium« begegneten die Aquarianer dem darwinistischen Evolutionsdiskurs, der nur kurze Zeit nach den ersten Aquarienversuchen an Fahrt aufnahm, häufig mit einem künstlich hergestellten harmonischen Naturbild, das selbst einen stark selektiven und regulierenden Umgang etwa bei natürlichen Fressfeindschaften voraussetzte: Wer die Ordnung im Aquarium störte, wurde vorsichtshalber aussortiert oder isoliert. Am Ende sollte die *in vitro* zusammengestellte Gemeinschaft eine natürliche Ordnung (re-)präsentieren, indem »time, taste, skill und experience« des Besitzers den Aquarieninhalt in eine »natural ›Happy Family‹«[41] verwandelten. Durch Einrichtungs- und ›Reinigungsarbeit‹ im Latourschen Sinne wurde somit eine künstliche Ordnung hergestellt und diese kulturelle Setzung anschließend der Seite der Natur zugeschlagen.

Materiell wurden die Techniken der Selektion schon bald durch Architekturen der Segregation unterstützt. Sobald sich das Aquarium in eine Kampfarena zu verwandeln drohte, wurden eilig räumliche

39 Edwards 1858, S. 88. Vgl. auch Hibberd 1870 (3. Aufl.), S. 54; sowie William T. Innes: *Goldfish Varieties and Tropical Aquarium Fishes. A Complete Guide to Aquaria and Related Subjects*, Philadelphia 1917, S. 244: »One of the main things to keep in mind is not to have too great a difference in sizes of members of the ›happy family‹ aquarium.«

40 In naturkundlichen Museen fanden sich als Pendant »Happy Family«-Dioramen wie diejenigen des britischen Tierpräparators Walter Potter, die er um 1870 für das von ihm gegründete Museum in seiner südenglischen Heimatstadt Bramber herstellte. In den dargestellten Fantasieszenen waren u.a. Vögel, Kaninchen, Affen, Mäuse und Katzen kombiniert. Vgl. Katharina Dohm (Hg.): *Diorama. Erfindung einer Illusion* [Kat], Köln 2017.

41 Henry D. Butler: *The Family Aquarium; or; Aqua Vivarium,* New York 1858, S. 23-24.

Grenzen zwischen Tieren gezogen.[42] Dieses Prinzip wurde wenig später kommodifiziert und praktisch implementiert – wie im »Compound Aquarium«, das der Londoner Aquarienhändler William Alford Lloyd ab 1858 in seinem Geschäft und per Katalog anbot (**Abb. 10**).[43] Der viergeteilte Glaskasten lässt an jene räumlichen Ordnungssysteme denken, wie sie bereits in naturkundlichen Sammlungen früherer Jahrhunderte bekannt waren, um den – dort freilich unbelebten – Dingen in Regal- oder Kabinettfächern einen Platz zuzuweisen.[44] Ebenso wie die Sammlungsmöbel gibt das »compound aquarium« durch seine »grenzmarkierende Gestalt«[45] eine parzellierte Anordnung und damit eine räumliche Ordnung für die Lebewesen vor. Folgt man der von Anke te Heesen und Anette Michels entworfenen Typologie für Sammlungs- und Ausstellungsmobiliar, so vereint das Aquarium in sich die Funktionen eines Zeige- und Ordnungsmöbelstücks.[46] Die aquaristische Praxis, Lebewesen nach artspezifischer Verträglichkeit zu sortieren und auf diese Weise neu zu systematisieren, materialisiert sich hier in einer gebauten Ordnungsfantasie.[47]

Da es sich um lebende Tiere handelte, trat im Aquarium zum räumlichen Ordnungsprinzip die fortwährende Steuerung von Lebensprozessen. Zwar sollte ein *balanced aquarium* der Theorie nach ohne weiteres Zutun existieren. In der Praxis jedoch bedurfte es ständiger Eingriffe, wie schon Waringtons vergleichsweise einfache Versuchsanordnungen bezeugen. Diese Interventionen, anfangs häufig an Bedienstete delegiert und später durch zunehmend ausgefeilte Technologien unterstützt, beschränkten sich nicht nur darauf, verdunstetes

42 Ebd., S. 322.

43 Vgl. Lloyd: »The effect is, already, that a larger variety of creatures can be kept with greater ease than heretofore […], separating active or mischievous creatures from those which are quiescent or harmless.« Lloyd 1858, S. 33.

44 Vgl. hierzu te Heesen 2007, S. 90-97. Zudem weist diese Struktur auch auf das Aquarium als Zuchtbehälter.

45 Te Heesen/Michels 2007, S. 10. Vgl. weiterhin Anke te Heesen: »Boxes in Nature«, in: *Studies in the History and Philosophy of Science* 31 (2000) 3, S. 381-403.

46 Te Heesen und Michels zufolge sind Zeigemöbel eigens für die Präsentation von Objekten hergestellt, während Ordnungsmöbel sich durch eine innere Struktur aus Fächern, Schubladen oder Hängevorrichtungen auszeichnen, Te Heesen/Michels 2007, S. 11.

47 Vgl. Silke Förschler: »Georg Hinz' gemaltes Kunstkammerregal als Raumordnung mobiler Dinge in der Frühen Neuzeit«, in: Dominic Delarue, Thomas Kaffenberger, Christian Nille (Hg.): *Bildräume, Raumbilder. Studien aus dem Grenzbereich von Bild und Raum*, Regensburg 2017, S. 79-91.

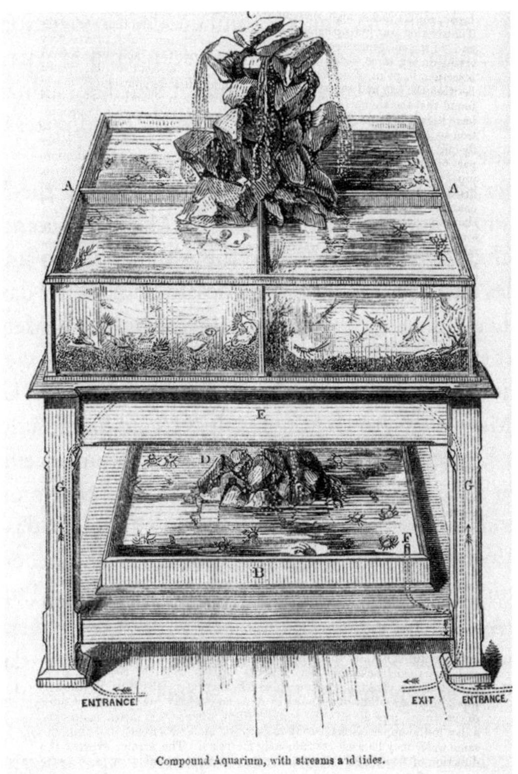

Compound Aquarium, with streams and tides.

Abb. 10: In Kompartimente unterteiltes mehrstöckiges Aquarium mit Springbrunnen aus William Alford Lloyds Verkaufskatalog von 1858.

Wasser aufzufüllen und durch Umrühren zu ›durchlüften‹ (»aërate«).[48] Regelmäßig musste gefüttert, gefiltert und geputzt werden und ständig galt es, Wachstums- und Vermehrungsvorgänge einzuschränken oder zu befördern.[49] Betrachtet man die Schaffung und Stabilisierung der künstlichen Umwelt im Aquarium daher von den Praktiken her – von Bau und Einrichtung des Aquariums bis hin zur täglichen Pflege –, wird deutlich: Die Nachahmung natürlicher Prozesse setzte eine materiell-technische Zurichtung und andauernde Regulierungen vo-

48 Vgl. Warington 1853a, S. 319.

49 Charles S. Harris: »On the Marine Vivarium«, in: *Annals and Magazine of Natural History* 15 (1855) 86, S. 130-134, hier S. 132.

raus.[50] Indem durch (Kultur-)Techniken der Segregation, Selektion und Homogenisierung gezielt Einschränkungen und Ausschlüsse bestimmter Umweltfaktoren vorgenommen wurden, reduzierten diese die Komplexität biologischer und ökologischer Prozesse, während zugleich neue künstliche Faktoren hinzukamen.[51]

Im Übergang von der Makroebene des Meeres zur Mikroebene des Aquariums wandelten sich also mit der Maßstabsveränderung auch die Eigenschaften des Raumes und die Möglichkeiten und Notwendigkeiten des Zugriffs auf diesen. In diesem Sinne stand das Aquarium nicht in einer einfachen mimetischen Beziehung zu Meer oder See. Das Miniaturformat folgte in seiner Maßstabsänderung vielmehr einer diskontinuierlichen Dynamik. Anders gesagt: Aus der Übertragung zwischen Meer und Aquarium resultierte als Skalierungseffekt ein qualitativer Umschlag. Aquarien waren damit weniger eine *Imitation* als vielmehr eine gebaute *Simulation*[52], bei der Natur und Technik immer schon ineinander eingelassen waren.[53] Indem das Aquarium nach dem Vorbild der Natur eingerichtet werden sollte, entstand eine zweite Natur, die selbst eine hybride Umwelt bildete.[54] Die praktische Arbeit mit Aquarien brachte in dieser unauflöslichen Verbindung von Lebendigem, Natur und Technik ein Wissen hervor, das auf einer Übersetzungsleistung basierte und das Ergebnis von regulierter Natur und simulierter Natürlichkeit war.

Entsprechend resultierte aus den Aquarienexperimenten nicht nur ein Wissen über den Unterwasserraum, sondern ebenso eines über die praktische Herstellung künstlicher Umwelten und über Techniken der Regulierung dieser Umwelten. Die heimischen Aquarienexperimente naturkundlicher Amateure, die einen individuellen, demokratisierten

50 Vgl. Reiß 2014, insb. S. 77-120.

51 Zu Begriff und Konzept der Kulturtechniken vgl. Bernhard Siegert: »Kulturtechnik«, in: Harun Maye, Leander Scholz (Hg.): *Einführung in die Kulturwissenschaft*, München 2011, S. 95-118.

52 Zur Verwendung dieses Begriffs in Wissenskontexten vgl. Gabriele Gramelsberger: »Das epistemische Gewebe simulierter Welten«, in: Andrea Gleiniger, Georg Vrachliotis (Hg.): *Simulation. Präsentationstechnik und Erkenntnisinstrument*, Basel u.a. 2008, S. 83-91.

53 Für aktuelle Positionen zu öko-technologischen Gefügen Rheinberger 2005; sowie neuerdings Erich Hörl: »Tausend Ökologien. Der Prozess der Kybernetisierung und die Allgemeine Ökologie«, in: Diedrich Diederichsen, Anselm Franke (Hg.): *The Whole Earth. Kalifornien und das Verschwinden des Außen*, Berlin 2013, S. 121-130.

54 Vgl. Gudrun Bott (Hg.): *Post naturam – nach der Natur*, [Kat.], Bielefeld 1998.

Zugang zur vormals weitgehend unzugänglichen Unterwasserwelt ermöglichten, arbeiteten somit im gleichen Zuge an einer umfassenden Regierbarkeit von Umwelten mit. Aquarien erweisen sich damit gleichermaßen als Teil einer Geschichte der Naturforschung wie einer Geschichte künstlicher (Um-)Welten.

Wasser in Bewegung

Obwohl in der täglichen Praxis fortwährende Eingriffe unerlässlich waren, wurde das Aquarium definitorisch gerade nicht von seinen materiellen und technischen Bedingungen aus gedacht. Vielmehr wurden die Experimentalisierung und Regulierung des Lebensraumes, die auf Kulturtechniken der Miniaturisierung und Selektion basierten, selbst naturalisiert. Auf die Frage nämlich, was das Aquarium seiner Natur nach sei, antworteten die zeitgenössischen Aquarienschriften beinah einstimmig, es sei selbst Natur – und dieser Topos blieb bis spät ins 19. Jahrhundert wirksam und war symptomatisch für den gesamten Amateuraquariendiskurs. Dieser Kurzschluss von Meer und Aquarium setzte beim materiellen Übergang zwischen beiden Räumen an. Wenn es in einem Artikel über Aquarienhaltung aus dem Jahr 1858 heißt, der Naturkundler entnehme die Meerestiere ihrem »watery home«, um sie anschließend im Aquarium wieder in ihr »native element« zu versetzen, »only with new surroundings«[55], dann ermöglichte hier das Wasser als umgebendes Medium die Vorstellung eines ›übergangslosen Übergangs‹ zwischen beiden Räumen.[56] Das Wasser schien Meer und Aquarium nahtlos miteinander zu verbinden und machte so die Beziehung von Meer und Aquarium als Kontinuum denkbar. Dieser Kurzschluss von Aquarium und Meer stellte zum einen, wie Christina Wessely gezeigt hat, das »Phantasma eines Medienwechsels ohne Medienwechsel« her, da nun »die Milieuschwelle zwischen Wasser und Land [...] bewältigbar [erschien].«[57] Das schloss die Vorstel-

55 Anonym: »The Aquarium, by Philip Henry Gosse«, in: *The North American Review* 87 (1858) 180, S. 143-157, hier S. 144.

56 Vgl. Vennen 2014.

57 Vgl. Wessely 2013, S. 137. Wessely versteht im Anschluss an zeitgenössische meereskundliche Texte des späten 19. Jahrhunderts ›Medium‹ als »›watery medium‹, also »das den Organismus gänzlich umhüllende ›wässrige Medium‹, das auf ein scheinbar stabiles, auf seine Materialität reduziertes Ambiente verweist«. Sie führt aus, dass »[ein] derart eingesetzter Milieubegriff [...] sich auf dessen physikalische Tradition [bezieht], in der die Umwelt eines Kör-

lung mit ein, dass auch die Veränderung des Maßstabes, der Übergang von der Makro- zur Mikroebene keine qualitative Veränderung bedeutete und damit gleichbleibende Bedingungen für die Lebewesen gewährleistet waren.

In der Praxis allerdings erwies sich das Wasser, das einen übergangslosen Übergang zwischen zwei Räumen gewährleisten sollte, weniger als ›stabiles‹ Medium und garantierte daher nicht immer gleichbleibende Bedingungen für die Lebewesen. Das lag daran, dass es beim Transfer vom Meer ins Aquarium meist mehrfach gewechselt wurde. Bei Süßwasseraquarien mischte sich so das Wasser aus Flüssen oder Seen mit Brunnen- oder Quellwasser und später dem Wasser aus der Leitung. Ebenso war bei marinen Aquarien das Meerwasser bei einem Wechsel und beim Nachfüllen von verdunstetem Wasser häufig von unterschiedlichen Stellen entnommen, wodurch der Salzgehalt variierte. Spätestens als dann aquatische Tiere über längere Strecken per Schiff versandt wurden, vermischte sich der Inhalt der damals häufig an Deck aufgestellten, oben offenen Behälter[58] mit hineinfallendem Regen- und einspritzendem Salzwasser. Wenn daraufhin Philip Henry Gosse über Regenwasser im Transportbehälter schrieb »[that] it should be carefully tilted; so as to allow the fresh water, which, from its less specific gravity, will be lying on the surface, to run off without mingling with the other«[59], wird daran deutlich, inwiefern zum Wissensrepertoire der Transporteure aquatischer Lebewesen auch chemische Kenntnisse über Dichte, Zusammensetzung und Eigenschaften von Wasser unterschiedlicher (Welt-)Regionen gehörte. Ähnliches gab der Importeur und Begründer des Berliner Aquarienvereins *Triton*, Paul Nitsche, in seinem Handbuch über den *Import von lebenden Fischen* von 1901 zu bedenken. Immer dann, wenn auf längeren Reisen das verdunstete Wasser im mobilen Fischbehälter aufgefüllt werden musste, sei auf die lokalen Qualitäten des jeweiligen Wassers zu achten: »Ist man also z.B. mit Shanghai Wasser ausgelaufen und nimmt in Hongkong neues Wasser, so gebe man erst 2/3 Shanghai und 1/3 Hongkong, später 1/2 Shanghai und 1/2 Hongkong, dann 1/3 Shanghai und 2/3 Hongkong und schließlich eben ganz Hongkong

pers im Wesentlichen als dessen stoffliche Umgebung (also dessen ›medium‹) verstanden wurde. Das Element – in diesem Fall Wasser – steht also für die Fixierung dessen, was es umfängt.« Ebd.

58 Dies änderte sich im frühen 20. Jahrhundert, als zunehmend geschlossene Behälter mit selbsttätigen Durchlüftungs- und Beheizungsapparaten eingesetzt wurden.

59 Vgl. Gosse 1855 S. 21.

Wasser.«[60] Solche Berechnungen machen klar, wie stark das Begehren nach sauberen Trennungen war und als wie unmöglich sich eine solche Trennbarkeit zugleich erwies. Was im Gewand einer mathematischen Aufstellung eine exakte und eindeutige Bestimmung der jeweiligen Wasseranteile und damit eine stoffliche Fixierung und saubere Unterscheidbarkeit suggerierte, erwies sich doch praktisch als uneindeutiges Stoffgemisch. Dennoch wird hier auch das Bewusstsein deutlich, mit dem jedem Tier spezifische lokale Bedürfnisse zugeordnet wurden.

Freilich war bereits die weitaus naheliegendere Versorgung von Londoner Heimaquarien mit frischem Meerwasser aufwendig und kostspielig, wie Gosse in einem Artikel von 1854 beklagte: »The inconvenience, delay, and expense attendant upon the procuring of sea-water, from the coast or from the ocean, I had long ago felt to be a great difficulty in the way of a general adoption of the Marine Aquarium.«[61] Da die Bestandteile von Meerwasser jedoch bekannt seien, folgerte Gosse, dass es möglich sein müsste, künstliches Seewasser herzustellen, indem man die Salze zu richtigen Anteilen zusammenmischte und Quellwasser hinzufügte, bis die Lösung die richtige spezifische Dichte aufwies.[62] Tatsächlich kamen ab Mitte der 1850er Jahre die ersten Rezepturen für künstlich hergestelltes Seewasser in Umlauf. Damit wurde das Aquarienwasser zu einem industriell bearbeiteten Produkt, einer chemisch zusammengestellten Mischung.

Die meisten Varianten dieser Formel basierten auf Analysen eines Brightoner Chemikers, der seit den 1830er Jahren künstliches Seewasser für medizinische Zwecke herstellte. Schweitzers Experimente mit Wasser aus dem Ärmelkanal dienten vornehmlich wirtschaftlichen Zielen: Die nach seiner Formel hergestellten »Marine Salts for the instantaneous production of sea water« vertrieb er in Zusammenarbeit mit der Brauerei seines Cousins in Brighton. 1839 veröffentlichte er seine Ergebnisse in der Juli-Ausgabe des *Philosophical Magazine*.[63] Die Aquarianer der ersten Stunde wendeten diese Formel nun für ihre Zwecke an, indem sie sie experimentell erweiterten, veränderten und an ihre Bedürfnisse anpassten. Maßgeblich vorangetrieben erneut durch Robert Warington und Philip Henry Gosse, begannen

60 Nitsche 1901, S. 48.

61 Philip Henry Gosse: »On Manufactured Sea-Water for the Aquarium«, in: *Annals and Magazine of Natural History* 14 (1854) 79, S. 65-67, hier S. 65.

62 Ebd.

63 G. Schweitzer: »Analysis of Sea-water as it Exists in the English Channel near Brighton«, in: *The London and Edinburgh Philosophical Magazine and Journal of Science* 15 (1839), S. 51-60.

schon bald mehrere Rezepturen für die Herstellung künstlichen Seewassers zu kursieren.[64] Abermals zeigt sich hier beispielhaft, wie die Aquarienhaltung verschiedene Wissensfelder verband.

Meerwasser ließ sich fortan in trockenem Zustand konservieren und beliebig wieder verflüssigen, um flexibel einsetzbar zu sein. Seitdem dieses präparierte trockene Meersalz in vielen Brauereien verfügbar war und man es mit frischem Quell- oder Brunnenwasser und einigen weiteren Zutaten selbst mischen oder mischen lassen konnte[65], war ein jeder in die Lage versetzt, eigenes Seewasser für die individuellen Bedürfnisse seiner Aquarien zusammenzustellen. Emphatisch wurde dies von all jenen aufgenommen, die nicht direkt an der Küste wohnten und bislang Salzwasser auf lokalen Fischmärkten oder direkt vom Meer beschaffen mussten. Wie gesagt hatten die Diener Sir John Graham Dalyells Ende des 18. Jahrhunderts noch mehr als 39.650 Meilen in 60 Jahren zurückgelegt.[66] Die in Umlauf gesetzte Formel für »artifical seawater« versprach dagegen, die Aquarianer vom kosten- und zeitintensiven Transport frischen Seewassers fortan unabhängig zu machen.[67] Statt das Aquarium der Natur anzupassen, wie es sich die Aquarianer auf die Fahnen schrieben, wurde dadurch vielmehr ›Natur‹ den Bedürfnissen des Aquariums angepasst, indem Wasser als ›disziplinierter‹ Stoff individuell handhabbar und flexibel einsetzbar wurde.

Künstlicher Naturraum

Trotz der zunehmend künstlichen Zutaten versah die frühe Aquaristik die privaten Aquarien weiterhin und beinah durchgängig mit dem Etikett des Natürlichen. Das Verhältnis des Aquariums zum Ozean wurde als mimetisches gefasst. Das hing nicht zuletzt mit dem Anspruch einer

64 Vgl. Robert Warington: »On Artificial Sea-Water«, in: *Annals and Magazine of Natural History* 14 (1854b) 84, S. 419-421; sowie ders. 1854a. Zur gleichen Zeit veröffentlichte auch Philip Henry Gosse eine vereinfachte, auf Schweizers Analysen basierende Formel. Vgl. Gosse 1854a, S. 65-67. Vgl. des Weiteren William Alford Lloyd: »Memoranda on the Employment of Artificial Sea-Water in Marine Aquaria«, in: *Quarterly Journal of Microscopical Science* 13 (1855), S.S. 315-316.

65 Wenig später konnte fertiges künstliches Seewasser in Aquarienhandlungen und städtischen Aquarienhäusern bezogen werden.

66 Lloyd 1876, S. 253.

67 Das künstliche Salzwasser ersetzte indes zu keiner Zeit das ›natürliche Salzwasser‹ komplett.

möglichst exakten Nachbildung der aquatischen Lebensbedingungen im heimischen Glasbehälter zusammen. Nach welchen Maßstäben ein Aquarium anzulegen sei, darin waren sich die Aquarienratgeber weitgehend einig. »[A]lways remember«, heißt es in einem frühen Handbuch, »that Nature must be our guide.«[68] Ziel war es, »der Natur so nahe als möglich zu kommen«, indem »wir [das Aquarium] den Verhältnissen in der freien Natur möglichst nachbilden«[69], proklamierte auch Wilhelm Hess, Professor für Botanik und Zoologie der Technischen Hochschule Hannover. Waren die Verhältnisse im Aquarium einmal ›naturgetreu‹ eingerichtet, dann fielen, so der Konsens unter den frühen Aquarianern, die künstliche Nachahmung und ihr Vorbild in eins. Nur äußerst selten wurde das Aquarium in dieser Zeit als künstliches Arrangement beschrieben, wo die eingesetzten Untersuchungsgegenstände ähnlich dem Labor in einem experimentellen Setting untersucht werden. Vielmehr war das Aquarium in den Augen der frühen Aquarianer nicht nur *wie* das Meer, es wurde vielmehr selbst als Teil des Meeres begriffen – »*a piece of the sea* laid upon our table«[70], wie ein anonymer Autor schreibt. Diese Vorstellung kam maßgeblich im *balanced aquarium* zum Ausdruck, verstanden als sich selbst erhaltende Sammlung von Lebewesen – »a self-supporting, self-renovating collection of animals and plants, in which the various influences of animal and vegetable life balance each other, and maintain within the vessel a correspondence of action that preserves the whole.«[71]

Hier scheint ein Naturbild auf, das bereits die neuzeitlichen Naturwissenschaften kannten und bei dem, wie der Wissenschaftshistoriker Hans-Jörg Rheinberger ausführt, Natur »zum Gegenstand einer Erkenntnisfähigkeit erklärt [wird], die das Kunststück vollbringt, in diesen Gegenstand auf bisher ungekannte Weise einzugreifen und dennoch nichts anderes zum Vorschein zu bringen als das, was immer schon in ihm gewesen ist«.[72] Eben dies leistete auch die frühe Aquaristik. An ihr wird eine praktisch und begrifflich operierende Naturalisierung anschaulich. Die ›Naturordnung‹ im Aquarium basiert auf dem Paradox, dass gerade durch Medientechniken und diskursive

68 Edmund William Hunt Holdsworth: *Handbook to the Fish-House in the Gardens of the Zoological Society of London*, London 1860, S. 9-10.

69 Hess 1886, S. 5.

70 Anonym: »Customs and Manners under the Water«, in: *Chamber's Journal* 22 (1854) 28, S. 35-37, hier S. 35 (kursiv im Original). Es handelt sich um eine Rezension von Gosses Schrift *The Aquarium*.

71 Shirley Hibberd: *The Aquarium and Water-Cabinet*, London 1856c, S. 7.

72 Rheinberger 2005, S. 43.

Strategien das Natürliche dieser Natur hergestellt und zugleich repräsentiert werden konnte – und im Zuge dessen das künstliche Moment selbst naturalisiert wurde. Durch praktische, epistemische und begriffliche ›Reinigungsarbeit‹ erscheinen im Aquarium schließlich Natur und Technik klar getrennt, wobei das Objekt in seiner Machart der Seite der Kultur(-Technik) und anschließend der Seite der Natur zugeschlagen wurde. Das medientechnische Apriori[73] erweist sich damit als blinder Fleck des *balanced aquarium*.[74]

Besonders in der deutschen Aquarienkunde, die ab den späten 1850er Jahren an Fahrt aufnahm, wurde die Gleichsetzung von Aquarium und Meer zu einem zentralen Topos. Das galt zum einen für populäre Schriften, die ihre Erzählungen dadurch mit einer Prise Dramatik und Abenteuer versahen. Titel wie *Reise in's Meer*[75] oder »Das Leben und Treiben auf dem Meeresgrunde« versprachen ihrer Leserschaft, die Meerestiere »in ihrem Elemente, in ihrem Leben und Treiben auf dem Seegrunde«[76] zu schildern, und meinten hier das Aquarium. Aus wissenschaftlicher Perspektive ging es dagegen um die Übertragbarkeit des induktiv am Aquarium ermittelten Wissens (zurück) auf den Lebensraum des Meeres. Beinah ohne Ausnahme erhoben die frühen Aquarianer den Anspruch, mit ihren Experimenten legitime Aussagen über die Funktionsweise der Lebensräume und -prozesse im Meer treffen zu können: War das Aquarium nach dem Vorbild der Natur eingerichtet, ließen sich anschließend an ihm *als* Natur wiederum deren Funktionsweisen ablesen. Auf diese Weise erschien das aquarienbasierte Wissen, das doch vor allem eines über das Aquarium war, als Wissen über das Meer.

Bedeutsam war dies vor allem im Hinblick auf die tierliche Lebensweise – sei es in Bezug auf Paarungsverhalten, Brutpflege oder Kampfgewohnheiten: Wenn davon ausgegangen wurde, dass sich das Aquarium nicht qualitativ vom ›natürlichen‹ Lebensraum der Tiere unterschied und folglich, in den Worten Hans Freys, einen »na-

73 Der Begriff des medientechnischen Apriori wird in Anlehnung an Friedrich Kittler verwendet. Vgl. Friedrich Kittler: *Aufschreibesysteme 1800-1900*, München 1985. Vgl. auch ders.: *Grammophon, Film, Typewriter*, Berlin 1986; vgl. hierzu auch Hartmut Winkler: *Basiswissen Medien*, Frankfurt a.M. 2008.

74 Vgl. Rheinberger: »Die Kultur verdeckt, dass die Natur-Kultur-Unterscheidung selbst eine kulturelle Setzung ist.« Rheinberger 2005, S. 43.

75 Julius Reymhold: *Die Reise in's Meer. Ein Aquarium für die wißbegierige Jugend*, Berlin 1869.

76 G.H. Schneider: »Das Leben und Treiben auf dem Meeresgrunde. Bilder aus dem Aquarium zu Neapel I« in: *Die Gartenlaube* (1878) 41, S. 672-676.

hezu vollkommene[n] Ausschnitt der Natur«[77] darstellte, konnten die Aquarianer ohne Probleme auch das beobachtete ›Leben und Treiben‹ im Aquarium als ›natürlich‹ qualifizieren. So hieß es bei Hans Frey, dessen Aquarienschriften bis heute neu aufgelegt werden, sogar noch im Jahr 1954:

> »[Im Aquarium] ist das Tier nicht Nutzobjekt, es ist auch kein Gefangener, der sein Leben im engsten Gewahrsam vertrauert, sondern mit dem Aquarium kommt wirklich ein nahezu vollkommener Ausschnitt der Natur in unser Heim. So ist es nicht verwunderlich, daß sich das Tier weitgehend natürlich bewegt und daß viele Lebensvorgänge ganz naturgemäß verlaufen.«[78]

Die Aquarianer grenzten sich damit von Anfang an explizit von anderen tierlichen Einschließungsarchitekturen ab, die ebenfalls der Lebendhaltung und (naturkundlichen) Beobachtung dienten: Während die Vorrichtungen für Vögel, Reptilien und Insekten die Tiere »[a]us ihren Verhältnissen und ihrer natürlichen Umgebung heraus[reißen]« würden, und der Mensch ihnen »diesen Verlust nicht vollständig zu ersetzen« vermöge, lebten die Tiere im Aquarium Karl Gottlob Lutz zufolge »genau so wie in der Freiheit. Durch nichts gehemmt und eingeengt, zeigen sie sich dem Beobachter […] in ihrer vollen Natürlichkeit.«[79] Insbesondere im deutschsprachigen Raum operierte die Aquarienkunde in der zweiten Hälfte des 19. Jahrhunderts mit einem Naturbegriff, der wie hier zeitgenössische Vorstellungen von Natürlichkeit aufrief, die an Diskurse um Heimat und Identität anschlossen und dabei abermals ›Natur‹ gegen ›Kultur‹ in Anschlag brachten.[80] An der materiellen Kultur der frühen Aquarienpraxis lässt sich folglich nachvollziehen, auf welche Weise beim Aquarium menschliche und technische Interventionen ineinandergriffen und gleichzeitig ausgeblendet wurden, um es – materiell und begrifflich – als ›Naturraum‹ zu kodieren.

77 Hans Frey: *Bunte Welt im Glase. Das Aquarium biologisch gesehen*, Radebeul/Berlin 1954, S. 27.

78 Ebd., S. 27-28.

79 Karl Gottlob Lutz: *Das Süßwasseraquarium und Das Leben im Süßwasser*, Stuttgart 1886, S. 2. Vgl. auch Gustav Jaeger: *Das Leben im Wasser und das Aquarium*, Hamburg 1868, S. 282.

80 Vgl. Emil Adolf Roßmäßler: »Der See im Glase«, in: *Die Gartenlaube* (1856) 19, S. 252-256, hier S. 252. Vgl. Andreas Daum: »Science, Politics, and Religion. Humboldtian Thinking and the Transformations of Civil Society in Germany, 1830-1870«, in: *Osiris* 17 (2002), S. 107-140.

Aneignen I

Aquatische Wissensobjekte. Beobachten, erforschen, aneignen

»[V]agueness and confusion«[1] warf der Naturforscher und Aquarienpionier Philip Henry Gosse im Jahr 1860 nahezu sämtlichen bis dato erschienenen Schriften über niedere Wassertiere vor. Bei der Arbeit an seinem neuen Buch zur Naturgeschichte britischer Seeanemonen und Korallen könne er sich, so Gosse, kaum auf solch fehlerhafte Bild- und Textvorlagen verlassen. Die Ungenauigkeit führte er maßgeblich darauf zurück, dass selbst gewichtige Autoren für ihre Beschreibungen und Illustrationen nicht mit lebenden, sondern mit toten Tieren arbeiteten. In diesem Vorwurf kondensiert sich die ganze Brisanz, die die Frage nach dem Lebendigen für die gesamte aquaristische Wissensproduktion Mitte des 19. Jahrhunderts barg.

Wenn Gosse selbst einschlägigen Schriften wie Milne-Edwards *Histoire Naturelle des Coralliaires* oder George Johnstons *History of the British Zoophytes* vorwarf, »[that they] bear evidence in every page of being the produce of the museum and the closet«[2], so richtete sich seine Kritik gegen eine Forschungspraxis, die ihren Gegenstand meist nur in Form konservierter Lebewesen zu Gesicht bekam oder auf Abbildungen und Beschreibungen anderer basierte. »With those species which possess no stony skeleton, the learned author evidently had no acquaintance, – or next to none; – and hence he has merely

1 Philip Henry Gosse: *Actinologia Britannica. A History of the British Sea-Anemones and Corals*, London 1860, S. v.

2 Ebd., S. vi. Gosse warf George Johnsons *History of British Zoophytes* eine »almost utter worthlessness of their specific characters« vor: »That excellent zoologist lived on a coast where the Anemones are feebly represented; and hence his personal acquaintance with species was very small, or the result would doubtless have been different.« Ebd. Vgl. George Johnston: *A History of the British Zoophytes*, London 1838; sowie Henri Milne-Edwards: *Histoire naturelle des coralliaires; ou, polypes proprement dits*, Paris 1857-1860.

reproduced the words of his authorities in all their vagueness […].«[3] Die naturhistorischen Werke, auf die Gosse sich hier bezog, entstanden überwiegend im universitären Kontext oder in naturhistorischen Sammlungen, die in dieser Zeit wichtige Orte der Wissensproduktion bildeten und durch vermehrte Schenkungen, Erwerbungen und vor allem koloniale Sammeltätigkeiten Anfang des 19. Jahrhunderts eine immer beachtlichere Masse an Objekten vorweisen konnten.[4] Die Kritik hing also maßgeblich mit dem *Ort*, dem *Gegenstand* und der *Praxis* naturhistorischer Wissensproduktion zusammen. Gegen eine solche »science of dead things« richteten sich die frühen Aquarianer – »a *necrology* […], mainly conversant with dry skins furred or feathered, blackened, shrivelled, and hay-stuffed«[5], hieß es polemisch. Die Amateurforscher machten stattdessen das Studium des Lebendigen und die daran geknüpften Wissenspraktiken der Beobachtung und des Experiments dezidiert zu ihrem Programm. Es ging ihnen um nichts Geringeres als um eine Erneuerung der Naturgeschichte.

Die frühe Aquarienpraxis ist damit Teil und zugleich Motor einer inzwischen gut erforschten, umfassenden Entwicklung im 19. Jahrhundert, die Lynn Nyhart unter dem Begriff der »biologischen Perspektive« zusammenfasst.[6] Gemeinsam mit Laboratorien und öffentlichen Zoos avancierten die frühen Heimaquarien zu wichtigen Schauplätzen für die Haltung und Beobachtung lebender Tiere. Die Rolle von Aquarien als Wissensinstrumente für die im Entstehen begriffene moderne biologische und ökologische Forschung rücken in der Forschungsliteratur dagegen erst seit kurzem vereinzelt in den Fo-

3 Gosse 1860, S. vi.

4 Häufig handelte es sich bei den Sammlungen um universitäre Sammlungen. Zur – teilweise erdrückenden – Masse der Dinge in naturhistorischen Sammlungen vgl. für das 18. Jahrhundert etwa Georges-Louis Leclerc de Buffon: *Allgemeine Historie der Natur*. 1. Teil, Erste Abhandlung, Hamburg/Leipzig 1750, S. 4; sowie für das 19. Jahrhundert Philipp Leopold Martin: *Die Praxis der Naturgeschichte. Ein vollständiges Lehrbuch*, Erster Teil: Taxidermie oder die Lehre vom Präparieren, Konservieren und Ausstopfen der Tiere und ihrer Teile; vom Naturaliensammeln auf Reisen und dem Naturalienhandel, Weimar [1869-82] 1886 (3. Aufl.), S. 1.

5 Philip Henry Gosse: *A Naturalist's Sojourn in Jamaica*, London 1851, S. v. Zur Entwicklung der »biologischen Perspektive« im 19. Jahrhundert vgl. Nyhart 2009.

6 Nyhart 2009. Vgl. weiterhin Wolf Lepenies: *Das Ende der Naturgeschichte. Wandel kultureller Selbstverständlichkeiten in den Wissenschaften des 18. und 19. Jahrhunderts*, München u.a. 1976.

kus.[7] Mit dem Aquarium verschob und dramatisierte sich die Grenze von Sichtbarem und Unsichtbarem. Die gläserne Vorrichtung schuf eine neue visuelle Evidenz, indem jener Raum, der bis ins 19. Jahrhundert latent geblieben war, visuell erfahrbar wurde. Als Medien zur Erforschung der lebenden Unterwasserwelt waren sie für die Erweiterung einer überwiegend taxonomisch ausgerichteten zoologischen Forschung hin zu biologischen und ökologischen Zusammenhängen von nicht zu unterschätzender Bedeutung. Mit dem Versuch einer Aneignung der Natur im Aquarium zielten die Aquarianer somit auf die Erschließung bislang unzugänglicher geografischer, epistemischer und sozialer Räume. Damit standen sie zugleich im Zentrum eines Aushandlungsprozesses unterschiedlicher Wissenskulturen.

Tote Tiere in Alkohol

Bis ins 19. Jahrhundert basierte die Erforschung aquatischer Lebewesen maßgeblich auf toten Tieren. Für einen Großteil der Wasserwesen kam zur Konservierung nur die Nasspräparation infrage. Zu jener Gruppe aquatischer Lebewesen, die trocken präpariert bis zur Unkenntlichkeit deformiert erschienen, zählten insbesondere Weichtiere wie Seeanemonen, Quallen und Polypen. Sie mussten in Alkohol eingelegt werden[8], der bis zur Entwicklung neuer Konservierungsformen Ende des 19. Jahrhunderts das Mittel der Wahl blieb, um das Tote zu stabilisieren, indem die Lösung das Gewebe der Lebewesen verhärtete, dadurch Verwesungsprozesse aufhielt und so vergängliche Lebewesen

7 Dabei liegt bislang ein Schwerpunkt auf der Geschichte biologischer Forschungsstationen. Vgl. Muka 2014; sowie Bont 2015; Sven Mesinovic: »Reshaping Nature. Underwater Laboratories, Ecology, and Outer Space in West Germany and the United States«, in: William Beinart, Karen Middleton, Simon Pooley (Hg.): *Wild Things. Nature and Social Imagination*, Cambridge 2013, S. 265-287; Christina Wessely, Florian Huber (Hg.): *Milieu. Umgebungen des Lebendigen in der Moderne*, Paderborn 2017; dies. 2013.

8 Obwohl die meisten Fische prinzipiell ›ausgestopft‹ werden konnten, lieferten sie laut Philipp Leopold Martin, einem der damals führenden Taxidermisten, »wenig brauchbare Exemplare zum Ausstopfen, da sich bei den meisten Struktur und Farbe ihrer Oberfläche durch das Trocknen so verändert, dass wir aus ihnen kein lebenswahres Bild des Tieres mehr herstellen können.« Martin 1886, S. 61. Zur Nasspräparation aus zeitgenössischer Sicht vgl. Walter Steinmann: »Über die Fixierung und Konservierung in Flüssigkeit«, in: *Der Präparator* 18 (1972) 1, S. 3-17; Hugo Kurz: »Die Entwicklung moderner Konservierungsmethoden«, in: *Der Präparator* 23/24 (1877/78) 2, S. 180-187.

in beständige Formen verwandelte.[9] Die hochprozentige Flüssigkeit ermöglichte es zugleich, die Tiere in verschlossenen Gläsern über lange Strecken zu verschicken[10] und dauerhaft in Schau- und Forschungssammlungen aufzustellen oder zu lagern.[11] Das Konservieren kann folglich mit Anne Mariss als Technik der Globalisierung wie auch der Musealisierung begriffen werden.[12]

Im Zuge des rasch wachsenden globalen Transfers von Naturalia im 18. Jahrhundert wurden die erprobten Praktiken durch gedruckte Anleitungen zum Sammeln, Konservieren und Verschicken von Tieren weitergegeben und systematisiert. Die Instruktionen stammten zum einen aus der Feder reisender Naturforscher.[13] So fügte Johann Reinhold Forster, der an der zweiten Weltumseglung von James Cook teilnahm, seinem *Catalogue of the Animals of North America* einen Anhang mit »Short Directions for Collecting, Preserving, and Transporting all Kinds of Natural History Curiosities« an, der detaillierte Anweisungen zum Konservieren aller Dinge aus dem Reich der Tiere und Pflanzen bereitstellte.[14] Zum anderen brachten zoolo-

9 Zur Geschichte der Präparationstechniken vgl. Stephen T. Asma: *Stuffed Animals and Pickled Heads. The Culture of Natural History Museums*, Oxford 2001; Sue Ann Prince (Hg.): *Stuffing Birds, Pressing Plants, Shaping Knowledge. Natural History in North America, 1730-1860*, Philadelphia 2003.

10 Das war gerade für den häufig monatelangen Transport im Zuge überseeischer Expeditionen unverzichtbar.

11 Der materiellen Kultur naturhistorischer Forschung haben sich in den letzten Jahren vermehrt Studien aus dem Bereich der Wissenschaftsgeschichte wie der Kunstwissenschaft gewidmet. Vgl. Smith/Schmidt 2007; Smith 2004. Aus kunstwissenschaftlicher Perspektive vgl. Lange-Berndt 2000; sowie wissenschaftshistorisch Dietz 2009.

12 Anne Mariss: »Globalisierung der Naturgeschichte im 18. Jahrhundert. Die Mobilisierung der Dinge und ihr materieller Eigensinn«, in: Debora Gerstenberger, Joël Glasman (Hg.): *Techniken der Globalisierung. Globalgeschichte meets Akteur-Netzwerk-Theorie*, Bielefeld 2016, S. 67-93.

13 John Coakley Lettsom: *The Naturalist's and Traveller's Companion. Containing Instructions for Collecting and Preserving Objects of Natural History and for Promoting Inquiries after Human Knowledge in General*, (2. Aufl.) 1774.

14 Die deutsche Übersetzung erschien noch im selben Jahr: Johann Reinhold Forster: »Johann Reinhold Forsters kurze Anweisung, wie man Naturalien von jeder Art sammeln, aufbewahren und in entfernte Gegenden bringen könne. Aus dem Englischen von J.P. Velthusen«, in: Hannoversches Magazin, 98tes Stück, Montag, den 9ten Dezember 1771, Sp. 1553-1564. Vgl. hierzu Dietz 2009. Vgl. weiterhin Anne Mariss: »Johann Reinhold Forster and the Ship Resolution as a Space of Knowledge Production«, in: Hartmut Berghoff, Frank Biess, Ulrike Strasser (Hg.): *Germans and Pacific Worlds. From the*

gische Sammlungen selbst Instruktionen heraus, wie im Falle des Museums für Naturkunde Berlin, das in den 1890er Jahren eine »Anleitung zum Sammeln, Konserviren und Verpacken von Thieren« erarbeitete und an Privatsammler, (Kolonial-)Beamte und Reisende sandte.[15]

Die Arbeit mit eingelegten Wassertieren brachte jedoch Einschränkungen mit sich. Das lag zum einen an der instabilen Materialität besonders der Weichtiere, zum anderen an den Konservierungsmitteln selbst, welche die physischen Eigenschaften der Tiere teils massiv deformierten. Erst Ende der 1890er Jahre kam mit dem Formol eine Lösung in Umlauf, die die Formen und natürlichen Farben der Objekte weniger angriff und gleichzeitig günstiger als Alkohol war.[16] In Alkohol eingelegt, verloren die Tiere dagegen meist ihre natürliche Form und Farbe und verwandelten sich »in undurchsichtige, zusammengeschrumpfte Massen«[17], die sich teilweise sogar im Laufe der Zeit zersetzten.[18] Die Präparationstechniken, mittels derer Tiere in haltbare Wissensdinge verwandelt werden sollten, brachten somit selbst eine

Early Modern Era to World War I, New York/Oxford 2016 (in Vorbereitung).

15 Friedrich-Wilhelms-Universität zu Berlin (Hg.): *Chronik der Königlichen Friedrich-Wilhelms-Universität zu Berlin. Für das Rechnungsjahr 1894/95*, Berlin 1895, S. 139. Diese Initiative hing eng mit dem neu erworbenen Kolonialbesitz des Deutschen Reiches zusammen, war doch die Anleitung vornehmlich für Ärzte, Offiziere, Stationsbeamte und Missionare in den deutschen Kolonien gedacht. Im Jahr 1896 immerhin einhundert Exemplare verschickt. Vgl. Friedrich-Wilhelms-Universität zu Berlin (Hg.): *Chronik der Königlichen Friedrich-Wilhelms-Universität zu Berlin. Für das Rechnungsjahr 1896/97*, Berlin 1897, S. 150. Ein früheres Beispiel ist etwa André Thouin: *Instruction pour les voyageurs et pour les employés dans les colonies, sur la manière de recueillir, de conserver et d'envoyer les objets d'histoire naturelle. Rédigée sur l'invitation de Son Excellence le Ministre de la Marine et des Colonies, par l'administration du Muséum Royal d'Histoire Naturelle*, Paris 1824.

16 Die im Handel vertriebene, mit vierzig Prozent Wasser versehene Lösung von Formaldehyd, die teils als Formol, teils als Formalin bezeichnet wurde, war erst Ende der 1890er im Handel und wurde bei Spongien und Aktinien wie auch Fischen und Insekten eingesetzt. Vgl. W. Weltner: »Formolconservierung von Süsswasserthieren«, in: *Sitzungsberichte der Gesellschaft Naturforschender Freunde zu Berlin* 6 (1898), S. 57-63.

17 Karl August Möbius: »Ostseeaquarien«, in: *Der Zoologische Garten* 3 (1862a) 7, S. 165-168, hier S. 165. Vgl. hierzu auch Anne Mariss: »›...for fear they might decay‹. Die materielle Prekarität von Naturalien und ihre Inszenierung in naturhistorischen Zeichnungen«, in: Annette Cremer, Martin Mulsow (Hg.): *Objekte als Quellen der historischen Kulturwissenschaften*, Köln/Weimar/Wien 2016, S. 137-148.

18 Dies lag zumeist an der mangelnden Stärke des Alkohols oder am undichten Verschluss der Gefäße, wodurch der Alkohol nach und nach entwich.

Form von Nicht-Wissen hervor. Um eben diesen Punkt ging es Gosse: Nicht nur die text- und bildvermittelte Anschauung, also eine Anschauung aus zweiter Hand, machten ihm zufolge die Beschreibungen »vague and confused«, sondern ebenso die in Alkohol getränkten, deformierten Lebewesen, die in Sammlungen und Kabinetten als Untersuchungsgegenstand dienten.

Gleiches galt in Gosses Augen für die Illustrationen, die aus den Studien am toten Tier hervorgingen. Im Verbund mit eingelegten Lebewesen bildeten Illustrationen eine weitere wichtige Form der Konservierung, durch die Informationen festgehalten und weitergegeben wurden. Die mobilen Papierobjekte vermochten Farben und Formen der Lebewesen langfristig zu konservieren.[19] Das war sowohl bei den weltweit unternommenen Expeditionen unerlässlich, wo Abbildungen als wichtige Informationsträger zur weltweiten Mobilisierung naturkundlichen Wissens beitrugen,[20] aber ebenso für die näher gelegenen Dredge-Fahrten an den europäischen Küsten. Am besten sollten, so empfahlen die Anleitungsschriften, vollständige Skizzen oder »wenigstens eine Notiz über die Färbung«[21] unmittelbar vor Ort – im Boot oder am Strand – angefertigt werden. Mit welchen Mühen eine solche vom Boot aus unternommene Beobachtung mariner Lebewesen an der Wasseroberfläche verbunden war, hat der Bildwissenschaftler Jan Altmann am Beispiel der Baudin-Expedition aus den Jahren 1800 bis 1804 beschrieben: Insbesondere diaphane Weichtiere wie Quallen, Salpen und Rippenquallen waren im Wasser nur schwer zu erkennen. Wollte man ihre Gestalt und ihre Bewegungen im Wasser beobachten, musste man einen farbigen Hintergrund ins Wasser lassen, vor dem sie

19 Vgl. Daniela Bleichmar: *Visible Empire. Botanical Expeditions and Visual Culture in the Hispanic Enlightment*, Chicago 2012; Kärin Nickelsen: »Draughtsmen, Botanists and Nature. Constructing Eighteenth-Century Botanical Illustrations«, in: *Studies in History and Philosophy of Biological and Biomedecial Sciences* 37 (2006), S. 1-25; Mariss 2016a.

20 Lorraine Daston, Peter Galison: *Objektivität*, Frankfurt a.M. 2007, S. 69. Auf Expeditionen wurden indes nur wenige Tiere im noch lebenden Zustand gezeichnet, sondern die Zeichnungen erfolgten zeitversetzt in der Kajüte und vom toten Objekt.

21 Karl Möbius: *Anleitung zum Sammeln, Konserviren und Verpacken von Thieren für die zoologische Sammlung des Museums für Naturkunde in Berlin*, Berlin 1896, S. 45. Auf diesen Feldzeichnungen wurden häufig Angaben zu Größe, Farbe und Fundort vermerkt sowie teilweise noch weitere Details dokumentiert.

sich abheben.[22] Sobald solche Tiere zur weiteren Untersuchung oder Mitnahme aus dem Wasser gefischt wurden, drohte sich der lebende Fang ebenfalls allzu rasch dem menschlichen Zugriff zu entziehen. Das lag nicht zuletzt an den Fangtechniken selbst. So mussten alle Geschöpfe, die nicht in Tidetümpeln an der Felsküste, sondern in tieferen Wasserzonen des Meeres lebten, zuerst einmal zutage, nämlich an die Oberfläche, befördert werden. Hierbei kamen Fangnetze an der Meeresoberfläche und Dredgen für tiefere Zonen zum Einsatz. Dieser gewaltsame Akt kostete bereits viele der Tiere das Leben: »Die schönsten Thiere«, die der Naturkundler aus dem Netz fischte, »sind bereits formlose, schleimige Massen«[23], klagte der Zoologe Karl August Möbius, der 1863 im Zoologischen Garten Hamburg das erste öffentliche Meerwasseraquarium auf deutschem Boden einrichtete. Zudem verlor das, was zum Wissensding werden sollte, häufig seine epistemischen Eigenschaften oder zerrann förmlich zwischen den Fingern, sobald es seiner natürlichen Umgebung entnommen war. Denn nicht erst in der Konservierungsflüssigkeit, sondern bereits durch die Berührung mit der Luft veränderten viele Tiere ihre Farben. Die Materialität, die Auskunft geben sollte, drohte sich somit beständig dem Auge und dem Zugriff zu entziehen. Im Feld hatten daher die Forscher wenig Gelegenheit, die gesammelten und gefangenen Wasserwesen ausführlich zu studieren, wenn die Tiere schnell zu amorphen Massen ohne klare Grenzen, Formen und Farben verschwammen.

Das Konservierungsproblem war somit ebenso ein Bildproblem wie das Bildproblem ein Konservierungsproblem darstellte. Die Übersetzung in Bild und Text erwies sich stets als Wettlauf gegen die Zeit und bewegte sich dauernd an der Grenze zu Tod und Zersetzung.[24] Im Nachgang dienten die provisorischen Feldskizzen und -notizen und eventuell ein mitgebrachtes konserviertes Exemplar dann als Grundlage, um daheim das Aussehen der

22 Jan Altmann: *Zeichnen als beobachten. Die Bildwerke der Baudin-Expedition (1800-1804)*, Berlin 2012, S. 51.

23 Möbius 1862, S. 165. Ariane Tanner hat in Bezug auf die Planktonforschung der 1860er bis 1880er Jahre herausgearbeitet, inwiefern das Plankton »einen direkten Zugang zu neuem Wissen erlauben [sollte], das weit über den Gegenstand hinausgeht, während das Objekt selbst durch die wissenschaftliche Handhabung verloren geht«. Ariane Tanner: »Utopien aus Biomasse. Plankton als wissenschaftliches und gesellschaftspolitisches Projektionsobjekt«, in: Christian Kehrt, Franziska Torma (Hg.): *Lebensraum Meer. Umwelt- und entwicklungspolitische Ressourcenfragen in den 1960er und 1970er Jahren* 40 (2014) 3, (Themenheft: Geschichte und Gesellschaft), S. 323-353.

24 Vgl. Altmann 2012, S. 79.

marinen Lebewesen bildlich und textlich zu rekonstruieren – oder vielmehr zu imaginieren, wie den Forschern vor der Erfindung des Aquariums wiederholt vorgeworfen wurde. Denn dadurch, dass die Zeichner anschließend nur Skizzen, ihr Gedächtnis und die eigene Farbempfindung zur Verfügung hatten[25], drohte die angestrebte »Naturwahrheit«[26] im Verlauf des Übertragungsprozesses beständig der Ungenauigkeit anheimzufallen.

Aquarien als Medien marinen Lebens

Hier kamen Aquarien ins Spiel, die als Lebensraum und Blickdispositiv neue Einsichten in die Formen- und Farbenvielfalt der aquatischen Tier- und Pflanzenwelt versprachen. Was die Aquarianer forderten, um der Naturgeschichte ihre »vagueness and confusion« auszutreiben, war ein empirischer Blick, »[which] investigates and records the condition of things in a state of nature; of *living* animals«.[27] Die Naturtreue, die sie im Sinn hatten, hing konstitutiv mit dem Beobachten, Beschreiben und Zeichnen *lebender* Objekte zusammen – und zwar nicht nur im Feld, sondern vor allem im Aquarium. Denn »auch bei der größten Ausdauer«, so proklamierten Aquarianer wie Karl Gottlob Lutz, »gelingt die Beobachtung der im Wasser lebenden Tiere weit nicht in dem Maße, wie dies im Aquarium der Fall ist«.[28] Mit dem gläsernen Behälter hatten sie ein Instrument zur Hand, das durch eine nachhaltige Form der ›lebenden Konservierung‹ erstmals ermöglichte, aquatische Lebewesen, langfristig, detailliert und ungestört zu beobachten und zu zeichnen.[29] »All these [animals in the dredge] demand more consideration that I can now stay to give them; so that I propose to return to them in detail presently, describing them to you, not from the hurried glances we can give them in the boat, but as they

25 Jan Altmann: »Färbung, Farbgestaltung und früher Farbdruck am Ende der Naturgeschichte«, in: Horst Bredekamp u.a. (Hg.): *Farbstrategien*, Berlin 2006, (Reihe: Bildwelten des Wissens), S. 69-77, hier S. 71.

26 Zum Begriff der Naturwahrheit und seinen historischen Verschiebungen vgl. Daston/Galison 2007, insb. S. 59-119.

27 Gosse 1851, S. vi-vii (kursiv im Original). Für einen Vergleich von *closet naturalist* und *practical naturalist* vgl. Lynn Barber: *The Heyday of Natural History (1820-1870)*, London 1980.

28 Vgl. Lutz 1886, S. 2; sowie Jaeger 1868, S. 3-4.

29 Welche Auswirkungen die Aquarienpraxis auf die Forschung von Bewegungen, Verhalten und Entwicklungsstadien hatte, hat Christian Reiß in seiner Dissertation untersucht. Vgl. Reiß 2014.

appear when at home in the Aquarium.«[30] Mit diesen Worten stellte Philip Henry Gosse in seinem vielgelesenen Buch *The Aquarium* die beiden unterschiedlichen Beobachtungsweisen im Feld und im Aquarium gegenüber – ein flüchtiger Blick auf die Ausbeute während der Bootsfahrt oder am Strand; ausführliche Beobachtungen und Beschreibungen vor dem heimischen Aquarium. Letzteres diente folglich dazu, die Beobachtung der Lebewesen im eigenen Heim auf Dauer zu stellen[31] und fungierte damit als Synthese von Feldforschung und zeitlich entfristeter sammlungs- oder kabinettbasierter (und später laborbasierter) Forschung.[32] Der gläserne Behälter bildete gleichsam ein Scharnier zwischen beiden Orten der Wissensproduktion, die in gänzlich unterschiedlichen Zeitregimen operierten. Wem es gelang, die Tiere und Pflanzen im Aquarium am Leben zu erhalten, der konnte es als Beobachtungsdispositiv für einen räumlich erweiterten und zeitlich verlängerten Blick in die Unterwasserwelt einsetzen.

Für die Bildpraxis folgte daraus, dass Formen und Farben exakter und detaillierter beobachtet und wiedergegeben werden konnten, was auch und gerade für taxonomische Klassifikationen bedeutsam war; vor allem seit die unterschiedliche Färbung von Lebewesen im 18. Jahrhundert an wissenschaftlicher Relevanz gewann.[33] Im Gegensatz zu toten Präparaten waren zudem ausführliche Bewegungs- und Verhaltensstudien möglich. Diese bildeten, wie der französische Naturforscher Louis Fabre-Domergue, Direktor der Biologischen Station in Concarneau, feststellte, eine wichtige Voraussetzung für die korrekte visuelle Erfassung der Lebewesen: »De la difficulté d'animer ces cadavres, de l'impossibilité surtout d'en saisir les attitudes, l'artiste […] produit des œuvres où l'interprétation, pour si consciencieuse qu'elle soit, ne supplée que très imparfaitement

30 Gosse 1854a, S. 60.

31 Eine weitere Kontinuität besteht darin, dass die Aquarienhaltung freilich auch in den Dienst eines taxonomischen Blickes gestellt wurde, also (auch) in einem naturhistorischen Kontext verortet blieb, der sich auf das einzelne Tier konzentrierte.

32 Das Aquarium erweist sich an der Wende vom 19. zum 20. Jahrhundert zugleich als Produkt und Motor in der Entwicklung moderner Laborforschung. Vgl. hierzu Reiß 2014, insb. S. 94-117. Vgl. zu den Wissensräumen ›Feld‹ und ›Labor‹ sowie den Übergängen zwischen beiden Robert E. Kohler: *Landscapes and Labscapes. Exploring the Lab-Field Border in Biology*, Chicago 2002.

33 Die Färbung wurde für die Bestimmung der Art wie auch für ihre morphologische und physiologische Analyse relevant. Vgl. Altmann 2006.

à l'observation de la nature vivante.«[34] Ebenso wie die ersten öffentlichen Zoos wurden heimische und wenig später öffentliche Aquarien für Zeichner daher zum bevorzugten Ort für Studien und Zeichnungen »nach dem Leben«.[35]

Dieser Beobachtung lebender Tiere im Wasser sprachen die *practical naturalists* eine unumstößliche Autorität zu.[36] Das drückte sich bei den Abbildungen in eben jenem Ausdruck »nach dem Leben« oder »nach der Natur« aus, der zugleich dazu diente, die Authentizität der eigenen Beobachtung auszuweisen. In ihren Schriften, insbesondere im Vorwort als typischem Ort programmatischer Setzungen, nahmen die Aquarianer ein Erfahrungswissen für sich in Anspruch, das auf eigener Anschauung basierte und ihnen als Ausweis der eigenen Autorität und Expertise galt. Dieses Praxiswissen brachten sie als ›lebendiges‹ Wissen gegen das ›tote‹ Bücherwissen akademischer Wissenskulturen und insbesondere der am toten Objekt orientierten taxonomischen Naturkunde in Anschlag. Damit wendeten sie sich gegen eine traditionsreiche Praxis. Im 18. Jahrhundert hatte noch die Auffassung dominiert, dass wissenschaftliche Erkenntnis einzig in der Sammlung oder im Kabinett des Gelehrten stattfand. In der Natur würden dagegen lediglich Fakten zusammengetragen. Der reisende Naturforscher als »mobiles Element im System der Wissenschaft«[37] brachte die gesammelten Objekte, Beschreibungen und Illustrationen in die wissenschaftlichen Zentren, wo das Wissen – maßgeblich durch Bücher vermittelt – zusammengetragen und so ein Überblick über die Ordnung der Natur geschaffen würde. Durch den daraus folgenden, überwiegend arbeitsteiligen Prozess naturkundlicher Wissensproduktion, bei dem die Sammler nicht zwangsläufig diejenigen waren, die später die eingelegten Tiere untersuchten, bekamen die Wissenschaftler in den Sammlungen ihren Gegenstand selten in lebendem Zustand zu Gesicht.

Die Aquarianer brachten dagegen das von ihnen selbst beobachtete und beschriebene Lebendige in einem emphatischen, häufig (natur-)theologisch aufgeladenen Sinne gegen das Tote in Anschlag.

34 Paul Louis Fabre-Domergue: *La Photographie des animaux aquatiques*, Paris 1899, S. 1.

35 Vgl. Julia Voss: »Zoologische Gärten, Tiermaler und die Wissenschaft vom Tier im 19. Jahrhundert«, in: Christiane Groeben, Joachim Kaasch, Michael Kaasch (Hg.): *Stätten biologischer Forschung / Places of Biological Research. Beiträge zur 12. Jahrestagung der DGGTB in Neapel 2003*, Berlin 2005, S. 227-243.

36 Gosse 1851, S. vii.

37 Altmann 2012, S. 60.

Diese Agenda, die sie freilich mit anderen Zweigen naturkundlicher Forschung teilten, wurde für ihr Selbstverständnis als soziale und epistemische *community* zentral. Die britische Küste und die privaten Aquarien avancierten so Mitte des 19. Jahrhunderts zu wichtigen, eng miteinander verknüpften Schauplätzen in der Aushandlung unterschiedlicher naturkundlicher Wissenskulturen. Auf dem Spiel stand das Ringen um epistemische Deutungshoheit, wissenschaftliche Autorität und soziale Anerkennung. Damit ist die Aquarienkunde zugleich Produkt und Motor eines größeren Umbruchs der Naturgeschichte, der maßgeblich mit der Frage nach dem Ort der Wissensproduktion zusammenhing und in dessen Verlauf sich der Status von Peripherie und Zentrum veränderte und deren Verortung verlagerte. Die Aquarianer wussten diesen Aushandlungsprozess bewusst als Konkurrenz in Szene zu setzen. Sie partizipierten damit an einem Konkurrenz-Narrativ, das sich zeitgleich in anderen naturkundlichen Feldern verbreitete und zugleich der eigenen Profilbildung diente. Wortreich stellten sie gelehrte Kabinettforscher oder akademische Fachwissenschaftler den bürgerlichen Amateurforschern gegenüber; die Sammlung wiederum dem Feld im Verbund mit den heimischen Aquarien und schließlich das taxonomische Wissen der empirischen Beobachtung.

Die Kritik blieb indes nicht unerwidert. Umgekehrt warf das Lager der Kabinett- und Museumsforscher den *practical naturalists* ihrerseits »Verwirrung« (»confusion«) vor. In einer Besprechung von Gosses populärer naturkundlicher Schrift über seine naturkundlichen Forschungen in Jamaika schrieb der Rezensent in Erwiderung auf Gosses polemisierendes Vorwort: »And indeed, without the assistance of these despised closet naturalists, what would the works of Mr. Gosse and other field-naturalists become? – a mere chaos! a mass of inextricable confusion!« Denn es bedürfe noch ganz anderer Fähigkeiten als die des bloßen Beobachtens, um das von den Feldforschern gelieferte Material in eine Ordnung – gemeint war hier die von Linné entworfene taxonomische Ordnung – zu bringen, und dadurch in einen größeren wissenschaftlichen Zusammenhang einzuordnen und Sinnzusammenhänge zu stiften.[38]

38 Im Original heißt es: »[O]ther and far higher powers than those of the mere observer are required by those who endeavour to bring the disjointed materials furnished by field-naturalists and species-describers into something like order, to make them subservient to the progress of science towards its true object, the development of our knowledge of the system of nature. ›This is natural history.‹« Anonym: »A Naturalist's Sojourn in Jamaica.

In der Praxis erwiesen sich die Bruchlinien zwischen den verschiedenen Lagern indes bei Weitem nicht so glatt wie es die frühen Aquarienschriften suggerieren mögen. Hierfür genügt ein Blick auf den Austausch zwischen den Wissenschaftlern, die in Sammlungen oder Universitäten arbeiteten, und den Amateuraquarianern. In Großbritannien gehörten viele der frühen Aquarianer wie Robert Warington und Philip Henry Gosse wissenschaftlichen Gesellschaften wie der Londoner Linnean Society oder der Royal Society an, wodurch sie in regelmäßigem Kontakt etwa mit Richard Owen und anderen wissenschaftlichen Koryphäen standen. Auch im deutschsprachigen Raum herrschten vielfältige personelle Verbindungen und Austauschbeziehungen zwischen Amateuren und Akademikern, die sich besonders seit der Gründung von Aquarienvereinen ab den 1880er Jahren intensivierten. In Berlin bestanden etwa zwischen dem Verein *Triton* und dem Zoologischen Institut des Museums für Naturkunde sowie dem Pathologen Rudolf Virchow enge Verbindungen.[39] Dabei spielte der Austausch von Wissen wie von Objekten zwischen Universitätsinstituten, Privathaushalten oder auch Zoos eine zentrale Rolle. Die Amateure profitierten vom Kontakt zu akademischen Experten, in denen sie Ansprechpartner für spezielle (Forschungs-)Fragen fanden. Umgekehrt bezogen Fachwissenschaftler von einzelnen Aquarianern oder über Aquarienvereine häufig lebendes Tiermaterial für ihre Forschungsprojekte. Zu seinen Mitgliedern zählten im Laufe der Zeit, wie Christian Reiß aufzeigt, viele akademische Wissenschaftler, wie der Direktor des Zoologischen Gartens Berlin, Ludwig Heck, Otto Zacharias, Gründer und Direktor der Biologischen Station am Plöner See[40],

By P.H. Gosse«, in: *Annals and Magazine of Natural History* 9 (1852) 49, S. 50-54, hier S. 54. Vgl. auch Anonym: »Glaucus; or the Wonders of the Shore. By Charles Kingsley«, in: *Annals and Magazine of Natural History* 16 (1855) 95, S. 354-356.

39 Vgl. Protokoll Triton, 21.9.1894, in: *Blätter für Aquarien- und Terrarien-Freunde* 5 (1894), S. 262; Protokoll Triton, 18.10.1901, in: *Natur und Haus* 10 (1902), S. 96; Protokoll Triton, 5.4.1895, in: *Blätter für Aquarien- und Terrarien-Freunde* 6 (1895), S. 105; Protokoll Triton, 18.10.1901, in: *Natur und Haus* 10 (1902), S. 96; Protokoll Triton, 1.11.1901, in: *Natur und Haus* 10 (1902), S. 125.

40 Vgl. Dieter Hohl: »Von den vivaristischen Anfängen bis zur VDA-Gründung«, in: Verband Deutscher Vereine für Aquarien- und Terrarienkunde e.V. (Hg.): *Festschrift zum 90jährigen Jubiläum. Beiträge zur Geschichte der Aquaristik und Terraristik in Deutschland*, Bochum 2001, S. 13-72, hier S. 28; Ernst Zernecke: *Leitfaden für Aquarien- und Terrarienfreunde* [1895], Ber-

Karl August Möbius, Zoologieprofessor und Direktor des Berliner Museums für Naturkunde. Reiß stellt fest, dass die Aquaristik »in der engen Verbindung zwischen privater Liebhaberei und akademischer Wissenschaft in Deutschland besonders signifikant«[41] war.

Ebenso löste in der Forschungspraxis die Kunst der Naturbeobachtung und der Lebendhaltung in Aquarien das Konservieren und Bestimmen von Tieren nicht einfach ab. Das Lebendige im Aquarium und das Tote im Alkoholglas zu stabilisieren – beides ging vielmehr fortan Hand in Hand. Das Töten und Präparieren ebenso wie das Sezieren und Mikroskopieren von Wassertieren gehörten weiterhin zu zentralen Fertigkeiten naturkundlicher Praxis. Viele Aquarienvereine besaßen sogar eigene Präparate-Sammlungen, deren Bestand sich aus den verstorbenen Tieren der Vereinsmitglieder zusammensetzte und somit ein Nebenprodukt der Aquarienpflege darstellten.[42] Die notwendigen Präparationstechniken wurden in den Vereinen durch Vorträge vermittelt und manche Aquarienratgeber enthielten ein eigenes Kapitel über die Präparation von Tieren.[43]

Gleichzeitig wurden im ausgehenden 19. Jahrhundert auf Expeditionen vermehrt Aquarien mitgenommen und an Bord der Schiffe aufgestellt, um die Tiere über weitere Strecken lebend zu transportieren und sie länger beobachten und zeichnen (und später fotografieren) zu können. Als die »Valdivia« in den Jahren 1898-1899 unter der Leitung des Leipziger Zoologen und Tiefseeforschers Carl Chun zur ersten deutschen Tiefseeexpedition von Hamburg aus in See stach, hatte sie für ihre knapp 60000 Kilometer lange Reise nicht nur 8000 Liter hochprozentigen Alkohol zu Konservierungszwecken im Gepäck.

lin 1897 (2. Aufl.); Ernst Bade: *Das Süßwasser-Aquarium. Geschichte, Flora und Fauna des Süßwasser-Aquariums, seine Anlage und Pflege*, Berlin 1896; ders. 1899, Werner Rieck, Klaus-Georg Mau: *Eine Vereinschronik 1888-2008. 120 Jahre »Triton«, Gesellschaft für Vivarienkunde 1888 e. V. – zu Berlin – Verein für allgemeine Naturkunde, Aquarien-, Terrarien-, Insektarienkunde und Naturschutz*, Berlin 2008.

41 Christian Reiß: »Wie die Zoologie das Füttern lernte. Die Ernährung von Tieren in der Zoologie im 19. Jahrhundert, in: *Berichte zur Wissenschaftsgeschichte* (2012) 35, S. 286-299, hier S. 292.

42 Vgl. Protokoll Triton, 5.10.1888, in: *Isis. Zeitschrift für alle naturwissenschaftlichen Liebhabereien* 13 (1888), S. 342; Protokoll Nymphaea alba, 2.5.1900, in: *Nerthus. Illustrierte Zeitschrift für volkstümliche Naturkunde* 2 (1900), S. 575.

43 Vgl. etwa Anonym: »Ueber das Präpariren todter Thierkörper«, in: *Blätter für Aquarien- und Terrarien-Freunde* 3 (1892), S. 35-38; Anonym: »Die Konservierung von Aquarien- und Terrarientieren«, in: *Natur und Haus* 10 (1902), S. 329-332. Vgl. zudem Nitsche 1901, S. 100-102.

Abb. 11: Aquarienbehälter mit Seeanemonen an Deck der »Valdivia« während der ersten deutschen Tiefsee-Expedition 1889-1899.

Zur näheren Untersuchung lebender Tiere an Bord des Schiffes und für den Zeichner und Fotografen der Expedition, Fritz Winter, wurden zudem an Deck verschiedene Glasbehälter und Aquarien im inzwischen handelsüblichen Design aus Glasbehälter und Metallrahmen aufgestellt. Diese nahmen eine Fülle unbekannter Meereswesen auf, vom berühmten Buckligen Anglerfisch, der im Indischen Ozean aus rund 2500 Metern Tiefe hinaufbefördert wurde, bis zu farbenprächtigen Seeanemonen (**Abb. 11**).[44]

44 Erst 1940 erschien der letzte von 24 Bänden der »Wissenschaftlichen Ergebnisse der Deutschen Tiefsee-Expedition«. Vgl. Carl Chun: *Wissenschaftliche Ergebnisse der Deutschen Tiefsee-Expedition auf dem Dampfer ›Valdivia‹ 1898-1899*, Jena -1940. Zur Geschichte der Expedition vgl. Rudi Palla: *Valdivia. Die Geschichte der ersten deutschen Tiefsee-Expedition*, Berlin 2016; Andreas von Klewitz: *Carl Chun, die Valdivia und die Entdeckung der Tiefsee*, Berlin 2013.

Aquarien als Medien der Umgebung

Das Sensationspotenzial des neuen Mediums lag nicht nur darin, lebende Wassertiere dem Blick zugänglich zu machen, sondern sie innerhalb ihrer ›natürlichen‹ Umgebung ansichtig zu machen. Dieser neue Einblick wurde umgehend in Darstellungen »nach der Natur« übersetzt, die Wassertiere in einer Umgebung zeigten. Die Farblithografien in Philip Henry Gosses 1854 publizierter Schrift *The Aquarium* (**Tafel I** und **II**) gehören zu den frühesten Bildern, die einen Blick durch das Aquarium in die Unterwasserwelt zeigen.[45] Die sechs über das Buch verteilten Lithografien präsentieren in leuchtenden Farben verschiedene Unterwasserszenen. Damit lösen sie ein, was die Aquarianer gegen die konservierten Tiere als Bildvorlage in Anschlag brachten: das aquatische Lebendige in all seiner Farben- und Formenpracht innerhalb seiner ›natürlichen‹ Umgebung darzustellen.

Mindestens ebenso interessant wie das Abgebildete ist hier freilich das, was die Bilder *nicht* zeigen. Denn das Medium, das den subaquatischen Raum in den Blick rückte und dadurch ermöglichte, die Tiere und Pflanzen des Wassers detailliert zu betrachten und zu zeichnen, tauchte in eben dieser Vermittlungsfunktion im Bild nicht auf. Das Aquarium selbst war vielmehr visuell ausgeblendet und damit waren die offensichtlichen Spuren technischer Materialität und menschlicher Eingriffe getilgt. Vergleichbare Strategien kamen zu jener Zeit bei Zeichnungen in den ersten öffentlichen Zoos zum Einsatz, wo Gitterstäbe und Gehege ausgeklammert waren, um die Tiere in einer vermeintlich ›natürlichen Umgebung‹ zu zeigen.[46]

Indem die gewählten Bildausschnitte in Gosses Lithographien jeweils nah genug an die Lebewesen im Aquarium heranrückten, wird durch diesen Skalierungseffekt der Aquarienrand zur Leerstelle, wodurch die gleichsam herangezoomten Unterwasserszenen nicht mehr offensichtlich im Aquarium verortet sind. Als Blickdispositiv gab das Aquarium vor, was in ihm und durch es jeweils zur Erscheinung kam, blieb dabei aber selbst unsichtbar.

Obwohl aus der Blickperspektive also nicht direkt ersichtlich wird, dass es sich um Blicke ins Aquarium handelt, geben die Abbil-

45 Vgl. Gosse: »The Plate […] represents a group from the interior of an Aquarium […].« Gosse 1854a, S. 65.

46 Vgl. Alexander Gall: »Lebende Tiere und inszenierte Natur. Zeichnung und Fotografie in der populären Zoologie zwischen 1860 und 1910«, in: *NTM Zeitschrift für Geschichte der Wissenschaften, Technik und Medizin* 25 (2017) 2, S. 169-209, insb. S. 186.

dungen doch Hinweise auf das künstliche Setting. So sticht eines bei Gosses lithografischen Unterwasserszenen gleich ins Auge: Sie sind nicht nur hell, sondern geradezu grell und erscheinen durch diese artifizielle Helligkeit gleichsam bis in den letzten Winkel ausgeleuchtet. Damit stehen die Abbildungen in scharfem Kontrast zur Dunkelheit der Unterwasserwelt. Dadurch korrespondiert die Farbgebung in den Bildern unmittelbar mit der Agenda der Aquarianer: Licht ins Dunkel des Meeres zu bringen. *An Unveiling of the Wonders of the Deep Sea* lautete der programmatische Untertitel von Gosses Aquarienschrift. Aufgerufen war damit der Topos vom Meer als – in der Tiefe verortete – *terra incognita* undurchdringlicher Finsternis. Dieser war im 19. Jahrhundert entweder als Raum des Nicht-Wissens kodiert oder als mythisch-theologische Wissensordnung, die in den Kategorien des Geheimnisses und des Wunders operiert.[47] Beide Modi waren präsent, wenn der Naturkundler Gosse von den »Wundern« der Tiefsee schrieb. Den dunklen Tiefen des Meeres ihre Wunder zu entlocken, bedeutete in der Praxis, das marine Leben an die Oberfläche zu befördern, seiner Umwelt zu entnehmen und ins Aquarium zu versetzen. Auf den Bildern verweist der plane, gelbliche Hintergrund unmittelbar auf die (Licht-)Bedingungen im Aquarienraum. Bild und Text evozieren gemeinsam die traditionsreiche Metaphorik des Lichts in ihrem aufklärerischen Gestus der Enthüllung. Die Helligkeit des Bildhintergrunds setzte damit zugleich den visuellen Bemächtigungsanspruch um, der sich mit dem Aquarium verband: ein Imperativ umfassender Einsehbarkeit. Bringt man die Lichtästhetik der Abbildungen in Zusammenhang mit

47 Bei Gosse ist die Verbindung von »unveiling« und »wonders« zugleich naturgeschichtlich und -theologisch kodiert, wenn er schreibt: »[…] the essential qualities of *light* were prescribed not only (perhaps not principally) to make it a medium of conveying intelligence through our eyes of worldly things, but that it might represent the glory, purity, truth and omniscience of God, ›in whom is no darkness at all.‹ […] it is only now and then that a homely object becomes a picture of something higher, a dissolving view, that, while we gaze, changes its lineaments into something of higher beauty and deeper interest, a transparency lighted up in every feature by a glory behind it. ›Now we see through a glass, darkly.‹ But hereafter much may be plain and patent […].« Gosse 1854a, S. 124-125. Vgl. auch Wolfgang Struck: »Über die wirbelreichen Tiefen des Meeres. Momentaufnahmen einer literarischen Hydrographie«, in: Steffen Siegel, Petra Weigel (Hg.): *Die Werkstatt des Kartographen. Materialien und Praktiken visueller Welterzeugung*, München u.a. 2011, S. 123-142.

dem Untertitel des Buchs, erweist sich das Taghelle in den Bildern gleichsam als epistemisches Programm des Aquariums.

Während im Meer die Lebewesen häufig nicht eindeutig erkennbar, nicht einmal von ihrer Umgebung visuell abgrenzbar waren und währende die aus dem Wasser gefischten Tiere schnell zu amorphen Massen zerfielen, befeuerte das Aquarium den Anspruch, das Leben in Form und Farbe zu erhalten und dem erkennenden Blick zugänglich zu machen. Diese Vorstellung vom Aquarium als Summe einzelner, klar benennbarer Elemente, die einem klassifizierenden Blick in all ihren Details vollständig zugänglich werden sollte, findet ihren bildlichen Ausdruck ebenfalls in Gosses Aquarienlithografien (Tafel I und II). Vor dem hellen, planen Hintergrund heben sich die einzelnen Elemente in scharfen und dadurch künstlich wirkenden Konturen voneinander und vom Hintergrund ab. Durch den abrupten Übergang vom Mittel- zum Hintergrund ergeben sich keine fließenden Übergänge zwischen den Bildebenen. Dadurch ist der Bildraum nicht als flüssiger, bewegter Unterwasserraum erkennbar. Vielmehr erinnert die Szene an ein stillgestelltes Diorama einzelner ausgeschnittener und zur Collage zusammengestellter Elemente. Unter den Meeres- respektive Aquariendarstellungen der zweiten Hälfte des 19. Jahrhunderts finden sich viele, auf denen die Tiere wie in früheren naturhistorischen Abbildungen in tableauartiger Anordnung im Bildvordergrund aufgereiht erscheinen (Tafel IV). Das wird vor allem in einem Vergleich mit Abbildungen deutlich, die Wasser in Form feiner Linienführung darstellen (Tafel III) oder solchen, wo durch Konturen, die im Bläulichen verschwimmen, Tiefe oder Weite angedeutet wird. Auf diesen ist durch eine grünlich-wässrige Farbgebung, durch Wasserlinien oder eine perspektivische Darstellung die Unterwasserwelt in ihrer räumlichen (Tiefen-)Dimension dargestellt.

In Gosses Lithografien wird zwar durch das visuell ausgeblendete Blickdispositiv ebenfalls ein unvermittelter Blick in einen Unterwasserraum evoziert, jedoch kein visuelles Hinabtauchen. Der Blick verliert sich nicht in unergründlichen Tiefen oder Weiten, sondern bleibt am flächigen Bildhintergrund hängen. Ja, der abrupte Übergang zwischen Mittel- und Hintergrund hindert die Betrachtenden daran, endlose Weiten überhaupt zu erahnen. Der Bildhintergrund als helle, plane Fläche ohne Tiefendimension siedelt die Szene vielmehr in einer Unterwasserperspektive ohne Wasser an und nähert sie dadurch einer Landperspektive an. Obwohl das Aquarium im Bild nicht sichtbar ist, wird die mediale Bedingtheit des Blicks in den Unterwasserraum somit im Bild evident. Die Bilder sind eben dadurch bildlicher Ausdruck eines vom Aquarium verkörperten Wissens, das von einer visuellen Aneignung des subaquatischen Raums zeugt.

Ins Bild bannen I

Aquarienlithografien. Naturkundliche Bildumwelten

»I have accumulated in my portfolios about *three thousand figures* of animals or parts of animals«, verkündete Philip Henry Gosse im Vorwort seines *Manual of Marine Zoology* im Juli 1855.[1] Diese Skizzen, teils in der Natur angefertigt und teils vor dem Aquarium, dienten als Vorlage und Basis für viele der Lithografien, die seine naturkundlichen Schriften illustrierten.[2] Das gilt auch für sein 1860 publiziertes Werk über die Geschichte der britischen Seeanemonen und Korallen, an dessen Vorbereitung Gosse sich kurz nach dem Erscheinen von *The Aquarium* machte. Der von der Society for the Promotion of Christian Knowledge herausgegebene Band *Actinologia Britannica. A History of the British Sea-Anemones and Corals* galt bis ins frühe 20. Jahrhundert hinein als ausgewiesenes Standardwerk. Neben den taxonomischen Beschreibungen und Detailzeichnungen einzelner Aktinien und Korallen finden sich, über das Buch verteilt, zwölf chromolithografische Bildtafeln, die jeweils eine Zusammenschau mehrerer im Text beschriebener Seeanemonen in marinen Felsengrotten zeigen (**Tafel V**).

Eine solche Darstellung mariner Tiere *in* ihrer Umgebung war damals geradezu spektakulär. Zwar finden sich um diese Zeit mit dem Aufkommen der »biologischen Perspektive«[3] vermehrt naturhistorische Abbildungen von Tieren innerhalb einer Umgebung. Die Unterwasserwelt hatte sich indes einer Bildwerdung lange entzogen.

1 Philip Henry Gosse: *A Manual of Marine Zoology for the British Isles*, Bd. 1, London 1855, S. x (kursiv im Original). Vgl. auch Edmund Gosse 1890, S. 340. Zu diesen Zeichnungen gehörten auch zahlreiche, die aus Beobachtungen am Mikroskop hervorgingen, die jedoch in der vorliegenden Arbeit nicht im Zentrum stehen.

2 Die Rezensenten seiner Bücher lobten vor allem, dass der Großteil der Illustrationen auf dem Studium lebender Tiere basierte. Vgl. exemplarisch Anonym: »A Manual of Marine Zoology for the British Isles, by Philip Henry Gosse«, in: *Annals and Magazine of Natural History* 16 (1855) 94, S. 277-278.

3 Nyhart 2009; Gall 2017.

Während aquatische Lebewesen bisher entweder völlig kontextlos oder am Strand sowie *auf* dem Wasser dargestellt waren, verlagerte das Aquarium mit dem Querschnitt durch den Wasserraum die Perspektive von einem terrestrischen Standpunkt zu einer frontalen Unterwasser-Perspektive, die die Betrachtenden »eye-to-eye«, gleichsam auf Augenhöhe der angeschauten Objekte verortete. Das Aquarium bildet damit einen entscheidenden Schauplatz in der Geschichte visuellen Wissens über das Leben und den Raum unter Wasser, der sich auf die naturhistorische Bildproduktion nachhaltig auswirkte. Gosses Aquarienbücher trugen zur Verbreitung der »eye-to-eye«-Perspektive zweifellos entscheidend bei. Neben die systematischen Einzeldarstellungen, die einem vergleichenden systematischen Blick dienten, traten hier Darstellungen von Tiergemeinschaften in ihrer Umgebung. Am Herstellungsprozess von Gosses Lithografien für *Actinologica Britannica*, an den einzelnen Übersetzungsschritten von der Zeichnung bis zur publizierten Druckgrafik, werden die Verfahren aquaristischer Bildproduktion, die Funktion des Aquariums innerhalb der naturhistorischen Bildpraxis im 19. Jahrhundert wie auch deren sozialen und logistischen Bedingungen exemplarisch greifbar.

Sammeln fürs Bild

Die Vorbereitungen für *Actinologia Britannica* waren langwierig. »For the last eight years I have searched the most prolific parts of the British shores – the coast of Dorset, South and North Devon, and South Wales«, schrieb Gosse später im Vorwort, »and I have moreover [...] poured into my aquaria the productions of almost every other part of our coasts, – from the Channel Isles to the Shetlands.«[4] Trotz der regelrechten Sammelwut, die er über Jahre hinweg an den Tag legte, war ein solches Unterfangen, das eine Bestandsaufnahme der Aktinien- und Korallenbestände Großbritanniens im Sinn hatte, schwerlich allein zu bewerkstelligen. Zahlreiche Tiere, die Gosse in seinem Buch beschrieb, stammten daher von befreundeten Naturkundlern, deren Aquarien er selbst besuchte oder die ihm ihre neuesten Fundstücke zusandten. Um noch weitere Kreise zu erreichen, rief er 1857 im Anhang der zweiten Auflage seines *Handbook to the Marine Aquarium* die gesamte Riege praktischer Naturkundler, insbesondere die Aquarianer »at various parts of the British and Irish Coasts« dazu auf, ihn durch die Zu-

4 Gosse 1855, o.S.

sendung lebender Belegexemplare oder ›nach dem Leben‹ gezeichneter Tiere zu unterstützen.[5]

Wie in vielen anderen wissenschaftlichen Feldern war die aquaristische Wissensproduktion auf lokale und wenig später transnationale Beobachter- und Sammelnetzwerken unmittelbar angewiesen. Durch sie zirkulierten Objekte, Wissen und Praktiken. Am Anfang von *Actinologia Britannica* stand somit eine kollektive (Sammel-)Praxis.[6] Im gedruckten Buch lief dieses Wissen der verteilten Akteure am Ende zusammen – »the book thus embodying the knowledge of many, rather than of one«[7], wie Gosse selbst im Vorwort schrieb. Hier zeigt sich, wie innerhalb des Netzwerkes der *practical naturalists* visuelles Wissen mobilisiert, distribuiert und synthetisiert wurde.

In der Tat lieferte die morgendliche Post auf diesen Aufruf hin, so erinnert sich Edmund Gosse in der Biografie seines Vaters, aus allen Ecken Großbritanniens »little box[es] of a salt and oozy character, containing living anemones or corals carefully wrapped up in wet seaweed«.[8] Zu diesem Materialfluss lebender Tiere gesellte sich schon bald ein reger »Bilder-Verkehr«.[9] Die Zeichnungen und Skizzen stammten von Mitgliedern eines über das ganze Land verteilten Korrespondenznetzwerks.[10] Das Material, aus dem die Texte und Bilder des Bandes hervorgingen, war damit ein Produkt verteilter Beobachter und Sammler. Dieses Netzwerk wurde in der Publikation als soziale Gemeinschaft adressiert und sichtbar, indem Gosse im

5 Besonders interessierten ihn »specimens of all species that are not common everywhere«. Gosse 1855, [Anhang] o.S.

6 In vielen Bereichen erwies sich die naturkundliche Wissensproduktion als kollektiver Prozess eines großen Sammler- und Beobachternetzwerks. Vgl. hierzu Güttler 2014. Diese Praxis war freilich anders organisiert als etwa gemeinsam unternommene Exkursionen, wie Vereine oder Universitätskurse sie organisierten.

7 Gosse 1860, S. vii.

8 Edmund Gosse 1890, S. 285.

9 Hierunter verstehe ich mit David Sittler die Summe bewegter Personen und Dinge, die menschliche und nichtmenschliche Bildträger und Bildelemente sowie die involvierten Wahrnehmenden und Aufzeichnungsmedien umfasst. David Sittler: *Die Geschichte der metropolitanen Straße als Massenmedium, Chicago 1870-1930*, [unveröffentlichte Dissertation], Erfurt 2015, S. 22-25.

10 Diese Bildersammlung kann im Sinne des Wissenschaftshistorikers Martin Rudwicks auch als »paper museum« verstanden werden. Rudwick bezeichnet damit die umfangreiche Sammlung von Zeichnungen, die der Naturforscher Georges Cuvier Ende des 19. Jahrhunderts parallel zur musealen Fossiliensammlung anlegte. Vgl. Martin Rudwick: »Georges Cuvier's Paper Museum of Fossil Bones«, in: *Archives of Natural History* 27 (2000) 1, S. 51-68.

Vorwort für die Zusendung lebender und gezeichneter Exemplare einen Dank platzierte: »[to all] zealous scientific friends, whose names appear in this volume, and to whom I here express my grateful obligation.«[11] Spätestens seit dem 17. Jahrhundert gehörte es zu den Instrumenten und zum Protokoll naturhistorischer Praxis, in naturhistorischen Werken sein Netzwerk der Materialbeschaffung auszuweisen.[12] Im Fall von Gosse gehörten diesem sowohl akademische Autoritäten wie Professor Edward Forbes und Dr. George Johnston wie auch Händler und zahlreiche praktische Naturkundler an, die er im Verlauf des gesamten Buches als Referenzen benannte. Die öffentliche Auskunft über die eigenen Quellen diente dazu, Angaben zu authentifizieren, Korrespondenzpartner zu würdigen und fungierte zugleich, wie der Wissenschaftshistoriker James Delbourgo dargelegt hat, als »art of self-construction through collective association«[13], um die eigene – gut vernetzte – soziale Stellung und wissenschaftliche Autorität des Autors sichtbar zu machen und zu untermauern. Die personale Heterogenität war zwischen zwei Buchdeckeln und in Gosses Person gebündelt. Gleichzeitig kam der Namensnennung eine entscheidende einheits-, ja identitätsstiftende Funktion für die Gemeinschaft der *practical naturalists* zu: Das Buch führte ein vielstimmiges Wissen zusammen, dessen Klammer die geografischen und nationalen Grenzen von Großbritannien bildete, »[where] the extreme north-east of Scotland and the south-west of England conspired [...] to augment our native *Actinologia*«.[14]

Knapp zweihundert Bilder aus den Jahren 1839 bis 1861, die Gosse selbst gezeichnet hat oder die ihm seine diversen Korrespondenten zukommen ließen, sind heute erhalten. Die vermutlich vormals Loseblattsammlung, nachträglich zu einem Album zusammengefasst,[15] be-

11 Gosse 1860, S. vi.

12 Vgl. Dietz 2009, S. 621; James Delbourgo: »Listing People«, in: *Isis* 103 (2012) 4, S. 735-742.

13 Ebd., S. 736.

14 Ebd., S. 141.

15 Das Horniman Museum hat sie am 13. Juli 1906 in Form eines Sammelalbums von Alfred Cort Haddon unter dem nachträglichen Titel *British Sea-Anemones and Corals. Original Sketches and Drawings in Colour by Philip Henry Gosse and his Correspondents (1839-1861)* erhalten. Haddon hatte die Skizzen wiederum von Gosse selbst, vermutlich als Loseblattsammlung, empfangen. Er klebte sodann die einzelnen Blätter in ein Sammelalbum ein und klassifizierte sie, indem er die einzelnen Seiten mit Seitenzahlen und die einzelnen Skizzen darauf mit Nummern versah und teils auf den Zeichnungen die Gattungs- und Artnamen der abgebildeten Tiere eintrug.

findet sich unter dem Titel *British Sea-Anemones and Corals. Original Sketches and Drawings in Colour by Philip Henry Gosse and his Correspondents (1839-1861)* aktuell im Horniman Museum and Gardens in London. Das Material umfasst unterschiedliche Formate und mediale Formen – von Bleistiftskizzen über aufwendig kolorierte Zeichnungen bis hin zu Fotografien, die teils mit Notizen versehen, teils unkommentiert sind (**Tafel VI, VII**). Bei dieser Sammlung handelt es sich zuallererst um ein privates Bildarchiv. In verschiedenen Übersetzungsschritten wurden jedoch einige der Motive zu öffentlichen Bildern, da Gosse die eingesandten Zeichnungen als Vorlage für die Lithografien seines Aktienbuchs verwendete.[16]

Hierzu gehörte eine Handzeichnung, die der Falmouther Arzt und Naturkundler William Pennington Cocks[17] an Gosse geschickt hatte (**Tafel VIII**)[18] und die später auf dem Frontispiz von *Actinologia Britannica* als Druckgrafik auftauchte (**Tafel V**).[19] Die Seeanemone, die Cocks in Form einer Seitenansicht mit koloriertem Rumpf, ergänzt um eine kleinere farbige Detailzeichnung zweier Tentakeln, zeichnerisch festhielt, hatte er in der Bucht von Falmouth entdeckt. Ob das Tier direkt vor Ort oder im heimischen Aquarium abgezeichnet wurde,

16 Vgl. Anonym: *British Sea-Anemones and Corals. Original Sketches and Drawings in Colour by Philip Henry Gosse and His Correspondents, 1839-1861*, [zusammengestellt von Alfred Cord Haddon], Horniman Museum and Library, London. Für folgende Ausgaben von Gosses Büchern diente die Sammlung als Vorlage: *A Naturalist's Rambles on the Devonshire Coast*, London 1853; *A Manual of Marine Zoology*, London 1855-1856; *Tenby*, London 1856; *Actinologia Britannica*, 1860; *A Year at the Shore*, London 1865. Zum unterschiedlichen Status öffentlicher und privater Bilder vgl. Nick Hopwood: »Pictures of Evolution and Charges of Fraud. Ernst Haeckel's Embryological Illustrations«, in: *Isis* 97 (2006) 2, S. 260-301, insb. S. 282-284.

17 Cocks hatte selbst eine »List of the Actiniæ of Falmouth« veröffentlicht. Vgl. William Pennington Cocks: »Contributions to the Fauna of Falmouth«, in: *Annual Report of the Royal Cornwall Polytechnic Society* 17 (1850), S. 38-101.

18 Die Anschrift lautet »P.H. Gosse Esqre., Sandhurst, Torquay, Devonshire«. Es könnte sich aufgrund des Poststempels auch um einen Briefumschlag handeln, was nicht endgültig feststellbar ist, da das Blatt in das Album eingeklebt wurde. Gosse erwähnt Cocks in *Actinologia* namentlich, von dem eine beachtliche Anzahl der Skizzen in den *Original Drawings* stammen und der Gosse zudem lebende Exemplare schickte. Vgl. L.J.P. Gaskin: »On a Collection of Original Sketches and Drawings of British Sea-Anemones and Corals by Philip Henry Gosse, and his Correspondents, 1839-1861, in the Library of the Horniman Museum«, in: *Journal of the Society for the Bibliography of Natural History* 1 (1937) 3, S. 65-67.

19 Vgl. Jonathan Smith: *Charles Darwin and Victorian Visual Culture*, Cambridge u.a. 2006, S. 85-86.

lässt sich nicht mehr ermitteln.[20] Fest steht dagegen, dass Cocks seine Skizze per Post auf die Reise von Cornwall nach Devonshire schickte. Mit der Übertragung in eine zweidimensionale Zeichnung und deren postalischer Verschickung wurde aus einem sessilen Tier ein mobiles Papierobjekt, bei dem das Format der Bildsendung die Wissenszirkulation – im Medium der Karte – selbst ins Bild setzt. Im Verlauf der Verschickung kamen weitere Inskriptionsformen hinzu, die unterschiedlichen Aufzeichnungspraktiken angehören. Um Wissen in Bewegung zu setzen, mussten die Papierobjekte logistische Instanzen und administrative Institutionen durchlaufen, die den Sendungen buchstäblich ihren Stempel aufdrückten.[21] Auf der Karte überlagern sich die Zeichnung und die maschinellen Spuren des Poststempels, was sichtbar macht, welche postalischen Agenten und Infrastrukturen des Verkehrswesens der Bildverkehr im Zeichen naturkundlicher Praxis voraussetzte. Die materiellen und institutionellen Bedingungen des Bilderverkehrs schreiben sich buchstäblich ins Bild mit ein. Gosse nutzte die Karte als Arbeitsmaterial, auf dem er am unteren linken Bildrand handschriftliche Anmerkungen zur Farbe der Seeanemone vermerkte.[22] Die verschiedenen Nutzungsweisen hinterlassen somit nach und nach Spuren auf den Bildträgern. Davon ausgehend diente die gezeichnete Aktinie Gosse als Vorlage für das Frontispiz seiner Monografie, wo das gezeichnete Tier am Ende einen prominenten Platz einnahm. Durch die Mobilisierung der Zeichnung wurde es zu einem naturhistorischen Wissensding, das als Druckgrafik seinen Weg durch Raum und Zeit weiter fortsetzte, um in die Hände vieler Leser zu gelangen (**Tafel V**).

Während das Bild der Seeanemone in der Publikation nun buchstäblich auf Papier gebannt war, blieb ihr epistemischer Status indes prekär. Statt um ein stabiles mobiles Objekt handelte es sich

20 Cocks' Zeichnungen zeigen hauptsächlich Aktinien aus der Bucht von Falmouth. Cocks versah seine Zeichnungen häufig mit Notizen zum Verhalten der Tiere im Aquarium, weshalb gesichert ist, dass er selbst Aquarien hielt.

21 Als letzte institutionelle Markierung kam vermutlich die mit Bleistift geschriebene Nummer in der oberen rechten Ecke hinzu, die auf das Album und das Archiv als Lagerungsort mit eigenem Ordnungssystem verweist.

22 Vermutlich hat Gosse unten links in der Ecke handschriftlich hinzugefügt: »tentacles light umber with pellucid dark centres. Column pale ochre.« Die mit Bleistift eingetragene Nummer »44« in der oberen rechten Ecke, der Hinweis »See Pl. V« unten rechts sowie vermutlich auch die Bezeichnung »Aiptasia amacha« sind dagegen nachträglich von Haddon zu archivarischen Zwecken hinzugefügt worden. Der Verweis »See Pl. V« stellt die Verbindung der Zeichnung zur veröffentlichten Lithografie her.

vielmehr um ein *mutable mobile*. Das zeigt die Tatsache, dass das Cocksche/Gossesche Tier bis zur Publikation mehrere taxonomische Revisionen durchlief. Nachdem Cocks die Seeanemone zunächst als *Anthea couchii* identifiziert hatte,[23] ordnete Gosse, der 1858 die neue Gattung der *Aiptasia* eingeführt hatte, die auf der Zeichnung (als Nummer 3) dargestellte Aktinie dieser Gattung zu, genauer gesagt klassifizierte er sie (vorläufig) als *Aiptasia amacha*.[24] In der Druckversion von *Actinologia Britannica* von 1860 wurde der Name abermals revidiert und nun auf der Bildtafel als *Aiptasia couchii* identifiziert.[25] Bevor *Actinologia Britannica* in Buchform erschien, wurde es ab Anfang März 1858 zunächst in zwölf Teilen alle zwei Monate veröffentlicht. Im Grunde handelt es sich folglich um ein räumlich *und* zeitlich verteiltes Wissen. Die fortlaufende Publikationsform erlaubte es Gosse, über einen längeren Zeitraum hinweg stetig neues Material einzuarbeiten, führte aber, wie er selbst bemerkte, dadurch häufig zu Abweichungen zwischen früheren und späteren Teilen.[26] Das Publikationsformat beförderte damit selbst Revisionen, wie sie in der Zoologie gang und gäbe waren (und sind). Tatsächlich wird die (taxonomische) Geschichte dieser Seeanemone bis heute fort- und umgeschrieben. Das im kollektiven und sukzessiven Prozess zusammengetragene Wissen, das zur umfassenden und eindeutigen Bestimmung der Lebewesen beitragen sollte, führte manchmal vielmehr zu taxonomischen Revisionen der Unschärfen, wie sie der Klasse der »Blumentiere« (Anthozoa) bereits in der Bezeichnung eingeschrieben waren, die lange zwischen zwei Wissensordnungen, den Grenzen zwischen dem Vegetabilen und dem Animalischen oszillierte.[27] Mit

23 Cocks hatte die Art unter dem Namen *Anthea Couchii* bereits 1851 in einem Artikel beschrieben und eine Zeichnung abgedruckt. William Pennington Cocks: »Actiniæ (or Sea-Anemones), Procured in Falmouth and its Neighbourhood«, in: *Annual Report of the Royal Cornwall Polytechnic Society* 19 (1851), S. 3-11.

24 Philip Henry Gosse: »Synopsis of the Families, Genera, and Species of the British Actiniae«, in: *Annals and Magazine of Natural History* 1 (1858b) 6, S. 414-419, hier S. 416. Vgl. Anonym: *British Sea-Anemones and Corals. Original Sketches and Drawings in Colour by Philip Henry Gosse and His Correspondents, 1839-1861*, Horniman Museum Library, London, S. 25, Abbildung 44.

25 Hier erscheint sie als Typus der Gattung *Aiptasia couchii* GOSSE. Zu den Revisionen vgl. Gosse 1860, S. 154-155.

26 Ebd., S. vii.

27 Gerade im Falle der Seeanemone, lange als »Thierblume« oder als »Pflanzenthiere« bezeichnet, rangen Botaniker und Zoologen um eindeutige Kategorisierungen dieser zweideutigen Art. Vgl. Heinrich Bettziech-Beta: »Ein

dem materiellen Bilder-Verkehr war so zugleich das naturgeschichtliche Wissen in Bewegung versetzt, und diese Dynamisierung trieb eine Einsicht in die permanente Vorläufigkeit von Wissen voran – in den Worten Gosses: »no branch of science is at one stay even for a single month.«[28]

Basteln am Bild

Um druckfähig zu werden, mussten die zahlreichen Papiertiere, die auf postalischem Wege zu Gosse gelangt waren, zunächst in mehreren Schritten weiterbearbeitet werden. Die Arbeitsschritte, an deren Anfang Gosses Skizzenarchiv und an deren Ende die publizierten Druckgrafiken in *Actinologia Britannica* standen, gingen mit verschiedenen Medienwechseln einher. Im ersten Schritt mussten bei der Farblithografie die Zeichnungen in Form von Aquarellen auf eine lithografische Druckplatte übertragen werden. Gosse war – und dies stellte durchaus eine Ausnahme dar – am Herstellungsprozess maßgeblich beteiligt, indem er die Vorlagen für die Druckplatte selbst anfertigte.[29] Aus seiner Skizzensammlung wählte er diejenigen Tiere aus, die jeweils auf einer Farbtafel gemeinsam abgebildet werden sollten und fügte diese in mehreren Arbeitsschritten zusammen. Durch verschiedene »Papieroperationen«[30] wurden die Zeichnungen der einzelnen, meist isoliert dargestellten Tiere für den Druck zu einem Bild zusammengefügt.[31] Hierzu gehörte zum einen das Kopieren. So diente etwa das gezeichnete Exemplar einer *Sagartia rosea* (**Tafel IX**), das auf einem Papierbogen nebeneinander in Seitenansicht und Aufsicht abgebildet war, als Vorlage für *Figure 5* (links unten) in der Aquarellzeichnung (**Tafel X**).

Besuch im Zoophythenhause des zoologischen Gartens zu London«, in: *Die Natur* (1855) 31, S. 251-252.

28 Gosse 1860, S. vii.

29 Bereits ein Jahr zuvor war *A Naturalist's Rambles on the Devonshire Coast* erschienen, bei dem Gosse ebenfalls für zwölf der Bildtafeln, als deren Vorlage seine Originalzeichnungen dienten, selbst die Druckvorlagen anfertigte. Vgl. Barber 1980, S. 244. Vgl. auch Edmund Gosse 1890, S. 340.

30 Vgl. Anke te Heesen: *Der Zeitungsausschnitt. Ein Papierobjekt der Moderne*, Frankfurt a. M. 2006.

31 Smith schreibt, Gosse zeichnete »individuals in isolation, often under a microscope, and almost invariably without the slightest hint of surroundings. He did not, in other words, draw aquarium scenes. Rather, he constructed them.« Smith 2006, S. 85-86.

Außerdem schnitt Gosse einzelne Tierzeichnungen aus und klebte die Schnipsel in die Musterbögen ein, die so zu Bildcollagen wurden.[32] Bei dieser »materiale[n] Kultur des *cut and paste*«[33] wurden die Zeichnungen manchmal sogar regelrecht *zer*schnitten, um die ausgeschnittenen Motive für die Musterbögen zuzurichten und in die gewünschte Form zu bringen. Hiervon zeugen Ränder oder abgeschnittene Körperhälften, die auf dem Papier zurückblieben (**Tafel XI**). Dabei fügten sich die bunten Wissensschnipsel in diesem Übersetzungsschritt noch nicht nahtlos zu einem Bild zusammen; vielmehr blieben die Operationen des Schneidens und Klebens im Aquarell (das die Vorlage für die Druckplatte bildete) zunächst sichtbar. Um die eingeklebte Anemone herum, die im Aquarell unten mittig einen Platz erhielt und mit der Nummer 5 gekennzeichnet wurde, ist der Papierrand noch zu erkennen (**Tafel XII**). Erst im nächsten Übersetzungsschritt wurde dieser zu einer planen Papier(ober)fläche geglättet (**Tafel XIII**).[34]

Im Übergang von der Zeichnung zum Aquarell wurden so durch Gosses »Handarbeit« die Papiertiere materiell zugerichtet, ästhetisch zusammengestellt und taxonomisch zugeordnet. Damit finden im Prozess der Bildproduktion dieselben Operationen des Sammelns, Selektierens, Zusammenstellens und Homogenisierens statt, die bei der praktischen Einrichtung eines Aquariums zum Einsatz kamen – von der Auswahl einzelner Tiere über ihre Zurichtung bis zur Zusammenstellung. Und ebenso wie das Aquarium stellte auch Gosses Aquarell eine Zusammenschau dar oder vielmehr her, die sich anschließend als ›natürliche Ordnung‹ präsentierte.

Dafür wurde im letzten Arbeitsgang die Aquarelle in chromolithografische Drucke übertragen. Jene kleine zartrosa Aktinie, die Gosse von der isolierten Zeichnung in die aquarellierte Vorlage für die

32 Diese Praxis war in verschiedenen Bereichen verbreitet. Vgl. für die Geologie und Paläontologie etwa Rudwick 2000, insb. S. 59-60.

33 Anke te Heesen: »Fleiß, Gedächtnis, Sitzfleisch. Eine kurze Geschichte von ausgeschnittenen Texten und Bildern«, in: Barbara Büscher, Christoph Hoffmann u.a. (Hg.): *Cut and Paste um 1900. Der Zeitungsausschnitt in den Wissenschaften*, Berlin 2002, S. 146-154, hier S. 146.

34 Es handelt sich hier um die Seeanemone *B. Thallia*, die auf der Druckvorlage und später in der Lithografie als Nr. 5 der Farbtafel IV ausgewiesen ist. Edmund Gosse vermerkte zum Herstellungsprozess der Bilder: »[H]e was accustomed to make a kind of patchwork quilt of each full-page illustration, collecting as many individual forms as he wished to present, each separately coloured and cut out, and then gummed into its place on the general plate, upon which a background of rocks, sand, and seaweeds was then washed in.« Edmund Gosse 1890, S. 341.

Druckplatte hineinkopiert hatte (**Tafel IX** und **Tafel X**), behielt auch in der Farbtafel ihren Platz in der linken unteren Ecke (**Tafel XIV**). Die sie bezeichnende Nummer *(Figure 5)* dagegen, die das Tier klassifizierte, wechselte im Übergang vom Aquarell zur Druckgrafik den Ort[35]: War sie vorher noch in das Bild selbst eingezeichnet, wurde sie in der gedruckten Version an den äußeren Rand des Bildes verlagert. Indem auf diese Weise die wissenschaftlichen Metadaten als rahmende Informationen buchstäblich zum Rahmen des Bildes werden, erscheint durch diese Trennung der innere Bildraum homogener.

Eine weitere Form der Homogenisierung, namentlich die Farbgestaltung der Platten, entsprang dagegen weniger dem Gestaltungswillen als den technischen Bedingungen des angewendeten farbigen Steindruckverfahrens. Besagte Aktinie Nr. 5 etwa weist in der Druckgrafik (**Tafel XIV**) eine kräftigere und gleichmäßigere Farbgebung als in der nuancierten Zeichnung auf (**Tafel IX**). Dieser Unterschied ist maßgeblich auf die ›Baxter Method‹ zurückzuführen, die hier zum Einsatz kam. Nachdem bis zum 19. Jahrhundert farbige Illustrationen in gedruckten Bänden vornehmlich per Hand koloriert werden mussten,[36] fanden in naturkundlichen Darstellungen zunehmend lithografische Farbdruckverfahren Verwendung, die ihre technische Blütezeit um 1900 erlebten. George Baxter entwickelte im Zuge dessen ein eigenes Farbdruckverfahren, bei dem für jede Farbe, die in einer Illustration vorkam, einzelne individuell geschnitzte Holzblöcke verwendet wurden, mittels derer beim Druck die Farbe nacheinander Schicht um Schicht gedruckt wurde.[37] Um eine einzige farbige Grafik herzustellen, waren daher gewöhnlich zwischen zehn und dreißig Holzblöcke vonnöten.

Für die Farbdrucke in *Actinologia Britannica* verantwortlich war der Londoner Drucker William Dickes, der mit Gosse während des gesamten Prozesses eng zusammenarbeitete. Dickes, der die Drucke anfertigte, hatte von Baxter eine Lizenz für dessen Methode erworben und setzte sie bei elf der zwölf Farbtafeln ein, die Dickes nach den Vorlagen von Gosses originalen Zeichnungen druckte.[38] Dabei

35 Dies gilt ebenso für die anderen Nummern der Abbildung.

36 Vgl. Geoffrey Wakeman: *The Production of Nineteenth Century Colour Illustration*, Loughborough 1975.

37 Zu diesem Verfahren vgl. James Cordingley: *Early Colour Printing and George Baxter. A Monograph*, London 1950.

38 Auf den Abbildungen im Buch ist am unteren Rand jeweils »In Colours by W. Dickes« vermerkt. Vgl. zu Dickes auch Alfred Docker: *Colour Prints of William Dickes*, London 1924.

spielte auch bei diesem Arbeitsschritt das Aquarium als Medium der Wissensvermittlung eine Rolle. Angesichts der damals noch vielfach unbekannten marinen Lebensformen bot Gosse dem Drucker an, als Vorbereitung für den Druck im Vorfeld in William Alford Lloyds Aquariengeschäft – dem ersten seiner Art – lebende Seeanemonen in ihren Formen und Farben in Aquarien zu studieren.[39]

Wenn dennoch in der Lithografie bestimmte Farbnuancen von den Vorlagen abwichen, lag dies maßgeblich daran, dass durch das Druckverfahren das jeweilige Spektrum einer Farbe begrenzt war. Ermöglichte die Aquarellmalerei durch Farbmischungen detaillierte Abstufungen einer Farbe, so wurden diese hinterher im Druckprozess zu einem einzigen Farbton vereinheitlicht, da für jede weitere Schattierung einer Farbe eine weitere Holzplatte nötig war, was wiederum die Produktionskosten in die Höhe trieb. Was also bei der Übersetzung vom Meer ins Aquarium an neuem Wissen über die jeweiligen Farbnuancen der Wasserwesen gewonnen wurde, verlor sich im weiteren Übersetzungsschritt vom Aquarium in die Lithografie teilweise wieder. Damit wird deutlich, wie stark die Produktionsmedien und -verfahren den Inhalt und den epistemischen Gehalt von Bildern mitbestimmten, anders gesagt: wie sehr das präsentierte visuelle Wissen von der jeweiligen Medientechnik abhing.

Vom Herstellungsprozess und von der medialen Bedingtheit des visuellen aquaristischen Wissens war in der Druckgrafik am Ende kaum etwas zu sehen. Auch hierin gleicht die Bildherstellung der Einrichtung eines Aquariums, das in der Geste des Zeigens die vorausgehenden technischen und menschlichen Interventionen ausstreicht. Als Ergebnis brachten die diversen Übersetzungsschritte und die dabei eingesetzten Techniken somit ein durch und durch hybrides Bild hervor, das jedoch am Ende als homogenes Objekt erscheint, und zwar in Bezug auf den Bildträger wie auch auf Motivebene. Indem die einzelnen Schnipsel am Ende auf einem gemeinsamen Bildträger gedruckt sind, erscheint dieser nun als plane, zweidimensionale (Bild-)Fläche, aus der die materiellen Spuren der verschiedenen Übersetzungsschritte, die sich im Aquarell noch in Form sichtbarer Schnitte manifestierten, getilgt sind (**Abb. 18**). Auf Motivebene wiederum erscheinen die dargestellten Tiere, die von unterschiedlichen Beobachtern zu verschiede-

39 Gosse schrieb an Lloyd: »I have put the originals for plates 1 and 2 to Dickes's hands […]. I told Mr. Dickes too, that I am sure you and Mrs. Lloyd would give him every facility in studying the living animal in your Aquaria, before he begins to engrave.« Philip Henry Gosse an William Alford Lloyd, 10.12.1857, in: Edinburgh University Library Special Collections (La II. 425/22).

nen Zeiten an diversen Orten gesammelt und gezeichnet wurden, als Zusammenschau und dadurch als Einheit.[40]

Bild-Umwelten

Das Neuartige an Gosses Lithografien war nicht nur, dass auf ihnen die Tiere zu Gemeinschaften zusammengefasst, sondern diese darüber hinaus in eine ›natürliche‹ Umgebung versetzt waren. Auf den Zeichnungen in Gosses Skizzenarchiv, die hauptsächlich als provisorische Arbeitsmaterialien dienten, sind die Tiere dagegen fast ausnahmslos einzeln, ohne Schlagschatten oder räumliche Umgebung abgebildet; höchstens mit Elementen wie etwa einem Stein versehen, erscheinen sie ansonsten gleichsam frei schwebend auf dem Weiß des Papiers.[41] Beim Akt des Zeichnens ›nach dem Leben‹ wurde die Umgebung der dargestellten Tiere selten mit übertragen. Im Falle von *Actinologia Britannica* wurde im Übergang von den Zeichnungen zur aquarellierten Mustervorlage diese Umgebung wieder hinzugefügt. Verantwortlich hierfür zeichnete Gosses zweite Ehefrau Elizabeth Brightwen – eine weitere Akteurin übrigens, die in der Publikation keine Erwähnung fand. Tatsächlich aber sind die Aquarelle aus einer engen Zusammenarbeit der beiden hervorgegangen: Während er vornehmlich die einzelnen Tiere zeichnete oder einklebte, malte sie die Umgebungen.[42] Die Aquarelle geben somit nicht nur etwas Vorgezeichnetes wieder, sondern fügen den Zeichnungen, auf denen sie basieren, etwas hinzu, indem sie die Seeanemonen in eine Umgebung versetzen.

40 Hierzu trägt auch der veränderte landschaftliche Hintergrund im Bild bei. Wo in der Aquarellzeichnung der Eingang der Höhle offen ist und einen Ausblick auf einen fernen Strand mit Felsen zeigt, findet sich in der gedruckten Version dieser Strandhintergrund durch eine geschlossene Felshöhle ersetzt. Für diesen Eingriff lässt sich ein ähnlicher Grund wie bei der vereinheitlichten Farbgebung vermuten. Ein Effekt dessen ist, dass der abgeschlossene Innenraum als homogener (und gleichsam zeitloser) Raum erscheint.

41 Vgl. Smith 2006, S. 85-86.

42 Gosses Sohn Edmund Gosse schreibt über die letzten beiden Bücher seines Vaters (*Actinologia Britannica* und *A Year at the Shore*): »The submarine landscapes in many of these last examples were put in by Mrs. Gosse, who had been in early life a pupil of [the painter John Sell] Cotman.« Edmund Gosse 1890, S. 341. Vgl. auch Thwaite 2002, S. 256-257; sowie Peter Dance: *The Art of Natural History. Animal Illustrators and Their Work*, London u.a. 1978, S. 200.

Diese Darstellung der ›natürlichen‹ Umgebung der Tiere, deren Authentizität die Aquarianer durch die Lebendigkeit der zeichnerischen Vorlagen und den empirischen Blick auf sie verbürgt sahen, unterschied sich von den meisten naturhistorischen Werken früherer Jahrhunderte, die den Lebensraum der Tiere allenfalls andeuteten oder ganz davon absahen.[43] Damit sind die Gosse'schen Lithografien im Kontext des umfassenden Wandels hin zur »biologischen Perspektive«[44] verortet. Im Zuge dessen gewannen ab der Jahrhundertmitte die Lebenswelten von Tieren an Bedeutung, und zwar sowohl an wissenschaftlichem Wert als auch an Schauwert. Wichtige Schauplätze bildeten sowohl neu aufgestellte Habitat-Dioramen und biologische Gruppen in Naturkundemuseen also auch neue Zooarchitekturen und, darauf aufbauend, die vermehrte Darstellung tierlicher Umgebungen in naturhistorischen, insbesondere populären naturkundlichen Werken. Publikationen wie *Brehms Thierleben* warben nun sogar mit »nach dem Leben« gezeichneten Illustrationen[45] und bezogen dies, wie der Wissenschaftshistoriker Alexander Gall gezeigt hat, nicht mehr nur auf die ›naturgetreue‹ Darstellung von Tieren, sondern auch von Umgebungen. Der Lehrer, Naturkundler und demokratische Politiker Emil Adolf Roßmäßler, der als einer der Ersten Aquarien in Deutschland bekannt machte, forderte entsprechend von den Lebensbildern aus der Tierwelt, sie sollten »die Thiere nicht wie gewöhnlich in phantastischen Pflanzencoulissen verführen [sic – vorführen?], sondern inmitten der wahren und wirklichen Pflanzennatur«.[46] Naturtreue und Augenzeugenschaft wurden hier zu Kriterien der gesamten Darstellung erhoben.

Aquatische Lebewesen *in* ihrer subaquatischen Umgebung zu beobachten, geschweige denn zu zeichnen, stellte indes einen schwierigen Fall dar. Vor der Erfindung des Aquariums dominierten daher innerhalb der historischen Ikonografie der (Unter-)Wasserwelt in naturhistorischen Werken zwei Darstellungstypen. Zum einen handelte es sich um jene kontextlosen Darstellungen von Tieren vor weißem Hintergrund[47], die im Dienste zoologischer Taxonomie stan-

43 Ann Blum: *Picturing Nature. American Nineteenth Century Zoological Illustration*, Princeton 1993, S. 48, 195.

44 Vgl. Nyhart 2009.

45 Gall 2017, S. 178.

46 Emil Adolph Roßmäßler: »Des Herzogs Ernst Reise nach dem tropischen Afrika«, in: *Aus der Heimat* 4 (1862) 7, S. 97-100, hier S. 99-100. Vgl. hierzu Gall 2017, S. 177.

47 Vgl. Blum 1993, S. 48.

den (**Tafel XV**). Die Zeichnungen zeigten ein Tier nebeneinander in verschiedenen räumlichen Ansichten, in unterschiedlichen zeitlichen Zuständen oder Stadien oder aber mehrere Tiere nebeneinander, sodass die Aufreihung einzelne Merkmale sichtbar und vergleichbar machte.

Als der schottische Naturkundler Sir John Dalyell 1847 eine zweibändige Studie über *Rare and Remarkable Animals of Scotland Represented from Living Subjects, with Practical Observations on their Nature* herausbrachte,[48] berief er sich explizit auf lebende Tiere als Vorlagen seiner Zeichnungen (**Tafel XV**). Seine Beschreibungen und die Illustrationen beruhten auf Beobachtungen der am Strand gesichteten und daheim in Gläsern gehaltenen Tiere – unter ihnen auch die berühmte Seeanemone »Granny«, die hier abgebildet ist. Allerdings hielt Dalyell die gesammelten Wasserwesen noch jeweils einzeln in Glasgefäßen, ohne Pflanzen oder sonstige Umgebungselemente.[49] Diese Praxis, Tiere aus der Natur aufzulesen und sie daheim isoliert zu betrachten, war bis in die frühen 1850er Jahre dominant. Die daraus resultierenden naturhistorischen Abbildungen standen ganz im Dienste der Systematik. Ziel dieser systematischen Abbildungen, wie sie auch in *Actinologia Britannica* vertreten sind, war es, ein Lebewesen in all seinen morphologischen Einzelheiten möglichst präzise und akkurat darzustellen und so für die Klassifikation eine Vergleichsbasis zu schaffen.

Daneben finden sich in der historischen Ikonografie mariner Lebensformen durchaus schon früh Umgebungsdarstellungen. Doch sind darauf die Tiere nicht *im* Wasser dargestellt. Da die Unterwasserwelt dem forschenden Blick weitgehend unzugänglich war, existierten insbesondere im wissenschaftlichen Kontext bis ins 19. Jahrhundert kaum Darstellungen dieses Raumes selbst, war doch die Befürchtung groß, als spekulativ zu gelten.[50] Ein bekanntes Beispiel ist die sogenannte *Kupfer-Bibel* des schweizer Gelehrten und Physikotheologen Johann Jakob Scheuchzer, die zwischen 1731 und 1735 erschien (**Abb. 12**).

48 Die Publikation dieses Werks verzögerte sich um beinah fünf Jahre aufgrund von Uneinigkeiten und Rechtsstreitigkeiten mit dem Graveur.

49 Daher musste hier das Wasser regelmäßig gewechselt werden.

50 Vgl. Martin J.S. Rudwick: *Scenes from Deep Time. Early Pictorial Representations of the Prehistoric World*, Chicago/London 1992, S. 98, 179-80, 233.

Abb. 12: Frühere Darstellungsformen marinen Lebens auf der Meeresoberfläche oder außerhalb des Wassers in Johann Jakob Scheuchzers *Kupfer-Bibel* aus den 1730er Jahren.

Der Kupferstich stellt als biblische Szene den Fünften Schöpfungstag dar.[51] Die marinen Tiere sind hier – und dies war bis Mitte des 19. Jahrhunderts abgesehen von wenigen Ausnahmen vorherrschend – ausschließlich auf der Wasseroberfläche schwimmend oder als Assemblagen am Strand versammelt, wie Martin J.S. Rudwick in seiner Studie *Scenes from Deep Time* ausführt:

> »[O]rdinary marine organisms [were portrayed] as having been washed up on a shore, in the foreground of a landscape seen unproblematically from a human viewpoint. [...] In this respect, they simply continued the established pictorial convention represented by [...] earlier scenes of the biblical Deluge [...]. In effect, the aquatic world [...] was depicted only from the outside, from the *subaerial* world.«[52]

Ähnliches gilt für das Genre der Fischstillleben von Künstlern wie Jan van Kessel mit seinen bunten Zusammenstellungen marinen Getiers, das gleichsam als Schwemmgut am Strand erscheint, während das Meer lediglich den Bildhintergrund bildet. Diese terrestrisch positionierten Darstellungen, die von einem menschlichen Betrachterstandpunkt aus entweder zeigen, was das Meer an den Strand geworfen hatte oder was man von außerhalb des Wassers, vom Ufer aus an dessen Oberfläche erblicken konnte, erklärt Rudwick vor allem mit der Unzugänglichkeit zum Unterwasserraum.[53]

Der Unterwasserraum hatte sich dem visuellen Zugriff somit lange entzogen oder blieb auf die Perspektive einer Aufsicht beschränkt. In diese Lage intervenierte ab den 1850er Jahren das Aquarium. »[T]here are many specimens, which we wish to examine sideways, and obtain that view which it is not possible to have in nature, namely that of a vertical section of a pond«[54], schrieb 1869 C.B. Brigham über die Vorzüge des Aquariums im Vergleich zu bisherigen Blickperspektiven. Indem das gläserne Medium einen Schnitt durch den Wasserraum präsentierte,

51 Dieses Werk steht im Zeichen der Physikotheologie und suchte die Existenz Gottes durch die Naturwissenschaft zu belegen. Hier sind der Fünfte Schöpfungstag und die Schöpfung der Fische dargestellt. Zu Scheuchzer vgl. Michael Kempe: *Wissenschaft, Theologie, Aufklärung. Johann Jakob Scheuchzer (1672-1733) und die Sintfluttheorie*, Epfendorf 2003; sowie Rudwick 1992, insb. S. 5-17.

52 Ebd., S. 232-233. Rudwick bezieht sich exemplarisch auf die Abbildungen in *Physica sacra*.

53 Ebd., S. 232-233.

54 C.B. Brigham: »The Fresh-Water Aquarium«, in: *The American Naturalist* 3 (1869) 3, S. 131-136, hier S. 133.

setzte es statt einer Aufsicht von oben eine »eye-to-eye«-Perspektive[55] ins Werk, »where a human observer sees marine life from within – that is, as if he were underwater with the creatures depicted, and therefore watching them at their own level«[56], wie der Wissenschaftshistoriker Stephen Jay Gould formuliert. Der vertikale Schnitt trug dazu bei, den vordem als horizontalen Oberflächenraum erfahrenen Ozean in seiner Tiefendimension anschaulich zu machen.[57] Mittels einer vertikalen Mobilisierung des Blicks,[58] die den Betrachtenden gleichsam auf Augenhöhe der angeschauten Objekte verortet, verlagerten die Glaswände die Perspektive von einer Aufsicht *auf* die Tiere hin zu einem frontalen Blick *in* den Unterwasserraum. Die aquarienbasierte Darstellung mariner Lebensformen unter Wasser war ein Novum. Der nachhaltige Einfluss des Aquariums auf die naturgeschichtliche Ikonografie mariner Lebewesen ist kaum zu unterschätzen. Denn erst im Aquarium wurde der Unterwasserraum als Lebens(um)welt vorstellbar und zugleich unmittelbar ansichtig. Der Blick ins Aquarium wurde somit zur Folie für die bildliche Darstellung des Blicks ins Meer.

Dieser neue Blick und die daraus entstehenden Bilder wurden indes erst mit der Zeit zur Sehgewohnheit. Was heute als gleichsam selbstverständliche Blick- und Bildperspektive erscheint, begann sich erst nach und nach durchzusetzen. Interessanterweise wurden, wie Gosses Sohn in der Biografie seines Vaters zu berichten weiß, anfangs Zweifel an der Authentizität angemeldet, genauer gesagt an der Naturtreue von Gosses subaquatischen Illustrationen der 1850er und 1860er Jahre.[59] Gerade das, was die Aquarianer mit der »eye-to-eye«-Perspektive als empirischen Blick zu installieren suchten, wurde anfangs mehrfach als Spekulation und Imagination kritisiert. So sah sich Gosse eben jener Kritik der »vagueness« ausgesetzt, die er in Bezug auf die Naturtreue

55 Hierunter fasst Stephen Jay Gould jene Perspektive, »from which aquatic organisms […] can be viewed, not from above through the opacity of flowing waters with surface ripples, but eye-to-eye and from the side through transparent glass and clear water«. Stephen Jay Gould: »Seeing Eye to Eye – Through a Glass Clearly«, in: ders.: *Leonardo's Mountain of Clams and the Diet of Worms. Essays on Natural History*, New York 1998, S. 57-73, hier S. 59.

56 Ebd., S. 65.

57 Mit dem Übergang von einem marinen Wissen der Meeresoberfläche zur Meerestiefe befasst sich unter dem (Arbeits-)Titel »Untiefen mariner Zeitlichkeit. Formationen des Wissens über das Meer, ca. 1770-1870« die in Vorbereitung befindliche Dissertation von Julia Heunemann, der ich zahllose Anregungen verdanke.

58 Vgl. hierzu auch Adamowsky 2009, S. 8-17.

59 Vgl. Edmund Gosse 1890, S. 340. Vgl. auch Dance 1978, S. 197.

der Darstellungen und Beschreibungen der kabinettforschenden Naturgeschichte vorhielt. Was heute als Darstellungstyp längst zum »normalen Bild«[60] geworden ist, musste damals seine Evidenzkraft erst erlangen. Gerade das, was nunmehr als ›natürliche‹ Perspektive erscheint – eben weil es sich um eine Unterwasser-Perspektive sozusagen auf Augenhöhe der Meeresbewohner handelt –, war Mitte des 19. Jahrhunderts noch keineswegs als solche etabliert. Erst mit der Verbreitung des Aquariums und seiner Bilder wurde der »Aquarienblick« als neue Seherfahrung sukzessive Teil der visuellen Kultur, dann im Laufe der Zeit als Sehgewohnheit stabilisiert und im Zuge dessen gleichsam naturalisiert. Die visuelle Evidenz des vertikalen Schnitts mit seiner frontalen Sicht in die Unterwasserwelt erweist sich damit als durchaus junges Phänomen und macht zugleich klar: Was historisch jeweils als ›natürliche Perspektive‹ betrachtet wurde, hängt von den Visualisierungsmedien der Zeit ab.

Die künstliche Zusammenstellung vieler unterschiedlicher Tiere in einem Bildausschnitt, wie sie *Acinologica Britannica* präsentiert, spiegelt die Realität eines Aquariums wider, wo ebenfalls verschiedenste Tiere auf kleinstem Raum konzentriert zusammengebracht sind. Selten wurde dies so klar benannt wie von William Hughes, der sich Anfang der 1870er Jahre für den Bau eines öffentlichen Aquariums in Birmingham einsetzte: »The Aquarium has really an advantage over those beautiful little fairy-like rock pools at the sea coast – you can group together animals of different localities which never can be associated together naturally.«[61] Das Aquarium machte somit die verstreuten Lebewesen nicht nur unumschränkt den Blicken zugänglich. Als »Besichtigung einer gerahmten Kohärenz«[62] bildete der gläserne Kasten das Substrat einer Ordnung, die sich als ›natürliche‹ Ordnung präsentierte.

Ebenso wie im Aquarienraum sind auf den Lithografien sämtliche dargestellten Tiere – durch die gemalte Landschaft – in ein und demselben Raum verortet und dadurch auf einen Blick als zusammenhängend lesbar. Gerade in ihrer konkreten Anschaulichkeit bildete die Grafik wie das Aquarium eine künstliche Synthese von räumlich Getrenntem. Mit dieser Zusammenschau verband sich eine nationale

60 Vgl. zum Begriff des »normalen Bildes« Gugerli/Orland 2002.

61 William R. Hughes: *On the Principles and Management of the Marine Aquarium*, London 1875, S. 12.

62 Joseph Vogl: »Mittler und Lenker. Goethes Wahlverwandtschaften«, in: ders. (Hg.): *Poetologien des Wissens um 1800*, München 2010, S. 146-161, hier S. 148.

Symbolik, die bereits im Titel anklingt: *Actinologia Britannica*. Das Gezeigte ist nicht nur zu einer biologischen, sondern auch nationalen Gemeinschaft zusammengestellt und zu ›lebendigen Synthesen‹[63] der salzigen Gewässer Großbritanniens zusammengefasst. Im gedruckten Buch werden somit die Tiere, die aus verschiedenen Ecken Großbritanniens stammten, in zwölf Lithografien zu einer symbolischen Zusammenschau, einer nationalen Einheit britischer Seeanemonen und Korallen zusammengeschlossen.[64] Genau darin besteht die originäre Syntheseleistung der Lithografien und des Aquariums: In einem miniaturisierten (imaginären) Raum eine künstliche Zusammenschau zu kondensieren, die Ungleichzeitiges und räumlich Getrenntes zusammenbringt und anschließend als Natur präsentiert. Durch praktische, ästhetische und begriffliche ›Reinigungsarbeit‹ erscheinen im Aquarium und in Gosses Lithografien am Ende somit Natur und Technik klar voneinander getrennt und eine politische Geografie als ›natürliche Ordnung‹.

63 Sofie Lachapelle und Heena Mistry haben anhand des 1931 in Paris eröffneten *Aquarium Tropical du Palais de la Porte Dorée* aufgezeigt, inwiefern dieser Anspruch zur imperialen Geste ausgeweitet wurde: »With the double mission to provide a living synthesis of the products of the warm waters of the French empire and give visitors a sense of the diversity, beauty, and economic resources of their colonial possessions, the aquarium functioned as a panorama that presented a striking visual metaphor for the empire.« Das Aquarium wurde anlässlich der sechsmonatigen Pariser Kolonialausstellung *(Exposition Coloniale Internationale)* im Bois de Vincennes errichtet. Vgl. Lachapelle/Mistry 2014, S. 1.

64 Noch auf anderer Ebene geht es zumindest indirekt um ein Bild der Nation, in Bezug auf den kollektiven Herstellungsprozess der Bilder, basierend auf der Gemeinschaft britischer Naturkundler.

Tafel I: Unterwasserszene. Farblithografie aus Gosses *The Aquarium* (1854).

Tafel II: Bild von einem Blick ins Aquarium, wo das Medium selbst visuell ausgeblendet ist.

Tafel III: Fische in ihrer Umgebung: Darstellung von Schuppenflossern im flüssigen, bewegten Unterwasserraum.

Tafel IV: Fischdarstellung unter Wasser, mit räumlicher Tiefenperspektive, aber ohne Wasserdarstellung oder verschwimmende Konturen.

Tafel V: Frontispiz von Philip Henry Gosses Werk über die Geschichte britischer Seeanemonen und Korallen, 1860.

Tafel VI: Fotografie einer lebenden Seeanemone im Aquarium, Studienobjekt aus Gosses Bilderarchiv.

Tafel VII: Farbige Zeichnungen »nach dem Leben« in Gosses Skizzenarchiv, unten links *Actinia mesembryanthemum.*

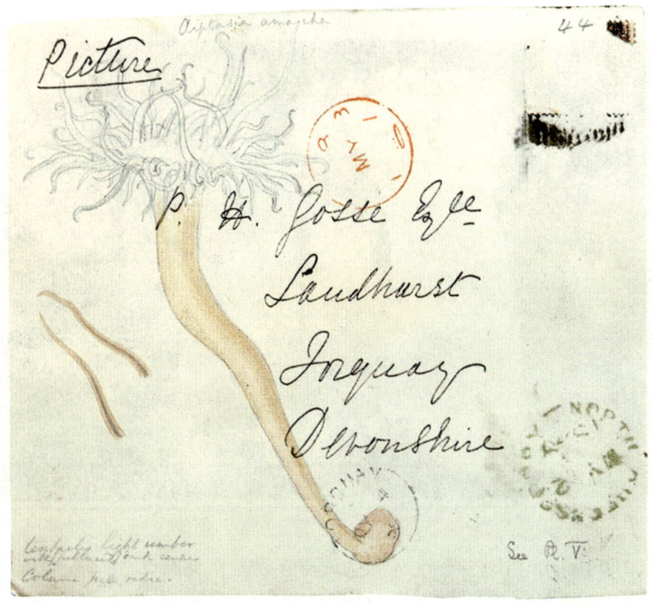

Tafel VIII: Karte mit handgezeichneter Seeanemone von William Pennington Cocks, verschickt an Philip Henry Gosse.

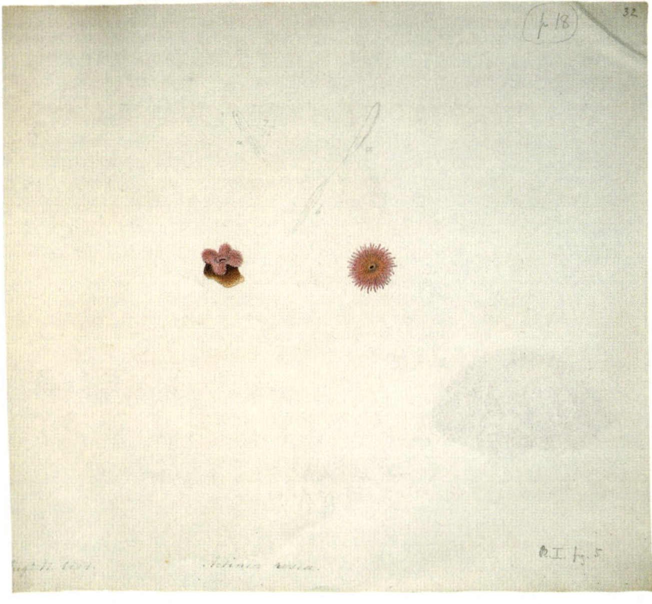

Tafel IX: Darstellung der Seeanemone *Sagartia rosea* in doppelter Ansicht ohne Umgebung.

Tafel X: Übertragung der Seeanemone *Sagartia rosea (Figure 5)* von einer Zeichnung (Tafel IX) ins Aquarell von Philip Henry Gosse und Eliza Brightwen, das als Vorlage für *Plate I* der Schrift *Actinologia Britannica* diente und das Tier in seiner ›natürlichen Umgebung‹ zeigt.

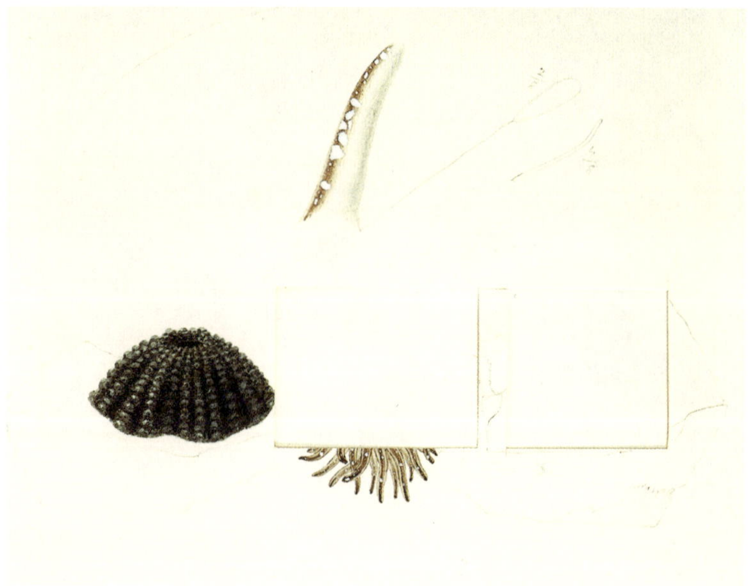

Tafel XI: Papierene Leerstellen nach dem Ausschneiden einer Tierzeichnung, die als Vorlage für *Plate IV*, *Figure 5* und *6* von *Actinologia Britannica* diente.

Tafel XII: Ausgeschnittene und in eine neue ›Umgebung‹ eingeklebte Seeanemone (*Figure 5* unten mittig) im Aquarell von Philip Henry Gosse und Eliza Brightwen, das als Vorlage für *Plate IV* von *Actinologia Britannica* diente.

Tafel XIII: Druckgrafik, in der die eingeklebten Papierstücke als homogene Bildfläche und die zusammengestellten Lebewesen im Bildraum als homogene Einheit erscheinen.

Tafel XIV: Druckgrafik aus *Actinologia Britannica* mit verschiedenen Homogenisierungen in Farbe und Platzierung der Nummern im Vergleich zur Aquarellvorlage.

Tafel XV: Kolorierte Druckgrafik ›nach dem Leben‹ mit Umgebungsfragment; abgebildet ist die Seeanemone »Granny« nach zwanzig Jahren im Besitz von Dalyell.

Tafel XVI: Sammelkarte mit Erdbeerrose (*Actinia mesembryanthemum*) der Firma Liebig aus der Serie »Unter dem Meeresspiegel« von 1899, Format 7 x 10,5 cm.

Tafel XVII: Umschlag des illustrierten Katalogs der Firma Umlauff zum Verkauf von toten und lebenden Muscheln, Korallen und anderen Meerestieren aus dem Jahr 1900.

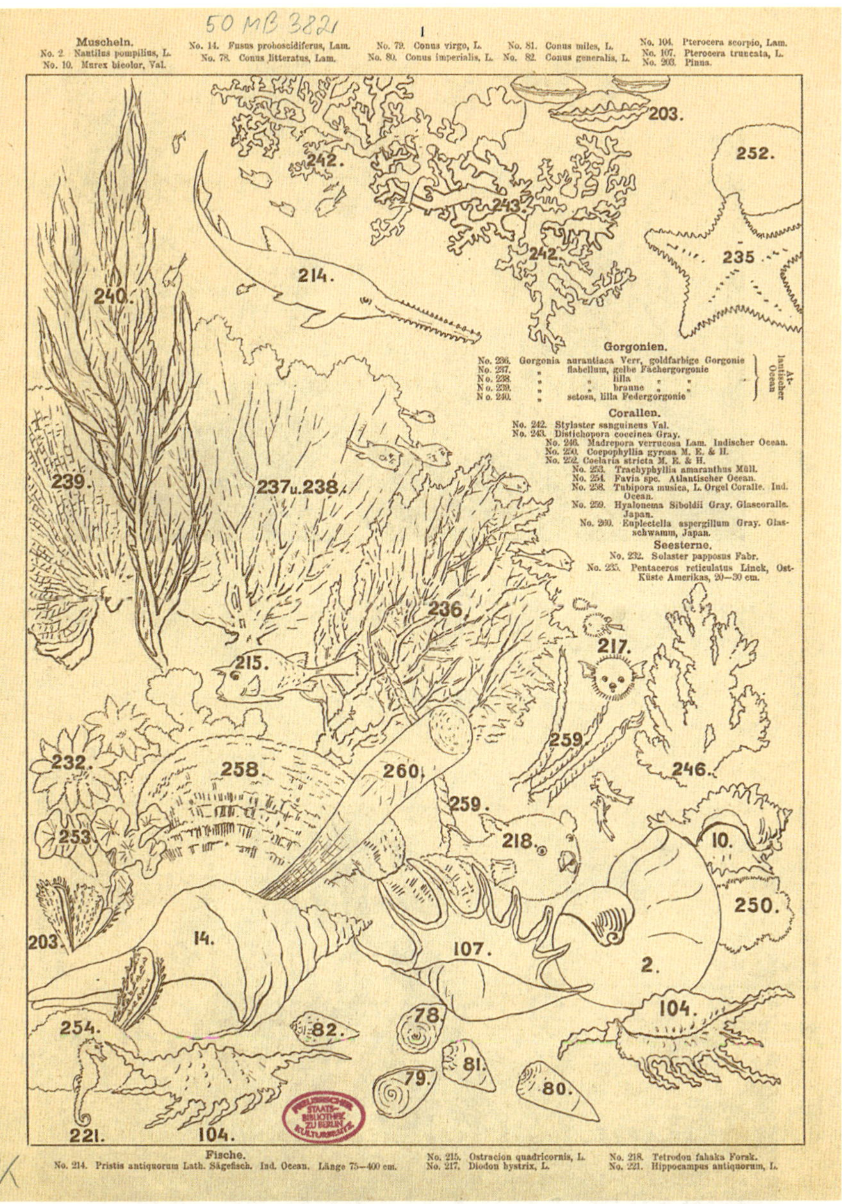

Tafel XVIII: Rückseite mit genauer Benennung der umseitig abgebildeten, käuflich erhältlichen toten und lebenden Objekte des Umlauff-Katalogs.

Tafel XIX: Eine der frühen fotografischen Aufnahmen von Wassertieren im Aquarium stammt von Paul Louis Fabre-Domergue aus dem Jahr 1899.

Tafel XX: Fotografische Aufnahme von Fabre-Domergue vor einem Aquarium, in dem sich Tiere und Umgebung durch die Bewegung visuell vermischen und die Umrisse unscharf werden lassen.

afel XXI: Spuren des Aquariums im fotografischen Bild.

Inneres des Hamburger Aquariums.

Tafel XXII: Innenansicht der Aquarienanlage im Zoologischen Garten zu Hamburg aus dem Jahr 1886.

Rahmen I

Aquaristische Aufzeichnungspraktiken. Wissen aufschreiben, festschreiben, umschreiben

Mit der wachsenden Popularität des Aquariums wuchs schnell die Nachfrage für praktische Anleitungen; ab Mitte der 1850er Jahre kamen in England wie in Deutschland die ersten Leitfäden zur Herstellung, Instandhaltung und Pflege von Aquarien auf den Markt. Diese frühen Handbücher waren größtenteils von Amateur-Aquarianern selbst verfasst. Sie spielen für den Aufbau eines aquaristischen Wissensfeldes, insbesondere in der Übergangsphase von der Aquarienhaltung als experimenteller Praxis zu einer weitverbreiteten Mode eine wichtige Rolle.[1] Hinter Titeln wie *The Aquarium; its Inhabitants, Structure, and Management* oder *Das Aquarium. Belehrung und Anleitung, ein solches anzulegen und zu unterhalten* verbarg sich ein Konglomerat aus Anleitungen zu Bau, Einrichtung und Pflege eines Aquariums, einem Überblick über das wichtigste technische Zubehör sowie detaillierten Beschreibungen einzelner Aquarientiere und -pflanzen. Darüber hinaus vermittelten die Leitfäden chemisches, botanisches und zoologisches Wissen über die Zusammenhänge der Wasserlebewesen und ihrer Umgebung, durchsetzt mit Passagen ästhetischer und häufig moralisch-belehrender Naturbetrachtungen. Meist waren den praktischen Kapiteln zudem historiografische Überblicksdarstellungen zur Vorgeschichte und der aktuellen Entwicklung der Aquaristik vorangestellt. Diese Ratgeberschriften wurden zu wichtigen Medien der Vermittlung und Verbreitung der aquaristischen Praktiken und Wissensinhalte. Gleichzeitig strukturierten und normierten sie selbst den Blick ins Aquarium und das mit seiner Hilfe gewonnene Wissen.

1 Als weitere Medien des Austauschs dienten v.a. Zeitschriften und Vereine (in England dagegen *Societies*), vgl. Reiß 2014, insb. S. 94-117; Andreas Daum: *Wissenschaftspopularisierung im 19. Jahrhundert. Bürgerliche Kultur, naturwissenschaftliche Bildung und die deutsche Öffentlichkeit, 1848-1914*, München 1998, insb. S. 85-193, 237-376.

Anleitung zur eigenen Beobachtung

Die Ratgeberschriften lieferten detaillierte Instruktionen für eigene Beobachtungen am Aquarium, die sich als Anleitungen zum ›richtigen Sehen‹ verstanden. Auf diese Weise stellten sie ein Vokabular nicht nur für das bereit, *was* das Aquarium zu sehen gab, sondern auch, *wie* die neu erblickte Unterwasserwelt im Aquarium zu beobachten, zu deuten und zu beschreiben sei. Während das Aquarium den Blick materiell einfasste, rahmten die frühen Aquarienschriften mit ihren Texten und Bildern den Blick ein weiteres Mal.

»You must use your own eyes«[2] lautete die oberste Devise für jede Aquarienbeobachtung. Empirische Beobachtung (in der Natur und vor dem Aquarium) brachten die Ratgeber programmatisch gegen das ›tote‹ Bücherwissen akademischer Wissenskulturen in Anschlag, insbesondere gegen eine am toten Objekt orientierte taxonomische Zoologie, wie sie in Naturkundemuseen und an Universitäten betrieben wurde.[3] Gegen diese führten die Leitfäden ein Wissen über das Lebendige ins Feld, das auf der direkten Beobachtung lebender Tiere basierte. Gerade an dem Punkt jedoch, an dem die Aquarianer den Rahmen einer als autoritär und fehlerhaft zurückgewiesenen schriftvermittelten Wissensstruktur sprengen wollten, holte diese sie wieder ein. Denn wenn Arthur M. Edwards seinen Lesern riet: »[L]et me advise you to trust more to your own observation than to what you can learn by sitting down to read a book«[4], so ist dieser Ratschlag doch selbst im ›toten‹ Medium des Buches erteilt. Setzten die Aquarianer dazu an, die Vermittlungsebene des Textes, der den Blick in die Natur rahmt, durch empirische Beobachtung zu ersetzen, so kam mit den Leitfäden doch eine schriftliche Vermittlungsinstanz ins Spiel. Denn auch die praxeologische Literatur lenkte den Blick all jener, die sich zu *seaside studies* am Strand aufmachten oder Studien mithilfe von Aquarium betrieben. In der oszillierenden Bewegung von Lektüre und eigener Beobachtung ordneten die Leitfäden das Gesehene durch das vorher Gelesene und den Abgleich mit diesem und wirkten daran mit, Beobachtungen zu strukturieren, Wissensordnungen zu fixieren und Blicke zu disziplinieren.

Das begann nicht erst im Aquarium, sondern im Feld. Viele der Ratgeber führten nämlich ihre Leser zunächst hinaus in die Natur. Sie

2 Gosse 1854a, S. 15.
3 Ebd. Edwards 1858, S. 33.
4 Ebd., S. 46.

fungierten in diesem Sinne als »field guides«, als Bestimmungsbücher für die erspähten Lebewesen. Gleichzeitig lieferten sie Sammelanleitungen für all jene, die ihre Aquarientiere eigenhändig beschafften – die visuelle ging so mit einer praktischen Aneignung der Natur einher. Im Gegensatz zu den reich illustrierten großformatigen Werken der Naturgeschichte waren Leitfäden wie Gosses *Manual of Marine Zoology* daher handlich im Format und günstig im Preis – »from its very small bulk, he [the naturalist] can easily carry it in his pocket in his rambles along the shore, so as to ascertain at once the nature of the objects he meets with«[5], lobte entsprechend ein Rezensent. Die praktischen Tipps im Taschenformat antworteten auf das Verlangen einer Entzifferbarkeit der Natur, indem sie die Lebewesen eines lokalen Areals in Listen erfassten, bestimmten, abbildeten und ausführlich beschrieben. Wer sich mit Gosses Handbuch ins Feld begab, konnte die aufgespürten Tiere mithilfe der Beschreibungen und über dreihundert Abbildungen identifizieren, »and thus probably refresh his memory as to what has been, or remains to be, observed with respect to their habits and economy«.[6] Die Leitfäden übernahmen somit die Funktion einer »descriptive organization of seeing«.[7]

Die Aufzählung von Tieren arbeitete einer Bestandsaufnahme und Bekanntmachung der lokalen oder nationalen Tierwelt in die Hände. Allerdings unterschieden sich die Aquarienleitfäden in zentralen Punkten von den wissenschaftlichen »Inventarlisten« eines lokalen oder regionalen Tierbestandes, denn sie waren auf Tiere ausgerichtet, die sich für Aquarien eigneten. Indem die Handbücher sich anschickten, Informationen nur über »diejenigen Arten bekannt zu geben, welche der Liebhaber für die Dauer resp. lange Zeit lebend erhalten kann«[8], organisierten sie das aquaristische Fachwissen entlang eng umgrenzter Kriterien. Die Ratgeber und ihre Auflistungen waren daher nicht konsequent taxonomisch strukturiert. Sie operierten vielmehr selektiv mit ästhetischen oder epistemischen Kategorien. Vor allem aber ging

5 Vgl. Anonym 1855a, S. 277. Zu den unterschiedlichen Genres des Handbuchs und des Folianten vgl. Daston/Galison 2007.

6 Vgl. exemplarisch Anonym 1855a, S. 277: »[The book] contains figures of three hundred and forty species, of which a great majority are original, and more than half of these drawn from living specimens.«

7 John Law, Michael Lynch: »Lists, Field Guides, and the Descriptive Organization of Seeing. Birdwatching as an Examplary Observational Activity«, in: *Human Studies* 11 (1988), S. 271-303, hier S. 272.

8 L. Schmitt: »Die geeignetsten resp. haltbarsten Tiere für unsere Seewasser-Behälter«, in: *Blätter für Aquarien- und Terrarienkunde* 14 (1903) 16, S. 216-218, hier S. 216.

es um praktische Kriterien, um Transport- und Überlebensfähigkeit,[9] um Verträglichkeiten der Tiere mit anderen Arten, um Widerstandsfähigkeit oder Anfälligkeit für Krankheiten. Die Aquarienleitfäden strukturierten somit ihre Listen auf andere Weise und entwarfen eine eigene Systematik.

Anschließend erteilten die Ratgeberschriften ausführlich Auskunft darüber, worauf es bei Beobachtungen am Aquarium ankam, und das war vor allem eine kontinuierliche und disziplinierte Beobachtung. »[T]äglich und stündlich immer und immer wieder«[10] müsse das Aquarium kontrolliert werden, mahnte Emil Adolf Roßmäßler, einer der Aquarienpioniere in Deutschland, dessen aquaristische Artikel und Schriften der 1850er und 60er Jahre insbesondere zum Süßwasseraquarium breit rezipiert wurden.[11] Neben Geduld und Ausdauer gehörte zu den epistemischen Tugenden, welche die Aquarienratgeber vermittelten, vor allem ein bestimmter Modus der Beobachtung. »Observe in detail, watch closely«[12], hieß es bei Philip Henry Gosse; ein zufälliger, unaufmerksamer Blick, »loose and cursory«[13], genügte ihm zufolge nicht. Vielmehr gelte es, alle Details – auch und gerade die scheinbar nebensächlichen – wahrzunehmen. Denn, so Gosse weiter, die Lebensweise der Tiere »will never be thoroughly known till they are observed in detail. Nor is it sufficient to mark them with attention now and then; they must be closely watched, their carious actions carefully noted, their behaviour under different circumstances.« Denn gerade solche Bewegungen, »which seem to us mere vagaries, undirected by any suggestible motive or cause«[14], erwiesen sich häufig als die interessantesten.

Indem die Aquarianer die Aufmerksamkeit somit auf das scheinbar Nebensächliche, Marginale lenkten, übten sie mithilfe der Ratgeberschriften einen Blick fürs Detail ein.[15] Innerhalb der Naturgeschichte

9 Zu den Sammel- und Fangpraktiken der frühen Aquarianer vgl. Kapitel »Aneignen I« dieses Buches.

10 Emil Adolf Roßmäßler: *Das Süßwasseraquarium. Eine Anleitung zur Herstellung und Pflege desselben*, Leipzig 1857, S. 2.

11 Vgl. Roßmäßler 1856; sowie ders. 1857.

12 Gosse 1854a, S. iv.

13 Ebd.

14 Ebd., S. iii.

15 Vgl. Lorraine Daston: »Attention and the Values of Nature in the Enlightenment«, in: Fernando Vidal, Lorraine Daston (Hg.): *The Moral Authority of Nature*, Chicago 2004, S. 101-105. Gleiches galt für andere naturwissenschaftliche Zweige wie etwa die Geologie und Paläontologie. 1835 publizierte der britische Geologe und Paläontologe Henry Thomas De la Beche einen

war eine solche Aufmerksamkeitsökonomie eng mit der Tradition der Naturtheologie verknüpft.[16] Gerade kleine und besonders unscheinbare Lebewesen vermochten hier die göttliche Vorsehung zu veranschaulichen und die harmonische Ordnung der Natur zu vermitteln: »Even the uncouth water snails, the scavengers of the collection, may be made an apt vehicle for conveying the lesson [...] that none of God's creatures are too vile to be beneath his notice, or to be exempt from their several duties.«[17] Lebensformen wie die niederen Wassertiere, vormals oft als hässlich oder nutzlos qualifiziert, wurden nun aufgewertet und zu epistemischen und ästhetischen Objekten ersten Ranges erklärt.[18] Damit gehörte die Beobachtung und Beschreibung von Details gleichermaßen einer Epistemologie, Theologie und Ästhetik des Details an, wie sie Anfang des Jahrhunderts häufig auch in Schriften zum Mikroskop zu finden waren. Wie das Mikroskop diente nun auch das heimische Aquarium als technische Vorrichtung, um die Beobachtung und Beschreibung von Details einzuüben – unterstützt und angeleitet durch die schriftlichen Leitfäden. Die Aufwertung des Kleinen und Unscheinbaren bezog sich aber nicht nur auf das einzelne

Leitfaden mit dem Titel *How to Oberserve*, der sich an Studierende und Forscher richtete und dessen deutsche Übersetzung ein Jahr später erschien. Vgl. Henry Thomas De La Beche: *Anleitung zum naturwissenschaftlichen Beobachten für Gebildete aller Stände: I. Geologie*, Berlin 1836.

16 Vgl. Philip Henry Gosse: *The Romance of Natural History*, London 1871, insb. Kapitel 6: »The Minute«; John George Wood: *Common Objects of the Microscope*, London 1861; sowie hierzu King 2005. Während in der Natürlichen Theologie noch zu Zeiten der Renaissance die Existenz Gottes in erster Linie aus der Makrostruktur des Kosmos – der Sterne und Planeten sowie der *scala naturae* – abgeleitet wurde, führte die Physikotheologie des späten 17. Jahrhunderts den Gottesbeweis vor allem an der Mikrostruktur der Pflanzen und Tiere durch. Vgl. Brian W. Ogilvie: »Natural History, Ethics, and Physico-Theology«, in: Gianna Pomata, Nancy G. Siraisi (Hg.): *Historia. Empiricism and Erudition in Early Modern Europa*, Cambridge/London 2005, S. 75-103, hier S. 93-95; John Hedley Brooke: *Science and Religion. Some Historical Perspectives*, Cambridge 1991, S. 130-132.

17 Johns 1859 (2. Aufl.), S. 11.

18 »The Actiniæ or sea-anemones, although belonging to the lowest order of animal life, are among the most beautiful denizens of the sea, and, when transferred to our parlor oceans, are their greatest ornament. [...] The ›inutilis alga‹ of ancient classical writers has, in the march of modern science, been discovered to contain some of the most valuable properties used in medicine and the arts.« Anonym 1858, S. 151. Es handelt sich hier um eine Sammelrezension von Gosses *The Aquarium* (1855) und Shirely Hibberds *The Book of the Aquarium* (1856).

Lebewesen; geografisch entsprach dem ein Fokus auf lokale Floren und Faunen:

> »We shall greatly err, if we suppose that only in distant parts of the world the works of God can be so studied as to illustrate His infinite power, and skill, and benevolence; we may have to search distant regions to find the giants of the deep, the huge whale, the Indian cuttle, or the island madrepore, but in the most minute crustacean that hops above the retiring wave, or the most fragile shell that lies upon the shingle, there is the indelible impress of the mind and hand of God.«[19]

Auf der Folie der Ratgeberschriften in die Wasserwelt (des Aquariums) zu blicken, versprach somit die Ausbildung eines spezialisierten Blicks, der sowohl die sichtbaren als auch die unsichtbaren Beziehungen des Lebens unter Wasser auf epistemischer und moralischer Ebene zu erkennen und richtig zu deuten vermochte.[20] Auch die deutschsprachigen Ratgeberschriften, deren Zahl ab den späten 1850er Jahren stetig zunahm, setzten bei der Beobachtung und Beschreibung von Lebewesen auf Details und bei ihrem Untersuchungsgebiet vornehmlich auf Lokal- und Regionalstudien. Wie bei den britischen Autoren kam es bei der Beobachtung auf kleinste Unterschiede etwa in Gestalt oder Farbe an. Und auch hier stand dies nicht allein einmal im Dienste wissenschaftlicher Klassifikation, um die unendliche Vielfalt der lokalen Natur zu ermitteln, sondern hing ebenso mit der zu diesem Zeitpunkt erstarkenden Heimatkunde zusammen.[21] Dabei avancierte auch unter den deutschen Aquarianern die Schnecke zu einem der Protagonisten im Aquarium. Das lag wiederum daran, dass sie zu dieser Zeit geradezu paradigmatisch die Verbindung von Natur- und Heimatkunde verkörperte. Emil Adolf Roßmäßler besaß selbst eine bedeutende Schneckensammlung[22] und verknüpfte seine makologischen Studien mit einem

19 Philip Henry Gosse: »The Shores of Britain«, in: ders.: *The Ocean*, London 1849, S. 23-102, hier S. 35.

20 Im 19. Jahrhundert waren mit den ›unsichtbaren Beziehungen‹ häufig chemiko-theologische adressiert.

21 Zur Geschichte der Heimatbewegung vgl. Celia Applegate: *A Nation of Provincials. The German Idea of Heimat*, Berkeley u.a. 1990. Zum Zusammenhang von Heimatbewegung und Naturpolitik in Deutschland vgl. Thomas Lekan: *Imagining the Nation as Nature. Landscape Preservation and German Identity, 1885-1945*, Cambridge 2004.

22 Vgl. Emil Adolf Roßmäßler: *Iconographie Der Land- Und Süßwasser-Mollusken, Mit Vorzüglicher Berücksichtigung Der Europäischen Noch Nicht Abgebildeten Arten*, 3 Bd., Dresden/Leipzig 1835.

biologischen Konzept von *Heimat*.[23] Der Lehrer und Politiker gilt als Begründer der wissenschaftlichen Heimatkunde und setzte sich in seinen volksbildnerischen und heimatkundlichen Schriften für regionale Studien ein.[24] Im Aquariendiskurs schlug sich das darin nieder, dass ›einheimische‹ Tiere vor ›fremdländischen‹ bevorzugt wurden.

Die Ausbildung einer solchen Schule des Sehens, wie sie die Handbücher vermittelten, diente den Amateur-Aquarianern in Großbritannien wie auch im deutschsprachigen Raum als Mittel der Abgrenzung und als Geste der Autorisierung und war damit zentral für das Selbstbild der sich formierenden *community*.[25] Beide standen im Zeichen theologischer oder moralischer Ökonomien, doch ging es gleichzeitig um ein neues Wissen um Funktionszusammenhänge. Beiden diente dabei die empirische Beobachtung lebender Tiere und individuelles Erfahrungswissen als Ausweis von Autorität und Expertise. In Deutschland stand indes noch stärker eine Selbstermächtigung bürgerlicher Wissensproduktion auf dem Spiel. Kompetenz wurde in Aquarianerkreisen weniger über einen akademischen Grad ausgewiesen, als vielmehr demjenigen bescheinigt, der in der Praxis überzeugte. Damit war die Aquarienkunde innerhalb einer zeitgenössischen Abgrenzungsbewegung verortet, mit der sich das Lager der Amateurforscher gegenüber professionellen Wissenschaftlern zu legitimieren suchte. Im Zuge dieser Autonomiebestrebungen wurde Natur*kunde* der traditionellen Natur*geschichte* gegenübergestellt.[26] Die Aquaristik war damit fest in zeitgenössischen bürgerlichen Bildungsidealen verankert, denen es um individuelle, demokratisierte und zugleich organisierte Formen der Wissensaneignung ging.

23 Nils Güttler bereitet derzeit einen Beitrag vor, der die Bedeutung der Malakologie, der Wissenschaft der Mollusken, für die Heimatbewegung und insbesondere regionale Identitätsbildungsprozesse nachzeichnet.

24 Emil Adolf Roßmäßler: »Das Gebirgsdörfchen: Eine Perspektive in die Naturgeschichte des Volkes, mit einer Einleitung über die Bedeutung der naturwissenschaftlichen Heimatkunde in Roßmäßlers Sinne für die Volksbildung«, in: Wilhelm Kobelt (Hg.): *Die Volkskultur* 7, Leipzig 1909.

25 Zur Beobachtung als Wissenspraxis vgl. Daston/Lunbeck 2011, insb. S. 45-113.

26 Lynn Nyhart hat dargelegt, wie sich das Lager der Amateurforscher gegenüber professionellen Wissenschaftlern in den »Kunde«-Projekten zu legitimieren suchte. Nyhart 2009, S. 254.

Beobachtungen aufschreiben

Wenngleich die Ratgeber in die detaillierte Beobachtung *einzelner* Lebewesen einwiesen, ging es bei der Aquarienhaltung doch nie um das Individuum allein. Was die Leitfäden daher vor allem vermitteln mussten, waren ein Blick für biologische und ökologische Zusammenhänge. Denn gerade in den ersten Jahrzehnten hing eine erfolgreiche Aquarienpraxis entscheidend davon ab, ein spezifisches Wissen darüber auszubilden, was das Gleichgewicht im Behälter zum Kippen brachte. Bereits minimale Veränderungen – eine leichte Wassertrübung etwa oder nach Luft schnappende Fische – galt es in ihren Ursachen und möglichen Konsequenzen zu erfassen, um entsprechend zu handeln. Musste zunächst der Blick des Sammlers im Feld geschult werden, um die richtigen Orte zu finden und die häufig unscheinbaren Wesen überhaupt zu erkennen, galt es anschließend im Aquarium möglichst *alle* Vorgänge zu registrieren, um das labile Gleichgewicht zu erhalten.

Hierfür war die Beobachtungspraxis von Anfang an mit einer ebenso minutiösen Aufschreibepraxis verknüpft.[27] Das kontinuierliche Vordringen des Blicks in den vormals unzugänglichen Unterwasserraum und das Sammeln und Aufschreiben von Daten gingen Hand in Hand. Die Praxis des Notierens, die schon vor dem 19. Jahrhundert zur Ökonomie wissenschaftlicher Aufmerksamkeit gehörte,[28] stand auch hier im Zeichen größtmöglicher Exaktheit und Vollständigkeit. Die Disziplinierung des Blicks und eine disziplinierte Buchführung

27 Zur Verbindung von Praktiken des Lesens und Notierens in historischer Perspektive vgl. Lorraine Daston: »Taking Notes«, in: *Isis* 95 (2004) 3, S. 443-448; Ann Blair: »The Rise of Note-Taking in Early Modern Europe«, in: *Intellectual History Review* 20 (2010) 3, S. 303-316.

28 Aufschreibepraktiken erfreuen sich bereits seit einiger Zeit in der Wissenschaftsgeschichte und -forschung wachsender Aufmerksamkeit. Im Gefolge von Bruno Latours Untersuchungen zu *immutable mobiles* oder Lorraine Dastons Forschungen zur Praxis wissenschaftlicher Beobachtung liegen inzwischen gut dokumentierte Fallstudien zur Rolle von Papiertechnologien in der (naturkundlichen) Wissensproduktion vor. Daston/Lunbeck 2011; Ann Blair, Richard Yeo (Hg.): »Note-Taking in Early Modern Europe«, in: *Intellectual History Review* 20 (2010) 3, S. 301-433; Anke te Heesen: »The Notebook. A Paper Technology«, in: Bruno Latour, Peter Weibel (Hg.): *Making Things Public. Atmospheres of Democracy*, Cambridge 2005, S. 582-589; Isabelle Charmantier, Staffan Müller-Wille: »Carl Linnaeus's Botanical Paper Slips (1767-1773)«, in: *Intellectual History Review* 24 (2014), S. 1-24.

waren eng verknüpft.[29] Aquarianer wie William Thompson, Anna Thynne oder Philip Henry Gosse, die ihre Beobachtungen und Experimente möglichst lückenlos in Notiz- und Tagebücher übertrugen, rieten wiederum den Lesern ihrer Handbücher, dasselbe zu tun:

> »I have found it a good plan to keep a naturalist's diary, a book wherein I write down the history of my *Aquarium* and the changes or facts that I remark of my pets every day. To this book I may at time refer, and this plan I recommend heartily to the consideration of my readers. In this way we shall be writing a book that will always be of use, for there are always little facts that slip our memory and may either be useful [...].«[30]

Philip Henry Gosse füllte ganze »aquarium notebooks« mit Notizen über seine Experimente und täglichen Beobachtungen (**Abb. 13**).[31] Im gleichen Maße wie sich die heimischen Aquarienbehälter der *practical naturalists* mit Leben füllten, füllten sich die Seiten ihrer Tagebücher mit Wissen. Gosses erste Aquarien enthielten vor allem Krustentiere, Seepocken, Würmer und jede Menge Seeanemonen. Über den Inhalt jedes einzelnen Behälters führte er Buch, indem er die Ein- und Ausgänge in Listen vermerkte. Im Medium der Liste, mit deren Hilfe Gosse Tod und Leben in seinem Aquarium dokumentierte, verbanden sich naturkundliche Praktiken mit kaufmännische und gelehrte Buchhaltungspraktiken, nämlich »eine[r] chronologisch und sachlich gegliederte[n] Rechnung, die anhand lückenloser Aufzeichnungen und Belege die Bestände sowie seine Bewegungen aufzeichnete und ordnungsgemäß ablegte«.[32]

Die mehrseitige Auflistung beginnt mit »Tank I«, den Gosse am 28. Februar 1854 mit natürlichem Seewasser angefüllt und anschließend mit Tieren und Pflanzen besetzt hatte. In vier Spalten trug er erstens die Lebewesen ein, daneben besondere Anmerkungen (»Remarks«) sowie das Datum, wann ein Tier eingesetzt (»Put«) und wann es gegebenenfalls wieder entfernt wurde (»Removed«) – meist

29 Zum Zusammenhang von Aufschreibetechniken und Disziplinierung vgl. te Heesen 2005b.

30 Edwards 1858, S. 46-47.

31 Philip Henry Gosse: *The Aquarium*, in: Leeds University Library, Brotherton Collection, BC 19c Gosse MSS B-1.4q.

32 Anke te Heesen: »Die doppelte Verzeichnung. Schriftliche und räumliche Aneignungsweisen von Natur im 18. Jahrhundert«, in: Harald Tausch (Hg.): *Gehäuse der Mnemosyne. Architektur als Schriftform der Erinnerung*, Göttingen 2003, S. 263-286, hier S. 271-272.

List made Feb. 21. 1856.

1. Tank. Natural Sea-water. Filled Feb. 28. 1854

No.	Name	Remarks.	Put in.	Removed.
	Clione	In Oyster-shell	Sept. 1855 Ilfr.	
6	Polymorphina oblonga		Feb. 22. 1856.	
	Anthea cereus	small-green	Sept. 1855. Ilfr.	
2	Corynactis viridis.	Fragment of shell	Dec. 1855. Dart.	
	Ibid.	"	"	
	Sagartia viduata	small	Apr. 54. Torquay	
	bellis	large	Aug. 54. Tenby	
	"	minute		
	dianthus	Orange, large	Feb. 13. 56. Wey.	
	miniata	very large	" Menai	
	"	middling, sickly	" "	Died. Feb. 23. 1855.
	Actinia mesembry.	olive	Oct. 55. (Hale)	
	"	green-lined olive		
	"	strawberry	Nov. 55. Lloyd	
	Cyathina Smithii	lge, white, emer. mag.		
	"	" " red "		
	"	mod. red,	Sept. 55. Ilfr.	
	"	" dark red		
	"	" "		
	Balanophyllia regia		Sept. 55. Ilfr.	
	Hydra tuba	On Oyster bred	Origl. fm Edinb. Ap. 1855	
	Asterina gibbosa		Apr. 55. Weym.	
	Nemertes Borlasii		Feb. 54. Torquay	
	Terebella			
	"		Apr./55. Weym	
	"			
	"			
	Sabella reniformis?	In stone of Eschara	Feb. 54. Weymo.	
		Minute, in Oyster-shell	Sept. 55 Ilfr.	
	Monura coluris	bred abundantly		
	Canthocamptus Strömii	"		
	Palæmon squilla		Apr. 55 Wey.	
	"		" "	
	Pilumnus hirtellus		May 54. "	Slept T. Mar 14/56
	Chthamalus stellatus	On Mussel valve	Sept. 55. Lond.	Killed Mar. 10/56.
	Anomia ephippium	Large, on stone	Apr. 55. Weym.	
	"	minute on Oyster shell	Sept. 55. Ilfr.	
		In shell of Pyrgoma		
	Murex erinaceus			
	Purpura lapillus		Nov. 55 } Lloyd	
	"		"	
	Littorina littoralis		Sep. 55 Lond.	
	Bulla hydatis	Bred		
	"	"		
	Chiton lævis?		Apr./55 Weym	
	"		" "	
	Murænoides guttata	light	" "	Sq. Th. Ap. 5/56.
	Spio seticornis	many, on Periwinkle		
	Bunodes clavata	brown var.	Feb. 29/56. Torq.	
	Sag. miniata	midd. size	Mar. 8. 56. Ll.	
	Bunodes crassicornis	orange b.; pale red t.	Mar 12/56 "	
	Ophiocoma rosula	young	" "	
	Pentacta pentactes	white. smallish	" "	
	Pleurobranchus plumula	"	" "	Died Mar. 16./56.
	Eolis papillosa		" "	
	Salicornaria farciminoides		" "	

Abb. 13: Aquaristische Aufschreibepraktiken. Liste in Philip Henry Gosses »Aquarium Notebook« aus den 1850er Jahren.

im Falle seines Todes. Neben dem Eingangsdatum waren zudem die Kürzel für Ortsnamen wie Weymout und Ilfracombe gelistet, die den jeweiligen Herkunfts- bzw. Aufsammlungsort angaben (**Abb. 13**). Die bilanzierende Aufstellung hatte eine ordnende Funktion. Ging es in der täglichen Aquarienpflege darum, Leben zu erhalten, ging es im Medium der Liste darum, es zu verwalten. Aquarium Notebooks waren damit Teil einer umfassenden Aneignung und Dokumentation von Natur.

Neben den Listen finden sich in Gosses Tagebüchern Einträge mit Informationen zu Materialien, Maßen und Aufstellung der jeweiligen Aquarienbehälter, denen tägliche Ereignisberichte folgen (**Abb. 14**). Letztere zeigen eindrücklich, wie aufwendig und verlustreich Aquarienhaltung sich gestaltete. So sehr sich die Aquarianer durch engmaschige Buchführung und disziplinierte Beobachtung der Natur zu bemächtigen suchten, so widerständig erwies sie sich. Nur kurze Zeit nach der Aufstellung eines selbstgebauten Behälters im Frühjahr 1876 notierte Gosse eines Morgens, dass ein Riss die gesamte rechte Glasscheibe durchzog. Durch das Leck war die Hälfte des Wassers bereits ausgelaufen, sodass er den gesamten Inhalt entleeren und die Scheibe durch dickeres Glas ersetzen musste. Auch die weiteren Einträge legen ein beredtes Zeugnis all jener Unfälle und Störfälle ab, welche die Aquarianer anfangs beschäftigten. Am 27. Juni schrieb Gosse: »The water is foul some animals are dead, or dying. Algæ are turning orange. I examined every stone and weed, rejecting a number, and replaced the remainder.«[33] Am 15. August wiederum heißt es: »All the 3 large Prawns have died in succession; and most of the Sagartiæ […] and the Corals now refuse to eat.«[34] Hier wird noch einmal augenfällig, wie wichtig minutiöse Beobachtungen auch für die praktische Handhabe von Aquarien war: »March 1st. Looking over the Square tank I saw on a stone where I am sure nothing of the sort existed a few days ago, three species of Clava multicornis.«[35] Die Aquarientagebücher erweisen sich hier gleichzeitig Speichermedien, die Beobachtungen festhalten und ein Archiv, in dem Nicht-Wissen verzeichnet ist und sichtbar wird.

33 Philip Henry Gosse: *The Aquarium*, in: Leeds University Library, Brotherton Collection, BC 19c Gosse MSS B-1.4q, S. 2.

34 Ebd., S. 3.

35 Ebd., S. 20.

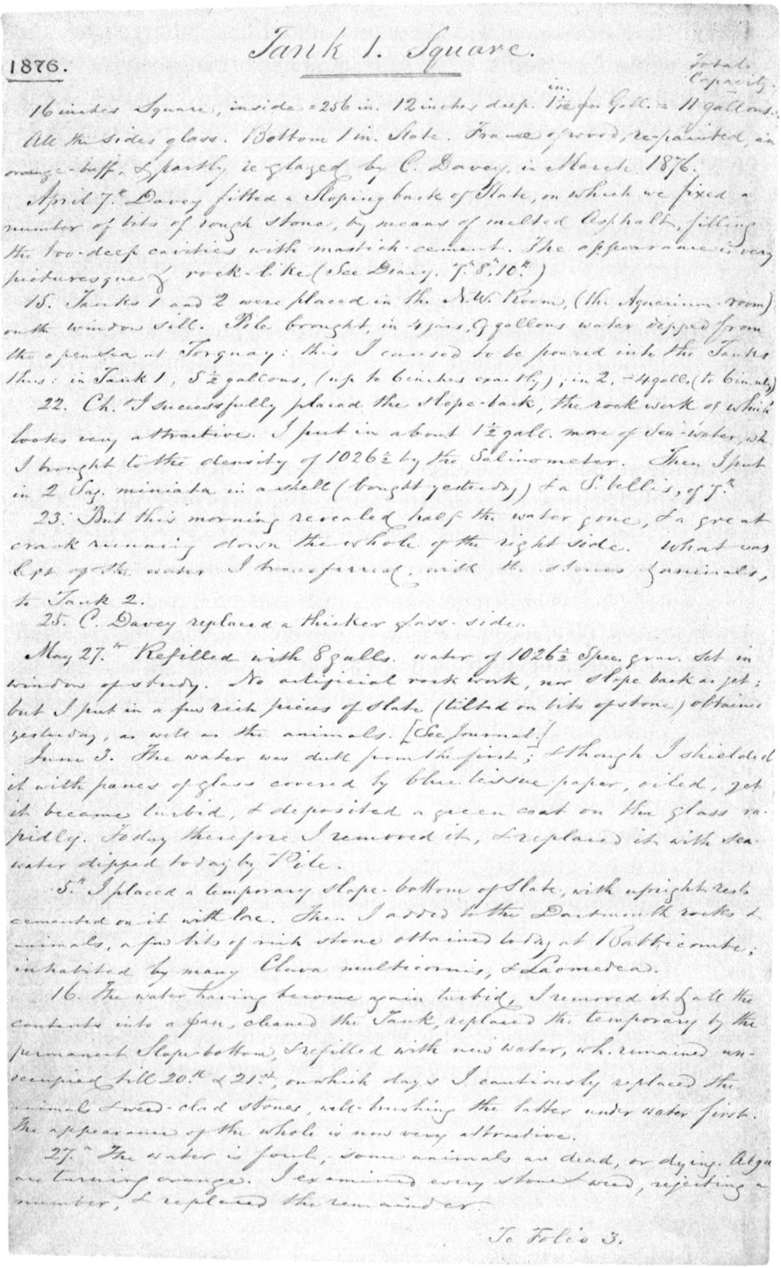

Tank 1. Square.

1876. Total Capacity.

16 inches Square, inside = 256 in. 12 inches deep. 1½ for Gall. = 11 gallons. All the sides glass. Bottom 1 in. Slate. Frame of wood, re-painted, in orange-buff, & partly re-glazed by C. Davey, in March 1876.

April 7th Davey fitted a Sloping back of Slate, on which we fixed a number of bits of rough stone, by means of melted Asphalt, filling the too-deep cavities with mastich cement. The appearance is very picturesque & rock-like (See Diary. 7th 8th 10th)

15. Tanks 1 and 2 were placed in the N.W. Room, (the Aquarium-room) on the window sill. Pile brought, in 4 jars, 9 gallons water dipped from the open sea at Torquay: this I caused to be poured into the Tanks thus: in Tank 1, 5½ gallons, (up to 6 inches exactly); in 2, 4 gall. (to 6 in. only)

22. Ch. I successfully placed the slope-back, the rock work of which looks very attractive. I put in about 1½ gall. more of Sea-water, wh. I brought to the density of 1026½ by the Salinometer. Then I put in 2 Sag. miniata in a shell (bought yesterday) & a S. bellis, of 7th.

23. But this morning revealed half the water gone, & a great crack running down the whole of the right side. What was left of the water I transferred, with the stones & animals, to Tank 2.

25. C. Davey replaced a thicker glass side.

May 27th Refilled with 8 galls. water of 1026½ Spec. grav. Set in window of study. No artificial rock work, nor Slope back as yet; but I put in a few rich pieces of Slate (tilted on bits of stone) obtained yesterday, as well as the animals. [See Journal.]

June 3. The water was dull from the first; though I shielded it with panes of glass covered by blue tissue paper, oiled, yet it became turbid, & deposited a green coat on the glass rapidly. Today therefore I removed it, & replaced it with sea-water dipped today by Pile.

5th I placed a temporary slope-bottom of Slate, with upright rests cemented on it with lac. Then I added to the Dartmouth rocks & animals, a few bits of rich stone obtained today at Babbicombe; inhabited by many Clava multicornis, & Laomedea.

16. The water having become again turbid, I removed it & all the contents into a pan, cleaned the Tank, replaced the temporary by the permanent Slope-bottom, & refilled with new water, wh. remained unoccupied till 20th & 21st, on which days I cautiously replaced the animals & weed-clad stones, well-brushing the latter under water first. The appearance of the whole is now very attractive.

27th The water is foul, some animals are dead, or dying. Algae are turning orange. I examined every stone & weed, rejecting a number, & replaced the remainder

To Folio 3.

Abb. 14: Eintrag aus Gosses »Aquarium Notebook« über seine täglichen Beobachtungen und Verrichtungen.

Fesselnde Aufmerksamkeit

Mittels dieses Programms eines »attentive watching«[36] und der daran gekoppelten Buchführung wurde am Aquarium, mit Lorraine Daston gesprochen, eine Form der »disziplinierten Erfahrung«[37] ausgebildet und eingeübt, die bereits seit dem frühen 18. Jahrhundert in der empirischen Naturforschung an Bedeutung gewann und im Dienste einer umfangreichen Erfassung und Aneignung der Natur stand. Das Aquarium fügte sich unumwunden in dieses Programm. Gerade seine miniaturhafte Überschaubarkeit wurde in der Anfangszeit gern in eine Geste symbolischer Aneignung übersetzt: »Der tyrannische, allgewaltige, unbändige Ocean fluthet nun auf unserem Tische und wir können nun das Leben aus der Tiefe auf dem Tische studiren, im Schlafrock und Pantoffeln«[38], heißt es etwa in einem der ersten deutschsprachigen Artikel über Aquarien, der 1854 im weitverbreiteten Familienblatt *Die Gartenlaube* erschien. Aber gerade da, wo die Aquarianer über Techniken der Kontrolle und der Regulierung zu verfügen meinten, waren sie doch selbst von eben jenen Techniken erfasst. Denn meist erwiesen sich ihre Aquarien weniger als ausgeglichene und vorhersagbare Systeme denn als ein widerständiges Ensemble lebendiger und nichtlebendiger Elemente. Was durch das Aquarium sichtbar, handhabbar, kontrollier- und regulierbar werden sollte, drohte sich immer wieder dem Zugriff zu entziehen. Die Störfälle waren, wie bereits ein kursorischer Blick in Gosses Tagebuch zeigt, vielfältig und reichten von wuchernden Algen und gegenseitig sich verschlingenden Tieren bis zu erstickenden Fischen. Eine ständige Kontrolle des Aquariums war daher gerade in dieser Frühphase nicht nur erwünscht, sondern angesichts des stets labilen Systems geradezu (lebens-)notwendig für Pflanzen und Tiere. Hierdurch griff das Aquarium teils stark in die Wohnpraxis, genauer in die Strukturierung des Alltagslebens seiner Besitzer ein: »Eine genaue, von Kennern besorgte, tägliche Beaufsichtigung der Behältnisse«, vermerkte C. Mettenheimer 1860 in der Zeitschrift *Der Zoologische Garten*, »ist das wichtigste Erforderniß zur Erhaltung [eines Aquariums]«.[39] Denn bereits kurze Zeiten der Abwesenheit vermochten das Gleichgewicht im Aquarium zu gefährden, während man gleichzeitig riskierte, wichtige Beobachtungs-

36 Gosse 1854a, S. iii.

37 Daston spricht von »disciplined experience«. Daston/Lunbeck 2011, S. 279.

38 Anonym: »Der Ocean auf dem Tische«, in: *Die Gartenlaube* (1854) 33, S. 392.

39 C. Mettenheimer: »Ueber Seewasseraquarien«, in: *Der Zoologische Garten* 1 (1860) 4, S. 62-66, hier S. 63-64.

ergebnisse zu versäumen. Im gleichen Maße, wie die Forscher das zu erforschende Leben »in ihrer nächsten Nähe, an ihren Arbeitstisch […] [zu] fesseln«[40] suchten, fesselte das Aquarium sie umgekehrt an den Arbeitstisch.[41]

Sämtliche »Uebelstände« und Störungen fielen zudem auch in moralischer Hinsicht unumwunden auf den Aquarianer zurück und wurden als sein persönliches Versagen gewertet. »Let us remember«, mahnte entsprechend Arthur M. Edwards in seiner Schrift *Life Beneath the Water*, »that every slight mishap is to be ascribed to a fault of our own, to some point, however seemingly insignificant, yet essential, which we have failed to take into consideration.«[42] In gleichem Maße, wie das Aquarium daher als Ausweis eines gelungenen Gleichgewichts (auf Seiten des Aquariums und des Aquarianers) erschien, vermochte es auch das Scheitern seines Besitzers anzuzeigen. Verantwortlich gemacht wurde wiederum vor allem ein Mangel an Achtsamkeit oder aber ein Hang zur Maßlosigkeit.[43] Erfolg und Misserfolg erschienen praktisch messbar an der Halbwertzeit des eigenen Aquariums. Aufmerksamkeit und Selbstbeherrschung zählten daher zu den zentralen epistemischen Tugenden des Aquarianers: »[B]e moderate in your desire of dominion. Do not overcrowd your Tank […] and mourn over a host of corpses«[44], mahnte etwa Philip Henry Gosse hinsichtlich der Besetzung des Heimaquariums und machte damit die Herstellung eines Gleichgewichts im Aquarium von einer Regulierung des eigenen Verhaltens abhängig. Innerhalb des Fischbehälters ausgewogene Verhältnisse zu schaffen, setzte – so der Konsens – maßvolles Verhalten voraus. Kontrolle über die eingeschlossene ›Natur‹ im Glas auszuüben, bedeutete stets auch, sich selbst zu kontrollieren. Um also ein *balanced aquarium* einzurichten, bedurfte es den Ratgeberschriften zufolge nicht nur des richtigen Wissens und der richtigen Technologien, sondern auch der richtigen Einstellung seines Besitzers. Was dezidiert als Freizeitbeschäftigung etikettiert war, stellte somit zugleich eine

40 Roßmäßler 1857, S. 2.

41 Häufig wurden hierfür freilich auch zahlreiche unsichtbare Akteurinnen und Akteure wie Familienmitglieder und – falls vorhanden – die Dienerschaft eingespannt.

42 Edwards 1858, S. 15.

43 Ebd., S. 18-19. Vgl. auch Hibberd: »[I]f it [the aquarium] becomes unsightly, or the animals become diseased and perish«, wurde dies zum Ausweis »[of] some error or oversight of the practitioner«. Shirley Hibberd 1870 (3. Aufl.), S. 47; sowie Hamlin 1986, insb. S. 133.

44 Gosse 1854, S. 276. Zum Begriff der epistemischen Tugenden (»epistemic virtues«) vgl. Daston/Galison 2007, S. 41-45.

ständige Arbeit an sich selbst dar. Die Demokratisierung des Zugangs zum Unterwasserraum durch das Aquarium ging so mit einer (Selbst-)Disziplinierung der menschlichen Akteure einher. Hiermit reihen sich die private Aquarienpraxis und das durch Anleitungen vermittelte Wissen ein in das, was Irene und Andreas Nierhaus als latentes oder manifestes »Wohnwissen« bezeichnet haben.[45] Das Interieur als scheinbar privater Raum wird zu einem Ort gesellschaftlicher und medial vermittelter Normen, die auch vor der Heimaquarienpraxis nicht Halt machten. Auf diese Weise verbanden sich im Wissensdiskurs des 19. Jahrhunderts das Konzept des Domizils mit dem der Domestikation von Mensch und ›Natur‹ bzw. Tier. Wenn sich in diesem Sinne die praktisch am Aquarium erprobten Kontrolltechniken gegen dessen Besitzer wendeten, erscheint die Geschichte der Aquarienpraxis zugleich als Teil einer Geschichte wissenschaftlicher und sozialer (Selbst-)Disziplinierung.

Wissen festschreiben

Die praktische Ratgeberliteratur war mit ihren Anleitungen und rezepthaften Formeln maßgeblich daran beteiligt, die aquaristischen Wissensbestände und Praktiken zu verbreiten und zu systematisieren.[46] Im Zuge ihrer Verbreitung wurden die individuellen Beobachtungen von ihren lokalen Entstehungsbedingungen abgelöst und begannen in Textform zu zirkulieren. Um für jedermann anwendbar und praktikabel zu sein, mussten die experimentellen Beobachtungen als – mehr oder minder – einheitliche Anwendungspraktiken präsentiert werden. Die frühen englischen und deutschen Aquarienleitfäden zeigen damit beispielhaft, wie aus der Beschreibung retrospektiv gewonnener Erkenntnisse positives Wissen, allgemeine Prinzipien und Ratschläge wurden. Diese Verfahren waren Teil eines Stabilisierungsprozesses, der typisch für den Aufbau eines neuen Wissensfeldes ist und bei dem

45 Irene Nierhaus, Andreas Nierhaus: »Wohnen Zeigen. Schau_Plätze des Wohnwissens«, in: dies. (Hg.): *Wohnen. Zeigen. Modelle und Akteure des Wohnens in Architektur und visueller Kultur*, Bielefeld 2014, S. 9-35, hier S. 13.

46 Vgl. Mareike Vennen: »›In a small tank in the heart of London‹. Mediale Praktiken der Formierung und Formatierung experimentellen Wissens im Heimaquarium (1850-1880)«, in: Justyna Aniceta Turkowska u.a. (Hg.): *Wissen transnational. Funktionen – Praktiken – Repräsentationen*, Marburg 2016, S. 99-116.

die aquaristischen Ratgeberschriften im Verbund mit Vereinen und zunehmend spezialisierten Aquarienzeitschriften als wichtige Medien der Verbreitung und Festschreibung von Wissen fungierten.

Bereits die ersten Aquarienleitfäden der 1850er Jahre erhoben ein durch Austauschprozesse zwischen Fischen, Pflanzen und Schnecken hergestelltes und sich selbst erhaltendes Gleichgewicht zum zentralen »Aquarien-Prinzip«. Emil Adolf Roßmäßler sprach bereits 1854 in Bezug auf die Ausgleichbeziehungen zwischen Tieren und Pflanzen vom »Prinzip, auf welchem das Aquarium beruht«.[47] Im Zuge dessen avancierte insbesondere das Waringtonsche Erfolgs-Trio, bestehend aus der Wasserpflanze *Vallisneria spiralis*, zwei Goldfischen und einigen Exemplaren der Wasserschnecke *Limnea stagnalis*, zum Musterset, ja zur Standardbestückung eines jeden Süßwasseraquariums.[48] Die Einrichtung eines Aquariums erscheint hier als einfaches Baukastenprinzip, bei dem die formelhafte Kombination einer endlichen und eindeutig benennbaren Anzahl von Elementen und Parametern – vor allem die richtige Art, Menge und das angemessene Verhältnis von Tieren und Pflanzen – eine perfekte Nachahmung natürlicher Verhältnisse versprach. Entsprechend ging die Ratgeberliteratur schon bald dazu über, Aquarienhaltung als wenig aufwendige Praxis zu präsentieren.[49]

Die Etablierung eines solchen Mustersets arbeitete sowohl an einer Stabilisierung der Praktiken mit, die für den Umgang mit dem Aquarium wichtig waren, als auch an einer definitorischen Bestimmung des Objekts »Aquarium«. Insbesondere in Bezug auf praktische Fragen suchten die Leitfäden ein fertig adaptierbares Gerüst von Vorlagen zu liefern, das konkrete Handlungsanweisungen in Form sogenannter Fingerzeige bereitstellte. Das setzte voraus, die anfangs meist retrospektiv gewonnenen Erkenntnisse in präventiv operierende Ratschläge umzuwandeln. Während beispielsweise Robert Warington anfangs nicht bedachte, dass sein Aquarienbehälter nach dem Ölen und Lackieren zunächst tagelang hätte trocknen müssen und erst nach

47 Anonym1854b, S. 392.

48 Vgl. etwa G. Schickler: »Zimmer-Aquarium oder Thier- und Pflanzen-Welt im Kleinen«, in: *Deutsches Magazin für Garten- und Blumenkunde* 9 (1856), S. 145-146; sowie Jaeger 1868, S. 283.

49 Vgl. etwa John Ellor Taylor: *The Aquarium. Its Inhabitants, Structure, and Management*, London 1876, S. 25. Dass der *aquarium craze* in England indes nach knapp einem Jahrzehnt deutlich abflaute, lag nicht zuletzt an mangelnden Erfolgen in der Praxis. Dazu mögen nicht zuletzt die Aquarienratgeber selbst ihren Teil beigetragen haben, die häufig allzu leichten und schnellen Erfolg versprachen.

dem Tod all seiner Tiere dazu ansetzte, dessen Ursache zu erforschen,[50] tauchte eben diese Frage in einem der ersten deutschen Aquarienleitfäden unter umgekehrten Vorzeichen wieder auf. So vermerkt Emil Adolf Roßmäßler in seiner Schrift *Das Süßwasseraquarium* aus dem Jahr 1857: »Bevor man alle Fische und Lurche [in das Aquarium] hineinthut, ist es anzurathen, einen vorher einen Tag lang die Probe machen zu lassen [...]. Hielten die Thiere die Probe aus, dann lasse man die übrigen folgen.«[51] Hier kehrten die Erfahrungen von Warington und vieler anderer als praktische Ratschläge und Anweisungen wieder. Die potenziellen Tücken des Objekts, die in den Ratgebern unter dem Begriff der »Uebelstände« firmierten und in Form von Lecks, Fischkrankheiten oder Veralgung auftraten, wurden schnell zum festen Repertoire des Ratgeberwissens und fehlten bald in keinem Leitfaden.[52]

Entgegen der »epistemologische[n] Nachträglichkeit«[53], die der experimentellen Wissensgenerierung à la Warington mit ihren Zufällen und Unfällen eigen war, operierten die Ratschläge präventiv. Aus ihren eigenen Fehlschlägen und den Praxiserfahrungen anderer Aquarianer leiteten die Autoren Fingerzeige ab, die in den Handbüchern prospektiv wirken und allen denkbaren Störungen vorbeugen sollten. Eingebettet in eine »Rhetorik des Gelingens«[54] versicherten sie ihren Lesern, Unfälle zu verhindern, Risiken auszuschließen und auf nahezu alle Eventualitäten vorzubereiten.

Im Übergang zur Ratgeberschrift wurden somit aus Techniken der Kompensation solche der Prävention. Das tentative Moment weitgehend tilgend, versprachen die Handbücher ein reibungsloses Funktionieren, solange sich der Leser, »genau nach den Vorschriften

50 Warington 1853a, S. 321.

51 Roßmäßler 1857, S. 80; vgl. auch Edwards 1858, S. 85-86.

52 Vgl. ebd.

53 Christian Kassung (Hg.): *Die Unordnung der Dinge. Eine Wissens- und Mediengeschichte des Unfalls*, Bielefeld 2009, S. 9.

54 In diesem Punkt finden sich viele Parallelen zu den damaligen Vermarktungsstrategien von Experimentierkästen wie sie Viola van Beek beschrieben hat: »Durch Experimentieranleitungen geführt, in Erzählsituationen eingebettet und durch Werbetexte begleitet, die eine Rhetorik des Gelingens auszeichnete, wurde die Tätigkeit des Experimentierens auf ein erfolgreiches Experiment hin ausgerichtet.« Viola van Beek: »›Man lasse doch diese Dinge selber einmal sprechen‹. Experimentierkästen, Experimentalanleitungen und Erzählungen zwischen 1870 und 1930«, in: *NTM. Zeitschrift für Geschichte der Wissenschaften, Technik und Medizin* 17 (2009) 4, S. 387-414, hier S. 407.

des vorliegenden Büchleins richten wird.«[55] Die nachträglichen Erkenntnisse eines Robert Warington wurden so zur Vorlage für den Rat, der zugleich zur Vorschrift, zum Imperativ wurde.

Dynamiken der Wissensproduktion

Obwohl die Aquarienschriften häufig eine lineare Stabilisierungsrichtung suggerierten, bildete die Aquaristik im 19. Jahrhundert doch vor allem eine kollektive Praxis, die stets von Anpassungen an die jeweiligen lokalen Bedingungen und damit von individuellen Erfahrungen abhängig blieb. Schließlich war die Dauer des Erfolgs stets ungewiss. Die epistemologische und soziale Festigung der Aquaristik im 19. Jahrhundert stellte sich weniger als einseitige Fortschrittsbewegung denn als unablässiger Aushandlungsprozess dar, in dessen Verlauf eben jenes in Umlauf Wissen wiederum zu Destabilisierungen führte. Denn seine Gültigkeit war immer nur vorläufig, da durch neue technische Entwicklungen, neu eingeführte Tierarten oder neue experimentelle Praktiken Erkenntnisse häufig wieder revidiert werden mussten. Die Aquarienschriften, die auf die Praxis ausgerichtet waren, liefen stets Gefahr, von dieser überholt zu werden und veraltetes Wissen zu vermitteln. In diesem Sinne bildeten die frühen Leitfäden nicht nur einen Ort der Festschreibung und Vermittlung. Im Gegenteil: Gerade die zunehmende Verbreitung des Wissens, der Praktiken und Techniken heimischer Aquarienhaltung führte immer wieder zu Revisionen. In jeder neuen Publikation, Auflage oder Rezension wurden vormalige Angaben »erweiter[t] und corrigier[t]«[56], indem Anordnungen und Experimente wiederholt, auf die Probe gestellt und weitergeführt wurden. Der Aquarianer Arthur M. Edwards etwa erklärte die von Warington eingeführte Schneckengattung *Limnea stagnalis*, die bereits als Bestandteil, ja Musterset jedes *balanced aquarium* galt, als vollkommen unbrauchbar: »There is one species of snail, called by conchologists *Lymnea stagnalis*, that will not perform its duty of cleaning the glass, but prefers, like a drone in the hive, to eat our more tender plants.«[57] Und auch die grundsätzliche Frage des Standorts eines Aqua-

55 Zur zeitlichen Ökonomie des Ratschlags vgl. Thomas Macho: »Was tun? Skizzen zu einer Wissensgeschichte der Beratung«, in: Thomas Brandstetter, Claus Pias u.a. (Hg.): *Think Tanks. Die Beratung der Gesellschaft*, Zürich/Berlin 2010, S. 59-85.

56 Anonym 1854b, S. 376.

57 Edwards 1859, S. 50.

riums innerhalb des Zimmers und Hauses brachte ein breites Spektrum an Positionen hervor. Zwar galt es schnell als Konsens, dass der Standort aufgrund der Licht- und Wärmeeinstrahlung von zentraler Bedeutung war, doch herrschte lange Zeit Uneinigkeit darüber, ob ein Aquarium unmittelbar am Fenster stehen sollte, um so viel Licht wie möglich zu erhalten oder besser weit weg von diesem.

Jeder Aquarienschrift folgte eine Kaskade kommentierender Texte, die ein Netz intertextueller Verweisstrukturen spannten und vielfältige Rückkopplungseffekte zeitigten. In diesem Sinne bildeten die Ratgeber vor allem Foren des Austauschs, der Aushandlung und Revision neuer Wissensinhalte und der Erprobung neuer Techniken. Gleiches gilt für das breite Spektrum naturkundlicher Zeitschriften (im Englischen etwa der *Garden Companion* oder der *Popular Recreator*, im Deutschen *Isis*, *Der Zoologische Garten* oder *Natur und Haus*), in denen neue Apparate, Handgriffe, Fischkrankheiten und unbekannte Arten vorgestellt und diskutiert wurden. Durch ihre wesentlich kürzere Publikationszeit konnten sie zudem schneller reagieren als gedruckte Bücher.[58] Dennoch bildeten gerade in den ersten Jahren, als noch keine institutionalisierte Praxis das Wissen an zentralen Stellen bündelte, die Ratgeberbüchlein wichtige Medien der Wissensaushandlung. Häufig riefen die Autoren dabei selbst zur aktiven Mithilfe und konstruktiven Kritik auf: Als der Aquarienhändler Wilhelm Geyer seinen Ratgeber neu auflegen wollte, bat er die anderen Mitglieder des Berliner Aquarienvereins *Triton*, »Ergänzungen oder sonstige darauf Bezug habende Bemerkungen ihm gefl. mittheilen zu wollen, damit dieselben bei der neuen Auflage berücksichtigt werden können«.[59] In dieser Dynamik, welche die Experimente, die Schriften und das Wissen zugleich bündelte und pluralisierte, spiegelt sich der sukzessive Aufbau eines neuen Wissensfeldes, bei dem es ständig um die Erweiterung der Kenntnisse im Abgleich mit anderen und die Anpassung von verschriftlichtem Wissen an eigene Erfahrungswerte ging.

Dass die formelhaften Anweisungen nur bis zu einem gewissen Grad generalisierbar waren, lag vor allem im Gegenstand – dem aquatischen Lebendigen – begründet. Der Vereinheitlichung und Standardisierung, welche die Ratgeberschriften durch ihre rezepthaf-

58 Ab den 1870er Jahren wurde diese Funktion des Austauschs und der Aushandlung im deutschsprachigen Kontext zunehmend von neu gegründeten Vereinen sowie aquaristischen Fachzeitschriften übernommen. Vgl. Reiß 2014, insb. S. 94-117.

59 Protokoll Triton, 1.5.1891, in: *Blätter für Aquarien- und Terrarien-Freunde* 2 (1891), S. 159. Geyer war von Beginn an Mitglied des Vereins.

ten Lösungen vorantrieben, waren in der Praxis vor allem dadurch Grenzen gesetzt, dass die Tiere im Aquarium je unterschiedliche Bedürfnisse etwa hinsichtlich der Lichtbedingungen, Temperaturen oder des Wasserdrucks hatten.[60] Es war dieses Konfliktpotenzial zwischen der Bemühung um universale Anwendbarkeit und lokaler Widerständigkeit, das den Aquarienhändler William Alford Lloyd zu der Feststellung brachte: »It is this absence of the possibility of giving *definite and arbitrary rules* for the guidance of beginners which causes the great difficulty.«[61]

Nicht nur das Wissen, sondern auch die aquaristischen Praktiken und Techniken mussten in ihrer Anwendung flexibel bleiben. Gerade damit beförderte das Aquarium wiederum die Ausbildung eines spezifischen Umgebungswissens, das sich nicht nur auf das »innere« Aquarienmilieu, sondern auch auf den Umraum des Aquariums bezog. Denn da das Objekt eben nicht, wie in Waringtons Vorstellung, von den äußeren Bedingungen und Eingriffen unabhängig war, konnte das »äußere« Milieu des Aquariums, seine Umgebung, in der es stand, nicht ausgeblendet werden. Im Gegenteil: Der lokale Kontext blieb stets entscheidend, wenn Aquarienhaltung im eigenen Heim erfolgreich sein wollte. Das bezog sich sowohl auf die Qualität des verfügbaren Wassers als auch die räumlichen und klimatischen Bedingungen des Aufstellungsortes. Der 162 Seiten starke illustrierte Verkaufskatalog des Londoner Aquarienhändlers Lloyd enthielt neben den Produktlisten und Ratschlägen zur richtigen Aufstellung und Pflege eines Heimaquariums im Anhang einen Fragebogen, der potentiellen Kunden die Wahl eines passenden Aquariums (d.h. die richtige Behälterform, Material und Besetzung) erleichtern sollte. Um einen für die Verhältnisse des jeweiligen Wohnraums passenden Behälter zu finden, waren detaillierte Fragen über die Umgebung des zukünftigen Aquariums vonnöten. Die potentiellen Aquarienbesitzer mussten umfassend Bericht über ihre Heimstätte ablegen.[62] So fragte das Formular nicht nur

60 Anonym: »Naturwissenschaftlicher Seehandel oder: Der Ozean auf dem Tische noch einmal«, in: *Die Gartenlaube* (1857) 3, S. 41-44, hier S. 42.

61 William Alford Lloyd: »Aquarian Difficulties«, in: *Hardwicke's Science Gossip* 1 (1865), S. 154.

62 Waren Fragebögen über die Aquarien*tiere*, die etwa auf Vereinssitzungen ausgeteilt oder in Fachzeitschriften gedruckt wurden, längst an der Tagesordnung, so wurden nun die Aquarien*besitzer* in diese einbezogen. Vgl. beispielsweise die Angaben über einen weiteren Fragebogen, in den *Blättern für Aquarien- und Terrarien-Freunde*: »Auf meinen Fragebogen, den ich z.B. an Kenner und Freunde der deutschen Kriechthierwelt ausschickte mit der Bitte, über die Verbreitung und die Art des Vorkommens der in den einzelnen

nach der Art des Hauses,[63] nach den Lichtverhältnissen, namentlich der Anzahl, Ausrichtung und Art der Fenster,[64] sondern auch nach den Temperaturverhältnissen im Haus[65] sowie schließlich nach dem vorgesehenen Standort des Aquariums. In Abhängigkeit all dieser Faktoren wählte Lloyd ein geeignetes Aquarium mit passendem Inhalt aus. Der Standort im Haus musste somit an die Bedürfnisse der Fische ebenso angepasst sein wie umgekehrt die Auswahl der Fische an den Standort des Aquariums. Was hier zählte, war weniger ein formelhaftes und »festes« als ein flexibles Wissen, das zur Berücksichtigung von und Anpassung an unterschiedliche lokale Bedingungen fähig war.

Was für die Ratgeberschriften galt, zählte ab den 1880er Jahren und in noch höherem Maße für die aquaristischen Fachzeitschriften, die in wesentlich kürzeren Intervallen erschienen. Diese etablierten sich vor allem im Zuge der ersten Vereinsgründungen. Mit dieser Institutionalisierung vollzog die Aquaristik den Übergang von einer individuellen und vornehmlich lokalen Praxis zu einer übergreifenden und zunehmend überregionalen Bewegung.[66] Die erste Zeitschrift, die sich ausschließlich der Beschaffung, Haltung und Zucht von Tieren in Aquarien und Terrarien beschäftigte, waren die *Blätter für Aquarien- und Terrarien-Freunde: Illustrirte Halbmonatsschrift für die Interessen der Aquarien- und Terrarienliebhaber*, die zunächst halbmonatlich erschienen und 1902 in *Blätter für Aquarien- und Terrarienkunde*

Beobachtungs-Gebieten heimischen Reptilien und Amphibien, ebenso auch über Lebensweise und Fortpflanzung der einzelnen Spezies freundlichst mir Mittheilung machen zu wollen, ist mir von nahezu hundert Fachmännern und sorgsamen Beobachtern aus Deutschland und angrenzenden Ländern soviel schönes und originales Material zugegangen.« Bruno Dürigen: »Beilage«, in: *Blätter für Aquarien- und Terrarien-Freunde* 1 (1890) 1/2, S. 17.

63 »In what *kind* of apartment or other place is the Tank to be put?« Lloyd 1858, S. 127 (kursiv im Original, ebenso in den folgenden Zitaten).

64 »How is the apartment *lighted* by windows? Are the windows in the ceiling (i.e. a sky-light) or in the wall? Are there windows in the opposite walls? Are there windows in any two walls placed at right angles to each other?« Ebd.

65 »What is the *temperature* of the apartment at the time of this form being filled up, reckoning by a thermometer placed in a shaded spot, in the warmest part of the day, and removed from any direct influence of the immediate source of heat?« Ebd., »Is a fire maintained in the apartment or place in winter?« Ebd. S. 128.

66 Zu den größeren Vereinen gehörten *Triton* und *Nymphaea alba*, die in manchen Phasen über 300 beziehungsweise über 50 Mitglieder zählten. Vgl. Protokoll Nymphaea alba, 8.1.1902, in: *Nerthus. Illustrierte Zeitschrift für volkstümliche Naturkunde* 4 (1902), S. 163; Jahresbericht Triton, 3.4.1903, in: *Natur und Haus* 11 (1903), S. 238.

umbenannt wurden. Besonders an diesem Wechsel vom Feld der Liebhaberei zur Kunde lässt sich, wie Christian Reiß ausführt, das Bemühen um eine stärker an den Wissenschaften orientierte Ausrichtung ablesen: »Die Aquaristik will also nicht mehr als Liebhaberei und damit als Zeitvertreib gesehen, sondern in ihrer Arbeit als legitime Form der Wissensproduktion ernst genommen werden und versucht daher ihr Verhältnis zur Wissenschaft neu zu definieren.«[67] Gleichzeitig stellten die Vereine und Zeitschriften – institutionalisierte – Foren eines kollektiven Austauschs von Wissen dar, das in noch kürzerer Zeit revidiert, erneuert und erweitert wurde. Die Mobilisierung von Wissen zeitigte somit historische Stabilisierungs- wie auch Dynamisierungsprozesse, was sich nicht zuletzt aus der spezifischen Form des Aquarienwissens erklärt. In doppelter Weise nämlich verwies das im und am Aquarium generierte Wissen stets auf seine Entstehungsbedingungen zurück: Gerade weil sich seine Inhalte auf die lokalen Bedingungen spezifischer Umgebungen richteten, musste das Aquarienwissen stets flexibel und anpassungsfähig bleiben.

67 Reiß 2014, S. 100. Im Jahr 1904 wird mit der *Wochenschrift für Aquarien- und Terrarienkunde* ein Konkurrenzblatt gegründet, mit dem die *Blätter* 1939 fusionieren. Bereits 1908 geht die Zeitschrift *Natur und Haus*, die ihrerseits 1905 *Nerthus* aufnimmt, in den *Blättern* auf und beendet damit die Phase allgemeiner Liebhaberzeitschriften.

Erweitern I

Ausweitungen. Aquarium, Salon und Kommerz

Im Jahr 1899 brachte die Firma »Liebigs Fleischextracte« eine neue Serie von Reklamebildern heraus. Die sechs farbigen Sammelkarten waren dem Thema »Unter dem Meeresspiegel« gewidmet (**Tafel XVI**). Die einzelnen Motive der Serie geben einen Hinweis darauf, welche Meerestiere um die Jahrhundertwende bereits ins visuelle Repertoire populärer Kultur eingegangen waren. Nicht zufällig handelte es sich bei allen Tieren der Serie um solche, die sich für Aquarien eigneten. Kammstern, Edelkoralle und Seenelke, Korallenschwamm, Fadenrose und Erdbeerrose konnte man nun gleichzeitig im Aquarium und als Flachware sammeln.

Beide Formen des Sammelns gehörten Ende des 19. Jahrhunderts längst zu etablierten bürgerlichen Freizeitbeschäftigungen, die tief in ökonomische Strukturen verstrickt waren. Mitte der 1860er Jahre hatte der Chemiker Justus von Liebig den Fleischextrakt erfunden, eine eingedickte Fleischbrühe, die wiederum ein deutscher Ingenieur namens Georg Giebel ab 1865 in einer Fabrik in Uruguay herstellte und in kompakten Dosen als haltbare Nahrung nach Europa exportierte.[1] Seit 1872 gab die Firma zudem in Europa farbige Sammelbildserien zu verschiedenen Themen in den Handel, auf denen die Fleischextrakt-Konserve und der Firmenschriftzug jeweils prominent platziert waren.[2] Im Falle der Meerestiere liegen dem bildlichen Zusammentreffen von

1 Im Laufe des 19. Jahrhunderts sind verschiedene Fleischextrakte zur ärztlichen und zur allgemeinen Verwendung entwickelt worden, von denen keiner so viel Erfolg hatte wie der von Justus Liebig. Die Gesellschaft hatte Niederlassungen in Belgien, Dänemark, Deutschland, England, Frankreich, Holland, Italien, Österreich, Polen, Russland, Schweden, der Schweiz, Spanien, der Tschechoslowakei und Ungarn. Vgl. Erhard Ciolina, Evamaria Ciolina: *Garantirt aecht. Das Reklame-Sammelbild als Spiegel der Zeit*, München 1986, S. 61.

2 Ziel der Bilder war es, einen regelmäßigen Kaufanreiz zu schaffen und das Produkt visuell von anderen abzuheben. Zur Praxis und Geschichte von Sammelbildern und -alben vgl. Timm Starl: »Sammelfotos und Bildserien. Geschäft, Technik, Vertrieb«, in: *Fotogeschichte*, 3 (1983) 9, S. 3-20; Dorle

naturkundlichem Objekt und industriellem Produkt im Medium der Sammelkarte konkrete Verflechtungen zwischen Naturkunde und Ökonomie zugrunde, genauer gesagt zwischen globalen Warenströmen in Konserven und in Umlauf gesetzten naturhistorischen Objekten. Als um die gleiche Zeit wie der Fleischextrakt das Sammeln von Meerestieren zur populären Freizeitbeschäftigung wurde, nutzten die Aquarianer für Seeanemonen und andere Kleintiere zunächst häufig Konservendosen als Sammelbehälter. Als behelfsmäßige Transportbehälter mariner Wissensobjekte verkehrten Warenverpackungen wie Biskuit- und Konservendosen oder Zigarrenkisten somit im Zeichen naturkundlicher (Wissens-)Praxis.[3] Indem die umfunktionierten Verpackungsprodukte die marinen Lebewesen mobilisierten, beförderten sie wiederum selbst deren Popularisierung, der umgehend ihre Kommodifizierung folgte. Als daher zusehends auch das Sammeln aquatischer Lebewesen zur kommerziellen Angelegenheit und die Tiere in die ökonomische Infrastruktur der Warenströme eingespeist wurden, zirkulierten Fleischextrakt und Meerestiere fortan auf den gleichen Verkehrs- und Handelswegen.[4]

Ausgehend von den verstreuten Experimenten einzelner Amateurwissenschaftler erweiterte und verfestigte sich die aquaristische Konfiguration zur verbreiteten bürgerlichen Mode. Damit rückt die Frage stärker ins Zentrum, welche Allianzen Aquaristik und Kommerz eingingen. Wie und von wem wurde das Tiermaterial für heimische Aquarien beschafft? Mit dem Erblühen des kommerziellen Aquarienhandels kamen industriell hergestellte und fertig eingerichtete Aquarien in ebenso wie Mustersets zur Besetzung eines Aquariums auf den Markt. Auch hierin ähneln sie dem standardisierten, seriellen Format der Sammelbilder und der Fleischkonserven. Wie verbreitete sich im

Weyers, Christoph Kock: *Die Eroberung der Welt. Sammelbilder vermitteln Zeitbilder*, Detmold 1992.

3 Vgl. Philip Henry Gosse an William Alford Lloyd, 6.1.1858, in: Edinburgh University Library Special Collections (La II. 425/22). Zur materiellen Kultur des Transports naturkundlicher Objekte vgl. auch Kerstin Pannhorst: »Verpacken, Verkaufen, Verschenken. Entomologische Praktiken zwischen Formosa und Berlin 1902-1914«, in: *Berichte zur Wissenschaftsgeschichte* 39 (2016) 3, S. 230-244.

4 Besonders zum Ende des 19. Jahrhunderts wurden mit dem späten Beitritt Deutschlands in den Kreis der Kolonialmächte die globalen Routen weiter ausgebaut.

Zuge der Etablierung privater Aquarien das aquaristische Wissen, wie veränderte es sich im Zuge solcher Prozesse der Professionalisierung und Kommerzialisierung? Welche Schließungen gingen damit einher und wie transformierte sich der Status der Tiere, wenn die Offenheit ihrer sinnstiftenden Zuschreibung in eine Richtung – als kommerzielles, ästhetisches und/oder wissenschaftliches Ding – aufgelöst wird? Mit der Erweiterung vom Experimental- zum Salonobjekt stellt sich zugleich die Frage neu, wie Aquarien in Wohnräume integriert wurden, inwiefern sie als Salonobjekt den Zugang, das Wissen und die Vorstellungen der Unterwasserwelt auf breiter Front ästhetisierten, normalisierten und formatierten?

Allianzen zwischen Aquarium und Kommerz – Aquarienhandel

»My great difficulty in the midst of London has been to obtain materials to work with«[5], berichtete Robert Warington in Bezug auf seine Experimente mit Meerwasseraquarien zu Beginn der 1850er Jahre in London. Mussten anfangs die Tiere für das heimische Aquarium eigenhändig an der Küste gesammelt oder über persönliche Kontakte von dort bezogen werden, konnte man ab dem Jahr 1858 zahllose Arten in William Alford Lloyds Londoner Aquarium Warehouse, der ersten professionellen Aquarienhandlung überhaupt, erstehen (**Abb. 15**).

In seinem Geschäft bot Lloyd »whatever relates to Aquaria« an, wie der Titel seines 162 seitenstarken illustrierten Verkaufskatalogs versprach, der im selben Jahr erschien.[6] Fortan konnte man nicht nur ein reichhaltiges Angebot an Tieren und Pflanzen, sondern auch Aquarienbehälter in sämtlichen Größen und Formen, technisches Zubehör und dekorative Accessoires, frisches Meerwasser und selbst komplette, fertig eingerichtete Aquarien direkt in der Regent's Street erwerben oder bequem per Katalog bestellen.

Mit der Verbreitung heimischer Aquarien in ganz Europa und jenseits des Atlantiks lässt sich eine fortschreitende Kommerzialisierung beobachten, die sich an dem rasch wachsenden Angebot

5 Vgl. Robert Warington: »Observations on the Natural History of the Water-Snail and Fish Kept in a Confined and Limited Portion of Water«, in: *Annals and Magazine of Natural History* 10 (1852) 58, S. 273-280, insb. S. 280.

6 1859 erschien eine zweite Auflage. Vgl. Lloyd 1859.

Abb. 15: Das erste *Aquarium Warehouse*, von William Alford Lloyd 1858 in London eröffnet.

industrieller Produkte, einer Zunahme und Professionalisierung der beteiligten Akteure, und schließlich an der raschen Globalisierung des Aquarienhandels ablesen lässt. Was als informelles Tauschnetzwerk einer Gruppe von Amateuraquarianern begonnen hatte, wurde schnell zum florierenden Wirtschaftszweig, der zusehends mehr Händler und Importeure, private Liebhaber, zoologische Gärten und Forschungsinstitutionen, öffentliche Schauaquarien und Züchtereien umfasste.

Mit dem erblühenden Aquarienhandel schritt die Systematisierung der aquaristischen Wissensbestände und Praktiken weiter voran. Die kommerziellen Händler und Sammler, die ab den 1860er Jahren in ganz Europa zu finden waren, mussten sich ebenfalls ein spezifisches Wissen über die Lebensbedingungen der aquatischen Flora und Fauna aneignen, doch zu anderen Zwecken und häufig mit anderen Mitteln als die ersten Amateurforscher. Der Gedanke eines allgemeinen Wissenszuwachses wurde hier verstärkt ökonomisch verwertbaren Kenntnissen und Ergebnissen untergeordnet. Der erste Aquarienhändler William Alford Lloyd ist beispielhaft für diese Entwicklung. Mit dem Ingenieur trat ein Akteur auf den Plan, der nicht aus dem Kreise jener stammte, die wie Gosse oder Warington schon seit längerem in wissenschaftlichen Gesellschaften verkehrten und mit eminenten Wissenschaftlern der großen Museen vernetzt waren.[7] Als Händler interessierte er sich nach eigener Aussage weniger für zoologisches Wissen im Allgemeinen als vielmehr für die pekuniären Früchte erfolgreicher Züchtungen: »I don't so much care for species, further than identification is concerned, but I care chiefly for getting information on laws of growth as a means of getting my bread. I want aid in these enquiries very much«.[8] Mit diesen Worten richtete er sich an die britische Naturkundlerin Margarete Gatty, eine ausgewiesene Expertin für Algen und niedere marine Lebensformen.

Welche Lebewesen sich als Handelsobjekte eigneten und als populäre Aquarientiere durchsetzten, hing ebenso vom Begehren der Aquarienbesitzer wie von praktischen Gründen ab. Wenn beispielsweise Seeanemonen von Anfang an zum Standardrepertoire in Lloyds Warenangebot gehörten, lag das daran, dass sie an den britischen Küsten weit verbreitet und im Aquarium relativ leicht zu halten waren. Entscheidend war zugleich, dass sie im Gegensatz zu den meisten anderen marinen Tieren ohne Wasser verschickt und aufgrund ihrer Größe sogar, in Seegras eingewickelt, mit der Post versendet werden konnten. Da folglich die Versandkosten bis zu einem Zehntel geringer waren als bei Transportkannen mit Wasser, erwies sich ihre Verschickung nicht nur für Amateuraquarianer, sondern auch für Importeure und Händler als attraktiv. »If these animals had to be transported in water, the weight and trouble would be so great, that a trade in them could never be remunerative«[9], resümierte Lloyd.

Mit den Seeanemonen wurden somit gerade jene wirbellosen Lebewesen, die sich jedem Versuch der Anthropomorphisierung beharrlich widersetzten, zu attraktiven, ja gleichsam charismatischen Tieren[10] –

7 Da Lloyd sich 1853 das sonntägliche Eintrittsgeld für das neu eingerichtete *Fish House* im Zoologischen Garten nicht leisten konnte, wandte er sich brieflich an Richard Owen, der ihm ein Empfehlungsschreiben zukommen ließ. Auf diesem Wege etablierte sich eine langjährige Korrespondenz.

8 William Alford Lloyd an Margaret Gatty, 10.10.1858, in: Sheffield Archives: MD2138 (Hervorhebung im Original).

9 William Alford Lloyd: »On the Occurence of Limulus Polyphemus off the Coast of Holland, and on the Transmission of Aquarium Animals«, in: *The Zoologist* 9 (1874), S. 3845-3855, hier S. 3853.

10 Zu den charismatischen oder ikonischen Tierarten, die positive Assoziationen und Empathie wecken sollen, zählt vornehmlich die »charismatische Megafauna« wie Pandas, Elefanten, Nashörner, Löwen, Tiger oder Eisbären. Vgl. N. Leader-Williams, H.T. Dublin: »Charismatic Megafauna as Flagship Species«, in: *Priorities for the Conservation of Mammalian Diversity. Has the Panda had its Day?* Cambridge 2000, S. 53-81; G. Feldhamer, J. Whittaker,

auch in dem Sinne allerdings, dass dadurch viele Arten schon bald vom Aussterben bedroht waren. Denn im gleichen Maße wie der Aquarienhandel sich professionalisierte, nahm die Anzahl der Arten an den britischen Küsten bedenklich ab. Charismatisierung, Verwertungslogik und biologische Ausbeute waren somit untrennbar verbunden. Die Auswirkungen wurden bereits zu Gosses Zeiten spürbar. Nur zwei Jahre nach dem Erscheinen von *The Aquarium* schrieb er von Tenby aus an Lloyd: »The caverns here are not what they were in 1854 from one cause or other, within the capacity of amateurs, or the frosts of the winter of 1854-5, had almost quite extinguished the actinia that were so abundant then.«[11] Zwanzig Jahre nach seinen ersten Seestrandstudien hatte die – von seinen Schriften maßgeblich mit ausgelöste – Zerstörung lokaler Habitate in Tenby durch professionelle Sammler und Touristen bereits verheerende Ausmaße angenommen. »Years and years have passed«, schrieb Gosse am 5. August 1874 an seinen Sohn, »since I saw any actinia living in profusion; the ladies and the dealers together have swept the whole coast within reach of this place (St. Marychurch) as with a besom«.[12] Nur noch an vereinzelten Plätzen, bezeichnenderweise an solchen »being beyond railways«, böten sich dem Naturkundler noch Szenen, »[which are] rich to profusion in marine zoology, and unrifled by the rude hands of man«.[13] Gosse zieht hier eine – nicht zuletzt moralische – Trennlinie zwischen jenen Naturkundlern, deren Wissensdurst in seinen Augen das Sammeln mariner Tiere legitimierte, und jenen Scharen an Touristen und professionellen Sammlern, die zur systematischen Ausrottung der marinen Flora und Fauna beitrügen. Hierin kristallisiert sich abermals das Selbstbild jener Gemeinschaft von Amateurforschern heraus, die sich über den Zuwachs und die Vermittlung von Wissen definierte[14] und gegen eine Kommodifizierung ihrer Objekte und eine kommerzielle Vermarktung ihrer Praxis protestierte. Entsprechend lehnte Gosse größere Bestellwünsche, die Lloyd ihm zur Küste sandte, geradezu

A. Monty: »Charismatic Mammalian Megafauna. Public Empathy and Marketing Strategy«, in: *The Journal of Popular Culture* (2002), S. 160-167; M.J. Walpole, N. Leader-Williams: »Tourism and Flagship Species in Conservation«, in: *Biodiversity and Conservation* 11 (2002) 3, S. 543-547.

11 Philip Henry Gosse an William Alford Lloyd, 19.9.1856, in: Edinburgh University Library Special Collections (La II. 425/22).

12 Philip Henry Gosse zit. nach Edmund Gosse 1890, S. 306-307.

13 Ebd.

14 Bei vielen der britischen Aquarianer ging dies mit naturtheologischen Vorstellungen einer von Gott wohleingerichteten Natur einer, die sich auch im Aquarium *en miniature* abbilde.

empört ab: »As to my sending you supplies of actinia, you seem to forget that I do not carry on the business of a collector, and I hope you will excuse my saying, that your impropriety is not quite agreeable.«[15]

Gosse war indes selbst auf vielfältige Weise in die Prozesse der Kommerzialisierung verstrickt. In Lloyds Geschäft bestellte er regelmäßig marine Neuheiten. Vier ganze Monate sammelte er selbst wiederum 1853 im Auftrag der Zoological Society of London lebendes Tiermaterial für die Bestückung des ersten öffentlichen Aquariums, das die Gesellschaft im Zoologischen Garten errichten wollte. Fast viertausend lebende Tiere, darunter vor allem Seeanemonen, sandte er in diesem Sommer von Weymouth nach London.[16] Im Anschluss veröffentlichte er in der naturkundlichen Zeitschrift *The Zoologist* eine Liste all jener marinen Tierarten, die er im Sommer 1853 gesammelt hatte:[17] »Lists simultaneously inventoried and organized the accumulated world«[18], wie der Wissenschaftshistoriker James Delbourgo ausführt. In diesem Fall lag die organisatorische Macht der Liste darin, Gruppierungen herzustellen, die sich in einem biogeografischen und zugleich geopolitischen Sinne deuten lassen, wie hier die Zusammengehörigkeit eines *lokalen* Tierbestands, in anderen Fällen *(Actinologia Britannica)* die Zusammenschau einer *nationalen* marinen Tierwelt. Gosse beschränkte sich indes nicht auf eine reine Auflistung der Tiere, sondern lieferte konkrete Hinweise für Sammler, wo bestimmte Arten zu finden waren.[19] Diese nutzte der Aquarienhändler William Alford Lloyd als Grundlage für die Bestückung seines Aquariengeschäfts. In seinem 1858 herausgebrachten Verkaufskatalog findet sich anschließend eine Liste all jener Lebewesen, die er in seinem Geschäft auf Lager hatte und eine Liste seiner Sammler und Lieferanten.[20] Das Medium der Liste zeigt damit den bereits erreichten Grad der Kommodifizierung an und zugleich die Dimensionen, die diese innerhalb weniger Jahre angenommen hatte – die Anzahl der in Lloyds Geschäft verfügbaren, käuflichen Lebewesen belief sich zeitweise auf 15000 Tiere. Gosse wiederum

15 Philip Henry Gosse an William Alford Lloyd, 19.9.1856, in: Edinburgh University Library Special Collections (La II. 425/22).

16 Vgl. Philip Henry Gosse an Charles Kingsley, 28.7.1853, in: Leeds University, Brotherton Collection, BC Gosse correspondence.

17 Vgl. Gosse1854a.

18 James Delbourgo, Staffan Müller-Wille: »Introduction«, in: *Isis* 103 (2012) 4, S.710-715, hier S.713.

19 Gosse 1854a, S.4368-4369.

20 William Alford Lloyd: *Official Handbook to the Marine Aquarium of the Crystal Palace Aquarium Company* [1872], London 1872 (2. Aufl.), o.S. Die Liste ist ebenfalls abgedruckt in Hughes 1875, S. 56.

trieb mit seinen gut besuchten »seaside-study«-Kursen, die er ab Mitte der 1850er Jahre für ein gehobenes bürgerliches Publikum am Strand abhielt, und mehr noch mit seinen weit verbreiteten Aquarienschriften das Sammeln und damit die Eingriffe in die Natur maßgeblich mit voran und vermittelte zudem zahlreiche Kunden an Lloyd.[21]

Diese Ambivalenz nahm Gosse wie auch die Mehrheit der frühen Aquarianer indes selten als Problem wahr. Denn es ging ihnen weniger um einen Schutz der lokalen Tier- und Pflanzenwelt im modernen Sinne, als vielmehr um die drohende Zerstörung eines ansehnlichen Landschaftsbildes, zu dem auch die Seeanemonen gehörten. In diesem Sinne ist auch Gosses Antwort auf Lloyds Frage, ob er ihm einen Sammler in Tenby empfehlen und vermitteln könne, zu verstehen: »I have not been able to hear of any one who would undertake to collect for you as a business; and indeed [...] [that] would be so unpopular, indeed so unjust and selfish, that I would not on any account lend my aid to it.«[22] Womit Gosse hier argumentierte, war der touristische Anreiz, den Küstenstriche mit Aktinien auf Touristen ausübten[23], besonders in attraktionsarmen Küstenstädtchen wie Tenby. Während Lloyd die marinen Lebewesen von der Peripherie nach London holte, um sie dort als Ware zu verkaufen, arbeitete Gosse daran, Touristen aus den urbanen Zentren an die Küste zu locken[24] und spannte hierbei die marinen Tiere als (ökologische) touristische Ressource ebenfalls in ökonomische Strukturen ein. Es hielt ihn daher auch nichts davon ab, Lloyd im nächsten Brief doch an Mr. Jenkins, einen Muschelhändler in Tenby, zu vermitteln und ihn außerdem zu beraten, wo und wie weitere Sammler und Lieferanten für den Ausbau von Lloyds Aquarienhandel zu finden seien.[25] Dessen Netzwerk aus Sammlern, Fischern und (Zwischen-)Händlern umspannte schon bald darauf die gesamte

21 Vgl. etwa Philip Henry Gosse an William Alford Lloyd, 26.6.1856, in: Edinburgh University Library Special Collections (La II. 425/22); Philip Henry Gosse an William Alford Lloyd, 15.9.1856, in: Edinburgh University Library Special Collections (La II. 425/22).

22 Philip Henry Gosse an William Alford Lloyd, 19.9.1856, in: Edinburgh University Library Special Collections (La II. 425/22).

23 Gosse schreibt von »such an inducement to visitors to come here«. Philip Henry Gosse an William Alford Lloyd, 19.9.1856, in: Edinburgh University Library Special Collections (La II. 425/22).

24 Gleichzeitig propagierte Gosse die heimische Aquarienhaltung in Städten und versorgte selbst Londoner Händler mit lebendem Material.

25 Philip Henry Gosse an William Alford Lloyd, 29.9.1856; sowie Philip Henry Gosse an William Alford Lloyd, 10.12.1857, in: Edinburgh University Library Special Collections (La II. 425/22).

Küste Großbritanniens mit Agenten in Ilfracombe, Tenby, Torquay oder Weymouth, also gerade jenen Orten, wo Gosse und Co. wenige Jahre zuvor gesammelt und dadurch den *aquarium craze* ausgelöst hatten. Wenig später überschritt Lloyds Versandhandel bereits die nationalen Grenzen und machte Meer- und Süßwasser, Tiere und Pflanzen sowie technische Ausrüstungsgegenstände potenziell für Kunden in aller Welt zugänglich.[26]

In Deutschland etablierten sich nur kurze Zeit später ebenfalls Händler wie die Berliner *Aquarien-Fabrik und Zoohandlung Gebr. Sasse* oder der Regensburger Händler Wilhelm Geier. Aquarientiere wurden hier zudem über das stärker institutionalisierte Netzwerk der Aquaristik beschafft: Über Zeitschriften und Vereine wurden Tiere verschenkt, getauscht oder verkauft.[27] Mit dem Ausbau globaler Handelsnetze und lokaler Zierfischzüchtereien wie jener von Paul Matte in Berlin fielen die anfänglich sehr hohen Preise für die Tiere relativ schnell, wodurch sich diese noch weiter verbreiteten. Während Kronprinz Friedrich Wilhelm 1876 noch 300 Mark für ein Makropodenpärchen bezahlt haben soll, wurden solche bereits drei Jahre später für nur mehr 15 bis 50 Mark verkauft.[28] Wie viele der wässrigen Wesen um die Jahrhundertwende bereits zu einer Standardware geworden waren, zeigt der teils bunt illustrierte Verkaufskatalog der Hamburger Firma

26 Zu seinen Kunden gehörten etwa die Royal Botanic Gartens in London und der Botanische Garten in Melbourne. Lloyd schlug William Hooker, dem Direktor von Kew, zudem vor, dort eine Algenzucht anzulegen. Vgl. William Alford Lloyd an William Jackson Hooker, 14.9.1857, in: Royal Botanic Gardens, Kew: DC/38/361: Directors' Correspondence XXXVIII, S. American Letters, 1852-1858, f.361. Abdruck mit freundlicher Genehmigung des Board of Trustees of the Royal Botanic Gardens Kew. Vgl. weiterhin William Alford Lloyd an William Henry Archer, 22.1.1862, in: William Henry Archer Collection, 1964.0010, 2/110, University of Melbourne Archives.

27 Die Zeitschrift *Der Zoologische Garten* führte bis 1876 (Band 17) die Rubrik »Verkäufliche Thiere«.

28 Vgl. Reiß 2014, S. 108; sowie Vereinigte Zierfisch-Züchtereien in Rahnsdorfer Mühle (Hg.): *Die exotischen Zierfische in Wort und Bild*, Braunschweig 1914, S. 59-62; Hohl 2001a, S. 18-19; Rieck/Mau 2008, S. 46-48; Mathias Pechauf: »Erste erfolgreiche Einführung eines tropischen Aquarienfisches nach Europa. Makropode, Großflosser oder Paradiesfisch (*Macropodus opercularis*)«, in: *Roßmäßler-Vivarium Rundbrief* 18 (2009), S. 14-17. Rieck und Mau weisen darauf hin, dass auch dieser Preis, trotz des rapiden Verfalls, vergleichsweise hoch ist, da 100 Goldfische zur gleichen Zeit 36 bis 40 Mark kosten und ein maßgeschneiderter Herrenanzug 5 bis 36 Mark, vgl. Rieck/Mau 2008, S. 48.

Umlauff.[29] Bei den über zweihundert Tieren und Pflanzen handelte es sich nur um »die Arten, die in den letzten Jahren durch die Firma in grösserer Menge auf dem [sic] Markt gebracht wurden«.[30] Was sich vorderseitig auf dem Umschlag als lebendige und farbenfrohe Unterwasserszene darbot (**Tafel XVII**), fiel rückseitig (**Tafel XVIII**) und auf den weiteren Katalogseiten in einzeln numerierte, klassifizierte und käuflich erwerbbare Objekte auseinander, deren Bild mit Preislisten abgeglichen werden konnten.

Allianzen zwischen Aquarium und Interieur – Salonaquarien

Im Übergang von einzelnen Aquarienexperimenten im Kontext praktischer Naturkunde hin zu einer weiteren Verbreitung von Salonaquarien als bürgerliche Mode in der zweiten Hälfte des 19. Jahrhunderts verlagerte oder vielmehr erweiterte sich die Funktion des Aquariums vom Wissens- zum Zierobjekt. »We shall not exaggerate greatly if we say that every body nowadays has an aquarium. We see them in the parlour-windows of quiet streets, in the halls, drawing-rooms, and conservatories of the wealthy […]. No wonder there has been a bit of a ›mania‹ for them.«[31] Mit diesen Worten resümierte 1867 ein Autor im *National Magazine* den Stand der Aquarienpraxis nach rund anderthalb Jahrzehnten. Damit stellt sich die Frage neu, welche Bedeutung das Heimaquarium im Interieur und für die Wohnpraxis in der zweiten Hälfte des 19. Jahrhunderts übernahmen.

Als die Experimente einzelner Amateurwissenschaftler zur etablierten Praxis wurde, wurde das Aquarium im bürgerlichen Interieur neu verortet und damit gleichsam neu gerahmt. Im Zuge dessen gingen Aquarium und Wohnraum neue materielle und symbolische Verbindungen ein.[32] So lässt sich die Etablierung heimischer Aquarienhaltung

29 J.F.G. Umlauff (Hg.): *Grosser illustrierter Catalog über Muscheln, Corallen, Gorgonien und Seethiere*, Hamburg 1900, S. 20.

30 Ebd., S. 20. Der Katalog gab an, dass die Preislisten, die mit den Illustrationen im Katalog übereinstimmen, gratis versandt würden.

31 Anonym: »The Literature of the Aquarium«, in: *National Magazine* 3 (1867) 13, S. 46-48, hier S. 46; vgl. auch Anonym: »The Aquarium Mania«, in: *Titan* 13 (1856), S. 322-323.

32 Für eine Übersicht zu aktuellen Ansätzen der Wohnraum-Forschung vgl. Irene Nierhaus, Kathrin Heinz, Christiane Keim: »Verräumlichung von Kultur. wohnen+/-ausstellen. Kontinuitäten und Transformationen eines kulturellen Beziehungsgefüges«, in: Andreas Hepp, Andreas Lehmann-Wermser

auf breiter Front unter anderem daran ablesen, dass dem Aquarium ab Mitte der 1850er Jahre häufiger ein bestimmter Platz im Heim zugewiesen wurde: Waren Aquarienbehälter vormals in Studier- und Arbeitszimmern, aber auch in der Küche oder auf verfügbaren Fenstersimsen zu finden, wurden sie nun vornehmlich ein Objekt des »parlour«[33] oder »drawing-room« sowie – im deutschsprachigen Raum – ein Objekt des Salons und dessen kleinbürgerlichen Nachfolgers, des Wohnzimmers.[34] Aquarien wurden damit von einem vornehmlich männlich konnotierten Raum stärker in einen familiären, mithin dem weiblichen Geschlecht zugeschriebenen Bereich versetzt.[35] Darin deutet sich eine langsame Verlagerung oder zumindest Erweiterung der Funktion vom Wissens- zum Zierobjekt an, die sich auch in den zunehmend dekorativen und ausladenden Formen der Aquarienbehälter niederschlägt.

Das zeigt sich beispielhaft in der Weiterentwicklung von Robert Waringtons erstem selbst eingerichteten Aquarium. Die Ergebnisse seiner wissenschaftlichen »Observations« wurden in unterschiedlichen naturkundlichen Zweigen rezipiert, was ihnen schnell eine beachtliche Fern- und Breitenwirkung sicherte. Den Vortrag, den er 1850 zunächst vor der Chemical Society of London hielt, erschien noch im selben Jahr in der populären Gartenzeitschrift *Florist and Garden Miscellany* (1850) und kurz darauf im *Garden Companion and Florists Guide* (1852) unter dem Titel »The Parlour Aquarium«.[36] Dem Artikel war eine Abbildung beigefügt (**Abb. 16**), die auf jener 5 × 5 Zentimeter großen handgezeichneten Skizze basierte, die der Chemiker im Zuge

(Hg.): *Transformationen des Kulturellen. Prozesse des gegenwärtigen Kulturwandels*, Wiesbaden 2013, S. 117-130.

33 Vgl. etwa C. Kerbert: »Ein Beitrag zur Geschichte des Aquariums«, in: *Blätter zur Aquarien- und Terrarienkunde* 17 (1906) 29, S. 288-293, hier S. 292. Zu Geschichte und Funktionen des viktorianischen ›Parlour‹ vgl. Thad Logan: *The Victorian Parlour*, Cambridge u.a. 2001.

34 Zum Verhältnis von Heimaquarium und bürgerlichem Interieur vgl. u.a. Kranz 2010.

35 Zu den prototypischen Orten der Wissensproduktion und ihrem Gendering vgl. Heidrun Friese, Peter Wagner: *Der Raum des Gelehrten. Eine Topographie akademischer Praxis*, Berlin 1993.

36 Anonym: »The Parlour Aquarium«, in: *Chambers's Edinburgh Journal* 18 (1852) 445, S. 22. Zwischen 1851 und 1854 erschienen bereits mehrere Übersetzungen von Waringtons Experimentbericht von 1849 in naturkundlichen Zeitschriften. Vgl. etwa Anonym: »Der Kasten für die Wasserpflanzen, oder das Zimmeraquarium«, in: *Deutsches Magazin für Garten- und Blumenkunde* 5 (1852), S. 220-223.

seiner ersten Aquarienexperimente zum *balanced aquarium* von seiner Versuchsanordnung angefertigt hatte (**Abb. 8, S. 70**).[37]

Die Abbildung zeige, so der Artikel, eine Verbesserung (»improvement«) von Waringtons ursprünglichem Arrangement. Damit war in erster Linie gemeint, die vormalige Versuchsanordnung ornamentaler zu gestalten, um sie buchstäblich salonfähig zu machen. Hierfür waren einige Tuffsteine hinzugefügt, auf denen man Moose und Farne dekorativ anbringen konnte, und ein Zinkgestell als Zierrahmen.[38] Auf der Seite der Zeitschrift fasst zudem ein zweiter Rahmen als zierender Rand den Text und die Abbildung ein.[39] Sowohl im Interieur als auch in der populären Literatur – von Garten- und bis zu Wohnzeitschriften – wurden Aquarien somit rezipiert, verbreitet und dabei neu gerahmt.[40] Sobald das bürgerliche Interieur zur neuen Rahmenbedingung des Aquariums wurde, gingen Salon und Aquarium neue materielle, epistemische und ästhetische Verbindungen ein. Diese manifestieren sich vielleicht am eindrücklichsten in einem damals beliebten Typus des Salonaquariums: »In neuerer Zeit«, schrieb Hermann Lachmann angesichts der erblühenden Mode des Salonaquariums, »werden auch sog. Wand-Aquarien in den Handel gebracht«[41] (**Abb. 17**).

Wo im Deutschen der Begriff »Wand-Aquarium« lediglich den Ort der Aufstellung bzw. Aufhängung bezeichnet, ist die französische Bezeichnung »cadre aquarium« sprechender. Bei den »cadres aquariums«, die Albert Bergeret 1884 in der populären Zeitschrift *La Nature* vorstellte[42], fasste ein Gemälderahmen das Aquarium materiell ein und bettete es damit in ein ästhetisches Setting, das kunsthistorische Assoziationen herbeizitierte. Die Rahmung machte das Aquarium zum

37 Anonym: »The Aquatic Plant Case, or Parlour Aquarium«, in: *The Garden Companion, and Florists' Guide* (1852), S. 5-7. Der exakte Herstellungszeitpunkt der Zeichnung ist nicht bekannt.

38 Ebd., S. 7. Warington wird hier wörtlich zitiert.

39 Die Seitenverzierung findet sich in der gesamten Zeitschrift.

40 ›Rahmung‹ bezieht sich damit stets auf eine zweifache Funktion – auf materielle Rahmen und diskursives ›framework‹. Zur medialen Funktion von Rahmungen vg. Harro Segeberg: »Rahmen und Schnitt. Zur Mediengeschichte des Sehens seit der Aufklärung«, in: *Wirkendes Wort. Deutsche Sprache und Literatur in Forschung und Lehre* 43 (1993) 2, S. 286-301. Zum Konzept der Rahmung aus soziologischer Perspektive vgl. Erving Goffman: *Rahmen-Analyse* [1974], Frankfurt a.M. 2000.

41 Hermann Lachmann: »Süßwasser-Zimmer-Aquarien, ihre Herstellung und Einrichtung«, in: *Blätter für Aquarien- und Terrarien-Freunde* 2 (1891) 3, S. 24-29, hier S. 25. Vgl. auch Harter 2002, S. 81-82.

42 Albert Bergeret: »Récréations scientifiques. Les Cadres-Aquariums«, in: *La Nature* 583 (1884), S. 144.

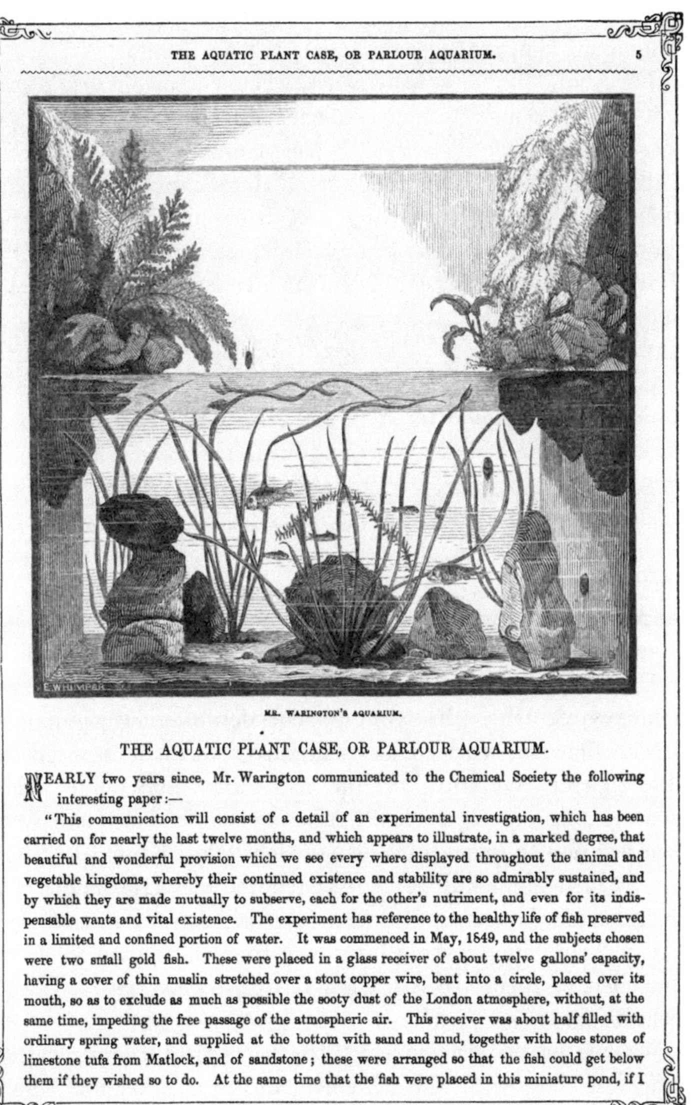
THE AQUATIC PLANT CASE, OR PARLOUR AQUARIUM. 5

MR. WARINGTON'S AQUARIUM.

THE AQUATIC PLANT CASE, OR PARLOUR AQUARIUM.

NEARLY two years since, Mr. Warington communicated to the Chemical Society the following interesting paper:—

"This communication will consist of a detail of an experimental investigation, which has been carried on for nearly the last twelve months, and which appears to illustrate, in a marked degree, that beautiful and wonderful provision which we see every where displayed throughout the animal and vegetable kingdoms, whereby their continued existence and stability are so admirably sustained, and by which they are made mutually to subserve, each for the other's nutriment, and even for its indispensable wants and vital existence. The experiment has reference to the healthy life of fish preserved in a limited and confined portion of water. It was commenced in May, 1849, and the subjects chosen were two small gold fish. These were placed in a glass receiver of about twelve gallons' capacity, having a cover of thin muslin stretched over a stout copper wire, bent into a circle, placed over its mouth, so as to exclude as much as possible the sooty dust of the London atmosphere, without, at the same time, impeding the free passage of the atmospheric air. This receiver was about half filled with ordinary spring water, and supplied at the bottom with sand and mud, together with loose stones of limestone tufa from Matlock, and of sandstone; these were arranged so that the fish could get below them if they wished so to do. At the same time that the fish were placed in this miniature pond, if I

Abb. 16: Doppelt gerahmtes Aquarienbild im *Garden Companion* von 1852, bassierend auf Robert Warringtons Skizze zum *balanced aquarium* (Abb. 8).

Wandgemälde, dessen Inhalt als pittoreske Unterwasserszenerie konsumierbar war. Als »Bildersatz«[43] in die Wand eingelassen, bot es mit

43 Harter 2014, S. 154.

Abb. 17: Durch Gemälderahmen und das bürgerliche Interieur eingefasste Wandaquarien, die in den 1880er Jahren unter dem Namen *Cadres-Aquariums* in Mode kamen.

seinem bewegten Innenleben den Betrachtenden ein lebendes Bild, ein immerfort sich wandelndes Schauspiel.[44]

Das »cadre aquarium«, das die eingerichtete Unterwasserszene rahmte, wurde dabei selbst vom umgebenden Interieur gerahmt. Der gläserne Behälter wird so als dekorativer Einrichtungsgegenstand selbst zu einer Funktion des Interieurs. Im Salon reihte sich das Aquarium, das in bürgerlichen Kreisen zunehmend als Statussymbol ausgestellt wurde, in eine ganze Palette lebendiger Raumdekorationen ein, zu denen Blumentische, Farnkästen und teilweise andere Heimtiere gehörten. Umgeben von weiteren Insignien des Interieurs, wie sie in der Abbildung etwa in Form von Blumenvase und Schreibpult auftauchen, erscheint das Aquarium nun als repräsentatives Prestigeobjekt im Salon.

Als wie prekär sich diese ästhetischen (An-)Ordnungen jedoch häufig erwiesen, wird anhand einer Karikatur erkennbar, die das britische Satiremagazin *Punch* im Dezember 1857 unter dem Titel »Terrific Accident« veröffentlichte: Schauplatz ist ein gut bürgerliches Interieur. Mrs Twaddle, eine ältere Dame, mit zwei Fräulein in weit gepufften Kleidern und einem Jungen inmitten von Accessoires, gemusterten Stühlen und geblümten Tapeten. Dazwischen glitschiges,

44 Zur Rahmung in theatralen Settings vgl. Erika Fischer-Lichte: *Ästhetik des Performativen*, Frankfurt a.M. 2004.

TERRIFIC ACCIDENT.
BURSTING OF OLD MRS. TWADDLE'S AQUA-VIVARIUM. THE OLD LADY MAY BE OBSERVED ENDEAVOURING TO PICK UP HER FAVOURITE EEL WITH THE TONGS, A WORK REQUIRING SOME ADDRESS.

Abb. 18: Karikatur eines zerbrochenen Salonaquariums in jenem Augenblick, in dem sich das marine Gewimmel über Boden und Mobiliar ergießt.

zuckendes Meeresgetier auf dem triefend nassen Boden. Die jungen Damen haben sich aufs Sofa gerettet, während Mrs Twaddle mit der Kaminzange einen sich windenden Aal zu fassen sucht und der durchnässte Knabe schreckerfüllt bis angewidert einem zappelnden Fisch in die Augen starrt.[45]

Das Zerbersten des gläsernen Kastens, das tatsächlich ein reales Risiko darstellte, bedeutete indes mehr als den Zusammenbruch einer ästhetischen Anordnung und die Überschwemmung der »fashionable carpets«[46]. Was sich angesichts von Wasser, Schlamm und dem glitschig wimmelnden Getier im Interieur aufzulösen drohte, war eine symbolische Ordnung. Gerade in der Anfangszeit wurde die miniaturhafte Überschaubarkeit des Aquariums gern in eine Geste visueller Aneignung übersetzt. Solche Blickverhältnisse, wie das Aquarium sie herstellte, hat John Berger in Bezug auf tierliche Schauanordnungen wie den Zoo beschrieben, deren zentrales Merkmal es sei, »[that]

45 Die Bildunterschrift lautet: »Bursting of old Mrs Twaddle's aqua-vivarium. The old lady may be observed endeavouring to pick up her favourite eel with the tongs, a work requiring some address.« Anonym: »Terrific Accident«, in: *Punch* 33 (1857), S. 250.

46 Ebd.

animals are always the observed«.[47] In diesem Blickregime zwischen Schauendem und Angeschautem drückt sich für Berger ein Machtverhältnis aus: »They [the animals] are the objects of our ever-extending knowledge. What we know about them is an index of our power, and thus an index of what separates us from them. The more we know, the further away they are.«[48] Das materielle Substrat dieser Bemächtigung bildete das Aquarium, indem es durch räumliche Grenzziehungen zwischen dem Aquarieninnern und seinem Außen den Unterwasserraum handhabbar machte und so eine hierarchisch organisierte Schau- und Wissens(an)ordnung ins Werk setzte. Durch das Bersten des Behälters gerät diese ›Interieurisierung‹ des Meeres, verstanden als materielle und symbolische Praxis der Einhegung, jedoch außer Kontrolle und mit ihr die Vorstellung einer abgeschlossenen Miniaturumwelt und einer vermeintlich sauberen Trennung zwischen ›Natur‹ und ›Kultur‹. Das im überschaubaren Kasten wohlgeordnete Ensemble verkehrt sich in ein wirres Durcheinander und hebt die Grenzen menschlicher und tierlicher Räume aus den Angeln.

Zahllose Fälle belegen, wie häufig es tatsächlich zu solchen Unfällen kam. »Ich hatte [mein großes Aquarium] schon 3 Wochen mit Wasser gefüllt im Zimmer stehen«, berichtete etwa ein gewisser Herr Busam in den *Blättern für Aquarien- und Terrarienkunde*, »als ich plötzlich durch ein heftiges Krachen erschreckt wurde; ich blieb auch nicht lange im Zweifel über die Ursache des letzteren, denn auf der dem Fenster zugekehrten Seite des Aquariums rann das Wasser auf den Boden.«[49] Wie ein Schreckgespenst durchziehen solche Szenarien die gesamte Aquarienliteratur des 19. Jahrhunderts. Risse, Lecks und das Bersten der Glasscheiben können sicherlich zu den prominentesten ›Unfalltypen‹ des Aquariums gezählt werden.[50]

Gerade aufwendige ornamentale Aquarienformen wie die »cadres aquariums« erwiesen sich als »sehr unsicher, denn nur zu leicht kann es vorkommen, daß die Haken ausreißen und das Aquarium herab-

47 John Berger: »Why Look at Animals?« [1977], in: ders.: *Why Look at Animals?*, London 2009, S. 12-37, hier S. 27.

48 Berger 2009, S. 27.

49 A. Busam: »Gesprungene Aquariumscheiben«, in: *Blätter für Aquarien- und Terrarien-Freunde* 3 (1892) 13, S. 124-125, hier S. 125; sowie Klingel: »Vorsicht beim Gebrauch von Durchlüftern«, in: *Blätter für Aquarien- und Terrarien-Freunde* 3 (1892) 12, S. 115.

50 Virilio zufolge eignet jeder Technik ein »spezifische[r] Unfall«. Vgl. Paul Virilio, Sylvère Lotringer: *Der reine Krieg*, Berlin 1984, S. 37; sowie Paul Virilio: »Versuche, per Unfall zu denken. Gespräch mit Paul Virilio«, in: *Tumult. Zeitschrift für Verkehrswissenschaften* 1 (1979), S. 83-87, hier S. 87.

fällt; das wäre denn eine schöne Bescherung und recht kostspielig zugleich«.[51] Besonders zu schaffen machte den Aquarienbesitzern dabei die häufig auftretende Unvorhersehbarkeit des Bruchs: »Mir sind Fälle bekannt geworden«, so Johannes Peters, »daß ganz plötzlich aus einem größern Glasaquarium ein großes Stück herausgesprungen oder ein Glasaquarium mitten durchgebrochen ist.«[52] Die Furcht vor der Unberechenbarkeit und insbesondere das Fehlen äußerer Anzeichen von Bruchstellen erschienen als ebenso typisch wie tückisch: »Durch ungleiche Abkühlung entstehen oft im Glase Spannungen, welche ein Zerspringen desselben, ohne eine erkennbare äußere Ursache, zur Folge haben können.«[53] Selbst das *Handbuch der Architektur* widmete dieser Frage eine ausführliche Passage.[54] Unscheinbare, mithin unsichtbare Sprünge bildeten damit den buchstäblich blinden Fleck des durchsichtigen Materials Glas. Reagiert wurde darauf wiederum mit technischem Gerät, ja einer zunehmend ausgefeilten Sicherheitstechnologie. Emil Holthorn etwa beschreibt 1893 die Entwicklung eines »Elektrischen Alarm-Apparats«, der mit einer elektrischen Batterie, einer Glocke und einem Kontakt-Apparat mit Schwimmthermometer funktionierte und der seinen Besitzer gegen »ein Ueberlaufen des Wassers«[55] ebenso absichern sollte wie gegen das Lecken und in der Folge das Auslaufen von Aquarienbehältern.[56] In einem solchen möglichst unfehlbaren Präventionssystem kristallisiert sich einmal mehr der Wunsch heraus, »über den Zustand [des Aquariums] Tag und Nacht informiert zu bleiben«.[57] Die umfassende

51 »Süßwasser-Zimmer-Aquarien, ihre Herstellung und Einrichtung«, in: *Blätter für Aquarien- und Terrarien-Freunde* 2 (1891) 3, S. 24-29, hier S. 25.

52 Johannes Peter: *Das Aquarium. Ein Leitfaden bei der Einrichtung und Instandhaltung des Süßwasser-Aquariums und der Pflege seiner Bewohner*, Leipzig 1906, S. 11.

53 F.ten Brink: »Ueber Herstellung und Pflege von Aquarien«, in: *Isis* 48 (1880) 5, S. 381-383, hier S. 381.

54 Vgl. Otto Lindheimer: »Aquarien«, in: *Handbuch der Architektur*, 4. Teil: Entwerfen, Anlagen und Einrichtung der Gebäude, 6. Halbband: Gebäude für Erziehung, Wissenschaft und Kunst, 4. Heft: Gebäude für Sammlungen und Aufstellungen. Archive und Bibliotheken. Museen. Pflanzenhäuser und Aquarien, Aufstellungsbauten, Stuttgart 1906 (2. Aufl.), S. 542-559, hier S. 546-547.

55 Ursache hierfür war meist die Verstopfung des Abflussrohres durch treibende Schwimmpflanzen.

56 Emil Holthorn: »Hilfsmittel zur bequemen Instandhaltung von Zimmer-Aquarien«, in: *Blätter für Aquarien- und Terrarien-Freunde* 4 (1893) 12, S. 135-139, hier S. 136.

57 Ebd., S. 137.

Beobachtung und Kontrolle, die Aquarien erforderten und damit ihre Besitzer an sich »fesselten«[58], war hier an die Technik delegiert. Mit dieser Entlastung wurden die technisch aufgerüsteten Aquarien wie auch die in ihrem Innern ablaufenden Prozesse allerdings immer mehr zur *black box* und ließen so die Störfälle noch unvorhergesehener erscheinen.

Übung in ›gutem Geschmack‹

Bei den vorwiegend industriell hergestellten Salonaquarien orientierte sich die Einrichtung des Aquarieninnern nicht mehr unbedingt an biologisch-ökologischen, sondern an ästhetischen Kriterien. Um eine Miniaturlandschaft zu schaffen, wurde das Aquarium fortan gern mit allerlei Zierrat angefüllt.[59] So konnte man »mit wirklichen kleinen Felsenstückchen, Korallen u.s.w. aus dem Meere componieren«.[60] Häufig diente bei der Komposition die Ästhetik zeitgenössischer Landschaftsgärten als Vorbild. Beliebt waren Mitte des 19. Jahrhunderts vor allem architektonische Anspielungen auf die Romantik. Bald schon hatte sich auch für Aquarienzubehör ein Markt herausgebildet, der dazu anregte, die kuratierte Unterwasserlandschaft im Heimaquarium mit charakteristischen Elementen pittoresker Landschaftsästhetik – etwa Miniaturen gotischer Kathedralen, Springbrunnen, Grotten und Ruinen, ja sogar mit Schlössern – zu bestücken, die in den 1860er Jahren bereits als Stückware in Aquariengeschäften oder per Katalog bezogen werden konnten (**Abb. 19**).

Doch auch hier wurde das Aquarium zum Streitfall, da sich gegen eine allzu überladene Ausstattung heftige Kritik bei jenen Puristen unter den Aquarianern regte, die auf das demokratisierende Moment des ›self-made‹ setzten wie auf Ausgewogenheit und ›Natürlichkeit‹ bei der Einrichtung. »[C]are should be taken«, mahnte der Naturforscher Edwin Lankester, »not to overload the bottom of the tank or jar: large masses of such objects are unnatural and inelegant at the best«.[61] Aquarianer wie William Alford Lloyd verurteilten die den Markt überschwemmenden Zierobjekte aufs

58 Anonym 1854b, S. 376.

59 Zur Accessoire-Industrie für Heimaquarien vgl. Isabel Kranz: »Zur Felsengrotte im Heimaquarium«, in: Butis Butis 2007, S. 249-260; sowie Harter 2014.

60 Anonym 1855c, S. 503.

61 Lankester 1856, S. 19.

Schärfste. Galten dem Chemiker Robert Warington die organischen Tier- und Pflanzenüberreste als »waste«, so bezeichnet der Aquarienhändler Lloyd die künstlichen Accessoires als solchen: »Waste, too, is shown in the making of mock ruins.«[62] Mit der überbordenden Fülle ornamentaler Elemente, die sich im Falle der Grotte sogar über den Aquarienrand hinaus ausbreitete (**Abb. 20**)[63], wurden Accessoires und Ornamente so zu Objekten des Wissens über ›guten Geschmack‹, der zugleich praktisch eingeübt werden sollte. Das Aquarium und seine Einrichtung fungierten also auch als Instrumente, um (Stil-) Sicherheit in Geschmacksfragen auszustellen, die wiederum eng mit Vorstellungen der Maßhaltung verknüpft waren. Eine angemessene Verzierung konnte als Beleg eines solchen ästhetischen Einrichtungswissens, als *lecture of taste* herhalten. Zu viele Ornamente, zu viel Kitsch, zu viele künstliche Miniaturelemente entfernten dagegen das Aquarium in den Augen vieler von jenem ›Naturraum‹, den ins Heim zu holen es angetreten war: »Sometimes [the rockwork] will be found made in the shape of ruins, [which is], of course, altogether out of place in a well arranged tank, for no one with any taste at all would care to see a fish, for instance, swimming through the window of a house.«[64] Ein Blick auf die Anzeigen der Händler genügt, um die massenhafte Auswahl an käuflichen Accessoires für Aquarien zu erahnen, deren preisliche Spanne beispielsweise im Falle von fabrikfertigen »Grottenstein-Aquarien- und Terrarien-Einsätzen« zwischen 10 Pfennig und 50 Mark rangieren konnten (**Abb. 21**).

Abb. 19: Miniaturruine als Ziereinsatz für Heimaquarien, abgebildet in einem Ratgeber von 1886.

Die Gefahr des ›overstocking‹ bezog sich folglich nicht mehr nur auf die tierliche Besetzung des Aquariums, also ein Übermaß

62 Lloyd 1872a, S. 24.

63 Das Meerwasseraquarium wurde 1911 auf der Ausstellung des Aquarienvereins zu Aue im Erzgebirge präsentiert. Die Aufnahme von Kurt Möckel stammt vom 25. August 1911. Vgl. Anonym: »Ausstellung des ›Vereins für Aquarien- und Terrarienkunde‹ zu Erzgebirge«, in: *Blätter für Aquarien- und Terrarienkunde* 22 (1911) 48, S. 777-779, hier S. 778.

64 Gregory C. Bateman: *Fresh-Water Aquaria. Their Construction, Arrangement, and Management*, London 1890, S. 43.

Abb. 20: Salonaquarium mit überbordender Grottendekoration auf einer Vereinsausstellung 1911, Foto Kurt Möckel.

eingesetzter ›Naturobjekte‹ (Tiere und Pflanzen), sondern auch auf die Ausstattung mit Accessoires. Mit der überbordenden Fülle ornamentaler Elemente wurde somit im Aquariendiskurs ab den 1860er Jahren eine weitere Form des Exzesses verhandelt.

Dem Ideal des *balanced aquarium* galt jede Form des Exzesses als Anomalie, denn die wiederholt vorgetragene Forderung nach Gleichgewicht diente auch in ästhetischen Fragen als Richtschnur und wurde mit ›Natürlichkeit‹ kurzgeschlossen. Dem zugrunde lag ein bürgerlicher Begriff des »gesunden Mittelmaßes«, der Philipp Sarasin zufolge eminent politisch besetzt war: »[D]ieser von politischen und sozialen Konnotationen aufgeladene Zustand [des Gleichgewichts] wäre zugleich der Ort der Norm, deren Überschreitung im Exzess oder im Mangel ein Maß für das Pathologische abgibt«.[65] Es ging so-

65 Philipp Sarasin: *Reizbare Maschinen. Eine Geschichte des Körpers 1765-1914*, Frankfurt a.M. 2001; Andreas Bernard: *Die Geschichte des Fahrstuhls. Über einen beweglichen Ort der Moderne*, Frankfurt a.M. 2006, S. 238. Die Etablierung dieses Gleichgewichtsmodells bringt Sarasin mit den Choleraepidemien, die in den 1830er und 50er Jahren in Europa Tausende von Opfern forderten, in Verbindung. Vgl. hierzu auch Patrice Bourdelais, Jean-Yves Raulot: *Une Peur bleu. Histoire de la choléra en France 1832-1854*, Paris 1987; Barbara

mit bei der Aquarienpflege nicht nur darum, bürgerliche Tugenden wie Ordnung, Sauberkeit, Geduld, Genauigkeit und Sparsamkeit einzuüben. Umgekehrt ließ sich an ihr auch zeigen, wohin ein Mangel an Selbstbeherrschung führen konnte: »*beware of overstocking*; […] it is the child making itself sick with its otherwise wholesome cake; […] it is the drunkard killing himself with the beneficial juice of the grape.«[66] Das gesellschaftliche Spektrum, das hier in kühnen Sprüngen vor den Lesern ausgebreitet wird, stellt den unbeherrschten Aquarianer in eine Reihe mit dem Kind, das den Süßigkeiten allzu zugetan ist, und mit der selbstzerstörerischen Sucht des Trinkers. Dem Aquarium kam somit eine doppelte Funktion als Objekt hygienischer Praktiken und als anschauliches Modell guter und schlechter Lebensführung zu. Beim »gesunden Mittelmaß« handelte es sich indes, das machen Lankesters mahnende Zeilen klar, weniger um die Mitte im Sinne des Durchschnitts (der Massen), als vielmehr um »die Mitte jener, die sich vom armen *peuple* durch ›Mäßigung‹, Sauberkeit und regulierte Genüsse absetzen können. Das ist das Gleichgewicht jener, die die Ränder der Gesellschaft als Bedrohung empfinden.«[67] Zu dieser Schicht gehörte in der zweiten Hälfte des 19. Jahrhunderts ein Großteil der Aquarienbesitzer. Die epistemischen Tugenden der Maßhaltung korrelierten also unmittelbar mit bürgerlich-moralischen Tugenden einer ›sauberen‹ und besonnenen Haushaltsführung im Zeichen eines ›juste milieu‹, was sich gleichermaßen auf die Reinhaltung des Raumes wie auf die Körperpraktiken bezog. Indem für Misserfolge vor allem ein Mangel an Sauberkeitssinn, Achtsamkeit oder

Abb. 21: Kaufanzeige für einen Grottenstein als Einsatz für Heimaquarien und Terrarien aus den *Blättern für Aquarien- und Terrarienkunde* von 1906. Solche Grottensteine wurden auch als Blumenhalter neben Aquarien aufgestellt, vgl. Abb. 23, S. 206.

Dettke: *Die asiatische Hydra. Die Cholera von 1830/1831 in Berlin und den preußischen Provinzen Posen, Preußen und Schlesien*, Berlin/New York 1995; Richard J. Evans: *Tod in Hamburg. Stadt, Gesellschaft und Politik in den Cholera-Jahren 1830-1910*, übersetzt von Karl A. Klewer, Reinbek bei Hamburg 1990, insb. S. 367-466. Vgl. hierzu auch das letzte Kapitel dieses Buches.

66 Lankester 1856, S. 60.

67 Ebd.

aber ein Hang zur Maßlosigkeit verantwortlich gemacht wurden[68], bedeutete Aquarienpflege wiederum, Ordnung, Sauberkeit, Geduld und Sparsamkeit einzuüben. Das bezog sich zusehends auch auf die innere Ausgeglichenheit der Aquarienbesitzer. Die praktischen Maßnahmen, die zur Stabilisierung eines Aquariums notwendig waren, sollten nämlich in ihrer Anwendung zu stabilisierenden Maßnahmen für den Aquarianer werden. Am Ende konnte das Aquarium dann als Ausweis dieses inneren Gleichgewichts herhalten, »illustrating the trait or qualification in his disposition that indicate[d] a well-balanced mind«.[69] In diesem Sinne fungierte Aquarienhaltung als spielerisches (Erziehungs-)Instrument seiner Besitzer und als Festschreibung sozialer Ordnungen im häuslichen Bereich. Das Wissen über die ›richtige‹ Einrichtung von Aquarien wurde so Teil und Vermittlungsinstanz eines umfassenden »Wohnwissens«, das mit moralisch aufgeladenen Bewertungen besetzt war und zum ›richtigen‹ Wohnen anleitete.

Was für die Einrichtung des Aquarieninnern diskutiert wurde, galt ebenso für das Aquarium als Einrichtungsgegenstand des Wohnraums. Mehr und mehr wurden Salonaquarien ästhetisch oder räumlich an die Funktionen des Interieurs angepasst. Auch hier lauerte jedoch die Gefahr, dass Ausgewogenheit in Exzess umkippte, weshalb diese Thematik ab den 1870er Jahren zunehmend nicht nur als ästhetisches, sondern auch als hygienisches Problem diskutiert wurde. So kommentierte etwa der Hobbyaquarianer Wilhelm Roth in der Fachzeitschrift *Blätter für Aquarien- und Terrarienkunde* in durchaus selbstkritischem Tonfall die weitverbreitete Tendenz, heimische Wohnzimmer »unaufhaltsam, wenn auch etappenweise, an den Seitenwänden der Fensterfüllung«[70] immer mehr Aquarien aufzustellen, bis unversehens, wie in seinem Fall, dreizehn Behälter den gesamten Fensterrahmen ausfüllten (**Abb. 22**).

Andere wiederum berichteten in den *Blättern* von der Einrichtung ganzer »Aquarienzimmer« (**Abb. 23**). Solche Auswüchse der aquaristischen Leidenschaft, bei denen die Behälter ganze Zimmer einnahmen, widersprachen – wie schon bei Nathaniel Bagshaw Ward – dem Prinzip der Temperierung. Wenn daher der Heimaquarianer Roth be-

68 Vgl. Edwards 1858, S. 18-19; Hibberd 1870, S. 47; sowie Hamlin 1986, S. 133.

69 Anonym: »Dr. Fish. Nerve Specialist!«, in: *The Fort Wayne Sentinel*, 8.5.1915, S. 19. Vgl. auch Hamera 2012, S. 27.

70 Wilhelm Roth: »Über eine Aquarieneinrichtung am Wohnzimmerfenster«, in: *Blätter für Aquarien- und Terrarienkunde* 18 (1907) 47, S. 457-470, hier S. 469.

Abb. 22: Stetige Aquarienvermehrung im Wohnzimmerfenster.

züglich der unglaublichen Zahl seiner dreizehn aufgestellten Aquarien sich selbst ermahnte, es gelte stets »die hygienischen Verhältnisse« des Wohnraumes zu berücksichtigen und darauf zu achten, »daß die Helligkeit des Zimmer nicht durch Verbarrikadierung des in Anspruch genommenen Fensters in schädlichem Maße beeinträchtigt

Abb. 23: Aquarienzimmer im bürgerlichen Interieur.

wird«,[71] macht dies deutlich, dass in die ornamentale Gestaltung dieser miniaturisierten Lebensräume mithin normative Vorstellungen der Maßhaltung eingelassen waren. Diese wurden zwar über ein ästhetisches Einrichtungswissen vermittelt, aber zielten zunehmend auch auf gesundheitliche Fragen.[72] Die im vermeintlich politikfernen Raum heimischer Liebhaberei angesiedelte Aquarienpraxis erweist sich somit auch im Salon als Selbsttechnik.

71 Ebd., S. 468.

72 Viele praktische Leitfäden wie Shirley Hibberds *Rustic Adornments for Homes of Taste* stellten Konglomerate aus Wohn- und Aquarienratgebern dar, die das Aquarium als »appropriate item in a ›home of taste‹« vorstellten. Sie sind in ihrer Rhetorik den zeitgenössischen Geschmackserziehungsschriften verwandt, vgl. Hibberd 1856a, S. 47-48; 1856b; ders.: *The Book of the Freshwater Aquarium*, London 1856c. Für eine Analyse der Rhetorik in Wohnratgebern um 1900 siehe Theres Rohde: *Die Bau-Ausstellung zu Beginn des 20. Jahrhunderts oder ›Die Schwierigkeit zu wohnen‹*, [Dissertation], Weimar 2015, insb. S. 65-93.

Allianzen zwischen Aquarium und Öffentlichkeit – Popularisierung

An den Motiven der Sammelbildserie »Unter dem Meeresspiegel« (**Tafel XVI**) lässt sich ablesen, welche Lebewesen Ende des 19. Jahrhunderts in Aquarien und in der populären Kultur bekannt und begehrt waren. Hierzu zählten wie gesagt vor allem Seeanemonen. »At once pet, ornament, and ›subject for dissection‹, the Sea-Anemone has a well-established popularity in the British family-circle«, heißt es bereits 1858 in Lewes' *Seaside Studies*.[73] Unter den Aktinien war damals wiederum »kein einziges Tier [...] so volkstümlich als die Erdbeerrose *(Actinia mesembryanthemum)*«.[74] Populär wurde die Art vor allem, weil sie an den Küsten Englands und Schottlands weit verbreitet war. Berühmt wurde in diesem Fall aber auch ein individuelles Tier. Im Oktober 1887 veröffentlichte die schottische Zeitung *The Scotsman* einen Nachruf auf einen »Pionier populärer Volksbildung« (»the pioneer of the new movement in popular education«[75]). Das erste Mal gesichtet wurde »Granny«, wie sie später von Naturkundlern liebevoll genannt wurde, im Jahr 1828. Ihr geschätztes Alter zu dieser Zeit war sieben Jahre. Wie die meisten ihrer Art war »Granny« leuchtend rot, rund fünf Zentimeter groß und wahrscheinlich hermaphrodit. Die Seeanemone, zunächst als *Actinia mesembryanthemum* eingeordnet und später als Varietät von *Actinia equina* klassifiziert, hatte John Graham Dalyell, Anwalt und begeisterter Naturkundler, 1828 an der schottischen Küste von North Berwick gesammelt. Bereits im Jahr 1790 hatte er eine kleine Sammlung mariner Weichtiere angelegt, die er einzeln in Wassergefäßen am Fenster seines Arbeitskabinetts platzierte.[76] Zum Zeitpunkt ihres Todes hatte die Aktinie das sensationelle Alter von geschätzten 66 Jahren erreicht – und im Laufe ihres Lebens zahlreiche ihrer Besitzer überlebt, wodurch sie zusehends zur öffentlichen naturkundlichen Attraktion avancierte. Damit umspannt das Leben dieses Tieres eben jenen Zeitraum, in dem sich Aquarien in ganz Großbritannien und Kontinentaleuropa verbreiteten. An dieser Tierbiografie lässt

73 Lewes 1858, S. 122.

74 Kerbert 1906, S. 292.

75 Zur Biografie von »Granny« vgl. Geoffrey N. Swinney: »Granny (c. 1821-1887), ›a zoological celebrity‹«, in: *Archives of Natural History* 34 (2008) 2, S. 219-228.

76 Eben deshalb war Dalyell in den Augen William Alford Lloyds noch kein Aquarianer.

sich beispielhaft der Weg lebender Wassertiere in die Öffentlichkeit verfolgen; wie dabei Bilder, Wissen und Objekte in Bewegung gesetzt wurden, durch wessen Hände diese gingen, über welche Kanäle sie verbreitet wurden und öffentlich ausgestellt, wissenschaftlich angeeignet und kommerziell vermarktet wurden.

Ihre ersten Schritte in die Öffentlichkeit tat die Aktinie als Druckgrafik. 1847 erschien Dalyells zweibändige Studie über *Rare and Remarkable Animals of Scotland Represented from Living Subjects, with Practical Observations on their Nature*.[77] Die darin enthaltenen Beschreibungen und Illustrationen »nach dem Leben« beruhten auf seinen Beobachtungen am Strand und daheim und zeigen im Zweiten Band auf *Plate XLV* eine *Actinia mesembryanthemum*, genauer gesagt »Granny«. Zu den seltenen Tieren (»rare animals«), die Dalyell in seinem Buch versammelte, zählte sie zwar nicht, aufgrund ihrer Langlebigkeit aber zweifellos zu den bemerkenswerten Tieren (»remarkable animals«), wie in der Bildunterschrift »Survived 20 years in Captivity« dokumentiert (**Tafel XV**). Die Druckgrafik ist damit zugleich naturhistorische Abbildung und individuelles Porträt, sie vereint systematisches Wissen über eine Tierart und über aquaristische Praxis. Diese doppelte Rolle setzte sich fort, als dreizehn Jahre später, 1860, Philip Henry Gosses mehrbändiges Werk *Actinologia Britannica* erschien. Auch in diesem fehlte die an den britischen Küsten weit verbreitete Art nicht und auch hier war es nicht irgendein Tier, sondern »Granny«, die »porträtiert«[78] wurde, wie Gosse betonte.

Nachdem Phänomene wie »Granny« die Seeanemonen als Meeres- und Aquarientiere durch Publikationen weiter bekannt machten, durchliefen die Tiere einen weiteren Medienwechsel von der Flachware zurück ins Dreidimensionale und wechselten dabei von einem naturhistorischen in ein kommerzielles Setting. Die später für ihre Glasblumenmodelle berühmten Dresdner Glasbläser Leopold und Rudolf Blaschka nutzten nämlich die Lithografien aus *Actinologia Britannica* als Vorlage für ihre ersten Glastiere. Bereits ab den 1860er Jahren fertigten Vater und Sohn auf der Grundlage von Gosses Lithografien zunächst Zeichnungen an, die sie anschließend in dreidimensionale Modelle aus Glas übertrugen.[79] Gerade die gläsernen Modelle mariner

77 Die Publikation erschien mit rund fünfjähriger Verspätung aufgrund von Rechtsstreitigkeiten mit dem verantwortlichen Zeichner.

78 Gosse 1860, S. v.

79 Als weitere Vorlagen dienten ihnen konservierte Tiere, die sie etwa von der Zoologischen Station in Neapel oder aus Weymouth erhielten; zeitweise unterhielten sie zudem eigene Aquarien.

Lebewesen, die sie anfangs herstellten, bewegten sich in fließenden Grenzen zwischen Kunst, Wissenschaft und Kommerz: Während zum einen Ludwig Reichenberg für das Naturhistorische Museum in Dresden einige dieser Objekte erwarb,[80] verkauften die Blaschkas gleichzeitig Glasmodelle mariner Wirbelloser als Dekorationsobjekte für private Aquarien.[81] Wer sich die Mühen der Aquarienhaltung ersparen wollte, konnte seinen gläsernen Behälter statt mit Wasser mit Glastieren füllen, die auf dekoraktiven, Fels imitierenden Gipsinseln montiert waren.[82] Der Verkaufskatalog von 1871, der 271 Modelle verschiedener Meerestiere auflistet, führte Aktinien sogar prominent im Titel: *Marine Aquarien mit Actinien: Blumenpolypen usw. Zierde für elegante Zimmer wie zur Belehrung für Unterrichtsanstalten und Museen und höchst naturgetreu dargestellt.*[83] Im Katalog von 1885 finden sich dann zwei Modelle von *Actinia mesembryanthemum* mit dem Zusatz »Szenen aus dem Leben der Actinien, im Aquarium beobachtet«[84] und »Kampf zwischen einer *Actinia mesembryanthemum* und *Sagartia troglodytes*«[85].

»Granny« lebte zu diesem Zeitpunkt weiterhin in ihrem Glas – und hatte inzwischen bereits mehrere ihrer Besitzer überlebt, wie Geoffrey N. Swinney ausführlich darlegt.[86] Nach dem Tod Dalyells, auf dessen Fenstersims sie 23 Jahre verbracht hatte, gelangte die Aktinie 1851 in die Hände von John Feming, Professor für Naturkunde am Free

80 Ludwig Reichenbach, Direktor des Naturkundemuseums und des Botanischen Gartens in Dresden, stellte die gläsernen Seeanemonen zuerst in seinem Museum aus. 1876 bestellte das Londoner Naturkundemuseum zwei komplette Sets gläserner Modelle.

81 Im Katalog von 1878, der bereits über 600 Modelle anbot, war nur noch von wissenschaftlichen Modellen die Rede. Später waren die Blaschkas mit Exklusivverträgen ausschließlich für wissenschaftliche Einrichtungen tätig.

82 Vgl. Leopold Blaschka: *Marine Aquarien mit Actinien. Blumenpolypen usw. Zierde für elegante Zimmer wie zur Belehrung für Unterrichtsanstalten und Museen und höchst naturgetreu dargestellt*, [Katalog], Dresden 1870/71. Vgl. auch Meike Niepelt: »Ein Meer aus Kunst und Wissenschaft. Leopold und Rudolf Blaschka. Kunsthandwerker, Glasmodelleure, Naturforscher«, in: dies., Karlheinz Wiegman (Hg.): *Kunstformen des Meeres. Zoologische Glasmodelle von Leopold und Rudolf Blaschka 1863-1890*, Tübingen 2006, S. 13-35; sowie Henri Reiling: »The Blaschkas' Glass Animal Models. Origins of Design«, in: *Journal of Glass Studies* 40 (1998), S. 105-126.

83 Vgl. Blaschka 1870/71.

84 Leopold Blaschka: *Katalog über Blaschkas Modelle von Wirbellosen Thieren dargestellt von Leopold Blaschka in Dresden*, Stolpen 1885, S. 9.

85 Ebd.

86 Vgl. Swinney 2008.

Church College in Edinburgh und damit in einen halböffentlichen Rahmen, da Feming das Tier zwar zu Hause hielt, es aber seinen Schülern zu Studienzwecken vorführte. 1857 wiederum kam »Granny« in die Obhut und das Haus eines Schiffsarztes der britischen Marine mit ausgeprägtem Interesse für marine Zoologie. Zu dieser Zeit hatte es das Tier bereits zu einiger Bekanntheit gebracht. Wissenschaftliche Koryphäen wie Robert Grant, Professor für Komparative Anatomie und Zoologie am University College London, reiste nach Edinburgh, um die Aktinie zu untersuchten, während zugleich zahlreiche interessierte Laien und Schaulustige sie besuchten. Gleichzeitig wurde die Seeanemone selbst immer wieder in Bewegung gesetzt und in ganz Schottland bei wissenschaftlichen Gesellschaften wie der British Association for the Advancement of Science zur Schau gestellt.[87] 1879 kam das marine Tier schließlich in den Royal Botanic Garden in Edinburgh, wo sein Glas im Wohnraum des Kurators John Sadler und dessen Nachfolger Robert Lindsay aufgestellt wurde.[88] Hier war »Granny« schon bald *die* Attraktion des Gartens, wie die Einträge im eigens angeschafften Besucherbuch bezeugen, das innerhalb eines Jahres mehr als eintausend Menschen verzeichnet. Als »Granny« am 4. August 1887 starb, berichteten nationale wie internationale Zeitungen – von den *Daily News* bis zur *New York Times* – über den Tod der »zoologischen Berühmtheit«.

Wissenschaft, populäre Kultur und Kommerz gehörten folglich zu einem umfangreichen »Ausstellungskomplex«[89], der entscheidend dazu beitrug, Wasserwesen in Europa weiter bekannt zu machen. Zu diesem können Schauplätze wie private und öffentliche Aquarien, die Nasssammlungen naturkundlicher Museen, Vereinsausstellungen und der Strand gezählt werden, außerdem Medien wie die naturkundlichen Schriften und Illustrationen, aber auch Sammelbilder, und nicht zuletzt das Netz von Händlern, Importeuren, Vereinen, Wissenschaftlern und Amateurforschern, das Publikum der Museen und die privaten Aquarienhalter. Die Trajektorien dieses nicht-menschlichen Akteurs machen damit beispielhaft die Verflechtungen zwischen naturkundlicher Wissenszirkulation, sozialer Interaktion und öffentlicher Rezeption

87 Weitere Auftritte hatte die Seeanemone bei der Versammlung der Medico-Chirurgical Society 1872 in Edinburgh und dem Edinburgh Naturalists' Field Club im Jahr 1874. Vgl. ebd.

88 Sadler stellte die Seeanemone zudem auf der Internationalen Fischereiausstellung, die 1882 in Edinburgh stattfand, aus.

89 Vgl. Tony Bennett: »The Exhibitionary Complex«, in: *new formations* 4 (1988), S. 73-102.

sichtbar und zeigen, inwiefern sich Seeanemonen und die anderen Aquarientiere zwischen Wissenschaft, Popularisierung, Kommerzialisierung bewegten.

Teil II

Stabilisieren II

Aquarienklima. Vom *balanced aquarium* zum *circulated aquarium*

Unausgeglichene Aquarien

»For a considerable period, […] I was much troubled to obtain living subjects in a healthy condition«[1], musste Robert Warington 1853 einräumen. In auffallendem Gegensatz zu den theoretischen Ansprüchen erwiesen sich seine *balanced aquaria* weniger als ausgeglichene und vorhersagbare Systeme denn als widerständige Ensembles lebendiger und nichtlebendiger Elemente. Immer wieder war die reibungslose Zirkulation der Stoffe im Innern durch Stauungen und Stockungen unterbrochen und seine Aquarien dadurch »a continued source of trouble, annoyance, and expense«.[2]

Die Störfälle waren vielfältig. Zum einen war da die *Vallisneria spiralis*. Schien das sich selbst erhaltende Gleichgewicht nach seinen ersten Versuchen durch den Verbund von Fischen, Pflanzen und Schnecken erfolgreich auf Dauer gestellt, so bereiteten ihm seine Pflanzen doch zusehends Probleme: »The rapid increase of the *Vallisneria* is very extraordinary«[3], notierte Warington 1853. Als ihr Wuchern so weit fortschritt, dass es für die Fische gefährlich wurde, sah er sich gezwungen, ganze achtundzwanzig »healthy plants« zu entfernen. Etwas konnte nicht stimmen im sich selbst erhaltenden Kreislauf, wenn Pflanzen, zumal gesunde, in solchem Maße von außen gärtnerisch eingehegt werden mussten.

Doch nicht nur die Pflanzen wucherten unkontrolliert. Ausgerechnet jene Schnecken, die in ihrer reinigenden Funktion anfänglich

1 Warington 1853a, S. 321.

2 Robert Warington: »On the Aquarium« [1857], in: *Notices and Proceedings at the Meetings of the Members of the Royal Institution of Great Britain* 2 (1858a), S. 403-408, hier S. 407.

3 Anonym 1852c, S. 7. In diesem Artikel wird Waringtons überwiegend wörtlich zitiert.

Waringtons Erfolg zu besiegeln schienen, indem sie das aquatische Gleichgewicht vermeintlich vervollständigten, brachten dieses selbst wieder zum Kippen. Das eine Mal verbreiteten sie sich so unkontrolliert im Aquarium, dass Warington nichts anderes übrig blieb, als die zu gefräßige *Limnea stagnalis* durch eine andere Schneckenart zu ersetzen. Ein andermal dagegen musste er ständig neue Schnecken einsetzen, um den Bedarf im Aquarium zu decken, da zu viele von ihnen als Fischfutter endeten. Das vormals von ihm entworfene Bild einer Vision a-historischer Harmonie wandelte sich so zur Dystopie brutaler Kampfszenen: »[M]innows seize [...] their prey and shake it, as a terrier dog would a rat, between a piece of the rock work and the glass, until they have broken its thin and delicate shell to pieces«.[4] Wiederholt sah sich Warington daher während seiner Experimente zum Eingreifen in die außer Kontrolle geratenen Stoffkreisläufe gezwungen, indem er die Anzahl und Zusammensetzung der Tiere und Pflanzen variierte.[5]

Die zahlreich auftretenden Störungen bildeten in der Aquaristik des 19. Jahrhunderts indes weniger eine Ausnahme als die Regel. »It is quite true that aquarium-keeping is not easy: it is much worse than that, for in nine cases out of ten it is a wearisome and profitless battling with difficulties, ending with failure and disgust«[6] resümierte William Alford Lloyd 1865 die ersten anderthalb Jahrzehnte privater Aquarienhaltung in England. Das änderte indes nichts an der Wirkmächtigkeit der Wissensfigur des *balanced aquarium*. Im Gegenteil: Die große Anzahl von Fehlschlägen gibt vielmehr einen Hinweis darauf, wie weit sich die Vision vom selbsterhaltenden Gleichgewicht im Wasserglas in den 1860er Jahren bereits etabliert hatte. Doch zog die Zusicherung der frühen Leitfäden, die Instandhaltung eines Aquariums sei »ziemlich einfach« und erfordere »wenig Mühe«[7], häufig enttäuschte Erwartungen und tote Aquarienpopulationen nach sich.

Diese Erfahrung machte der englische Unternehmer, Ingenieur und Aquarianer William Alford Lloyd auch selbst bei seinen ersten

4 Vgl. Warington 1852, S. 274. Vgl. auch ders. 1858b, insb. S. 70.

5 Vgl. hierzu Hamlin 1986, S. 141.

6 Lloyd 1865, S. 154. Lloyd schreibt weiter: »I have collected the names and addresses of not fewer than eight thousand persons interested in aquarian matters, and for these persons I have set up, under all possible circumstances, many hundreds of Aquaria (the exact number is 3,548), and out of these not more than about the odd forty-eight are now in successful operation.« Ebd.

7 Leonhard Schmitt: *Wie pflege ich Seetiere im Seewasser-Aquarium?*, Stuttgart 1909, S. 3. Vgl. auch Taylor: »An aquarium properly constructed, and peopled with proper inhabitants, gives very little trouble indeed.« Taylor 1876, S. 25.

Abb. 24: Nach Luft schnappende Fische: Das Ergebnis eines von William Alford Lloyds gescheiterten Versuchs, ein *balanced aquarium* einzurichten.

Versuchen zum *balanced aquarium* Anfang der 1850er Jahre. Nachdem er 1853 in London das erste öffentliche Aquarium kurz nach der Eröffnung besucht hatte, erstand er seinen ersten Glasbehälter, den er mit Sand, Kies sowie der Wasserpflanze *Vallisneria spiralis* und sechs Elritzen besetzte. »[F]or a few hours«, berichtete Lloyd über die eingesetzten Fische, »they swam about happily enough. Gradually, however, they rose to the surface, and there remained with their noses at the top of the water, gulping in air. I could not understand it. I took out some of the water and put in more, and yet the fishes died […].«[8] Eine Abbildung, die Lloyds Artikel im *Popular Recreator* beigegeben war, illustriert diesen Vorgang (**Abb. 24**). Sie stellt eines der wenigen Zeugnisse dar, das die Misserfolge der Aquarienpraxis bildlich dokumentiert – in diesem Falle die nach Luft ringenden Fische kurz vor ihrem Tode.

8 Lloyd 1873, S. 190.

Angeschlossene Aquarien

Entmutigen ließ Lloyd sich trotz der Misere in seinem Aquarium nicht. Eine Beseitigung aller »impurities«[9] traute er allerdings alsbald weniger einem rein internen tier-pflanzlichen Austausch als vielmehr einer technisch induzierten Zirkulation des Wassers im Aquarium zu. Als Vorbild für die Wasserbewegung im Glasbehälter diente ihm das Meer als Zirkulationsraum im Zeichen permanenter Wasserbewegung:

> »In the ocean of course various animals and plants are incessantly dying in large numbers, and their decomposing remains are prevented from permanently poisoning the water […] by the incessant motion to which the sea is subjected, and this motion brings the water into purifying contact with the atmospheric air. […] Thus the ocean […] by motion [is] maintained sufficiently pure and respirable.«[10]

Lloyd übertrug die reinigende Wellenbewegung und Strömung des Meeres auf das Aquarium und verband dies mit einem Regulierungsgedanken. Die technisch induzierte Zirkulation, die auf die städtischen Infrastrukturen zurückgriff und das Aquarienwasser durchlüftete, erklärte er zum zentralen Punkt der Aquarienhaltung, schien ihm doch die Technik ungleich effizienter und zuverlässiger zu arbeiten als die Natur. Lloyds Aquarienpraxis unterlag somit ein anderer Kreislaufgedanke als dem *balanced aquarium*, das lediglich auf biologisch-chemische Stoffkreisläufe setzte. Mit der technischen Reformulierung natürlicher Wasser- und Luftkreisläufe erwies sich das Überleben der Unterwasserflora und -fauna im Aquarium nun weniger von einem biologisch-ökologischen und chemischen, als vielmehr von einem Wissen um Regulierungstechniken abhängig. Eben dies wies Lloyd als Prinzip der »modern aquaria«[11] aus. In der Folge vermittelte die Aquaristik nicht nur ein Wissen um natürliche Kreisläufe, sondern auch über die künstliche Nachbildung dieser Kreisläufe im Aquarium. Die Leitfäden und Zeitschriften bündelten Wissen über Tiere und ihre Umwelt und über technische Regulierungen.

9 Lloyd 1876, S. 255.

10 Ebd., S. 254. Insbesondere zeitgenössische Chemiker sahen im Meer ein Modell reinigender Kreisläufe, vgl. Justus von Liebig: »Dreiunddreissigster Brief«, in: ders.: *Chemische Briefe*, Bd. 2, Leipzig/Heidelberg 1859 (4. Aufl.), S. 197-207, hier S. 197-198.

11 Lloyd 1876, S. 255.

Mit Lloyd kam ein neuer Akteur und mit ihm ein neues Wissens- und Praxisfeld in die Londoner Aquarienszene. »Aquarium Management« erforderte in seinen Augen mehr als ein guter Naturkundler zu sein – gefragt war vielmehr Ingenieurstechnik und »much and dirty hard work«.[12] Lloyds Arbeit konzentrierte sich von Anfang an auf die Frage der »Durchlüftung« des Wassers. Dieses wurde bislang per Hand oder mithilfe von Luftpumpen drei- bis viermal am Tag durchlüftet – eine Aufgabe, die meist an Bedienstete delegiert wurde, die eine weitere Gruppe unsichtbarer Akteure in der Geschichte des Aquariums bilden. Als Ende der 1850er Jahre, unter maßgeblicher Beteiligung William Alford Lloyds, erste eigene Durchlüftungsapparate speziell für Heimaquarien entwickelt wurden, versprachen diese eine weitaus effizientere Durchlüftung und Schmutzentfernung für ein ausgeglichenes, ›gesundes‹ Aquarienklima als die händische Praxis.[13] Die Neuerungen in der Aquarientechnik korrelierten mit kurz zuvor entwickelten Verfahren zur Erneuerung und Verbesserung von Klimatechniken im Wohnhaus.[14] Moritz Gleich hat herausgearbeitet, wie im 18. Jahrhundert neue Belüftungs- und Heiztechnologien entwickelt wurden, die in die Gebäude unmittelbar eingriffen und mediale Funktionen der Verteilung von Stoffen und Energie übernahmen.[15] Was Gleich für das ausgehende 18. und frühe 19. Jahrhundert ausmacht, nämlich das Aufkommen eines Denkens, bei dem das Haus als operative Einheit im Dienste von Ventilation und Beheizung gefasst ist, wurde im Verlauf des 19. Jahrhunderts theoretisch und praktisch

12 Bei Lloyd heißt es: »[I]t wants a man to be a good deal more than a mere naturalist to be a good aquarium maker and manager.« William Alford Lloyd an Richard Owen, 20.10.1877, in: Natural History Museum Archives, Lloyd to Owen – 10 (9a). P.S. Ref 440.

13 Genau wie die Verbreitung der Aquarientiere und die Zirkulation des Wissens der Aquarianer ging auch die Entwicklung der Aquarientechnik aus einer kollektiven Praxis einher.

14 Zur Entwicklung der Belüftungstechniken in städtischen Wohnhäusern im 18. und 19. Jahrhundert vgl. Moritz Gleich: »Vom Speichern zum Übertragen. Architektur und die Kommunikation der Wärme«, in: *Zeitschrift für Medienwissenschaft* (2015) 1, S. 19-32. Vgl. zu den Belüftungstechniken auch ders.: »Architect and Service Architect. The Quarrel between Charles Barry and David Boswell Reid«, in: *Interdisciplinary Science Review* 37 (2012) 4, S. 333-345.

15 Vgl. Gleich: »Das Wissen um die konvektiven Qualitäten der Luft führt nicht zuletzt […] zu einem grundlegend neuen, medialen und operativen Verständnis von Architektur.« Gleich 2015, S. 20. Gleich spricht von einer »lokal und historisch begrenzte[n] Emergenz einer elementaren Medienfunktion«, Gleich 2015, S. 26.

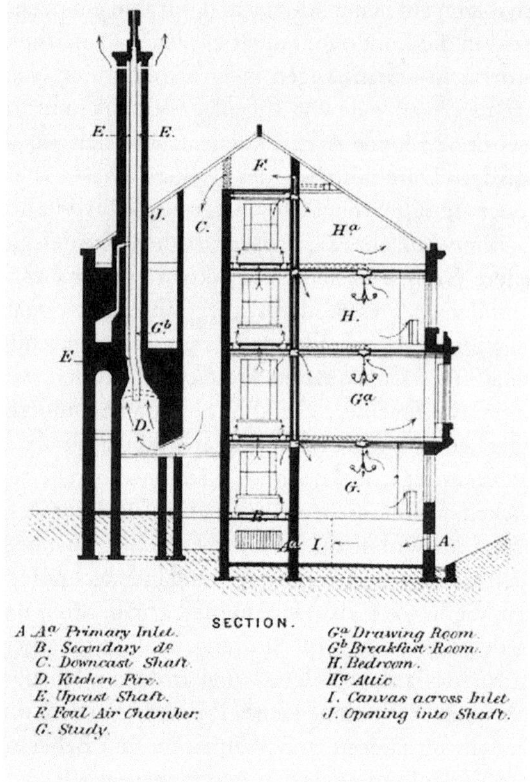

Abb. 25: Querschnittansicht eines Hauses zur Veranschaulichung der Lüftungsvorrichtungen und Luftbewegungen.

fortgeführt.[16] So entwarfen John James Drysdale und John Williams Hayward in ihrer Schrift *Health and Comfort in House Building*, die 1872 in London und New York erschien, ein Modell für die Verteilung und Lenkung von Luftströmen im Wohnhaus (**Abb. 25**).

Die gesamte architektonische Struktur des Hauses wird hier gleichsam als »architecture of environment«[17] gefasst, bei der die

16 Zur Frage der Belüftung vgl. Neville S. Billington: »A Historical Review of the Art of Heating and Ventilating«, in: *Architectural Science Review* 3 (1959), S. 118-130. Die drei bedeutenden Methoden des zentralen Heizens von Gebäuden im frühen 19. Jahrhundert basierten auf Dampf, warmer Luft und heißem Wasser.

17 Vgl. Reyner Banham: *The Architecture of the Well-Tempered Environment*, Chicago Press 1969, insb. Kapitel 2 bis 4.

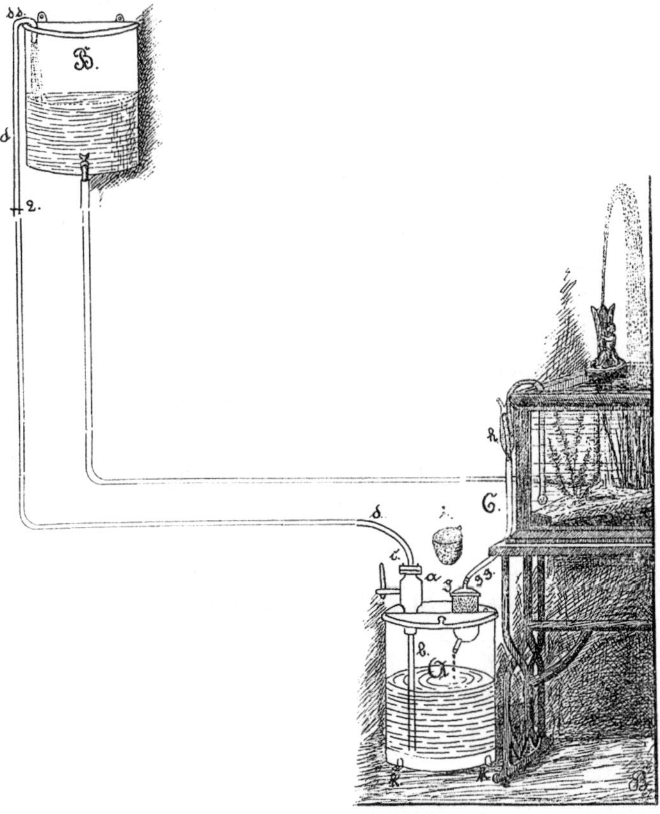

Abb. 26: Durchlüftungsapparat für Aquarien, der mit zwei Wasserreservoirs operiert und etwa ab den 1860er Jahren verbreitet war.

Regelung von Strömen (in diesem Fall Luftströme, deren Bewegungsrichtungen die Pfeile auf der Zeichnung angeben) klimatische Effekte erzielen sollte. Ähnliche Prinzipien kamen beim Aquarium zum Einsatz. Zunächst arbeiteten die Durchlüftungsapparate mithilfe von zwei Wasserreservoirs, die durch Injektions- und Pressluftdurchlüftung das Wasser bewegten und zugleich Luft hineinpumpten (**Abb. 26**).[18] Dabei wurde eines der Reservoirs ober- und das andere unterhalb des Aquariums aufgestellt. Die apparativen Anhänge des Aquariums griffen damit erstmals räumlich weiter um sich. Beide Wassergefäße waren durch

18 Für eine ausführliche Beschreibung eines Durchlüftungsapparates vgl. etwa Adolf Sasse: »Mein Seewasser-Zimmeraquarium«, in: *Der Zoologische Garten. Zeitschrift für die gesamte Tiergärtnerei* 19 (1878), S. 141-148, insb. S. 142.

Glas- und Kautschukröhren mit dem Aquarium verbunden. Das obere der beiden Reservoirs füllte man mit Wasser. Aus ihm führte ein Heber in das untere Gefäß, von dem aus, meist durch einen Gummischlauch verbunden, eine zweite Glasröhre in den Aquarienbehälter führte. Das Wasser floss nun (in der Abbildung bereits mittels einer Pumpe) aus dem oberen Reservoir ins Aquarium, wobei Luft zusammengepresst und mit Druck ins Aquarienwasser geleitet wurde, wo es mit der Luft vermengt in Form kleiner Bläschen austrat – oder zusätzlich durch eine Springbrunnenanlage geleitet wurde, um für die nötige Wasserbewegung und Sauerstoffzufuhr zu sorgen.[19] Das Wasser musste dabei theoretisch niemals gewechselt werden, da es sich in ständiger Bewegung zwischen den drei Behältern befand.[20]

Damit aktualisiert sich die Idee eines ewigen Kreislaufs, wie ihn bereits das *balanced aquarium* imaginierte, nun aber auf technischer Regulierung basierte und dafür materielle Extensionen des Aquariums nötig machte. Den Unterschied zwischen diesen »modernen Aquarien«, wie Lloyd sie nannte, und früheren Formen der Wassertierhaltung führte er in seinem Artikel über »Aquaria, their Present, Past, and Future« am Beispiel des schottischen Naturkundlers John Graham Dalyells aus, für den in den 1790er Jahren ein Bediensteter ein- bis zweimal wöchentlich frisches Seewasser von der Küste holen musste. Triumphierend schloss Llyod: Wäre Dalyell seinerzeit schon auf dem nunmehr aktuellen Wissens- und Technikstand der Aquaristik gewesen, hätte er seinen Dienern einen Weg erspart, der sich in der Summe auf eine zweimalige Weltumrundung belief – »he would have saved his servants their weary walks of more than as far, in their aggregation, as twice round the world, nearly.«[21] Allerdings war das Aquarium auch jetzt von menschlicher Arbeit durchaus nicht befreit. Zwar konnte nun die Aufgabe der Wasserzirkulation partiell an die Technik abgegeben werden, doch mussten die Reservoirs zumindest bis zur Entwicklung vollautomatischer Durchlüfter weiterhin ein- bis zweimal täglich (je nach Größe) per Hand in Betrieb gesetzt werden. Um diesen Aufwand zu minimieren, wurden immer umfangreichere Durchlüftungsapparate eingesetzt (**Abb. 27**), die die Aquarienhaltung zu Beginn der 1860er Jahre als durchaus kostspielige Freizeitbeschäftigung gehobener bürgerlicher Schichten ausweisen.

19 Vgl. beispielsweise Albert Otto Paul: *Das Seewasser-Aquarium*, Leipzig ca. 1900, S. 26-29.

20 Abgesehen von minimalen Wasserzugaben, um die verdunstete Flüssigkeit zu ersetzen.

21 Lloyd 1876, S. 254.

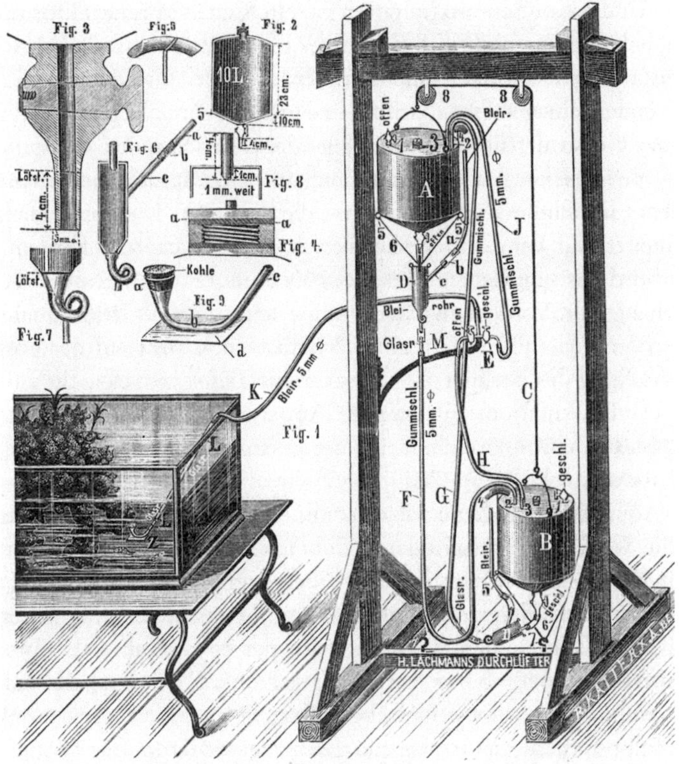

Abb. 27: Großer Durchlüftungsapparat von 1889, der weitaus mehr Platz als der Aquarienbehälter selbst einnimmt.

So sehr jedoch die Technik gefeiert wurde, so sehr störte sie zugleich das ästhetische Arrangement im bürgerlichen Salon. Es wurden daher verschiedene Kniffe erdacht, um die Aquarientechnik bestmöglich zu verbergen.[22] Die Ratgeber empfahlen etwa die versteckte Anbringung von Zu- und Abflussröhren[23] oder rieten, den Zinkkasten des Aquarien-Springbrunnens »von der Gardine verdeckt« anzubringen.[24] Manche rieten, eigens einen kleinen Wandschrank zu

22 So könne man die »störenden grauen Kittnähte des Cementes [...] leicht durch aufgestreutes und angedrücktes grobes Tuffsteinpulver verdecken oder vor dem gänzlichen Erhärten mit einer dem Tuff nachgebildeten Farbe bestreichen.« Roßmäßler 1857, S. 80.

23 Langer: *Das Aquarium und seine Bewohner als Zimmer- und Gartenschmuck*, Berlin 1877, S. 7.

24 Hess 1886, S. 20.

bauen, der »eine Schrankimitation ist, ein Kasten in Schrankform, der lediglich den Zweck hat, den darunter hängenden Wasserbehälter zur Speisung eines Springbrunnens zu verdecken [...], so daß das Ganze nun einen sehr gefälligen Anblick gewährt«[25] (**Abb. 28**). Selbst Philip Henry Gosse, der sich als Aquarianer der ersten Stunde sonst stets für eine ›puristische‹ Art der Aquarienhaltung aussprach, ließ 1876 die Leitungen seines neuen Aquariums, die bis unters Dach und in einen Schuppen auf dem Hof verliefen, schwarz streichen, außerdem ein Zierbord aus spanischem Mahagoni als Aufsatz anfertigen und einen Vorhang zur Verdeckung der Pumpe anbringen – »[thus making] the room generally presentable«.[26] Selbst noch 1913 auf der großen Ausstellung des Berliner Aquarienvereins *Triton*, wo es nicht zuletzt um die Präsentation der neuesten Aquarientechnik ging, wurde die komplexe Belüftungstechnik für die gesamte Schau auf der Herrentoilette versteckt.[27]

Aquarientechnologie wurde somit entweder verborgen, indem sie in die Wand eingelassen oder in Schränken verstaut wurde, oder sie sollte an die Saloneinrichtung assimiliert und als Möbelstück ›getarnt‹ werden. Sie erfüllte damit ähnliche Funktionen wie das, was später im Kontext des modernen Wohnungsbaus der 1930er Jahre als »Wohnlichkeitsattrappen« bezeichnet werden sollte.[28] Während das Salonaquarium dadurch in ästhetischer Hinsicht als Möbelstück zu einer Funktion des Interieurs avancierte, wurde wiederum das Wohnhaus aus technischer Sicht zur »medialen Architektur«[29] des Aquariums. Denn Letzteres griff tief in die Gebäudestruktur der Wohnhäuser ein – von großen Wasserreservoirs im Keller bis zu Leitungen, die in den Wänden, Decken und Böden teils durch mehrere Zimmer oder bis in den Hof verliefen[30], um die Verteilung von Luft- und Wasserströmen zu regulieren und im Innern des Aquariums ein ausgeglichenes Klima

25 Peter 1906, S. 16.

26 Philip Henry Gosse: »A Marine Aquarium by Philip Henry Gosse, F.R.S.«, in: *Midland Naturalist* 2 (1879), S. 1-6, hier S. 2.

27 Der Aquarienverein *Humboldtrose* regte daher an, die Technik als Ausstellungsstück anzusehen und sichtbar vorzuführen. Vgl. Protokoll Humboldtrose, [Datum vermutlich Anfang Juli 1913], in: *Wochenschrift für die Interessen der Aquarien- und Terrarienliebhaber* 10 (1913), S. 496.

28 Vgl. Rohde 2015, insb. S. 76-79.

29 Vgl. Schäffner 2010, hier S. 138. Siehe auch Joseph Vogl: »Medien-Werden. Galileis Fernrohr«, in: Lorenz Engell, Joseph Vogl (Hg.): *Mediale Historiographien*, Weimar 2001, S. 115-124.

30 Paul Wiesenthal: »Ein neuer Durchlüftungsapparat für Zimmeraquarien«, in: *Isis* 4 (1879) 20, S. 159-162, insb. S. 161-162.

Abb. 28: Heimische Aquarienanlage von 1906 mit Attrappen-Wandschrank oben rechts, um die Aquarientechnik zu kaschieren.

zu schaffen. Zwar nicht mehr unmittelbar sichtbar, wurden doch auf diese Weise die Leitungssysteme des Aquariums fest in die Gebäudestruktur des Hauses implementiert. Genauso wie in der Zeitschrift (**Abb. 26, S. 221**) die technische Apparatur die gesamte Seite einnimmt, griffen die Technologien materiell in die architektonische Anordnung des Hauses ein.

Wassertiere im privaten Heim zu halten bedeutete folglich, die Tiere der praktischen und ästhetischen Logik von Salonaquarium und Wohnraum anzupassen. Auf der anderen Seite griff die Aquarientechnologie selbst grundlegend in die materielle Anordnung des Hauses, seine Struktur und Funktionen ein. Der Wohnraum wurde selbst Teil des Aquariendispositivs, dessen Leitungen die häuslichen Verteilungsstrukturen neu ordneten. Aquarium und Wohnhaus waren damit auf neue Weise miteinander verschränkt und aufeinander angewiesen. Denn im Behälter einen eingefassten, umgrenzten und klimatisch ausgeglichenen Innenraum herzustellen, setzte nun gerade die materielle Unabschließbarkeit des Aquariums voraus.

Wohltemperierte Aquarien

Selbst bei fortwährender Wasserzirkulation blieb jedoch das Problem, dass sich das Aquarienwasser der Temperatur des Umraums anglich und daher stets zu sehr erhitzte oder abkühlte. Die Frage gleichmäßiger Wassertemperaturen war daher durch solche Durchlüftungsapparate allein nicht zu lösen. Ein wichtiger Teil der Aquarientechnik konzentrierte sich entsprechend auf die Verbesserung der Temperaturregelung.

Zunächst einmal musste geklärt werden, welche Temperatur für welche Tiere angemessen war. Häufig genug ließ sich auch dieses Wissen nur durch Verluste erkaufen. Als etwa Robert Warington eines Abends nach einem »particularly hot day during the summer of 1854«[31] heimkehrte, fand er sämtliche Tiere in seinem Aquarium auf der Fensterbank leblos vor. Diagnose: Hitzetod. Tatsächlich waren die Glasbehälter in den ersten Jahrzehnten heimischer Aquarienpraxis größtenteils am Fenster aufgestellt worden. Im Sommer wurden dadurch die Wassertemperaturen schnell in die Höhe getrieben, was wiederum den unliebsamen Algenwuchs im Aquarium beförderte. Im Winter dagegen berichtete so mancher Aquarianer von gänzlich zugefrorenen Behältern.

Die anfangs weitverbreitete Ansicht, Aquarien möglichst nah am Fenster zu platzieren, war nicht zuletzt das Erbe der Glashausarchitektur, an die das Heimaquarium in Bezug auf Material und Bauweise eng

31 Robert Warington: »On the Injurious Effects of an Excess or Want of Heat and Light on the Aquarium«, in: *Annals and Magazine of Natural History* 16 (1855) 95, S. 313-315, hier S. 315.

Abb. 29: Das Innere des 1853 eröffneten »Fish House« im Londoner Zoologischen Garten im Stile zeitgenössischer Gewächshausarchitektur aus Glas und Eisen.

angelehnt war. Auch das erste öffentliche Aquarium, das »Fish House« im Londoner Zoologischen Garten, war in Imitation des berühmten Kristallpalasts als eine Art Gewächshaus aus Glas und Eisen angelegt, in dem eine Reihe von Aquarienbehältern aufgestellt und weitere in die Längswände eingelassen waren (**Abb. 29**).[32]

Es stand unter dem Leitprinzip des *balanced aquarium*: »[I]t was imagined that if a collection of any living vegetables and creatures were placed together in any vessel, they would at once, and with scarcely any trouble, be rendered mutually self-supporting.«[33] Eben dieser Glaube wurde dem Aquarium jedoch beinah zum Verhängnis. Sobald es wärmer wurde, heizte sich das Gebäude so weit auf, dass die Todesrate der Tiere bedenklich anstieg, während durch die Sonneneinstrahlung zugleich die Vegetation unkontrolliert wucherte und das Wasser zunehmend trübte.[34] Solche Erfahrungen zeigten den Aquarianern, dass

32 Vgl. hierzu Harter 2014, S. 23.

33 William Alford Lloyd: »Marine Aquaria«, in: *Atheneum*, 10.12.1859, zit. nach ders. 1858, S. 159.

34 Ebd. Lloyd schreibt weiter: »[I]n the first summer of its existence, the mortality of the animals in the Regent's Park aquarium was very great, and the vege-

Überhitzung und Unterkühlung für viele der Tiere den sicheren Tod bedeutete.[35] »[K]eep the temperature as even as possible«[36] wurde daher zum neuen Imperativ der Aquaristik. Das machte freilich eine Menge Arbeit. In den ersten Jahrzehnten wurden die Temperaturschwankungen durch vielfältige Handgriffe auszugleichen versucht, die beim Umraum des Aquariums ansetzten und diesen gleich mitregulierten – je nach Temperatur wurden Zimmertüren geöffnet und wieder geschlossen, mit Gas eingeheizt oder Durchzug erzeugt und die Aquarien selbst mit feuchten Tüchern bedeckt.[37] William Alford Lloyd schlug als Antwort auf die praktischen Schwierigkeiten der Temperaturregelung die Installation großer Wasserreservoirs im Untergeschoss des Gebäudes vor. Deren Anordnung und Funktionsweise veranschaulicht eine Abbildung, die er seinem Aufsatz über »Aquaria, their Past, Present and Future« aus dem Jahr 1876 beifügte (**Abb. 30**).

Sein Zirkulationssystem, für das Lloyd umgehend ein Patent anmeldete, umfasste einen verhältnismäßig kleinen Glasbehälter im Salon (»a show-tank A«) und ein ›unsichtbares‹ großes Wasserreservoir (»reservoir B«), das im Keller in die Erde eingelassen werden sollte.[38]

tation was stimulated into far too rapid a growth, which rendered the water turbid.« Ebd.

35 Die Glashausarchitektur bildete daher einen Schauplatz, an dem ab dem frühen 19. Jahrhundert Klimafragen theoretisch und praktisch verhandelt wurden. Bereits in den 1820er Jahren erprobte in England etwa Sir Joseph Paxton die klimatischen Bedingungen im Innern von Gewächshäusern in öffentlichen Parkanlagen wie auch privaten Wintergärten. Diese Experimente kulminierten 1851 in Paxtons Errichtung des *Crystal Palace*. Auch hierbei ging es, wie Henrik Schoenefeldt gezeigt hat, um die Vision von »clean air, daylight and a comfortable climate«. Schoenefeldt führt zu Paxtons Vision für den Crystal Palace aus: »The idea of utilising all-glass structures and mechanical environmental systems as a means to achieve healthy environments, not only for tender plants but also for the population of the nineteenth century industrial city, was the locus of Paxton's broader socio-environmental aspirations.« Henrik Schoenefeldt: »The Crystal Palace. Environmentally Considered«, in: *Architectural Research Quarterly* 12 (2008) 1/3, S. 283-294, hier S. 283-284. Vgl. auch ders.: »Adapting Glasshouses for Human Use. Environmental Experimentation in Paxton's Designs for 1851 Great Exhibition Building and the Crystal Palace, Sydenham«, in: *Architectural History* 54 (2011), S. 233-73; sowie Kohlmaier: *Das Glashaus*, S. 11.

36 A. Ramsay Jr.: »Hints for Marine Aquaria«, in: *Science Gossip* 1 (1865), S. 129-130, hier S. 129.

37 Ebd. Vgl. auch Hess 1886, S. 43-44.

38 Für das Crystal Palace Aquarium, wo Lloyd eben dieses System einsetzte, gibt er als Verhältnis an: »[W]e have in the show-tank 20,000 gallons of sea-

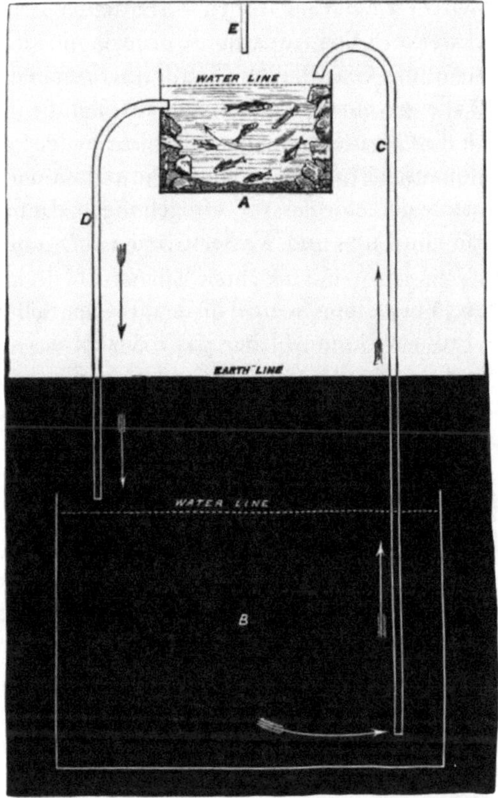

Abb. 30: Lloyds Schema einer Aquarienanlage mit Zirkulationssystem zwischen Aquarienbehälter und Kellerreservoir von 1876.

Mittels einer Pumpe zirkulierte das Wasser fortwährend zwischen beiden Behältern. Auf der Illustration schreibt sich in die beiden Bildhälften diese vermittelnde Bewegung in Form von Richtungspfeilen ein und übersetzt so die Wasser- und Luftströme in eine visuelle Sprache der Zirkulation. Durch die ständige Bewegung erhielt das Wasser neuen Sauerstoff und konnte gleichzeitig im unterirdischen Behälter abkühlen. Das in Dunkelheit getauchte Reservoir garantierte damit die Durchsichtigkeit des Wassers im oberirdischen Glas-

water, and in the reservoir 100,000 gallons, total 120,000 gallons.« Lloyd 1876, S. 263.

behälter.[39] Zwischen beiden Räumen vermittelten Leitungen über mehrere Stockwerke.[40] Das Aquarium wurde damit Teil eines dynamischen Systems, das Glasbehälter, Leitungen, Pumpen und Wände umfasste und alles zu einem Aquarium-Haus-Gefüge verschmelzen ließ, das durch die Organisation innerer Ströme mit geregelten Fließrichtungen klimatische Effekte erzeugte. Aquarium und Wohnhaus zielten als ineinander eingelassene Umgebungen darauf ab, durch die Zirkulation von Luft- und Wasserströmen ein ›gesundes‹ Klima herzustellen.

Eben diese Vorstellung wurde in den 1860er und 70er Jahren auf breiterer Front wirksam: Neben das Konzept des selbstausgleichenden *balanced aquarium* trat die Idee des regulierten Aquariums. Während bei Ersterem eine einrichtende Hand ein Gleichgewicht zu schaffen suchte, um anschließend alles sich selbst zu überlassen, basierte Letzteres auf dem Einsatz von Technologien. Die eingeschlossene Natur im Glas wurde so als unmittelbar manipulierbarer Gegenstand fassbar. Damit trat programmatisch der Anspruch einer überschaubaren und beliebig (re)konstruierbaren Natur auf den Plan, der zwar bereits dem *balanced aquarium* unterlag, bei diesem jedoch hinter den Topos einer sich selbst erhaltenden Natur zurücktrat. Beim technisch unterstützten »aquarium management«[41] ging es weiterhin um Gleichgewichtszustände, doch wurde ›management‹ nun expliziter als gouvernementale Technik gefasst. Beide Konzeptionen bestanden fortan parallel.

Klimatische Wechselwirkungen

Hygienische Fragen um ein ›gesundes Klima‹ avancierten in den folgenden Jahren in Großbritannien wie in Deutschland zu einem immer wichtigeren Thema sowohl im Wohn- als auch im Aquariendiskurs. Mehr noch: Beide wurden unter dem Stichwort des »gesunden Wohnens« dezidiert zusammengedacht, indem Wohn- und Aquarienraum zunehmend als eigene und zugleich wechselseitig sich beeinflussende

39 Ebd., S. 259. Diese »circulation systems« wurden auch in öffentlichen Aquarien wie dem Crystal Palace Aquarium übernommen. Vgl. Anonym: »The Crystal Palace Aquarium«, in: *The Illustrated London News* 22, 30.12.1871, S. 637-638.

40 Lloyd 1876, S. 262: »For simplicity, the engines, pumps, &c., which circulate the water are omitted, the showing of results being alone aimed at.«

41 Vgl. etwa Taylor 1876.

klimatische Milieus gefasst wurden.[42] Die Ratgeber erörterten etwa die Frage, ob das bürgerliche Interieur mit seinen Raumbedingungen den Aquarientieren überhaupt zuträglich sei oder schädliche Effekte für deren Wohlbefinden habe. Vor Staub und Ruß aus geöffneten Fenstern wurde ebenso gewarnt wie vor Gasleuchten im Zimmer, fetthaltigen Dämpfen aus der Küche oder Tabakrauch.[43] Umgekehrt wurden die möglichen Auswirkungen des Zimmeraquariums auf das Raumklima des Salons und damit auf das Wohlergehen der Hausbewohner diskutiert. Ob das Aquarienklima auf deren Gesundheitszustand förderlich oder vielmehr schädlich wirke, darüber herrschte in der Fachliteratur in den 1870er und 80er Jahren keineswegs Konsens. In einem Artikel über »Aquarium und Zimmerluft« von 1876 heißt es hierzu in der Zeitschrift *Isis*: »Wir möchten nicht rathen, ein größres Aquarium [...] in's Schlafzimmer zu stellen; die Ausdünstungen haben dort nur zu leicht nachtheilige Folgen, und namentlich schreiben die Aerzte ihnen die Erzeugung des Wechselfiebers zu.«[44] Knapp zwanzig Jahre später hatte sich diese Ansicht über den schädlichen Einfluss des Aquarienklimas weitgehend in ihr Gegenteil verkehrt: »Die Ansicht Ihrer Frau Gemahlin«, schreibt die *Isis*-Redaktion, »daß das aus Ihren drei Aquarien verdunstende Wasser das Zimmer ungesund macht, ist durchaus irrig. Trockene Luft macht den Aufenthalt in dem dann staubigen Zimmer ungesund und ungemüthlich. Da kann ein Aquarium Abhilfe schaffen, es wirkt erfrischend und luftreinigend.«[45]

Auf diese Weise wurde das Aquarium als klimatisches Milieu für die Frage nach ›gesundem Wohnen‹ relevant. Ihm wurde die Funktion einer Regulierung nicht (mehr) nur des Raumklimas für sein eigenes ›inneres Milieu‹, sondern auch für dessen Umraum übertragen, indem ihm eine aktive Rolle als Ko-Produzent des häuslichen Mikroklimas zugesprochen wurde. Wo sich das Bewusstsein für die klimatische Bedeutung des Aquariums vor dem Hintergrund der architektonischen und technischen Debatten um Durchlüftungs- und Heiztechniken schärfte, wurde das Aquarium zugleich zum Testfall und Gradmesser des Wohnraumklimas. Tierliche und menschliche

42 Vgl. zu dieser Thematik auch Vennen 2013.

43 Vgl. Anonym 1881, S. 290.

44 Anonym: »Aquarium und Zimmerluft«, in: *Isis* 1 (1876), S. 133. Vgl. auch Anonym: »An Aquarium *in Nubibus*«, in: *The Saturday Review* 41, 29.1.1876, S. 136-137, hier S. 136. Zu den zugrunde liegenden miasmischen Theorien siehe Alain Corbin: *Pesthauch und Blütenduft. Eine Geschichte des Geruchs*, Frankfurt a.M. 1988; sowie Gleich 2015, S. 19-32, insb. S. 24.

45 Luks 1893, S. 36.

Lebewesen und ihre Lebensumwelten wurden auf neue Weise in Abhängigkeit voneinander gedacht. Aquarium und Wohnraum rückten als Experimental- und Lebensräume in ihrer Funktion als eigene klimatische Milieus vor allem in ihren Wechselwirkungen in den Blick. Auf diese Weise wurde das Aquarium selbst Teil der klimatischen Bedingungen des Wohnhauses und des zeitgenössischen städtischen Hygiene-Diskurses.

Während diese Diskussionen im deutschsprachigen Raum vornehmlich den Wohninnenraum fokussierten, war in England die Frage zugleich eng an städtische Hygienediskurse im Gefolge des »sanitary movement« geknüpft, das auf staatlicher und wissenschaftlicher Ebene die Lebensbedingungen in den Zentren der Industrialisierung zu verbessern suchte. Inwiefern dabei das Aquarium als Medium zwischen städtischem Raum und privatem Wohnraum angesehen wurde, belegt das Beispiel William R. Hughes', Gemeindevollzugsbeamter in Birmingham und Präsident der Birmingham Natural History and Microscopical Society, der sich in den 1870er Jahren für die Einrichtung eines öffentlichen Aquariums in seiner Heimatstadt einsetzte. Ihm zufolge vermochten Aquarien ein Wissen über die Wechselbeziehungen zwischen den Lebewesen und ihrer Umgebung anschaulich zu vermitteln. Aquarienpraxis war daher ein probates Mittel für den Hygieniker, um Organismen – seien es menschliche oder tierliche – und ihre Umgebung zusammenzudenken: »[T]he Sanitarian may take a lesson from the Marine Aquarium, for the principles which govern it – the mutual dependence of animals and vegetable life – are the principles which govern our existence: they are continually in operation within us and around us.«[46] Umgekehrt setzte die Haltung von Aquarien sanitäres Wissen voraus:

> »The keeper of an Aquarium cannot be otherwise than a sanitarian [...], for if he is to manage his Aquarium efficiently, he is bound to notice most particularly the elementary principles of Sanitary Science – namely, that the animals he has undertaken to maintain in an artificial state of existence can only be so maintained by preserving them in a cleanly habitation of sufficient cubic space, and by supplying them with pure air, pure water, pure and varied food, by maintaining as far as possible an uniform degree of temperature.«[47]

46 Hughes 1875, S. 48-49.
47 Ebd.

Die hygienischen Prinzipien, die im Glasbehälter anschaulich wurden, ließen sich am Aquarium zugleich praktisch erproben. Im letzten Schritt sah Hughes das Aquarium schließlich als Modell für menschliches Handeln im größeren Maßstab. Denn die im Miniaturformat erprobten Techniken ließen sich auf die eigene Haushalts- und Lebensführung übertragen und bei Bedarf auch in den Dienst der sozialen Gemeinschaft stellen: »The Aquariist [sic] will carry these principles into the management of his own dwelling, and they will influence his conduct whenever he is called upon to discharge analogous duties for the benefit of the community.«[48] Diese Übertragungen zwischen sanitärem Wissen, hygienischen Techniken und aquaristischer Praxis, die auf unterschiedlichen Skalierungsebenen operierten, machten das Aquarium zum Modell des privaten Wohnens und des städtischen Raums. Es fungierte damit als Experimentalraum im Zeichen ›gesunden‹ Lebens.

Das hygienische Wissen zog noch weitere Kreise, als das technische Prinzip der »circulation« in den großen Schauaquarien und damit im öffentlichen Raum implementiert wurde. Die negativen klimatischen Auswirkungen des »Fish House« im Zoologischen Garten, dessen lichtdurchflutetes Inneres sich viel zu schnell erhitzte, waren in den 1860er Jahren weitgehend bekannt. Die folgenden Aquarienhäuser wurden daher größtenteils nach Lloyds patentiertem Zirkulationssystem gebaut. Meist wurde Lloyd, der nach dem Bankrott seines Aquariengeschäfts 1862 sein Ingenieurswissen über Aquarien in größerem Maßstab erproben wollte, selbst engagiert und war vor Ort für die Einrichtung der Aquarienanlagen und deren technische Systeme verantwortlich.[49] Mit der Mobilisierung einzelner Akteure geht somit die Mobilisierung von Wissen und Techniken einher, die dadurch in ganz Europa implementiert und vom privaten zusehends auf den öffentlichen Raum übertragen wurden.[50] Über die technische Einrichtung des Londoner Crystal Palace Aquariums schrieb Lloyd daher 1870 an Richard

48 Ebd.

49 Die über ganz Europa verteilten Posten als »resident director of construction and management of the Aquarium Department« brachten ihm nach eigener Aussage endlich auch ein einträgliches Honorar und eine bessere soziale Stellung ein. Vgl. William Alford Lloyd an Margaret Gatty, 8.8.1862, in: Sheffield Archives MD2138.

50 Nachdem er in den 1860er Jahren an der Einrichtung eines Aquariums im Zoologischen Garten in Hamburg beteiligt war, arbeitete er für die Crystal Palace Aquarium Company als »Superintendent of the Aquarium« in Sydenham. Gleichzeitig beriet er Anton Dohrn, der im April 1867 ebenfalls zu Forschungszwecken den Hamburger Zoologischen Garten besuchte und

Owen: »It is the first important application of mechanical engineering to natural history in a systematic manner even made in this country.«[51] Naturkundliches und ingenieurstechnisches Wissen gingen ab dieser Zeit neue und überaus nachhaltige Verbindungen ein und rückten die Aquarienpraxis noch weiter in die Richtung von Regulierungstechniken und der praktischen Herstellung künstlicher Umwelten.

dort Lloyd traf, in Bezug auf Bau und Einrichtung der Aquarienanlagen in der Zoologischen Station Neapel.

51 William Alford Lloyd an Richard Owen, 8.10.1870, in: Natural History Museum Archives, Lloyd to Owen – 10 (9a). P.S. Ref 440.

Mobilisieren II

Wassertiere unterwegs. Aquatische Sendungen im Weltverkehr

Tropfende Sendungen

Wohl so manchen Naturkundler sah man in den 1850er Jahren an der britischen Küste durch die Geschäfte der kleinen Küstenorte streifen, auf der Suche nach geeigneten Behältnissen, die seinen lebenden Fang aufnehmen konnten. Einer unter ihnen war George Henry Lewes, der sich angesichts einiger just am Strand gesammelter Seeanemonen, die er einem befreundeten Naturkundler zukommen lassen wollte, fragte: »But how? One cannot wrap a moist and mucose animal in note-paper, and expect it to reach its destination like an invitation for dinner.«[1]

Sobald die privaten Sammler und Liebhaber die Wassertiere nicht mehr eigenhändig transportieren konnten, sondern verschicken mussten, stellte sich die Frage nach einer »zweckmäßige[n] Verpackungsweise«[2] und überhaupt nach den Modalitäten der Beförderung auf neue Weise. Mit der Aufschrift »With Care: Live Animals« versehen, verstaute Lewes seine in Seegras und Papier gewickelten Aktinien in einem Pappkarton, den er der lokalen Poststelle anvertraute – »committ[ing] it to the tenderness of a paternal Government and a reformed Post-office«.[3] Als er sich später fragte, ob die mangelnden zoologischen Kenntnisse der Postbeamten schuld gewesen waren oder einfach ihre Unachtsamkeit, mochte dies schon nichts mehr daran ändern, dass die Tiere beim beherzten Stempeln des Kartons komplett zerquetscht wurden – »they [had] stamped with a vigour which completely squashed the card-board box«.[4]

1 Lewes 1860 (2. Aufl.), S. 83-84.

2 Anonym: »Die Versendung lebender Tiere mit der Post«, in: *Isis. Zeitschrift für alle naturwissenschaftlichen Liebhabereien* 10 (1879), S. 78-80, hier S. 78.

3 Lewes 1860 (2. Aufl.), S. 83.

4 Lewes schreibt weiter: »[I]t is painful to confess, that Post-office clerks appear to be imperfectly versed in the rudiments of zoology; or perhaps they pay slight attention to the literature of Inscriptions.« Ebd., S. 84.

Nach diesem gescheiterten Versuch machte sich Lewes postwendend auf die Suche nach einer stabileren Variante – einer Blechkanne etwa, die sich jedoch im kleinen Küstenort Tenby offenbar schwer auftreiben ließ.[5] In einem Lebensmittelladen entdeckte er schließlich eine Blechdose mit Ingwerplätzchen, die sich zum Transportbehältnis für die marinen Geschöpfe umfunktionieren ließ.[6] Tatsächlich kam die Sendung lebend an ihr Ziel, so ließ Lewes seine Leser wissen – und versäumte nicht, einen Seitenhieb gegen den Postreformer Rowland Hill auszuteilen, den er aufforderte, die frisch reformierte Post doch besser an naturkundliche Objekte anzupassen.[7] Gute zehn Jahre zuvor war im Gefolge von Rowland Hills Schrift *Post Office Reform* die *Penny Post* mit ihrer drastischen Verminderung und Vereinheitlichung des Portos in Großbritannien eingeführt und damit »die Standardisierung und Automatisierung von sämtlichen Schnittstellen zwischen der Post und den Leuten«[8] auf den Weg gebracht worden. Auf wässrige Sendungen war die reformierte Post jedoch weder verpackungstechnisch noch logistisch eingestellt.

Das musste auch Philip Henry Gosse feststellen, als er im Sommer 1853 im Auftrag der Zoological Society of London lebende Meerestiere an der südenglischen Küste fing und sammelte. Beinah jeden Abend schickte er »the ›bag‹ of the day«[9] für die Bestückung des ersten öffentlichen Aquariums der Welt an den Londoner Regent's Park.[10] Nach vier Monaten waren so bereits mehr als fünftausend kleine

5 Diesbezüglich schreibt Lewes: »[T]he process is less simple when you are temporarily abiding in a place so utterly provincial that little in the nature of tin boxes is to be had for money […]. Such a place is Tenby.« Ebd., S. 82.

6 Vgl. ebd., S. 85.

7 »This process [of sending living marine animals by post] is simple enough, when tin canisters are at hand, little as the excellent Rowland Hill contemplated such an adaptation of his postal reform to the exigencies of naturalists«. Ebd., S. 84.

8 Bernhard Siegert hat dargelegt, in welcher Form die 1840 von Rowland Hills in seiner Schrift *Post Office Reform. Its Importance and Practicability* (1837) entworfene Idee der Penny-Post in Großbritannien und dann international umgesetzt wurde. Vgl. Siegert 1993, S. 119.

9 Hierüber informiert sein Sohn in der Biografie seines Vaters: »Almost every evening he sent off to the Zoological Gardens in Regent's Park a package of living creatures, the ›bag‹ of the day, and sometimes this would mean seventy or eighty specimens.« Gosse: *The Life*, S. 246.

10 Vgl. Gosse 1854a, S. 3-4. Das »Fish House« bestand zunächst aus nicht mehr als sieben einzeln aufgestellten Seewasseraquarien. Vgl. [http://www.parlouraquariums.org.uk, zuletzt gesehen am 27.10.2015]; sowie Harter 2014, insb. S. 18, 23.

Meerestiere von Weymouth in die Hauptstadt befördert worden. Häufig kam es dabei vor, dass aufgrund von Materialschwäche die nassen Sendungen undicht wurden, tropften oder gänzlich ausliefen, bevor sie ihr Ziel erreichten. Denn anders als Papierobjekte mussten Wassertiere zumindest in einer Minimalumwelt reisen, worin ja die besondere Herausforderung bei der Beförderung aquatischer Lebewesen lag. Während es bei Lewes' Seeanemonen und manchen anderen Kleintieren wie Korallen oder Schalentieren ausreichte, sie in feuchtes Seegras zu wickeln und in einfachen Briefen oder Blechdosen zu verschicken[11], musste ein Großteil der Lebewesen mitsamt der wässrigen Umgebung transportiert werden. »In those days, fortunately, the Post Office had not yet wakened up to the inconvenience to other people's correspondence which such dribbling packages might cause«[12], erinnerte sich Edmund Gosse in Bezug auf die marinen Lebendsendungen seines Vaters.

Die Verschickung stellte somit für beide Seiten – Tiere und Post – ein Risiko dar. Während in Lewes' Fall der Stempel, den die Post den Weichtieren im Durchgang durch die Institution aufdrückte, sie glatt das Leben kostete, wurde umgekehrt das Postwesen durch die tropfenden Päckchen gleichsam aufgeweicht. Diese wortwörtliche ›Verwässerung‹ durch die feuchten Sendungen war mehr als eine materielle Spur im Getriebe der Verschickungsinstanzen. Sie kann vielmehr als Symptom einer strukturellen Aufweichung begriffen werden, die auftrat, als das aquatische Lebendige in die infrastrukturellen Netze eintrat. Die materielle Kultur der Verschickung liefert einen ersten Hinweis darauf, wie es in der zweiten Hälfte des 19. Jahrhunderts um die (Un-)Möglichkeiten der Mobilisierung aquatischer Lebewesen stand. Was veränderte sich, als Aquarientiere nicht mehr nur regional bewegt wurden, sondern rund um den Globus verkehrten?[13] Es lohnt, ihre Trajektorien über weite Distanzen hinweg zu verfolgen, von einem Ort der Welt an einen anderen, in sich bewegenden Behältern

11 Gosse 1855, S. 22-23. Vgl. auch Charles Dickens: »Sea Views«, in: *Household Words* 9 (1854) 225, S. 506-510, hier S. 507; sowie Thompson 1853.

12 Gosse: *The Life*, S. 285. Vgl. auch das Kapitel »Transmission of Specimens« in Gosse 1855, S. 21.

13 Während einerseits insbesondere für exotische Arten ein zusehends globalisierter Versand erblühte, entstanden andererseits lokale Fischzuchtanstalten, die bezüglich vieler Arten den aufwendigen Transport durch Nachzuchten zu ersetzen vermochten. Diese Züchtereien entwickelten sich aus Zuchtanstalten für Nutzfische. Eine der ersten deutschen Aquarienfisch-Zuchtanstalten wurde 1876 von Paul Matte in Lankwitz bei Berlin gegründet.

und Räumen wie Briefen, Kisten und Gläsern, aber auch im Schiff als einem sich bewegenden Wissensraum. Was für ein Wissen setzten solche Transfers voraus oder resultierte aus ihm? Wie wurden die wässrigen Sendungen in Bewegung gesetzt und inwiefern mussten sie in die Routen und Routinen der Post- und Verkehrsnetze eingepasst und diese umgekehrt auf die Bedürfnisse der lebenden Sendungen eingestellt werden?[14] Kurzum: Welchen Bedingungen unterlag eine translokale Zirkulation aquatischer Lebewesen mit Blick auf das Wissen, die Praktiken und die Akteure? Und wo lassen sich in diesen Prozessen die Übergänge von provisorischen Praktiken zu standardisierten Techniken, von improvisierten Abläufen zu festen Routinen, von informellen Tauschnetzwerken zu professionellen, global agierenden Akteuren ausmachen oder an welchen Stellen erwiesen sich die Wassertiere als widerständig?

Im Weltverkehr

Anfangs organisierten meist private Aquarianer wie Lewes oder Gosse die Transfers zwischen Meer und Stadt selbst.[15] Letzterer versorgte Mitte der 1850er Jahre von Devon aus gleich eine ganze Reihe von Aquarianern regelmäßig mit lebendem marinem Material. Einen unmittelbaren Eindruck davon, wie aufwendig und unwägbar bereits diese inländische Beförderung zu bewerkstelligen war, vermitteln Fälle wie die zerquetschten Seeanemonen und tropfenden Briefsendungen. Während immerhin aber in England kein Ort mehr als 120 Kilometer von der Küste entfernt liegt, mussten mit dem Aufschwung der binnenländischen Meerwasseraquaristik in Deutschland für die Beschaffung von frischem Meerwasser und marinen Lebewesen neue Mobilisierungstechniken ersonnen werden. Hier und anderswo bestand von Anfang an ein stärkeres Nachschubproblem. Zudem existierte fast überall ein staatliches Salzmonopol, das die Einfuhr von Seewasser erschwerte. Noch im Jahr 1900 bemerkte der Herpetologe Oskar Boettger, dass nach Prag eingeführtes Seewasser vom Zoll beschlag-

14 Vgl. Gloria Meynen: »Routen und Routinen«, in: Bernhard Siegert, Joseph Vogl (Hg.): *Europa. Kultur der Sekretäre*, Zürich/Berlin 2003, S. 195-219.

15 Zunächst erfolgte der Austausch von Aquarientieren vornehmlich dadurch, dass private Liebhaber von einer Reise mehr lebendes Material mitbrachten, als sie selbst verwenden konnten.

nahmt wurde, »da Grund zur Befürchtung vorliege, der Empfänger könne aus dem Seewasser Salz fabricieren«.[16]

Von Seiten der Post lagen bis in die späten 1870er Jahre für marine Lebendsendungen keine klaren (geschweige denn einheitlichen) Bestimmungen vor – weder bezüglich der Verpackungs- und Verschickungsweisen noch hinsichtlich ihrer Annahme zur Postbeförderung oder ihrer Behandlung während des Transports.[17] Vielmehr galten für die postalischen Versendungen »dem eignen Ermessen der Betriebsbeamten den weitesten Spielraum gewährende[] Bestimmungen«[18].

Eine Beförderung von Wassertieren über weitere Strecken wurde indes überhaupt erst mit dem massiven Ausbau der Post-, Schiffs- und Eisenbahnnetze im 19. Jahrhundert denkbar. Unter den Verkehrs- und Transportinfrastrukturen waren zunächst die inländischen Eisenbahnnetze zentral, die nicht nur Menschen aus den urbanen Zentren im Landesinneren an die Küste brachten, sondern auch Meerwasser, Tiere und Pflanzen in die Städte transportierten. Erst durch diese schnelle und sichere Transportmethode wurde es möglich, den steigenden Bedarf an Aquarientieren und -pflanzen bis zu dem Punkt zu decken, an dem große Teile der Küste beinahe leergesammelt waren.[19] Als dann die Aquaristik zu transnationalen und wenig später globalen Importen ansetzte, rückten zunehmend die Seewege in den Fokus.

»Bei aller Beflügelung des jetzigen Verkehrs versteht es sich doch von selbst, daß man den allerschnellsten Weg wählen und, wo es möglich, unmittelbare Beförderung per express ausmachen muß«[20], riet die populäre Familienzeitschrift *Die Gartenlaube* über die Versendung lebender Wassertiere. Wollte man sie lebend an ein fernes Ziel bringen, setzte das voraus, die kürzesten Wege und schnellsten Anschlüsse zu kennen. Die Liebhaber, Aquarienhändler und Importeure sahen sich somit vor der doppelten Aufgabe, über die zu versendenden Lebewesen und ihre richtige Handhabe ebenso Bescheid zu wissen wie über

16 Boettger 1900, S. 227. Vgl. auch Jäger 1860.

17 Im *Archiv für Post und Telegraphie* ist 1878 vermerkt, dass bislang »nähere Bestimmungen über die Unterscheidungsmerkmale der Zulässigkeit derartiger Sendungen, sowie über die Behandlung derselben während der Postbeförderung nicht getroffen sind«. Anonym: »Die Versendung lebender Thiere mit der Post«, in: *Archiv für Post und Telegraphie. Beihefte zum Amtsblatt der Deutschen Reichs-Post- und Telegraphenverwaltung* 6 (1878), S. 553-560, hier S. 554.

18 Ebd., S. 554.

19 Vgl. Allen 1994, S. 124.

20 Anonym: »Wie er- und behält man den Ocean auf dem Tische, oder das Marine-Aquarium«, in: *Die Gartenlaube* (1855) 38, S. 503-506, hier S. 505.

die Post- und Verkehrssysteme. Kurzum: Aquaristik musste sich, sobald sie nicht mehr nur lokal operierte, verstärkt mit Logistik befassen. Die Verschickung aquatischer Lebewesen verlangte folglich ein Wissen, das sich nicht nur auf die Ausgangs- und Zielpunkte, sondern auch auf die Wege, die Zwischen-Räume richtete. Als das Aktionsfeld der Aquaristik, das vormals lokal verortet war, globale Dimensionen annahm, musste auch das logistische Wissen global werden.

Um einen schnellen und reibungslosen Ablauf der Transporte zu gewährleisten, galt es, möglichst alle potenziellen Stauungen zu bedenken und mit diesen immer schon zu rechnen – ja, die Mobilisierung musste gleichsam von den Störungen der Zirkulation her gedacht werden, um Stockungen zu vermeiden. Das Wissen um die Streckennetze stand somit im Dienste eines beschleunigten Verkehrsflusses. So verschickte etwa der Aquarienhändler William Alford Lloyd lebende Wassertiere mit Post oder Bahn niemals an einem Samstag von London aus, »so as to avoid the chances of including Sunday detention in the journey«.[21] Gosse fertigte eigens spezielle Etiketten an und sandte möglichst alles »by special messanger«, damit die Lieferungen bereits morgens statt erst am Abend ankamen.[22] Um den Transport nicht zu unterbrechen oder zu verzögern, eilte den eintreffenden Tieren meist eine Nachricht über ihr Eintreffen voraus:

> »Stets ist Depesche an den Empfänger so rechtzeitig zu geben, dass er event. im Hafen die Thiere sofort nach Ankunft des Schiffes persönlich in Empfang nehmen oder weitere Transportweise vorschreiben kann, noch besser natürlich, wenn er einige Wochen vorher schon weiss, wo und wann das Schiff anläuft.«[23]

Um jede Verschickung herum entspann sich somit eine logistische Korrespondenz, welche die Lebewesen zugleich verfolgte und ihnen vorauseilte. So bildete sich eine Kommunikation über die zu versendenden Objekte und über den Transfer selbst aus, über seine Bedingungen und Regeln – und damit ein Wissen, das selbst in Form von Depeschen, Telegrammen und Instruktionen zirkulierte. Verkehrstechnische, postalische und naturkundliche Praktiken verbanden sich im Zeichen dessen, was man heute unter dem Begriff der Sendungsverfolgung oder des Tracking fasst. Techniken der Adressierung und

21 Lloyd 1858, S. 14.

22 Philip Henry Gosse an Charles Kingsley, 24.4.1854, in: Leeds University, Brotherton Collection, BC Gosse correspondence.

23 Ebd., S. 110.

der Koordinierung von Bewegungen wirkten gemeinsam daran mit, die prekären Sendungen lebend an ihr Ziel zu bringen.[24] Tier-, Nachrichten- und Menschenverkehr[25] wurden so zu Elementen einer umfassenden Logistik und Logik des Anschlusses, die eine Verortung ebenso wie die Regelung von Verkehrsflüssen zum Ziel hatte.

Damit die prekäre Fracht nach Ankunft möglichst schnell ins Aquarium gelangte, wurden die Empfänger der Sendungen unmittelbar eingespannt. Eigentlich hatte die Postreform, die in den 1840er Jahren zunächst in Großbritannien in der Einführung der *Penny-Post* mündete, mit der Einführung von Briefmarke und Vorauszahlung die Zustellung postalischer Sendungen von der unmittelbaren physischen Anwesenheit des Empfängers gerade entbunden.[26] Die Lieferungen lebender Wassertiere machte ihre Präsenz aber wieder erforderlich, da die weitere Versorgung der Tiere keinen Aufschub duldete.[27] Für den Fall, dass der Empfänger bei Ankunft der lebenden Sendungen abwesend sein könnte, mussten daher entsprechende Vorkehrungen getroffen werden.[28] Wenn möglich, sollte man aber die fragile Fracht selbst im Hafen abholen. Auf die Telegramme, welche die Ankunft der Dampfer ankündigte[29], sei dabei freilich nur selten Verlass, da die Einfahrt sich durch »Wind und Wetter und andere Umstände« verzögern konnte.[30] Am besten war man daher allzeit bereit. Die aquatischen Sendungen banden somit ihre zukünftigen Besitzer in besonderer Weise an sich und spannten sie in eine rigide Raum- und Zeitökonomie ein, während gleichzeitig die Mobilisierung die Tiere und Pflanzen,

24 Dies galt auch für ein Wissen um Angebot und Nachfrage des Marktes, vgl. hierzu Nitsche 1901, S. 9.

25 Diese drei Felder lassen sich mit Gabriele Schabacher unter dem Begriff der Infrastrukturen fassen. Schabacher 2013. Vgl. auch Nigel Thrift: »Transport and Communications 1730-1914«, in: Robert Dodgshon, Robin Butlin (Hg.): *A Historical Geography of England and Wales*, London 1990, S. 453-486.

26 Vgl. Siegert 1993, S. 106.

27 Im Heim mussten die Tiere weitere Stationen und Behandlungen durchlaufen: »Sofort nach Empfang einer Sendung lebender Fische öffne man die Transportkanne, ersetze einen Teil des Wassers durch frisches von derselben Temperatur und giesse den ganzen Inhalt vorsichtig in ein grösseres, flaches Gefäss (Wanne), aus welchem die Fische erst dann in die Aquarien zu überführen sind, nachdem man etwaige Temperaturunterschiede zwischen dem Wasser des letzteren und dem der Wanne durch allmähliches Zugießen bezw. Ablassen ausgeglichen hat.« Ernst Zernecke: *Leitfaden für Aquarien- und Terrarienfreunde* [1895], Berlin 1897 (2. Aufl.), S. 339-340.

28 Vgl. Nitsche 1901, S. 23-24.

29 Ebd., S. 110.

30 Ebd.

noch bevor das Aquarium sie als Medium der Visualisierung sichtbar machte, bereits erfassbar und handhabbar machte.

Wissenspraktiken auf See

Sobald die Aquarianer sich nicht mehr auf den selbst erbeuteten Fang aus der näheren Umgebung beschränkten, also nicht mehr in einem lokal begrenzten Raum agierten, rückte mit größeren Entfernungen die Frage geeigneter Verpackungstechniken und Transportbehälter stärker in den Blick. Denn ›transportfähig‹ bedeutete im Falle aquatischer Lebewesen zuallererst, die mitverschickte Umgebung zu stabilisieren. Hatten sich die Aquarianer auf kurzen Strecken noch mit umfunktionierten Einmachgläsern oder Blechdosen behelfen können,[31] kamen in den 1860er und 70er Jahren für Schiffsüberfahrten vornehmlich Transportkannen zum Einsatz, die zwecks Frischluftzufuhr oben geöffnet oder einen durchlöcherten Verschluss hatten und an Deck aufgestellt wurden (**Abb. 31**).

In beiden Fällen waren dadurch die Behälter und ihr Inhalt unmittelbar den Witterungsbedingungen ausgesetzt, die besonders bei Reisen durch unterschiedliche Klimazonen stark variieren konnten. Die Aquarianer hatten in diesem Sinne mit den gleichen Problemen zu kämpfen wie im 18. und frühen 19. Jahrhundert der Pflanzentransport, der erst durch die Entwicklung des Wardian Case zunehmend unabhängig von der umgebenden Außenwelt wurde. Über die Frage, welche Materialien sich für Fischbehälter am besten eigneten, herrschte lange Uneinigkeit. So wurde in Aquarianerkreisen ebenso leidenschaftlich wie kontrovers diskutiert, ob Kannen aus Zinkblech oder Emaille, ob Kiefernholzbottiche oder solche aus Steingut für den Transport zu bevorzugen seien. Fest stand dagegen, dass Eisenteile und solche Materialien, die im Kontakt mit Salzwasser oder durch den Feuchtigkeits- und Salzgehalt der Luft rosteten, gänzlich ungeeignet waren.[32] Besonders riskant erwies sich für Salzwasserfische das hereintropfende Regenwasser und für Süßwasserfische umgekehrt Meerwasser, das über die Reling an Deck spritzte und zugleich die Transportkannen angriff. War also der Austausch mit dem Außen lebenswichtig, konnte er zugleich lebensbedrohlich werden. Temperaturschwankungen, Wind und hitzebedingte Wasserverdunstung waren allzu häufig die Ursache

31 Vgl. Bade 1899, S. 148.
32 Nitsche 1901, S. 29-30.

dafür, dass die Tiere tot oder »in a somewhat uninviting state, collapsed and shapeless«[33] am Zielort eintrafen.

Welchen Aufwand ein weltweiter Transport lebender Wassertiere bedeutete, lassen die Einträge eines Reisetagebuchs erkennen, die einen mehrwöchigen Fischtransport von Deutschland nach Südamerika aus dem Jahr 1894 dokumentieren. Das Tagebuch verfasste der Begleiter des Transports namens Kirschner. Über ihn ist nicht mehr bekannt, als dass er Mitglied des Berliner Aquarienvereins *Triton* war und im Auftrag des deutschen Importeurs Paul Nitsche besagten Fischtransport während der Überfahrt beaufsichtigte. Paul Nitsche wiederum war Gründungsmitglied und von 1895 bis zu seinem Tod 1901 Vorsitzender des Berliner Aquarienvereins *Triton*. Der 1888 gegründete Verein war einer der ersten und größten im deutschsprachigen Raum[34] und agierte von Anfang an nicht nur lokal, sondern zielte auf »die ganze Welt als sein Einzugsgebiet«.[35] Im Vorwort seines Importratgebers, der posthum veröffentlicht wurde, verweist der Autor neben anderen Unterstützern daher besonders auf die »Mitglieder des Triton, […] die mir ihre Erfahrungen für diese Arbeit nicht vorenthalten haben«.[36] Das Wissen um technische Konstruktio-

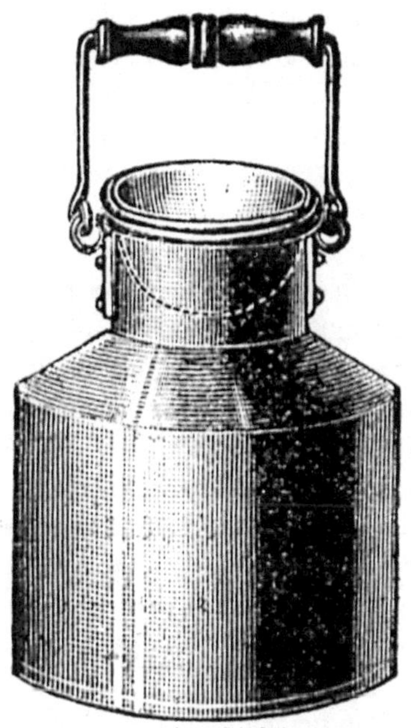

Abb. 31: Transportkanne für Fische wie sie im 19. und frühen 20. Jahrhundert verwendet wurde.

33 Lloyd 1858, S. 14.

34 1888 wurde er als *Verein für Aquarien- und Terrarienliebhaber zu Berlin* gegründet und 1891 in *Triton – Verein für Aquarien- und Terrarienkunde zu Berlin* umbenannt. Er gilt damit nach dem Gothaer Verein *Aquarium* als zweitältester Aquarien- und Terrarienverein der Welt. Vgl. Hohl 2001a, S. 28-30; Rieck/Mau 2008.

35 Hohl 2001a, S. 28. Im Jahr 1893 stehen 67 Mitgliedern und zwei Ehrenmitgliedern aus Berlin 80 auswärtige Mitglieder gegenüber. Bis 1904 stieg ihre Zahl bis auf 320 Personen.

36 Nitsche 1901, S. 1.

nen und den Umgang mit Tieren auf Reisen war somit auch hier das Ergebnis kollektiver Praxis.

Für die Reise nach Buenos Aires hatte Nitsche eigens Transportkannen mit Durchlüftungsvorrichtung konstruiert. Auf der Fahrt gab er seinem Transporteur Kirschner eine 50 Zentimeter große Durchlüftungskanne mit 20 Goldorfen mit, eine zweite mit 30 Goldfischen, sowie weitere mit jeweils 30 Sonnenfischen, 46 Steinbarschen, 22 Teleskopfischen und Schleierschwanzfischen. Zwei nicht durchlüftete Kannen nahmen Goldschleien und Makropoden auf und sechs Handtransportkannen enthielten fünf weiße und 20 schwarze Axolotl sowie mehrere Reptilien und Amphibien.[37] Das eigentliche Ziel der Reise war der Import exotischer Neuheiten von Südamerika nach Deutschland, die Kirschner auf der Rückreise mitnehmen sollte und die man bereits im Vorfeld bei Nitsche selbst oder über den Verein bestellen konnte. Die Hinreise mit den lebenden Sendungen an Bord sollte zum einen Kirschner als Übung dienen und zum anderen Nitsche als Erfolgsausweis und Geschäft, da Kirschner am Zielort in Argentinien einen Teil der Fische in seinem Auftrag an Privatleute verkaufte, während die ebenfalls mitgeführten Reptilien an den Zoologischen Garten gingen.

Den gesamten Verlauf der Reise von Berlin über Hamburg und Madeira bis Buenos Aires konnte Nitsche im Nachgang anhand des minutiös geführten Tagebuchs nachvollziehen. Während der Reise hielt Kirschner ihn außerdem in Form von Briefen regelmäßig über den Zustand der Tiere auf dem Laufenden. Nachdem Mensch und Tier von Berlin aus aufgebrochen und am 2. Oktober in Hamburg eingeschifft waren, dokumentierte Kirschner täglich den Zustand der Tiere, die Ergebnisse seiner Wassermessungen, genaue Orts- und Positionsbestimmungen sowie die von ihm ergriffenen Maßnahmen. Am 5. Oktober notierte er: »[T]rotz Schutzmaßregeln schlägt die See in die Kanne mit Goldfischen, alles todt.« Am 9. Oktober schrieb er: »Schönes Wetter. Wasser in Kannen stark salzhaltig, zwei drittel [sic] erneuert, Fische gefüttert, Temperatur 10 Uhr Morgens 18°, 5 Uhr Nachmittags 21° […], alles wohl.« An diesem Tag musste er noch das Sonnensegel setzen, die Luftkessel auf Dichtigkeit prüfen und das knapp gewordene Wasser in den Kannen filtrieren und auffüllen. Zwei Wochen später heißt es in einem längeren Eintrag:

37 Paul Nitsche: »Mein Fischtransport nach Süd-Amerika«, in: *Blätter für Aquarien- und Terrarien-Freunde* 5 (1894) 4, S. 40-41. In einer eigens konstruierten Pflanzenkanne transportierte er zudem Wasserpflanzen.

»24. Oktober. Morgens 10 Uhr Sturm, Kannen schaukeln stark, 20° gegen 3° Wind frischt mehr auf, Sonnensegel werden weggenommen, alles an Deck festgemacht, viel See schlägt über, Drahtgestelle (zum Schutz gegen einschlagendes Seewasser über den Kannen angebracht, mit wasserdichten Segelleinen überspannt), unpraktisch, da sie durch Gewalt des Windes weggeschleudert werden. Ich ließ ein Schutzsegel über die ganze Länge des Baumes, an welchen die Kannen hängen, ziehen, sodaß die beiden Seiten geschützt waren, vorn und hinten durch Schnüre zusammengezogen [...].«[38]

Mit einer einmaligen Verstauung war es also keineswegs getan. Am Ende wurde der Aufwand belohnt. Am 28. Oktober, als das Schiff in Buenos Aires eintraf, schrieb Kirschner umgehend an Nitsche, dass »die glücklich angekommenen Thiere sich des besten Wohlbefindens [erfreuen]«[39] – auch wenn sich ihre Übergabe noch verzögerte, da das Schiff aufgrund der Choleraepidemie in Hamburg zunächst neun Tage im Hafen in Quarantäne liegen musste, worauf noch verschiedene Schwierigkeiten mit dem Zoll folgten.

Eine solch umfassende Berichterstattung und Dokumentation machte die versendeten Objekte wie auch die Begleitpersonen und ihre Verrichtungen zum Gegenstand einer aus der Ferne agierenden, möglichst umfassenden Kontrolle. Nitsche hatte bereits im Vorfeld der Überfahrt eine Import-Anleitung für den Umgang mit Tieren auf längeren Reisen und über das notwendige technische Zubehör verfasst, die er Kirschner mitgab. Dadurch war er virtuell ständig present: »he turned himself into a mobile piece of paper to monitor [the collector] *in situ.* [...] thus making govern others' fieldwork«[40], wie der Wissenschaftshistoriker James Delbourgo solche Formen der Kontrolle umschreibt. Seine Instruktionen fasste Nitsche zudem ab den 1890er Jahren in jener Ratgeberschrift zum *Import lebender Fische* zusammen, die 1901 posthum erschien und einen weiteren Schritt in der Systematisierung und Diskursivierung des Transport-Wissens markiert. Im Untertitel wandte er sich mit dem Anreiz »sich leicht einen

38 Nitsche: »Mein Fischtransport nach Süd-Amerika«, in: *Blätter für Aquarien- und Terrarien-Freunde* 5 (1894) 5, S. 49-52, hier S. 50-51. Das Tagebuch enthält neben den täglichen Eintragungen über Wassermessungen, Ortsbestimmungen, Fütterungen usw. auch Karten von den jeweiligen Stationen der Reise.

39 Nitsche 1894b, S. 52.

40 Delbourgo 2012, S. 738.

reichlichen Nebenverdienst zu schaffen«[41] gezielt an Seereisende. Diese hielt er zu strenger (Tage-)Buchführung an: »Sehr dankbar würde ich besonders den Leitern derartiger Transporte sein«, so Nitsche, »wenn sie über jeden Tag Buch führen und mir dann solche Tagebücher zur Einsicht übersenden wollten.«[42] Dabei forderte er »besonders über die jedesmalige Wegestrecke, über Witterung, Seegang, Befinden und Abgang der Thiere, muthmaassliche [sic] Todesursachen, Temperatur der Luft und des Fischwassers nach Celsius, über Beobachtungen, die von den im Vorstehenden mitgetheilten abweichen, zu berichten und Ergänzungen zu dieser Arbeit einzutragen«.[43] Die minutiöse Buchführung erinnert an die »Aquarium Notebooks« wie Philip Henry Gosse sie für seine heimischen Aquarien führte. Aber nicht erst im Aquarium, sondern bereits auf dem Weg dorthin war die Ausbildung eines umfassenden Umgebungswissens notwendig, das zoologische Kenntnisse über die Tiere und die unterschiedlichen Faktoren der Verschickung konsequent aufeinander bezog. »[I]t must be remembered that if attention to light, to vegetation, to temperature, and to other points, be so necessary to them [the animals] when deposited in an aquarium, so it is necessary to be observed in travelling«[44], heißt es entsprechend in William Alford Lloyds Aquarienratgeber. Die jeweiligen Bedingungen des durchquerten Raumes wurden auf diese Weise als Einflussfaktoren sichtbar und berechenbar – zumindest im Prinzip.

Sukzessive bildete sich somit auch für den Transport aquatischer Lebewesen praktisches Wissen über Verpackungen und Transportwege aus, das in Form von Instruktionen zirkulierte. Diese Anweisungen und Fingerzeige richteten sich an sämtliche beteiligten Agenten der Verschickung. Zu diesen zählten neben (Amateur-)Importeuren wie Kirschner zunächst auch Schiffskapitäne und -offiziere, die sogar ihre Kabinen und Kajüten manchmal mit ihren Pfleglingen teilen mussten.[45] Denn wenn keine Begleitpersonen die wässrige Fracht während einer Reise beaufsichtigten, lagen Pflege und Verantwortung für die Tiere – wie auch beim Transfer von Pflanzen – meist in den Händen des Schiffspersonals, das auf langen Wegstrecken viel Zeit und Aufmerksamkeit für deren Versorgung aufbringen musste. Reichten die

41 Vgl. Nitsche 1901.
42 Ebd., S. 112.
43 Ebd., S. 112.
44 Lloyd 1872a, S. 11-12.
45 Nitsche 1901, S. 37.

Kenntnisse der Besatzung hierfür nicht aus, waren sie angehalten, sich mittels praktischer Anleitungen weiterzubilden. Andererseits waren gerade die Kapitäne häufig an der Entwicklung neuer Praktiken beteiligt und konstruierten selbst technische Geräte oder Zubehör: Beim Transport einer Sendung lebender Krabben von den Navigator Islands ins Hamburger Aquarium begann der Kapitän, nachdem viele Tiere in ihrem wassergefüllten, sauerstoffarmen Gefäß bereits gestorben waren, mit anderen Formen der Unterbringung zu experimentieren und arrangierte eine Kiste mit feuchter Erde und Sand, in der die verbleibenden Tiere wohlbehalten an ihr Ziel gelangten.[46] Wissen entstand also auch hier unmittelbar aus der Praxis, aus dem Zusammenspiel der verschiedenen am Transport beteiligten Akteure und an der Schnittstelle unterschiedlicher Wissensfelder. Das im Transit generierte Wissen war somit ein mobiles im doppelten Sinne – ein Wissen über Mobilisierung, das selbst wiederum in Form von Objekten und Anleitungen auf See zirkulierte.

Es kam indes nicht nur darauf an, wie die Transportbehälter beschaffen waren, sondern ebenso, wie sie verstaut wurden, da auf See die Schwankungen des Schiffs einen weiteren Einflussfaktor und eine Herausforderung darstellten. Um die wassergefüllten Behälter vor Erschütterungen und Kollisionen zu schützen, wurden mehrere ineinander geschachtelt.[47] Glasbehälter, Stein- oder Tongefäße wurden in Blecheimer eingelassen (**Abb. 32**), diese wiederum in Flechtkörben verstaut oder in Kisten eingefüttert und mit Holzwolle, Heu, Stroh, Moos oder Seegras ausgestopft.[48] Wenn diese nun noch durch Lattenkästen geschützt oder in ein Geflecht aus Draht gespannt wurden (**Abb. 33**), lässt sich an dieser Vielzahl materieller Verstauungs- und Lagerungspraktiken der Versuch einer fachgerechten Umhegung ablesen, die stets auch Einhegung ist.

Neben solchen Formen der Fixierung und Pufferung kam auch das umgekehrte Prinzip zum Einsatz: Wieder war es ein Kapitän, der in den 1860er Jahren eine freischwebende Konstruktion zur Aufhängung von Transportkannen entwickelte, um auf diese Weise die Schwankungen des Schiffs auszugleichen (**Abb. 34**).[49] In die Materialität eines jeden funktionsfähigen Transportbehälters war somit praktisches Wissen um

46 Lloyd 1874, S. 3852.

47 Vgl. etwa Gosse: *A Handbook*, S. 23; sowie Anonym 1855c, S. 505.

48 Vgl. Bade 1899, S. 148; Anonym 1855c, S. 505; Nitsche 1901, S. 27, 88-89.

49 Vgl. Anonym: »How to Transport Live Fish During Long Voyages at Sea«, in: *Land and Water*, 13.10.1866, S. 278. Vgl. auch Anonym: »Turbot and Soles; Experiments Made of Introducing these Fish into American Waters«, in: *The New York Times*, 28.10.1881, S. 5; sowie Bade 1896, S. 507.

Abb. 34: Fisch-Transportkanne mit Haken für eine frei schwebende Decken-Aufhängung.

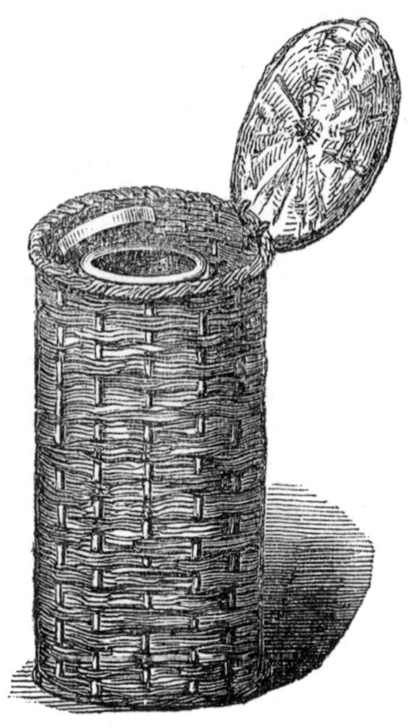

Abb. 32: Ineinander geschachtelter Transportbehälter aus Steingut und Flechtkorb zur Beförderung lebender Fische.

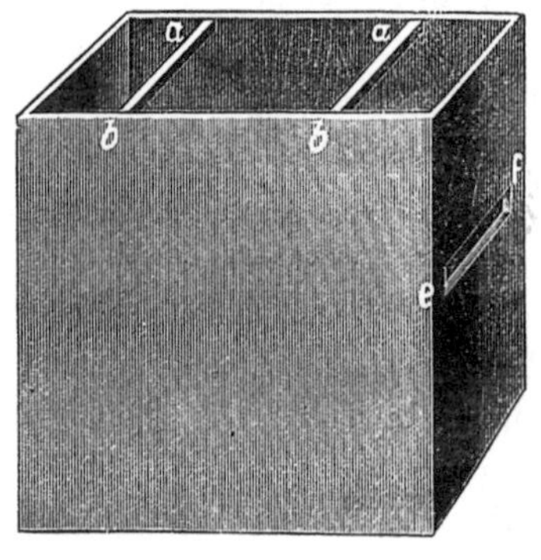

Abb. 33: Transportkiste, in welche die Fischbehälter zum doppelten Schutz eingesetzt wurden.

die Bedingungen der Mobilisierung eingelassen. In diesem Sinne können sie selbst als Wissensraum begriffen werden. Daneben spielten bei der Stabilisierung der prekären Fracht die Transportmittel selbst eine wichtige Rolle. Auf der Beliebtheitsskala der Verkehrsmittel zu Wasser rangierten unter den Aquarianern die großen Passagierdampfer fraglos vor kleineren Schiffen.[50] Durch erstere wurde die Zirkulation aquatischer Lebewesen – buchstäblich und

50 Auf dem Landweg wurde die Eisenbahn dem Transport zu Wagen und zu Pferde vorgezogen, da letzterer »schon noch im letzten Augenblick den ganzen Erfolg [kosten konnte]; lieber lasse man die Fische in Handkannen tragen und event. dann enger zusammensetzen.« Nitsche 1901, S. 54.

im übertragenen Sinne – in zunehmend sicheres Fahrwasser gelenkt. Mit den und nicht zuletzt durch die wachsenden Sicherheits- und Komfortstandards der Transportmedien waren die Behälter hier sicher verstaut und bestmöglich stabilisiert – und dadurch ihr Inhalt umso mobiler. Wenn Paul Nitsche schreibt: »Auf [den großen Passagierdampfern] entbehrt der Reisende ja kaum irgend etwas«[51], und damit nicht die menschlichen, sondern die tierlichen Passagiere, namentlich japanische Schleierschwanz- und chinesische Teleskopfische meinte, waren die aquatischen Lebewesen hier bereits tief in die (Komfort-) Logik des transatlantischen Linienverkehrs eingebunden. Adressiert als Passagiere, sollten die Tiere wie die Menschen – zumindest die jeweils privilegierten unter ihnen beiden – auf den großen Dampfschiffen fortwährend verpflegt und umhegt reisen.[52]

Der Unmut, den dieser privilegierte Status der tierlichen Pfleglinge unter manchem Besatzungsmitglied hervorrief, lässt sich unschwer an Nitsches Empfehlung zum besten Standort der Behälter ablesen. Stets müssten die Tiere vor »rachsüchtige[n] Matrosen« geschützt werden, die sich ihrer Pflege-Aufgaben zu entledigen suchten oder in Sabotageakten »ganze Fischtransporte verdorben [haben]«[53], indem sie schädliche Stoffe wie Zigarrenstummel, Seife und Tabak zu den Fischen warfen.[54] Er empfahl daher eine Aufstellung auf dem höchst gelegenen Teil des Schiffes neben der Kapitänskajüte, weil dort die Fische »unter besserer Aufsicht sind [und] Unbefugte hier keinen Zutritt haben«[55]. Diese Probleme waren bereits vom Pflanzentransport bekannt; so waren »ships' crews understandably reluctant to be part time gardeners, left plants unprotected during storms and neglected to ensure

51 Ebd., S. 28.

52 Zur Frage des verschickten Tiers als ›Passagier‹ und der Frage, wie im 19. Jahrhundert Aquarientiere als umhegte Passagiere die Meere durchquerten und im 21. Jahrhundert Meerestiere als blinde Passagiere dieselben Meere jenseits der Schwelle von Kontrolle und Sichtbarkeit passieren vgl. Mareike Vennen: »Bis es kippt. Versuchsanordnungen im Aquarium zwischen Ästhetik und Ökologie«, in: Erika Fischer-Lichte, Daniela Hahn (Hg.): *Ökologie und die Künste*, Paderborn 2015, S. 181-197.

53 Nitsche 1901, S. 46-47. Zum Zusammenhang von Pflanzentransporten und Schiffsmannschaften vgl. Hansjörg Gadient 2010; Mayer-Schwieger 2017.

54 Nitsche 1901, S. 46-47.

55 Ebd., S. 53. Der Standort spiegelt dabei in der Form überwachender Kontrolle nicht zufällig die soziale und machtpolitische Hierarchie des Schiffes wider; ebenso im Übrigen wie die soziale Hierarchie zwischen »rachsüchtigen Matrosen« und hilfsbereiten Schiffskapitänen.

they received adequate watering«, wie Ray G.C. Desmond ausführt.[56] Die wohl bekannteste Katastrophe, die daraus folgte, verzeichnet das Jahr 1787. Bei dem ersten Versuch, die Brotfrucht von Tahiti in die West Indies zu transportieren, um sie als billiges Nahrungsmittel zu verwenden und so die Sklaven auf den Zuckerrohrplantagen möglichst gewinnbringend ausbeuten zu können, kam es zur Meuterei auf der »Bounty«.[57] Greg Dening führt das Scheitern der von Sir Joseph Banks in Auftrag gegebenen Brotfrucht-Mission durch die Meuterei darauf zurück, dass das gesamte Schiff, ein ehemaliger Kohletransporter, für einen Pflanzentransport umgebaut und in ein schwimmendes Gewächshaus verwandelt worden war, was schließlich zum Zusammenbruch der hierarchischen Strukturen führte.[58]

Auch für reisende Wassertiere wurde das Schiffspersonal der Ozeandampfer als potenzielles Risiko angesehen. Auf den wochen- oder monatelangen Seereisen waren die Tiere somit nicht nur den Bedingungen der marinen Umgebung, sondern auch den Einflüssen der sozialen Schiffs-Umwelt ausgesetzt. Zu den sich einmischenden Einflüssen auf See zählte außerdem die technische Umwelt der Schiffe selbst. Gerade auf den großen Überseedampfern, nicht umsonst schwimmende Städte genannt, drohten ganz und gar ›großstädtische‹ Gefahren wie Kohlenstaub aus dem Schornstein der Maschine sowie Teer oder Öl frisch gestrichener Schiffsteile.[59] Umgebungen spielten somit auf ganz verschiedenen Ebenen eine Rolle bei der Verschickung: Die natürliche, technische und soziale Umwelt auf den Schiffen mussten als Einflussfaktoren, ja als Risikofaktoren mitbedacht werden. Bei der Materialwahl mussten gegenseitige Einflussnahmen, beispielsweise physikalisch-chemische Wechselwirkungen einbezogen und abgeschätzt werden, und auch bei der Standortwahl galt es unliebsame Interferenzen zwischen Schiffsumwelt und Behälter-Innerem zu bedenken. Es war folglich ein Wissen gefragt, das verschiedenste Faktoren zusammenzudenken und klimatische, technische und soziale Aspekte aufeinander abzustimmen vermochte, das also auf mehreren Ebenen umgesetzt wurde – sei es in Form bestimmter Dichtungsma-

56 Ray G.C. Desmond: »The Transformation of the Royal Gardens at Kew«, in: R.E.R. Banks u.a.: *Sir Joseph Banks. A Global Perspective*, London 1994, S. 105-116, hier S. 120.

57 Zu den Umbauten der Kapitänskabine und der Ausstattung des Schiffs vgl. hierzu Mayer-Schwieger 2017; sowie Greg Dening: *Mr Bligh's Bad Language. Passion, Power and Theatre on the Bounty,* Cambridge 1992.

58 Vgl. ebd.

59 Nitsche 1901, S. 46-47.

terialien, spezieller Standorte oder besonderer Aufsicht; anders gesagt: in Form von materiellen Technologien, operativem Umgebungswissen und sozialen Kontrolltechniken.

Falsche Anschlüsse

Die Häufung der logistikbezogenen Korrespondenz zeugt von der steten und durchaus berechtigten Sorge, die Tiere könnten im Transit verlustig gehen. Das lag nicht zuletzt daran, dass die Wasserwesen im Transit weitgehend der Sichtbarkeit entzogen waren und die Transportbehälter und Verpackungen als *Black Boxes* eine Sichtbarkeit zweiter Ordnung durch Inskriptionen in Form von Beschriftungen, Etikettierungen oder Briefen notwendig machten. Doch lagen zunächst keine eindeutigen Bestimmungen zur Etikettierung und Bezeichnung der Sendungen vor. Daher führten improvisierte Markierungen bereits auf kurzen Strecken häufig zu falschen Zustellungen – besonders galt das bei jenen umfunktionierten Verpackungen und Transportbehältern, wie George Henry Lewes sie verwendete. Gerade hier musste man sich auf die anhaftenden Zeichen verlassen; wenn aber die Aufschriften auf einem umfunktionierten Behälter etwas anderes anzeigten als den aktuellen Inhalt, konnte es leicht zu Zustellungsfehlern kommen, wie im Falle jener Seeanemonen, die im Sommer 1856 unbeschriftet in einer Weinflasche verschickt und daher irrtümlich an ein benachbartes Wirtshaus geliefert wurden.[60] Fehlten Hinweise zu Inhalt und Umgang mit den »lebende[n] Versendungsgegenständen«[61] komplett, drohte das bisweilen sogar zur akuten Gefahr zu werden. Das bezeugt ein im Deutschen Postarchiv dokumentierter Fall aus dem Jahr 1878. Als einem Berliner Zoologen eine Kiste mit Schlangen zur Bestimmung zuging, auf der keinerlei warnende Bemerkung angebracht war, hatte sich der Wissenschaftler dem Tier bereits »bis auf wenige Zoll«[62] genähert, bevor er zu seinem Schrecken feststellte, dass es sich um

60 Vgl. Lankester: »A friend of mine had some very lively [sea-anemones] which had been brought up from the sea-side in a wine-bottle […] and sent to a neighbouring public-house for beer.« Lankester 1856, S. 69-70.

61 Anonym 1878, S. 559.

62 Ebd., S. 555. Vgl. auch Anonym: »Die englische Post und Telegraphie im Jahre 1877/78«, in: *Archiv für Post und Telegraphie. Beihefte zum Amtsblatt der Deutschen Reichs-Post- und Telegraphenverwaltung* 7 (1879), S. 308-313, hier S. 309-310.

eine giftige Wasserviper handelte, deren Biss durchaus tödlich sein kann.

Je weiter die zurückzulegenden Strecken, desto mehr waren die Geschicke der Tiere auf verschiedene Akteure und Räume verteilt. Überseeische Importe mussten in den europäischen Häfen weiterverladen und per Eisenbahn, Wagen oder auch zu Fuß zu ihrem Zielort befördert werden. Diese Zunahme der Transitstationen brachte mit der Vervielfältigung der Anschlussstellen wiederum vermehrte Anschlussfehler und Stockungen hervor. Vergleicht man die *vorgesehenen* Routen mit den *tatsächlich* zurückgelegten Wegen, die zahllose Berichte und Beschwerden von privater und institutioneller Seite dokumentieren, kommen neben den geglückten mindestens ebenso viele verzögerte, unterbrochene oder verlorengegangene Zustellungen zum Vorschein. Der Aquarienhändler William Alford Lloyd berichtete beispielsweise 1866, wie die in Torquay an der Südküste Englands gefangenen Meeräschen, die für das Hamburger Aquarium bestimmt waren, zuerst im Zug nach London und dann in das Seebad Southend-on-Sea in Essex reisten, von wo sie wegen eines verpassten Anschlusses wieder zurück nach London gebracht wurden, dort wiederum auf ein Dampfschiff nach Hamburg und schließlich nach sechzigstündiger Überfahrt mit dem Wagen ins Aquarium.[63] Derartige Beispiele, deren Liste sich beliebig verlängern ließe, schreiben sich ein in eine Geschichte vom Stau im Transit, der die (imaginierte) Linearität der »Fortschrittsgrade« von Dampfschiffen und Eisenbahn[64] durchkreuzt und die Vielzahl der Um- und Abwege sichtbar werden lässt.

Allzu häufig trafen daher die Tiere nur mehr »in totem und verwestem Zustande«[65] an ihrem Zielort ein. Ob der Empfänger für solche kranken und »defekt ankommende[n] Thiere« den vollen Preis bezahlen oder tote Tiere überhaupt abnehmen musste, war gerade für den Aquarienhandel von eminenter Bedeutung. In diesem Sinne erwies sich der Transfer aquatischer Lebewesen nicht nur als eine Frage der Zustellbarkeit, sondern auch der Zuständigkeit – und damit letztlich der Haftbarkeit. Wer das Versandrisiko zu tragen hatte; ob die Abnahme einer Sendung von der Bestellung oder dem Zustand ihres

63 William Alford Lloyd: »The Grey Mullet«, in: *Hardwicke's Science Gossip* 2 (1866) 19, S. 145-147, insb. S. 146.

64 Vgl. Allen Sekula: »Trostlose Wissenschaften. Teil 2«, in: ders.: *Seemannsgarn*, Düsseldorf 2002, S. 106-112.

65 Anonym: »Bericht der Sitzung vom 8. November 1907« [des Wiener Vereins für Aquarien- und Terrarienkunde »Lotus«], in: *Blätter für Aquarien- und Terrarienkunde* 19 (1908) 4, S. 35.

Inhalts abhängig war; ob auch nicht bestellte Ware entgegengenommen werden musste und wer die Verpackungs- und Frachtkosten trug, war bis in die 1870er Jahre nicht eindeutig geregelt und führte daher oft genug zu Streitfällen. Eine wachsende Zahl an Akteuren und Wegstrecken bedeutete außerdem eine zunehmende Anonymisierung. Sobald Importeure und private Liebhaber nicht mehr persönlich miteinander verkehrten, lockerten sich die personalen Verbindungen und Verbindlichkeiten zwischen den einzelnen Gliedern der (Liefer-) Kette, während aber logistische und juristische Standards eines globalen Aquarienhandels erst ausgebildet werden mussten.

Diese Abhängigkeit von verschiedenen Vermittlern – von Importeuren und Schiffsbesatzungen über Postbeamte und Händler, die (noch) keinen standardisierten Kontrollinstanzen unterstanden, barg Paul Nitsche zufolge nicht nur Risiken, sondern war geradezu das Hauptärgernis beim Import lebender Fische. Dadurch nämlich konnten, so Nitsche, auch Betrüger ihrer Haftung durch ein Spiel falscher Identitäten und Adressierungen entgehen, sodass nicht nur Sendungen verlustig gingen, sondern auch Exporteure, Händler oder Käufer spurlos verschwanden – just am Zahltag versteht sich. Wortreich berichtete er von seinen Erfahrungen mit (vermeintlichen) Händlern, die unter Decknamen und -adressen operierten, und die nicht bezahlte Bestellungen anschließend durch Mittelsmänner zu »Schundpreisen«[66] aufkauften. Er berichtete weiter von einem Herren, der sich in Übersee als Geschäftsinhaber ausgab und dem Exporteur eine komplette Sendung Tiere abzunehmen versprach, bei deren Ankunft jedoch nicht mehr ausfindig zu machen war.[67] Solche Akte fehlgehender Adressierung und fortlaufender Ent-Identifizierung sind das Produkt einer institutionellen Verunsicherung, die mit der Skalierung vom lokalen zum globalen Maßstab eintrat und sich in den Leerstellen nicht-standardisierter Praktiken einnistete. Denn sobald nicht mehr lokale und personale Bindungen die Zuverlässigkeit der Lieferanten verbürgten, musste man sich auch hier auf anhaftende Zeichen verlassen – sei es, dass der Name des Exporteurs »einen guten Klang hatte, sogar ein Doktortitel war vorhanden«[68], oder dass »grosse Annoncen in Fachzeitschriften« geschaltet wurden, »die annehmen lassen, es hätte der Geschäftsinhaber ein ganzes Häuserviertel für sein

66 Nitsche 1901, S. 10-11.
67 Ebd., S. 13.
68 Ebd., S. 15.

Geschäft in Benutzung«.[69] Wenn sich dann jedoch herausstellte, dass dieser in Wirklichkeit »nicht einmal eine eigene Wohnung [...] sein Eigenthum«[70] nennen konnte, also bezeichnenderweise keine Adresse hatte, wird deutlich, dass zuweilen allen Ver-Ortungsversuchen zum Trotz nicht nur die Transportbehälter, sondern das Versandnetzwerk selbst zur *Black Box* wurde, dessen Akteure teils unterhalb der Schwelle von Sichtbarkeit und Kontrolle agierten. Den Händlern unterstellte Nitsche jedenfalls durchgehend Unzuverlässigkeit und zweifelhafte moralische Absichten, die Importeure wiederum würden von den Zwischenhändlern betrogen und diese von anderen Händlern hintergangen[71] – kurzum, das gesamte am Versand beteiligte Personal stellte er unter Generalverdacht.

All diesen unlauteren Machenschaften konnte in Nitsches Augen nur eine noch lückenlosere Aufzeichnung und Archivierung, also eine umfassende Bürokratisierung und Standardisierung entgegenwirken. Jeder abgeschlossene Handel sei im Vorhinein vertraglich und versicherungstechnisch abzusichern und im Nachhinein schriftlich zu dokumentieren; ja am besten »kopiere [man] jeden Brief und jede Postkarte«, um im Zweifelsfall sein Recht einklagen oder sich umgekehrt vor falschen Anschuldigungen schützen zu können.[72] Und wurde ein Streitfall zum Rechtsfall, wenn etwa ein Exporteur seine Tiere nicht vorschriftsmäßig verpackt hatte und hierdurch Verluste entstanden, riet Nitsche, sich stets mehrerer Zeugen zu versichern.[73]

Solch exzessive Praktiken der Archivierung, Dokumentation und Versicherung können als Symptom jenes ›aufgeweichten‹ Zustands verstanden werden, der einen epistemisch, materiell und ökonomisch unsicheren Zwischenraum schuf, in dem sich die Aquariensendungen im 19. Jahrhundert zunächst bewegten. Grade die Störfälle, die meist auch finanzielle Verluste bedeuteten, brachten im gleichen Zuge neue Standardisierungsbemühungen hervor. Im Transit wurden die mobilisierten Lebewesen und die durchquerten Räume und Bewegungspfade dadurch zum Gegenstand umfassender Wissensproduktion und davon ausgehend zum Objekt gouvernementaler Techniken der Verwaltung

69 Ebd., S. 13.

70 Ebd.

71 In dieses soziale Bewertungsschema fügt sich auch die bereits im vorigen Teilkapitel erwähnte »Böswilligkeit« der Matrosen, durch die ganze Importe vernichtet worden seien. Vgl. ebd., S. 75.

72 Ebd., S. 21, 15.

73 Ebd., S. 15.

und Steuerung, indem das »Gefahrenwissen«[74] eines Nitsche, das von den Risiken und Verlusten ausging, operationalisiert und praktisch wirksam wurde und sich in Form von Inskriptionen einschrieb, in Verordnungen festschrieb und in Verpackungstechniken eingefasst wurde.

Wege der Standardisierung

Ein Forum der Festschreibung und Verbreitung des neu generierten Mobilisierungswissens stellten die Aquarienratgeber dar. Hieraus entstand ein Hindernis- und Handlungswissen, das in den Handbüchern und Instruktionen verschriftlicht und in Form von Erfahrungsberichten, Regeln und Anweisungen weitergegeben wurde. Hierzu gehörte Nitsches Importleitfaden, der maßgeblich aus seinen Tätigkeiten und Erfahrungen im Berliner Aquarienverein *Triton* resultierte. Gleiches galt für das 1896 erschiene Standardwerk *Das Süßwasseraquarium* des *Triton*-Mitglieds Ernst Bade, das ausführliche Hinweise zum »Versand von Fischen« für Aquarianer enthielt. Aquarienvereine bildeten im ausgehenden 19. und frühen 20. Jahrhundert selbst wichtige Schauplätze für die Einfuhr bislang unbekannter Aquarientiere aus allen Winkeln der Welt. Durch die vielen auswärtigen Mitglieder verfügte gerade der *Triton* bald über ein weltweites Netzwerk, das er für die Beschaffung neuer Tierarten mobilisieren konnte. Gleichzeitig waren Mitglieder wie Nitsche und Bade selbst aktiv. Als Bade eine Sammelreise nach Ägypten unternahm, gewährte der Verein eine finanzielle Unterstützung, wenn die gesammelten Tiere und Pflanzen »vermehrt und dann den Mitgliedern des Vereins zur Verfügung gestellt werden«.[75] In Zusammenarbeit mit den Berliner Zierfischzüchtern Paul Matte und Julius Reichelt waren somit zahlreiche Mitglieder des *Triton* für einen großen Teil der Neuimporte von Aquarienfischen um 1900 verantwortlich.[76]

Wenn nur dreizehn Jahre nach der Publikation von Bades *Süßwasseraquarium* die 1909 erschienene dritte Auflage auf das Kapitel

74 Zum Begriff des operationalisierten Gefahrenwissens, insbesondere im Bezug auf die Schifffahrt vgl. Burkhardt Wolf: »Schiffbruch mit Beobachter. Zur Geschichte des nautischen Gefahrenwissens«, in: Kassung 2009, S. 19-47, insb. S. 25.

75 Rieck/Mau 2008, S. 119.

76 Für eine Liste der durch den *Triton* eingeführten Fischarten, vgl. Hohl 2001a, S. 28-30. Vgl. auch Reiß 2014.

zum Versand von Fischen bereits vollständig verzichtet, ist dies ein Hinweis darauf, dass eine Standardisierung des Fischversands bereits eingetreten war.[77] Im Zuge der Etablierung öffentlicher Aquarien in zahllosen europäischen Städten, einer Gründungswelle zoologischer Stationen an den europäischen Küsten und einer Institutionalisierung der privaten Aquarienhaltung durch Vereine, Händler und Importeure verlief der Transfer lebender Wassertiere zunehmend in routinierteren Bahnen. Als die Möglichkeiten, an lebende Süß- und Salzwassertiere zu kommen, sich stetig vermehrten, ging der Versand zusehends in fachmännische Hände über. Immer mehr aquaristische Ratgeberschriften verwiesen ihre Leser an etablierte Importeure und Fachhändler weiter. Eine ab den späten 1870er Jahren spürbare Professionalisierung fand damit auf verschiedenen Ebenen gleichzeitig statt. Sie betraf die materielle Kultur der Mobilisierung, den Ausbau eines Netzwerks professioneller Akteure sowie die Ausbildung von Verordnungen, Regelungen und Inskriptionsformen von Seiten der Post.

Diese Entwicklungen wurden vor allem durch den professionellen Handel mit exotischen Zierfischen befördert, der die eigenhändig und privat organisierten Verschickungen um die Jahrhundertwende weitgehend ablöste. Zoologische Geschäfte wie die in Plauen ansässige Handlung »Actinia« priesen sich in ihren Anzeigen als »leistungsfähigste Bezugsquelle aller Arten lebender Seetiere für Aquarien, Schausammlungen etc.« an. Ab dem Frühjahr 1905 warb der Geschäftsinhaber der »Actinia« damit, »auch die seltesten Arten zu liefern« und betonte, dass alle Eingänge unter seiner direkten Leitung vorgenommen würden. Für 30 Aktinien zahlten Liebhaber nur mehr zwischen 50 und 60 Mark[78], für deren Abnahme bereits im Vorfeld Regelungen festgelegt waren: »Garantie für lebende Ankunft: Eventl. tot angekommene Tiere, am Empfangstage reklamiert, werden bei nächstfolgender Lieferung in vollem Werte gratis ersetzt.«[79] Eingetragen in Preislisten, geschätzt in ihrem Wert und statistisch erfasst in Anzahl und Verlustrechnungen, wurden die Tiere immer enger in ökonomische Verwertungskreisläufe eingespeist und als Tausch-

77 Vgl. Zernecke: *Leitfaden für Aquarien- und Terrarienfreunde*, S. 339; sowie Anonym: »[L]ebende Fische genießen beim Versand mit der Bahn Frachtermäßigung, auf dem roten Frachtbrief steht dann der Vermerk ›Lebende Fische‹«. Anonym 1878, S. 553.

78 J. Haimerl: »Mein Seewasser Aquarium«, in: *Blätter für Aquarien- und Terrarienkunde* 13 (1902) 22, S. 257-260, hier S. 258.

79 Anzeige, in: *Blätter für Aquarien- und Terrarienkunde* 16 (1905) 1, o.S.

objekt oder Ware gehandelt. Auch die bekannte, 1868 gegründete Hamburger Firma Umlauff erweiterte um die Jahrhundertwende das Sortiment ihrer Naturalienhandlung und ihres Museums von Muscheln und Präparaten um lebende Fische und Reptilien, »[u]m den Wünschen der Gelehrten und Specialisten nachzukommen«[80]. Der direkte Import löste den Ankauf weitgehend ab. Erwarb die Firma in den ersten Jahren ihre Objekte noch vornehmlich von den Kapitänen und Mannschaften der einlaufenden Schiffe, engagierte sie angesichts wachsender Nachfrage »über See in den verschiedensten und wissenschaftlich ergiebigsten Ländern eigene Sammler, Reisende und Lieferanten«[81] und belieferte fortan Sammler und Institute in großem Maßstab (**Tafel XVII**).[82]

Damit wurde die Aufgabe der Pflege verschickter Fische von den verschiedenen (Stellvertreter-)Agenten wie Schiffskapitänen an professionelle Importeure einerseits und an die Technik andererseits delegiert. Ab den 1910er Jahren kamen vermehrt Transportkannen mit selbsttätigen Heiz- und Belüftungsapparaten zum Einsatz, die die Beförderung von den äußeren Bedingungen und von äußeren Regulierungen unabhängiger machten (**Abb. 35**).[83] Die Belüftungspumpen (auf der Abbildung in der linken oberen Ecke zu sehen), die Luft in die einzelnen Kannen leiteten, um die Temperatur gleichmäßig zu halten und das Wasser zu heizen, wurden hier bereits elektrisch betrieben.[84] Ähnlich wie beim Wardian Case mussten die Transportbehälter dadurch nicht mehr zwingend an Deck aufgestellt und regelmäßig ›behandelt‹ werden. Im Innern waren nun durch Technik weitgehend stabile klimatische Verhältnisse geschaffen. In diesem Sinne arbeiteten die selbsttätigen Apparate erneut der Vorstellung einer Kapsel zu, die ihren Inhalt von der Umgebung und ihre klimatischen Bedingungen von der Expertise der jeweiligen ›Betreuer‹ unabhängig zu machen suchte. Das war besonders für den Import der zunehmend beliebten tropischen Fische bedeutsam, der sich entlang der kolonialen Netz-

80 Umlauff 1900, S. 20.

81 Ebd.

82 Erfolgreich war die Firma vor allem durch ihre Kontakte mit Zoologischen Gärten (erleichtert durch die verwandtschaftlichen Beziehungen zum Tierhändler und Tierparkbesitzer Carl Hagenbeck) und überseeische Verbindungen zu Sammlern und Händlern. Dadurch war sie imstande, sowohl große Bestände konservierter Fische, Reptilien und Seetiere als auch »theils lebendes, theils frisches Material im Fleisch zu beschaffen«. Ebd.

83 Nitsche 1901, S. 39-41.

84 William T. Innes: *Exotic Aquarium Fishes. A Work of General Reference* [1935], Philadelphia 1935 (2. Aufl.), S. 462.

Abb. 35: Transportbehälter mit elektrischer Beheizung für den Transport exotischer Zierfische, wie sie ab den 1910er Jahren verwendet wurden.

werke organisierte. Deren Einfuhr wurde überhaupt erst durch die praktische Möglichkeit, gleichbleibende warme Wassertemperaturen zu gewährleisten, möglich, und diese wiederum nur durch die technische Aufrüstung der Transportbehälter. Die Funktionstüchtigkeit dieser Behältnisse lässt sich wiederum am aufblühenden Zierfischhandel ablesen, der künftig auch während der kalten Jahreszeit fortgesetzt werden konnte.[85]

85 Beim Umsetzen von Handkannen in größere Transportgefäße musste die Temperatur des Wassers an die gewohnte Wassertemperatur der Tiere ange-

Die Logistik wiederum wurde inzwischen von mehr zentralisierten Stellen aus gesteuert und abgewickelt, die gleichzeitig als Vermittlungs- und Kontrollinstanzen dienten. Zu diesen zählten Fachhandlungen, Züchtereien oder auch Aquarienvereine. So könne bei Geschäften mit Personen, »die [dem Käufer] als nicht absolut ehrenhaft bekannt sind«, dieser die Sendung »an eine Kontrollstation geben, die über jeden Zweifel erhaben sein muss«.[86] All diese Bemühungen um eine Standardisierung und Institutionalisierung schrieben sich wiederum in das materielle Substrat der Verschickungen ein und machten die Verpackungen für den wässrigen Inhalt und die ihnen anhaftenden Inskriptionen für die Post tauglicher. Damit wurde nicht zuletzt eingeholt, was der Amateuraquarianer Lewes zu Beginn der 1850er Jahre im Küstenörtchen Tenby an Verpackungstechniken und postalischem Geschick vermisst hatte – während einer Frühphase, die so mancher Aquarianer späterhin als ›goldene Zeit‹ wilder verpackungstechnischer (Bastel-)Praktiken erinnern sollte. Jedenfalls wuchs die Liste ›sachgemäßer‹ Behältnisse beständig, unter ihnen etwa »Packing-cases, Baskets, and Casks for Tanks, Glasses, and other articles […] for the conveyance of animals and plants«,[87] die William Alford Lloyd bereits ab 1858 in seinem Aquarienfachgeschäft führte (**Abb. 36**).

An der Entwicklung solcher standardisierter Verpackungsformate zeichnet sich das Begehren nach materieller und symbolischer Handhabbarkeit wie auch die Waren-Förmigkeit der Aquariensendungen ab. Während Lewes die Verpackungen von Konsumgütern im Dienste naturkundlicher Interessen umfunktioniert hatte, waren inzwischen die naturkundlichen Objekte selbst zu lukrativen Waren avanciert, für die eigene standardisierte Verpackungen entwickelt wurden. An den materiellen Einfassungen lässt sich somit die Geschichte ihrer Kommodifizierung im Zeichen postalischer Verschickung ablesen. Verpackt, versichert und versandfertig, wurden die Tiere handhabbar. Das reichte bis zur Vorstellung einer regelrechten »pocketability«[88], also einer Mit-

glichen werden: »Niemals darf das neue Wasser […] mehr als 1-2° wärmer als das sein, in dem die Fische sich vorher befanden.« Nitsche 1901, S. 51.

86 Als Kontrollstationen dienten etwa Aquarienvereine oder aquaristische Fachhandlungen.

87 Lloyd 1858, S. 14. Vgl. auch ebd., S. 15-16.

88 Jörg Dünne: »Portable Media und Weltverkehr. Der Taschenatlas des Perthes Verlags«, in: Steffen Siegel, Petra Weigel (Hg.): *Die Werkstatt des Kartographen. Materialien und Praktiken visueller Welterzeugung*, München u.a. 2011, S. 185-203, hier S. 186. Martin Stingelin, Matthias Thiele: »Portable Media. Von der Schreibszene zur mobilen Aufzeichnungsszene«, in: dies.

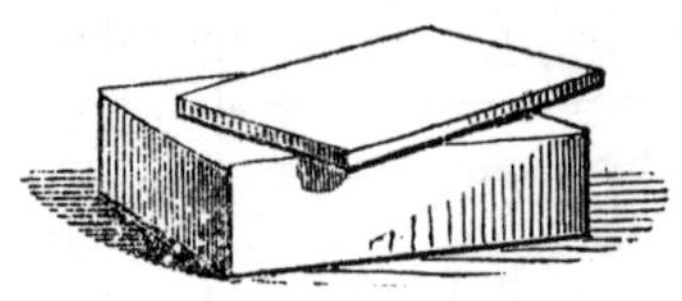

Abb. 36: Standardisierte Blechdose für den Transport lebender Wassertiere per Post.

führbarkeit der Tiere im Taschenformat. So sollten fortan in möglichst luftdicht verschlossenen Miniaturbehältern aquatische Tiere bequem »in der Rocktasche, im Handkoffer, in der Hand oder mit der Post«[89] transportiert werden.

Die materiell eingehegten Aquariensendungen fanden sich zudem mehr und mehr von umfassenden Vorschriften, Verträgen und Versicherungen eingefasst. Die prekären Objekte wurden hierdurch Teil einer Versicherungslogik, die darauf abzielte, die Zirkulationen durch möglichst einheitliche Regelungen in geregelte Bahnen zu lenken. Die Tiere wurden somit nicht nur zu Wissens-, sondern im gleichen Zuge auch zu Verwaltungs- und Rechtsobjekten. In den späten 1870er Jahren erließen die Postverwaltungen besondere Vorschriften für die Versendung lebender Tiere[90], womit sie auf den Bedarf nach eindeutigen Regelungen einer bereits gängigen, jedoch bislang wenig systematisierten Praxis reagierten. Die Bemühungen um Vereinheitlichung wurden durch die Gründung des Weltpostvereins im Jahr 1874 unterstützt, der fortan die internationale Zusammenarbeit der Postbehörden und die Rahmenbedingungen des grenzüberschreitenden Postverkehrs regelte. Dabei kamen Vorschläge zur Vereinheitlichung den Aquariensendungen in Deutschland nicht nur von Seiten der Aquaristik. Der 1870 ins Leben gerufene Deutsche Fischerei-Verein pochte von Anfang an auf eine einheitliche Paketadresse, die auch der Aquaristik zugutekam. Auf Veranlassung des Vereins, der selbst ein Instrument der Zentralisierung für die Fischerei und Fischzucht darstellte, wurde von der Postverwaltung eine einheitliche Etikettierung eingeführt, »welche in rotem Druck einen großen Lachs [trug]«[91] (**Abb. 37**). Diese Adressen sollten eine »schnelle Beförderung und vorsichtige Behandlung der Fischsendungen durch die Bahn- und Postbeamten« sichern.[92] Was die Etikettierung überdies ikonografisch

(Hg.): *Portable Media. Schreibszenen in Bewegung zwischen Peripatetik und Mobiltelefon*, München 2010, S. 7-27.

89 M. Braun: »Seewasser-Aquarien im Kleinen«, in: *Blätter für Aquarien- und Terrarien-Freunde* 1 (1890) 11, S. 99-100, hier S. 100.

90 Vgl. ebd., S. 554. Vgl. auch Siegert 1993, insb. S. 157.

91 Vgl. Bade 1899, S. 148-149: Die Adressen selbst sind von dem Ausschuß des deutschen Fischerei-Vereins zu Berlin für 50 Pfennige pro 100 Stück zu erhalten.«

92 Ebd.

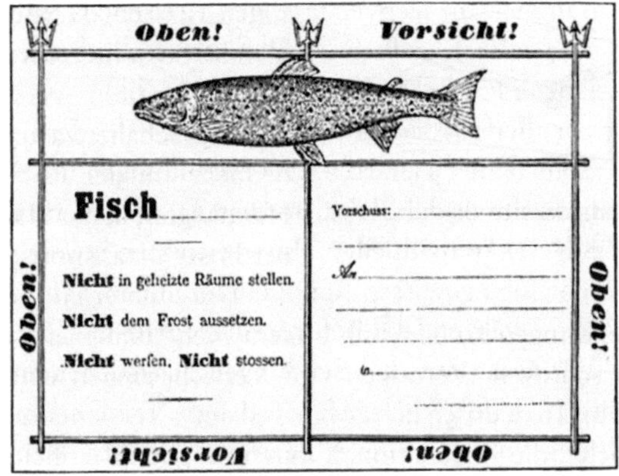

Abb. 37: Standardisierte Paketadresse für postalische Fischsendungen.

vereinheitlichte, war die Diversität der Wasserlebewesen, die nun allesamt unter dem Bild eines roten Lachses subsumiert wurden. Waren die aquatischen Lebewesen durch diese Inskriptionen also einerseits auf einen Blick identifizierbar, geriet im gleichen Zuge ihre individuelle Bezeichnung aus dem Blick.

Wie routiniert die Verschickungen Ende des 19. Jahrhunderts bereits waren, zeigt sich in einem ununterbrochenen Materialfluss. Das galt nicht nur für Wassertiere. Die Post verzeichnete für das Jahr 1877 insgesamt 40000 Sendungen mit lebenden Tieren, schätzte aber angesichts der Tatsache, dass eine Sendung häufig zahlreiche Individuen enthielt, die tatsächliche Zahl auf Millionen.[93] Bei Fischen waren Nitsche zufolge in Deutschland innerhalb von vierzehn Jahren »wohl an 100mal mehr Neuheiten eingeführt worden als in der ganzen anderen Zeit des verflossenen Jahrhunderts«.[94] Obwohl sich aber im Rahmen eines zunehmend globalen Aquarienhandels die Techniken und Abläufe des (Aquarien-)Fischverkehrs zunehmend professionalisierten, mögen diese Entwicklungen doch nicht darüber hinwegtäuschen, dass noch am Ende des 19. Jahrhundert der Transfer aquatischer Lebewesen ein gleichermaßen zeit- und kostenintensives wie prekäres Unterfangen war. So schreibt Nitsche im gleichen Zuge,

93 Anonym 1878, S. 554.
94 Nitsche 1901, S. 7. Für eine Übersicht über die Vielzahl exotischer Zierfische mit Angabe des ersten Importeurs und des Importdatums, vgl. Vereinigte Zierfisch-Züchtereien in Rahnsdorfer Mühle 1914.

es gelte noch immer »in sachverständigen Kreisen als eine anerkannte Thatsache, dass es viel leichter ist Elefanten lebend einzuführen, als einen fingerlangen Fisch«.[95]

Das lag vor allem an den unterschiedlichen Erfordernissen im Umgang mit verschiedenen Tierarten. Die Bemühungen um Standardisierung standen damit vor der Herausforderung, Angaben zu vereinheitlichen und zugleich individuellen Hinweisen zum jeweiligen Umgang mit den Tieren einen gewissen Raum einzuräumen. »In Bezug auf die Pflege der Thiere während der Beförderung dürfte nur etwaigen, durch bezügliche Vermerke auf den Sendungen ausgedrückten Wünschen der Aufgeber [...] Folge geleistet werden«[96], teilte entsprechend die Postverordnung von 1877 ihren Beamten mit. Mit Wünschen über den richtigen Umgang gingen die Versender in der Tat »nicht allzu zurückhaltend« um, heißt es in der Postverordnung weiter. Sie fügten den Sendungen »oft auf rothen oder anderen in die Augen fallenden besonderen Zetteln«[97] eigene Vermerke über die Behandlungsweise der Tiere bei – wenn etwa auf Zugluft, Hitze, regelmäßige Fütterung der Tiere und Durchlüftung des Wassers zu achten sei.

Die Vielfalt neu eingeführter Tierarten und die Ausdifferenzierung des Wissens über ihre Handhabe trieb so eine wuchernde Zettelwirtschaft in Form von angehefteten Vermerken und Hinweisen an den Rändern der Verpackungen hervor. An diesen Mikropraktiken der Beschriftung wird deutlich: Innerhalb der zunehmend vereinheitlichten Standards lassen sich weiterhin individuelle Praktiken und Anpassungen ausmachen, die sich aus den spezifischen Bedürfnissen der aquatischen Sendungen ableiten und auf diese eingehen. Wo der Transfer selbst in den Abläufen, Netzwerken, Transportbehältern zur *Black Box* wurde, machten die externen Zeichen die Erfordernisse zu ihrer Lebens(er)haltung ausführlicher sichtbar. Um zu funktionieren, mussten die Techniken und Abläufe bis zu einem gewissen Grad in der Handhabung flexibel bleiben, um die Tiere *lebend* an ihr Ziel zu bringen. Während somit einerseits die aquatischen Sendungen auf die Fahr- und Zeitpläne der Schifffahrt, der Eisenbahn und der Post eingestellt werden mussten, galt es umgekehrt, die Verkehrs- und Versendungssysteme immer wieder aufs Neue auf die Tiere abzustimmen.

95 Ebd., S. 112.
96 Anonym 1878, S. 558.
97 Als Beispiele nennt der Autor Vermerke wie »›vor Zugluft zu bewahren, vor Kälte (Wärme) zu schützen‹ u. dergl. m.«. Ebd.

Das betraf insbesondere die Beamten, denen die Pflegehinweise angetragen wurden. War einerseits für die Aquarianer die Ausbildung eines logistisch-postalischen Verkehrs-Wissens über Fahrpläne, Routen und mögliche Stockungen unerlässlich, so musste umgekehrt den Postbeamten die Bedürfnisse und er richtige Umgang mit den ihnen anvertrauten Lebewesen mitgeteilt werden. Denn die Tiere (er) forderten »eine von den Regeln des gewöhnlichen Beförderungsdienstes mehr oder minder auf das Gebiet der Thierpflege übergehende Behandlung«[98], wie es im Amtsblatt der Deutschen Reichs-Post- und Telegraphenverwaltung von 1878 heißt. Die Post rühmte sich sogar ob der Expertise und »besondern Fürsorge« ihrer Beamten, die diese den versendeten Tieren bei der Unterbringung und Fütterung angedeihen ließen.[99]

Indem die versendeten Objekte das Personal des Verschickungswesens als Tierpfleger einspannten, zeigt sich auch hier ein gewisses Maß an Durchlässigkeit. Während die Medien und Praktiken der Verschickung die Lebewesen (und ihr Milieu) transformierten, wirkten diese wiederum selbst auf das Wissen, die Medien, Praktiken und Agenten des Transfers zurück. Die Anfänge der Versendung aquatischer Lebewesen von den materiellen, epistemischen und praktischen Bedingungen der Verschickung her zu betrachten, macht so deutlich, wie ihre postalische Mobilisierung – durch materielle Einpassungen und symbolische Einhegungen – das Wissen über die aquatischen Lebewesen und den Umgang mit ihnen veränderte. Gleichzeitig rückt in den Blick, wie die verschickten Objekte die materielle Kultur, die Praktiken und die Akteure, die ihre Verschickung möglich machten, beeinflussten.

98 Ebd., S. 553.
99 Ebd., S. 558.

Aneignen II

Wasser und Glas. Der Traum von Transparenz

Traum von Transparenz: Glas

Aquarien dienten dazu, Lebewesen der Beobachtung unmittelbar und uneingeschränkt zugänglich zu machen. Das materielle Substrat der Durchsicht bildete der gläserne Behälter. Das Aquarium war von Anfang an mit dem Phantasma einer absoluten Transparenz verbunden. Gemeinsam mit der Museumsvitrine, dem Zimmergewächshaus und vielen weiteren zeitgenössischen Glaskästen steht das Aquarium in einem größeren Kontext viktorianischer Glaskultur[1], die dem 19. Jahrhundert den Titel »Crystal Age« eingebracht hat und sich in einer beispiellosen wissenschaftlichen und gesellschaftlichen Konjunktur des Materials ›Glas‹ manifestierte. Diese Glaskultur, für die eine allumfassende Symbolik kristalliner Sphären symptomatisch war, fand ihre materielle Verkörperung ebenso im modernen Laborglas wie im Londoner *Crystal Palace*[2] und unzähligen Miniaturvarianten von »crystal palaces, crystal fountains, crystal gardens, crystal candelabra, crystal aquaria, and crystal milk-pans«.[3]

Dieser Aufschwung verdankte sich hauptsächlich dem industriellen Wandel in der Glasproduktion und -verarbeitung im Laufe des 19. Jahrhundert. Bereits zu Beginn des Jahrhunderts hatte eine zunehmende Öffnung des Glashandels stattgefunden, maßgeblich beflügelt durch die Abschaffung der Glas- und Fenstersteuer, die in Großbritannien seit Ende des 17. Jahrhunderts eingeführt war. Durch

1 Isobel Armstrong: *Victorian Glassworlds. Glass Culture and the Imagination 1830-1880*, Oxford u.a. 2008, insb. S. 1-18, 133-166.

2 Zur Geschichte des Crystal Palace vgl. Patrick Beaver: *The Crystal Palace, 1851-1936. A Portrait of Victorian Enterprise*, London 1970; Jane Shadel Spillman: *Glass from World's Fairs, 1851-1904*, Corning 1986.

3 Anonym: »The Aquarium«, in: *Fraser's Magazine* 50 (1854) 296, S. 190-203, hier S. 190. Wardian Cases wurden auch »crystal palaces for home« genannt. Vgl. Hibberd 1857, fortgesetzt in *National Magazine* 1 (1857) 4, S. 221.

den Wegfall der Taxe im Jahr 1845 sank der Preis für gewöhnliches Fensterglas, das für Wohnhausfenster, Gewächshäuser und Wintergärten verwendet wurde, rapide.[4] Wurde einerseits Glas zunehmend industriell hergestellt, verbesserte sich zugleich, wie Kijan Espahangizi darlegt, die Glasverarbeitung durch die Erfindung des Pressglases, die Entwicklung neuer Glasziehverfahren und die beginnende Mechanisierung. Auch die sinkende Abhängigkeit der Glasindustrie von regionalen Rohstoffressourcen durch den Ausbau neuer Transportmöglichkeiten und Verkehrswege und nicht zuletzt die Entwicklungen der technischen Chemie waren für den Aufschwung der Glasindustrie bedeutsam.[5] Hierdurch veränderten sich zugleich die materialen Charakteristiken von Glas, das sichtbar glatter und schlierenfreier wurde. Diese Eigenschaften wurden unter dem Schlagwort der Transparenz zusammengefasst und erwiesen sich für das Aquarium als Objekt und Wissensfigur gleichermaßen zentral. Am Aquarium als gläsernem Medium lassen sich somit exemplarisch die Bedeutungszuschreibungen und Stoffimaginationen ablesen, die dem Material Glas Mitte des 19. Jahrhunderts zukamen.

Von Anfang an verband sich mit dem Aquarium das Phantasma einer *absoluten* Transparenz. Augenfällig wird dies in Vergleichen mit anderen zeitgenössischen Einschließungsräumen der Tierhaltung, welche die Aquaristik gern als Negativfolie ins Feld führte: Während sich bei Vogelkäfigen oder Zoogehegen die Gitterstäbe unübersehbar ins Blickfeld der Betrachter drängten, biete das Aquarium einen ungestörten, ja unmittelbaren Einblick. Im Zoo ließ am Übergang zum 20. Jahrhundert der weltweit tätige Tierhändler Carl Hagenbeck dies unter der Bezeichnung »naturwissenschaftliches Panorama« patentieren, mit denen er die Gestaltung von Zootiergehegen grundlegend

4 Die Glassteuern, die Ende des 17. Jahrhunderts eingeführt worden waren, betrafen hauptsächlich die Mittel- und Oberschicht, da sie erst bei (Privat-)Gebäuden mit sieben oder mehr Fenstern fällig wurden. Vgl. Eugène-Melchior Péligot: *Le verre. Son histoire, sa fabrication*, Paris 1877, S. 397; vgl. auch Armstrong 2008; sowie Theodore Cardwell Barker: *Pilkington. An Age of Glass. The Illustrated History*, London 1994; Wilhelm Stein: »Die Glasfabrikation«, in: Peter Bolley (Hg.): *Handbuch der chemischen Technologie*, Braunschweig 1869, S. 148-190.

5 Espahangizi 2010, S. 109-113. Zur Rolle von Glas in der historischen Laborforschung vgl. ders.: »The Twofold History of Laboratory Glassware«, in: Mathias Grote, Max Stadler, Laura Otis (Hg.): *Membranes, Surfaces and Boundaries. Interstices in the History of Science, Technology and Culture*, Berlin 2011, S. 17-33.

transformierte.[6] Die Gitterstäbe durch Gräben zu ersetzen, die unterhalb der Sichtachse des Betrachtenden lagen, sollte in den neuen Freigehegen einen von optischen Hindernissen befreiten, barrierefreien Blick ermöglichen. Im Aquarium war es das Glas, welches das Phantasma einer optischen Unmittelbarkeit nährte.

Das Phantasma absoluter Transparenz bezog sich gleichermaßen auf die Klarheit, Schlierenfreiheit und Planheit des Glases, wodurch das Bild der Aquarientiere ohne Größen- und Formverzerrungen vermittelt zu werden versprach. Die Ästhetik des Aquariums ist damit von einem Anästhetisch-Werden des Mediums bestimmt, das im Vollzug der Sichtbarmachung selbst unwahrnehmbar wird. Das hing mit der Abwertung des Goldfischglases durch die Aquarianer zusammen. Bereits in Waringtons Vorstellung des *balanced aquarium* war die Ablehnung dieser früheren Form der Fischhaltung präsent, wurde dort aber zunächst auf die Ebene der Stoffkreisläufe bezogen. Im Gegensatz zum *balanced aquarium* wurde das Manko des Goldfischglases darin gesehen, dass in ihm nur einzelne Tiere ohne Pflanzen gehalten wurden, weshalb der Sauerstoff schnell knapp wurde und daher regelmäßige Wasserwechsel erforderlich waren. Auch war die runde Form den Aquarianern ein Dorn im Auge, da »die Kugelform eine für die Beobachtung ungünstige ist, und auf die Erscheinung des Fisches einen nachtheiligen Einfluß ausübt«.[7] Damit war vor allem die optische Verzerrung, eine »distortion in the vision of the fish«[8] gemeint, die die runden Gefäße durch ihre Wölbung hervorbrachten. Als *Forschungs*instrument erschienen den Aquarianern die runden Behälter, wie sie exemplarisch das Goldfischglas oder die umfunktionierten Schusterglocken und später die Kelchaquarien verkörperten, gänzlich ungeeignet.[9] Zu groß schien ihr materieller und medialer Eigensinn; zu leicht drohten sie jenen aquaristischen Objektivitätsanspruch zu unterwandern, dem jede optische Verzerrung durch das Medium als epistemische Entstellung galt. Denn sobald das Aquarienglas die ihm inhärente Spannung zwischen Materialität und Medialität selbst sichtbar machte, war die Vorstellung eines neutralen Blickdispositivs gestört: »The rays of light, in passing through their rounded sides,

6 Zu Hagenbeck und allgemeiner zur Geschichte von Zoogehegen vgl. Christina May: »Hagenbecks Tierpark zwischen Utopie und Ökologie«, in: Sylvia Butenschön (Hg.): *Garten – Kultur – Geschichte*, Berlin 2011, S. 123-128.

7 Anonym 1852b, S. 222.

8 Anonym 1852c, S. 7.

9 Für eine Typologie der verschiedenen damals gängigen Behälterformen vgl. beispielsweise Bade 1896, insb. S. 6-19 zu den »Formen für Aquarien«.

distort the objects contained in them, and often give the observer very indistinct notions of their form and size«[10], klagte entsprechend Edwin Lankester, Professor der Naturgeschichte in London. Dabei ging es um mehr als nur eine Irritation des Blicks aufgrund optischer Vergrößerungseffekte, wie ein Zitat des Aquarianers Brigham zeigt: »[A] very small and finely shaped fish, in an instant becomes a giant more or less deformed.«[11] In der Verzerrung lauerte die Gefahr der Einbildungskraft: »Don't dream of gold-fish globules; they are ridiculous. They magnify and distort, change harmless fishes into fiery dragons, and make monstrous everything within them.«[12] Das Aquarium als Wunschmaschine zu verstehen, wie es die bürgerliche Salonkultur und die Literatur wenig später taten, stand im frühen Aquariendiskurs nicht zur Debatte.

Von der Materialität des Glases und seiner Form hing also ab, ob der betrachtete Inhalt als Zusammenschau von Wissensobjekten oder als monströses Bestiarium zu werten sei. Das Aquarienglas sollte die unbekannten Tiere der Tiefsee entzaubern, indem sie es dem forschenden Blick naturgetreu zugänglich machte; es vermochte sie aber ebenso gut zu *ver*zaubern und damit das Aquarium in sein eigenes Zerrbild zu verwandeln. Der Materialität des Glases schrieben die Aquarianer somit eine Form der *agency* zu, was in der hierarchisch organisierten Typologie der Behälterformen in ihren frühen Schriften seinen Ausdruck findet. Möglichst plane und schlierenfreie Glasscheiben standen auf dem Programm einer sich als Forschungsgemeinschaft deklarierenden Aquaristik, die mit dem Aquarium einen visuellen Objektivitätsanspruch verband.

Die dem Material zugeschriebene Eigenschaft der Transparenz spielte zugleich der Vorstellung vom Glas als quasi-immaterieller Substanz in die Hände, wie Isobel Armstrong darlegt:

> »Transparency is something that eliminates itself in the process of vision. It does away with obstruction by not declaring itself as a presence. But the paradox of this self-obliterating state is that we would not call it transparent but for the presence of physical matter, however invisible – its visible invisibility is what is important about transparency. It must be both barrier and medium.«[13]

10 Lankester 1856, S. 15.

11 Brigham 1869, S. 133.

12 Anonym: »Aquariums – No. 1«, in: *Godey's Lady's Book* 54 (1857), S. 525-526, hier S. 526.

13 Armstrong 2008, S. 11.

Diese Beschreibungen gläserner Architekturen als entmaterialisierte wirkten auch auf das Aquarium ein und beförderten eine Vorstellung vom Aquarienbehälter als gleichsam neutralem Medium, der einen unverzerrten, objektiven Einblick gewähren und gewährleisten sollte. Die Transparenz ließ also gerade *als* Materialeigenschaft die Materialität des Glases – und damit die materielle Grundlage des Aquarienblicks – unsichtbar werden. Das Phantasma der Transparenz erweist sich somit als Dreh- und Angelpunkt der medialen Funktion des Aquariums. Denn hierüber war es mit dem Postulat unvermittelter Ein-Sicht in den Unterwasserraum verknüpft, die bis auf den Grund der Dinge vorzudringen suchte.

Eben dies findet sich auch in den frühen Aquarienschriften wieder, in denen die Geste der Entbergung in eine visuelle Metaphorik der Transparenz gekleidet war, wenn es hieß: »Mit der Zeit wird die Tiefe des Meeres, durchsichtig auf unserem Tische, uns noch manche seltsame Naturgeschichte erzählen.«[14] Das Sprechen ist hier an das Meer selbst delegiert. An die Stelle des Vermittlungsaktes (durch das Aquarium) tritt das Bild einer selbstevidenten, sich unmittelbar zu sehen gebenden Natur. Die hierin enthaltene aufklärerische Ambition findet in der Durch-Sicht des gläsernen Blickdispositivs ihren fassbaren Ausdruck – und eben hierin liegt die anästhetische Seite des Mediums Aquarium.[15] Als durch-sichtiges Medium macht es sich im Vollzug der Sichtbarmachung seines Inhalts *als* Medium selbst vergessen. Damit erscheint es als Medium *par excellence*.

Traum von Transparenz: Wasser

Eine weitere Bedingung für die Sichtbarkeit der Lebewesen im Aquarium bildete die Klarheit des Wassers. Darauf, dass das Wasser hier – ebenso wie die Glaswände – mit dem Ideal vollkommener Transparenz assoziiert wurde, verweisen bereits die frühen Lithografien Philip Henry Gosses (**Tafel I** und **II**), die eine Unsichtbarkeit des flüssigen Stoffes in Szene setzen. Die von jedem Aquarianer angestrebte

14 Anonym 1854b, S. 392.

15 Als anästhetische Seite von Medien bezeichnet Joseph Vogl das ›Unsichtbarwerden‹ im Vollzug des Zeigens: »Medien machen lesbar, hörbar, sichtbar, wahrnehmbar, all das aber mit einer Tendenz, sich selbst und ihre konstitutive Beteiligung an all diesen Sinnlichkeiten zu löschen und also gleichsam unwahrnehmbar, anästhetisch – oder auch: apriorisch – zu werden.« Vogl 2001, S. 122.

»transparent clearness«[16] war zugleich epistemisch, ästhetisch und hygienisch kodiert. So war möglichst klares Wasser zunächst schlicht die Bedingung des (Ein-)Blicks ins Aquarium. Gemeinsam bildeten Wasser und Glas eine doppelte mediale Anordnung, die sich wortwörtlich durch-schauen lassen sollte. Wenn die Aquarianer von »water of crystalline clearness«[17] und »brilliantly crystalline [water]«[18] schreiben, so reihen sie sich nahtlos in die zeitgenössische Semantik des Kristallinen und Gläsernen ein, die beide Stoffe in einer Ästhetik des Diaphanen zusammenschloss. Wasser wurde in Analogie zum Glas beschrieben und umgekehrt. Beide Stoffe, flüssig und fest, firmierten gemeinsam unter dem Signum der Durchsichtigkeit.

Darüber hinaus war in der Aquarienhaltung von Anfang an die Transparenz an hygienische Fragen um ein ›gesundes‹ Aquarium gekoppelt. Verband sich also über die Eigenschaft der Transparenz mit dem Aquarium erstens ein epistemischer Anspruch der totalen Ein-Sicht und zweitens eine Ästhetik des Diaphanen, so wurden beide drittens über den Kurzschluss von Transparenz und Reinheit mit einem hygienischen Programm verknüpft. Nur in klarem Wasser, »brilliantly clear and healthy«, konnten die Lebewesen ›gesund‹ gehalten werden.[19] Das machte viel Arbeit. Vor der Füllung des Behälters sollte das Wasser gefiltert werden, um »völlig reines Wasser zu erlangen«.[20] Ab dann musste es täglich durchlüftet, bewegt, inspiziert werden. Nichtsdestotrotz wurde die kristallene Transparenz[21] des Aquarienwassers immer wieder durch eine »muddy impurity«[22] gestört. Damit ist jene Form der ›Verunreinigung‹ benannt, die den Aquarianern wohl am meisten zu schaffen machte. Trübes Wasser erschien Gosse, Warington und Co. dabei nicht nur als nebensächliches Abfallprodukt, sondern als eklatanter Störfaktor. Zunächst verstellte es dem Beobachter die Sicht. Zudem wurde die Trübung des Wassers als ein sichtbares Zeichen für eine Anstauung organischer Reste gehandelt: »Die größte Gefahr für das Gedeihen eines Aquariums«, warnte Emil Adolf Roßmäßler,

16 Gosse 1854a, S. 280. Zur ästhetischen Dimension der Transparenz von Glas und Wasser vgl. auch Peter Berz: »Biologische Ästhetik«, in: *Trajekte. Zeitschrift des Zentrums für Literatur- und Kulturforschung Berlin* 17 (2008), S. 17-24.

17 Gosse 1852, S. 264.

18 Gosse 1854a, S. 265.

19 Lloyd 1876, S. 264; vgl. auch Hughes 1875, S. 48-49.

20 Hess 1886, S. 14. Vgl. auch Langer 1877, S. 15-16.

21 Bei Gosse heißt es »crystalline transparency and purity«, Gosse 1854a, S. 284-285.

22 Anonym 1857a, S. 525.

»liegt in dem Verderben des Wassers durch das Faulen darin gestorbener Thiere. Dieses Verderben [...] giebt sich durch eine Trübung des Wassers kund.«[23] Das Wasser wurde im Aquarium somit erst auffällig, ja überhaupt erst sichtbar, wenn es sich trübte. Ebenso wie seine Klarheit und Farblosigkeit ein ›gesundes‹ Aquarium anzeigten, fungierte auch die Verunklarung als dechiffrierbares Zeichen – in diesem Falle als Indikator einer Überproduktion verwesender Stoffe und dadurch ausgelöst eine schlechte Sauerstoffversorgung. »The first symptom«, schreibt Gosse über diesen graduellen, jedoch oftmals fatalen Trübungsprozess, »is a slight dimming of the crystal translucency, which if unchecked soon increases to a milky whiteness, [...] and terminated in the death of the whole animal collection«.[24] Was dem Einblick hinderlich war, erwies sich somit vom Standpunkt der Aquarienhygiene als Anzeichen eines umgekippten Gleichgewichts. Im Aquarium sind damit der Schlamm und die durch ihn verursachte Trübung in eine visuelle Politik des ›Schmutzigen‹ eingeschrieben, in der sich zugleich eine symbolische (Un-)Ordnung ausdrückt und die sich im Aquarium auf stofflicher und visueller Ebene manifestiert. Im Aquariendiskurs galt: »Schmutz verstößt gegen Ordnung«.[25]

Entsprechend entwickelte die Aquarientechnik für den Heimgebrauch ein ganzes Arsenal spezifischer Gerätschaften, mit denen der Verschlammung im Aquarium (als Ursache der Wassertrübung) zu Leibe gerückt wurde. »Schmutzheber« aus Glas dienten dazu, den Bodensatz (also Futterreste, verweste Pflanzenteile und Ähnliches) zu entfernen; mit Bürsten und Scheibenreiniger wurden die an den Glasscheiben haftenden Algen eliminiert und für die Entsorgung to-

23 Roßmäßler 1857, S. 7.

24 Gosse 1855, S. 25.

25 Mary Douglas: *Reinheit und Gefährdung* [1966], Berlin 1985, S. 17. Douglas hat bereits lange vor Bruno Latour eine Studie zu ›Reinigungsarbeiten‹ vorgelegt. Sie untersucht darin Reinigungsrituale und Essvorschriften aus anthropologischer Perspektive im Rahmen symbolischer Handlungen und Ordnungen, die durch ›Reinigungsarbeit‹ bestimmte Klassifikationsschemata und Ordnungen aufrecht erhalten bzw. erst konstituieren. Auf diesen Zusammenhang verweist auch die Wortbedeutung von »rein«: War »Reinigkeit« bis Mitte des 18. Jahrhunderts vornehmlich eine christliche Tugend, wechselte sie mit ihrer Säkularisierung hin zur bürgerlichen Tugend zugleich das Register von der religiösen zur moralischen Ebene. Vgl. Manuel Frey: *Der reinliche Bürger. Entstehung und Verbreitung bürgerlicher Tugenden in Deutschland, 1760-1860*, Göttingen 1997, S. 12

ter Tiere kamen spezielle Holzpinzetten zum Einsatz.[26] Hier wird deutlich, was alles als »Verschmutzung« oder als störende Elemente gewertet wurde. Die händischen oder technischen Putzarbeiten bilden die praktische Seite jener ›Reinigungsarbeit‹, mittels derer im Aquarium eine Reinheits-Ordnung immer wieder neu hergestellt werden musste. Entsprechend bezeichnete Charles Dickens, selbst ausgewiesener Experte literarischer Zustandsbeschreibungen der Londoner Umweltverschmutzung,[27] das Entfernen toter Tier- und Pflanzenreste im Aquarium als »active sanitary supervision«.[28] Im Aquarium kamen auf genuine Weise zwei Formen der ›Reinigungsarbeit‹ zusammen, dienten doch die Putzarbeiten an den materiellen Glasgrenzen zugleich einer differenzierten Einsicht in die dargebotenen Dinge. Das klare Wasser sollte die Tiere und Pflanzen einer ebenso klaren und distinkten Erkenntnis zugänglich machen. Auf visueller Ebene ging mit dem Ideal vollkommener Transparenz und Klarheit folglich das Phantasma einer klaren Identifizierbarkeit und Differenzierbarkeit der Objekte einher.

Mit der Trübung verkehrten sich diese Sichtbarkeits- und damit auch die Ordnungsverhältnisse: das Wasser, das ›unsichtbar‹ bleiben sollte, wurde evident und verdeckte zugleich alles, was das Aquarium zu enthüllen angetreten war. Mit dieser Verunklarung, ja Verunmöglichung des Sehens wurden das Wasser und der von ihm nicht mehr sauber zu trennende Schlamm somit zu Akteuren. Was im Aquarium als durchsichtiges und gleichsam körperloses Medium gehandelt wurde, rückte durch die Trübung in seiner Materialität in den Blick. Vom quasi-immateriellen Medium wurde das Wasser zum sichtbaren Stoff und dadurch zum Blickfang: Sobald in der Trübung die Stofflichkeit des vermeintlich Substanzlosen nicht mehr übersehen werden konnte, wurde der »green slimy matter«[29] zum ›matter of fact‹. Und weil im Aquarium die Lebewesen und ihre Umgebung nicht voneinander zu trennen waren, zerstörte die Evidenz des Mediums die Evidenz des von ihm Gezeigten. Das trübe Wasser drohte das Ideal eines erkennenden

26 Für eine ausführliche Beschreibung der Reinigungspraktiken und -instrumente vgl. beispielsweise Hermann Lachmann: »Süßwasser-Zimmer-Aquarien, ihre Herstellung und Einrichtung«, in: *Blätter für Aquarien- und Terrarien-Freunde* 2 (1891) 4, S. 36-40; sowie Anonym: »Metalldrahtbürsten zum Reinigen der Aquarium-Scheiben«, in: *Blätter für Aquarien- und Terrarien-Freunde* 3 (1891) 6, S. 55-56.

27 Vgl. etwa Charles Dickens: *Bleak House*, London 1852-53.

28 Charles Dickens: »Sea Views«, in: *Household Words* 9 (1854) 225, S. 506-510, hier S. 508.

29 Bereits Robert Warington bezeichnete ja die schlammige Schicht in seinem Aquarium als »green slimy matter«. Warington 1851, S. 53.

Blicks, der einzelne Objekte und Zusammenhänge eindeutig zu identifizieren und klassifizieren suchte, zu sabotieren, denn die Formen der einzelnen Objekte wurden im Moment der Trübung abermals »vague and confused«.[30] Gleichzeitig machte die distinkte Erkenntnis das Medium in seiner Unsichtbarkeit sichtbar – und evident. Die Trübung der (Sicht-)Verhältnisse im Aquarium können damit als ›Verunreinigungsarbeit‹ im besten Sinne bezeichnet werden, die mit dem Schlamm auch ein ›schlammiges‹ Wissen in das Aquarium einführt, welches das etablierte Paradigma eines ›reinen‹ Wissens auf mehreren Ebenen infrage stellt. Hierdurch geriet die Vorstellung einer Transparenz und eines unvermittelten Einblicks ins Wanken und damit einhergehend das Ideal eines Blicks, der Lebewesen und Umgebung durch säuberliche Trennung eindeutig zu identifizieren vermag.

30 So sah bereits Philip Henry Gosse den Einsatz des Aquariums in der Ermöglichung eines differenzierten und eindeutig identifizierenden Blicks auf lebendige Wasserwesen, um so die Ungenauigkeiten einer schrift- und bildvermittelten oder mit konservierten Exemplaren hantierenden Naturkunde auszutreiben.

Ins Bild bannen II

Aquarienfotografien. Medienverbünde zwischen visueller Beherrschung und Verschwommenheit

Im ausgehenden 19. Jahrhundert wurde der Aquarienblick technisch weiter aufgerüstet, als die Fotografie mit dem aquaristischen Blickdispositiv einen neuen Medienverbund einging. Ab den ersten Aquarienaufnahmen war der Blick in den Unterwasserraum unter die doppelte mediale Bedingung des Aquariums und der Fotografie gestellt. Firmierte der gläserner Behälter als Blickdispositiv, das einen neuartigen Einblick in den Unterwasserraum ermöglichte, so versprach die Allianz von Aquarium und fotografischem Verfahren noch einmal gänzlich neue Einsichten in das Leben unter Wasser.

Lebende Tiere in der freien Wildbahn abzulichten, blieb bis ins späte 19. Jahrhundert ein Vorhaben, dem die schwere fototechnische Ausrüstung, lange Belichtungszeiten und fehlendes künstliches Blitzlicht enge Grenzen setzten. Bei Vögeln und anderen Landlebewesen versuchte man diese Probleme teils zu umgehen, indem ausgestopfte Exemplare in ihrem ursprünglichen Lebensraum aufgestellt und in lebensechten Posen und Settings abfotografiert wurden.[1] Dies erwies sich bei Wassertieren als ungleich schwieriger, da sich durch den Alkohol meist Form und Farbe veränderte und ein Rücktransfer vom Konservierungsglas in ihre ursprüngliche Umgebung kaum möglich war. Fotografische Unterwasseraufnahmen *in situ* waren wiederum zu dieser Zeit noch absolutes Neuland, zudem schwerer zugänglich und mit wietaus größerem Zeit- und Kostenaufwand sowie unschärferen Bildergebnissen verbunden. Das Aquarium bot daher die einzigartige und zugleich naheliegende Möglichkeit, *lebende* Wassertiere *in* einer aquatischen Umwelt fotografisch festzuhalten. Auf beiden Seiten des

1 Vgl. Matthew Brower: »›Take Only Photographs‹. Animal Photography's Production of Nature Love«, in: *Invisible Culture* 9 (2005) [https://www.rochester.edu/in_visible_culture/Issue_9/issue9_brower.pdf, zuletzt gesehen am 27.3.2018].

Atlantiks wurden daher in den 1890er Jahren zu illustrativen und wissenschaftlichen Zwecken vermehrt Versuche angestellt, die Lebewesen des Wassers fotografisch einzufangen. Diese Praxis ging zunächst – schon wegen des teuren Equipments – vor allem von zoologischen Stationen aus und wurde dann von Amateuren aufgegriffen.[2] Aquarien wurden so zu Experimentalräumen fotografischer Praxis und umgekehrt die Fotografie zum Experimentierfeld der Aquaristik. Wie wurden solche Aufnahmen praktisch hergestellt und welches neue Wissen ging aus diesen Prozessen hervor? Inwiefern mussten Aquarium und Fotografie, um gemeinsam Erfolg zu haben, auf die Bedürfnisse, Bewegungen und Verhaltensweisen der Lebewesen eingehen oder aber die Tiere den Bedingungen beider Medien unterworfen werden?

Die Mühen visueller Aneignung

Mit der Aquarienfotografie waren von Anfang an große Erwartungen verknüpft. Gegenüber den bislang verfügbaren Bildmedien barg die Fotografie das Versprechen, die aquatischen Lebewesen in bis dato ungekannter Detailtreue, Schärfe und Genauigkeit abzubilden – ein Anspruch, der für den frühen Fotografiediskurs allgemein symptomatisch war.[3] Damit wurden für die Fotografie dieselben epistemischen Vorzüge ins Feld geführt, welche die Aquarianer vormals den Zeichnungen ›nach dem Leben‹ zugesprochen hatten.[4] Während Letztere sich nun häufig dem Vorwurf subjektiver Verzerrung gegenüber sahen, wurde der automatischen Registrierung des fotografischen Ver-

2 Um 1899 druckten auch die *Blätter für Aquarien- und Terrarien-Freunde* Aquarienfotografien ab. 1908 wurde beim ersten Preisausschreiben des Bundes der Aquarien- und Terrarienfreunde ein mit 30 Mark dotierter Preis für »die wertvollste photographische Aufnahme aus dem Tierleben« ausgeschrieben. Vgl. Anonym: »Erstes Preisausschreiben des Bundes der Aquarien- und Terrarienfreunde«, in: *Blätter für Aquarien- und Terrarienkunde* 19 (1908) 2, S. 13.

3 Detailtreue und Schärfe gehörten zu den zentralen Topoi der frühen Fotografie, wie Peter Geimer ausgeführt hat. Exemplarisch seien hieraus die Formulierungen zweier zeitgenössischer Kunstkritiker zitiert, welche die »Reinheit der Formen«, »treue Wahrheit« und »unglaubliche Genauigkeit« der Daguerreotypie lobten. Ludwig Schorn, Eduard Kolloff: »Der Daguerreotyp«, in: Wolfgang Kemp (Hg.): *Theorie der Fotografie*, Bd. 1, München 1980, S. 56-59, hier S. 56-57. Vgl. auch Peter Geimer: *Bilder aus Versehen. Eine Geschichte fotografischer Erscheinungen*, Hamburg 2010, S. 66; Walter Koschatzky: *Die Kunst der Photographie. Technik, Geschichte, Meisterwerke*, Salzburg/Wien 1984.

4 Vgl. hierzu das Kapitel »Ins Bild bannen I« in diesem Buch.

fahrens »absolute Naturwahrheit«[5] zugesprochen. Diese Ansicht vertrat vehement der Braunschweiger Museumsassistent Hermann Meerwarth, der sich auch als Jäger, Naturkundler und Fotograf betätigte. Seine populärwissenschaftliche Bildbandreihe *Lebensbilder aus der Tierwelt*, die er zwischen 1908 und 1912 herausgab, avancierte zu einem Standardwerk der Tierfotografie.[6] Viele priesen wie Meerwarth die fotografische Aufnahme als »einzig unanfechtbare« Methode aquaristischer Bildproduktion. Befreit von den Ungenauigkeiten, welche die Hand des Zeichners oder Koloristen stets einzubringen drohten[7], arbeiteten die Kamera und die Platte »nach physikalischen und chemischen Gesetzen ›objektiv‹«.[8] Hier klingt das Phantasma einer »mechanischen Objektivität«[9] an, das im Verbund von Fotografie und Aquarium große Wirkmacht entfaltete. Obwohl Meerwarth in diesem Sinne jede Form der Retusche ablehnte, griff er in die Situation und das Arrangement *vor* der Kamera direkt ein und empfahl das Gleiche seiner Leserschaft. Daran werden der technische Aufwand und die Mühen ersichtlich, die notwendig waren, um den Aquarieninhalt zum Bildmotiv zu disziplinieren. »Jeder Aquarienfreund hat nun wohl sein Aquarium«, schrieb Meerwarth, »doch dürfte es immerhin ziemlich eingreifender Veränderungen bedürfen, um für photographische Zwecke tauglich zu werden.«[10] Das Aquarium musste also für die fotografische Aufnahme umfunktioniert und in ein »special photographing aquarium«[11] transformiert werden.

5 Hermann Meerwarth: *Photographische Naturstudien. Eine Anleitung für Amateure und Naturfreunde*, Esslingen/München 1905, S. 1. Auch Ernst Bade zufolge hielt der fotografische Apparat gerade deshalb Einzug in die Naturforschung »weil es keinen zuverlässigeren und korrekteren Zeichner als ihn gibt«. Ernst Bade: *Handbuch für Naturaliensammler. Eine Praxis der Naturgeschichte*, Berlin 1913, S. 17.

6 Hermann Meerwarth: *Lebensbilder aus der Tierwelt*, Leipzig 1909-1912.

7 Vgl. Dance 1978, S. 146.

8 Vgl. Köhler: »Lebensbilder aus der Thierwelt«, in: *Blätter für Aquarien- und Terrarienkunde* 19 (1908) 29, S. 386-387, hier S. 386.

9 Vgl. Daston/Galison 2007, S. 121-200. Die Fotografie wurde als eine der Technologien gehandelt, die als mechanische Reproduktion dem Anspruch einer »mechanischen Objektivität« genügen sollten: »[A] near-fanatical effort to create [...] images that were certified free of human interference«. Lorraine Daston, Peter Galison: »The Image of Objectivity«, in: *Representations* (1992) 40, S. 81-128, hier S. 81. Nichtsdestotrotz hatte in der Praxis die Zeichnung und das auf ihr basierende Verfahren der Lithografie neben der Fotografie weiterhin Bestand.

10 Meerwarth 1905, S. 59.

11 Innes 1917, S. 206.

Während bei den Lithografien das Abzubildende im Nachhinein auf dem Blatt (an)geordnet wurde, arrangierte der Fotograf im Vorhinein.[12] Eben hierfür bot die Aquarienfotografie im Gegensatz zu den kurz darauf erprobten *in situ*-Aufnahmen unter Wasser beste Voraussetzungen, indem das Arrangement beliebig manipuliert werden konnte, um die Tiere ins rechte Licht zu rücken und möglichst scharf zu stellen. Der Vorteil und das Hauptmerkmal der Aquarienfotografie lag somit im Grunde weniger im selbstaufschreibenden ›objektiven‹ Aufzeichnungsverfahren, wie Meerwarth propagierte, als vielmehr darin, dass es einen überschaubaren, handhabbaren Raum und die Möglichkeit ausgiebiger Manipulation bot.

Um scharfe Aufnahmen von Wassertieren zu erhalten, war zunächst einiges an technischem Aufwand erforderlich. Die spezifischen Vorkehrungen bei Fotografien ›nach lebenden Tieren‹ hingen mit den spezifischen Eigenschaften der wässrigen Umgebung der Tiere zusammen. Da die Bildschärfe durch die lichtabsorbierende Eigenschaft des Wassers beeinträchtigt wurde, machten die Aufnahmen den Einsatz starker Lichtquellen erforderlich.[13] So stellte sich der Fotografie, diesem Medium des Lichts, angesichts des Aquariums die Frage der Dunkelheit. Um dem häufig trüben Aquarienwasser, das hierdurch umso mehr Licht schluckte, fotografische Einsichten abzuringen, musste der Aquarieninhalt am besten radikal ausgeleuchtet werden. Entweder suchten die Fotografen dafür die Helligkeit der Mittagssonne auf, wofür sie die gesamte experimentelle Anordnung inklusive Aquarium und fotografischer Ausrüstung in den Außenraum verlegen mussten. Das war allerdings bei fest installierten Aquarienanlagen etwa in Zoologischen Stationen kaum möglich. In Innenräumen nutzten die Fotografen daher künstliches Blitzlicht – damals in der gebräuchlichen Form brennenden Magnesiums – als Lichtquelle. Bei Magnesiumblitzen handelt es sich um Offenblitze, bei denen das Öffnen des Verschlusses, das Blitzen und das Verschließen manuell erfolgen. Die Synchronisation von Blitz und Kamera geschieht von Hand.[14] Für Aquarienfotografien wurde die Blitzlichtlampe in einem möglichst

12 Sieht man vom nachträglichen Retuschieren der Fotografien ab, was jedoch an der Verschwommenheit wenig zu ändern vermochten.

13 Vgl. Bade 1913, S. 27: »Ein schwierigeres Kapitel der Tierphotographie ist [...] die Fischphotographie nach lebenden Tieren, da hier die Aquarienscheibe und die Wasserfläche sehr viel Licht verschlucken, wodurch in vielen Fällen die Bildschärfe erheblich beeinträchtigt wird.«

14 Vgl. Katja Müller-Helle, Florian Sprenger: »Einleitung«, in: dies. (Hg.): *Blitzlicht*, Zürich 2012, S. 7-33, hier S. 15.

abgedunkelten Raum auf einem Stativ kurz hinter dem Objektiv und etwas tiefer als der fotografische Apparat aufgestellt (**Abb. 38**) und im richtigen Moment das Magnesium entzündet. Dennoch blieben gewisse Unwägbarkeiten. Auf Seiten der technischen Apparatur war die Lichtmenge durch die Dauer und Intensität des Magnesiumblitzes von Luftströmen beeinflusst und daher schwer zu kontrollieren.

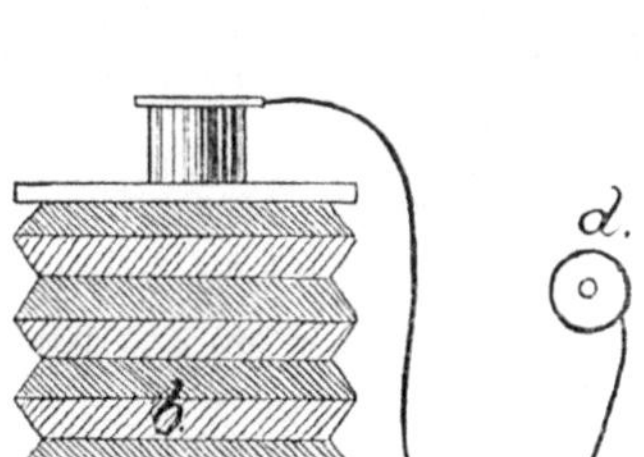

Abb. 38: Aufstellung von Objektiv, Kamera und Blitzlichtlampe bei Aquarienfotografien.

Zudem ließen sich die Wassertiere schwerlich als Fotomotiv oder besser gesagt *zum* Fotomotiv erziehen und hielten nicht unter allen Umständen still. Die Fotografen mussten daher häufig stundenlang still vor den Aquarienbehältern verharren, bis sich ein geeigneter Aufnahmemoment bot. War der Fotograf somit zunächst angehalten, sich auf die Tiere, ihr Verhalten und ihre Ruhezeiten einzustellen, so doch freilich nur, um sie anschließend durch das Blitzlicht schonungslos in ihrer Ruhe zu stören. Der metallische Staub, den der Magnesiumblitz verursachte, drohte außerdem mit seinen schädlichen Substanzen ins Aquarium zu gelangen. Die Blitzlichtaufnahme stellte damit eine Form der Aneignung dar, die ähnlich den Aquarienlithografien aus Gosses *The Aquarium* (**Tafel I**) eine neue visuelle Beherrschbarkeit der Wasserwesen versprach, indem sie diese ins Licht tauchte. Die Aufnahmen hatten indes gegenüber den Lithografien den Nachteil, dass jeweils nur derjenige Teil des Objekts richtig belichtet wurde, der unmittelbar ins Blitzlicht getaucht war, während alles andere stets über- oder unterbelichtet war.[15] Das galt besonders bei Aufnahmen heller Objekte, für die man einen dunklen Hintergrund benötigte, von dem sie sich möglichst kontrastreich abheben konnten. Dadurch überwog manchmal die umgebende Dunkelheit im Bildraum solchermaßen, dass die Aufnahme vom abgelichteten Tier nur die reflektierenden hellen Körperpartien, wie etwa die schillernde Schuppenoberfläche, fragmentarisch sichtbar

15 Vgl. Bade 1913, S. 20.

Abb. 39 und 40: Lichtreflektierende Tierkörper, deren Umrisse wiederum mit dem schwarzen Hintergrund verschmelzen.

werden ließ, wie in den Aufnahmen von William T. Innes aus dem Jahr 1917 (**Abb. 39** und **40**).

Hierin scheint das neue Medium geradezu anachronistisch gegenüber älteren Darstellungsmedien. Während den Lithografien in Gosses Schrift *The Aquarium* eine gleichmäßige Flächenhelligkeit eignet, sind in Innes' Aufnahmen die Tiere in helles (Blitz-)Licht getaucht, aber ihre Umgebung an den Rändern dunkel und undeutlich erscheint. In flächigem Schwarz schwimmend, ist der Fisch nicht weit davon entfernt, mit dem Hintergrund ganz zu verschmelzen, ja gleichsam von diesem verschluckt zu werden. Das Lichtbild, das in diesem Fall für seine Herstellung auf eine Verdunkelung angewiesen war, drohte dieser selbst anheimzufallen.

Fixieren von Bewegung

Neben dem lichtschluckenden Wasser stellte die Bewegung der Tiere einen potenziellen Störfaktor dar – eine Schwierigkeit, vor der sämtliche Tierfotografen standen. Die sich bewegenden Tiere befanden sich hier zudem in einer bewegten Umgebung. In den 1890er Jahren wurden für Aquarienaufnahmen stationäre Kameras verwendet, die dadurch, dass sie fest auf Stativen montiert waren, nur einen begrenzten Radius scharf stellen konnten. Dadurch waren die sich bewegenden Bildmotive nicht leicht in den Fokus der Kamera zu bekommen. Während Fotograf und Apparatur vor dem Aquarium stillgestellt waren, blieben die lebenden Motive – nicht zuletzt durch die Anwesenheit des Fotografen aufgescheucht – fortwährend in Bewegung. Zudem erforderten die notwendig kurzen Belichtungszeiten eine offene Blende, was mit einer geringen Tiefenschärfe einherging. Daher waren nicht alle Tiere auf dem Bild scharf umrissen.

Sobald die Lichtbildkunst sich also den Aquarientieren zuwendete, lief sie beständig Gefahr, dass sich fotografische Evidenz – sei es eine ästhetische oder epistemische – in konturenlose Unschärfe auflöste. In der Tat klagten die Fotografen häufig über Aufnahmen verschwommener Objekte, die sich im Bild etwa in Form grauer Schlieren (»traînée grise«) oder einfach nur als »Klexe« artikulierten: »Verwaschene und verschwommene Photographien [...] oder solche, auf denen das photographierte Tier einen schwarzen oder weißen Klex bildet, oder solche, bei denen erst eine längere Unterschrift zur Erklärung des Bildes nötig ist, trotzdem auf dem Bilde nichts zu sehen ist, haben gar keinen Wert«[16], bemerkte Ernst Bade in seinem *Handbuch für Naturaliensammler*, das ein ganzes Kapitel über Aquarienfotografie enthielt. Nicht zuletzt nähert sich damit die fotografische Aufnahme, die mit dem Programm der Genauigkeit, Klarheit und Schärfe angetreten war, in ihrer »labilen Sichtbarkeit«[17] eben jenem überwunden geglaubten Blick ins Goldfischglas an, der in Aquarianerkreisen ob seiner optischen Verzerrungen strikt abgelehnt wurde. Ein solcher Effekt der Unschärfe und Verzerrung, der im Goldfischglas bei den schwimmenden Fischen aufgrund der Wölbung des runden Glases entstand, resultierte hier aus der Kombination von Fischbewegung und bildlichem Fixierverfahren. Dass dennoch viele Aufnahmen gelangen und die Tiere im Bildvordergrund teilweise erstaunlich scharf erscheinen, ist unmittelbar dem begrenzten Raum des Aquariums zu verdanken. Im Gegensatz zu Aufnahmen frei lebender Tiere hatte es den entscheidenden Vorteil, dass der Bewegungsspielraum der Tiere von vornherein stark eingeschränkt und dadurch die Schärfeebene leichter zu ermitteln war. Der überschaubare Raum des Aquariums machte die Tiere also gleichzeitig fotografisch handhabbar.

Das reichte dennoch nicht in allen Fällen aus. Besonders für Nahaufnahmen einzelner Tiere, die einem klassifizierenden Blick genügen und morphologische Details erkennbar machen sollten, waren weitere Eingriffe in die Apparatur vonnöten. Wie gewaltsam die fotografische Bildwerdung der Tiere teils erzwungen werden musste, wird besonders augenfällig in der damals gängigen Praxis des »fencing« – eine verschärfte Form räumlicher Arretierung, um das aquatische Leben trennscharf und lupenrein aufzuzeichnen. Dieses Vorgehen zeigen beispielhaft die Aufnahmen in William T. Innes' *Complete Aquarium Book* von 1917. Darin stellte er nicht nur einzelne Tierarten in Bild

16 Ebd., S. 28.
17 Geimer 2010, S. 70.

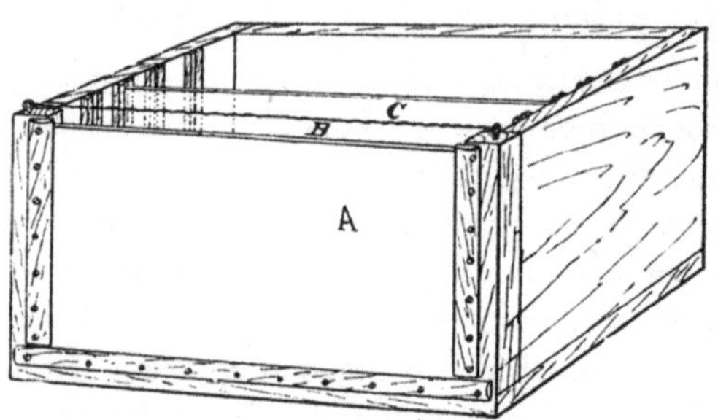

Aquarium zur Photographie von Wassertieren.

A vordere Glaswand des Aquariums; *B* Kupferdraht zur Verhütung des Auseinanderweichens der Seitenwände; *C* verstellbare Zwischenwand aus Glas.

Abb. 41: Spezial-Aquarium mit einsetzbaren Glasscheiben, um die Tiere für fotografische Aufnahmen ›festzustellen‹. Das Aquarium steht hier auf einem Untergestell aus zwei Holzblöcken, über die zwei Bretter gelegt werden, deren Länge von der Brennweite des zu verwendenden Objektivs abhängt.

und Text vor, sondern lieferte auch praktische Hinweise für die Herstellung eigener Aquarienaufnahmen. Dafür fügte Innes seinen Texten zugleich Bilder vom Aufbau seiner fotografischen Konstruktion bei.

Um eine scharf umrissene Nahaufnahme eines Tieres zu erhalten, musste dieses absolut bewegungslos im Fokus der Kamera platziert sein. Das erreichte Innes mithilfe spezieller Apparaturen, in die er die Lebewesen buchstäblich einspannte. Bot das Aquarium ohnehin schon einen eingeschränkten Bewegungsspielraum, wurde dieser beim »fencing« nun maximal begrenzt. Damit die Fotografie die aquatischen Lebewesen im Bild stillstellen konnte, stellte sie hier kurzerhand die Tiere im Aquarium still. Dafür waren Behälter mit inneren verstellbaren Glasscheiben vorgesehen, wodurch sich der Aquarienraum in unterschiedlich große Kompartimente unterteilen ließ, »[which] confine the fish strictly in the focal space«[18] (**Abb. 41**). Die Zwischen-

18 William T. Innes: *The Complete Aquarium Book. The Care and Breeding of Goldfish and Tropical Fishes* [1917], New York 1936 (8. Aufl.), S. 133. Innes erläutert den Mechanismus folgendermaßen: »For holding small fishes in place the following simple arrangement is used: three pieces of glass are cut about twice the width of the thickness of the fish, and of a length from three to five inches, according to requirements of lengths of fish. The ends are fastened together with adhesive tape like three sides of a square. The free ends are given a cut to end them off at about forty-five degrees or less. These free ends are fastened to top edge of partition by clips, first filing a nick in the beveled [sic] surface for the clip to catch in.«, ebd. Zudem brachte er innerhalb der Glaswände ein weiteres kleines Glaskästchen an »[which] keeps it [the

wände wurden auf knapp die doppelte Länge der Fische eingestellt und diese einzeln zwischen die zwei Glasscheiben gesetzt.[19] An solchen Verfahren lässt sich das Störpotenzial der Tiere ablesen wie auch die Techniken, um die (Bild-)Störungen auszuräumen. Die Art und Weise, wie die Tiere hier in die Apparaturen gezwängt werden, erinnert nicht zuletzt an die Stützen, Halterungen und Apparaturen, in die auch die Menschen in der Frühphase der Fotografie aufgrund der langen Belichtungszeiten buchstäblich eingespannt und eingeklemmt wurden.

Durch diese architektonische Arretierung, ja Disziplinierung, die das Tier ins Bild zwang, verkehrten sich die Ausgangsbedingungen der Aquarienfotografie, die mittels einer stillgestellten Apparatur ein bewegtes Motiv aufzuzeichnen suchte. Denn während bei Innes' technischem Aufbau sowohl die Glaswände als auch die Kamera (zumindest ein wenig) nach vorne und hinten flexibel verschiebbar waren, zwang seine Apparatur durch ihre modularen, eng umschließenden Glaswände die Tiere dagegen zur völligen Bewegungslosigkeit. Dieselbe Aquaristik, die sich rühmte, im Gegensatz zu anderen Einschließungsarchitekturen wie dem Vogelkäfig den Tieren einen angemessenen Bewegungs(frei)raum einzurichten, agierte im Dienste der Fotografie gleichsam als Isolationsanstalt.

Aufnahmen, wie William T. Innes sie anfertigte, zielten freilich nicht auf landschaftliche Effekte. Hier stand die Abbildung einzelner Tiere im Zentrum, weshalb Innes die Umgebung kurzerhand suspendieren konnte. Sobald es indes nicht mehr um die Darstellung isolierter Tiere, sondern um Lebewesen innerhalb ihrer wässrigen Umgebung ging, standen die Fotografen vor noch größeren Herausforderungen. Denn nun störten nicht nur die Bewegungen der Tiere, sondern auch die eingesetzten Landschaftselemente. »Man nehme z.B. einen nicht gerade ganz glatten, aber auch nicht gar zu sehr zerklüfteten Stein und lege ihn in klares Wasser und gar bald wird man sehen, wie sich im Wasser immer mehr eine muddige Wolke ausbreitet, so daß aus dem klaren Wasser schließlich eine trübe Brühe wird«[20], vermerkte Hermann Meerwarth in seinem Anleitungsbuch für fotografische Naturaufnahmen im Kapitel über Aquarienfotografie. Tiere, Pflanzen, Bodenelemente und Wasser erwiesen sich immer wieder als wider-

fish] out of the corners of the aquarium, where it would delight in exhausting the patience of the photographer«. Ebd.

19 Wasserpflanzen wurden, falls überhaupt verwendet, abermals nach dem Segregationsprinzip im dahinterliegenden Kompartiment arrangiert. Vgl. etwa Meerwarth 1905, S. 61.

20 Ebd., S. 63.

Abb. 42: Apparatur zum Stillstellen von Fischen für scharfe Aquarienfotografien.

ständiges Ensemble, das sich der Bildwerdung auf vielfältige Weise widersetzte. Dabei waren gerade Aufnahmen von Tieren *in* ihrer Umgebung ein zentrales Anliegen der frühen Aquarienfotografen. Das gilt auch für eines der frühesten Zeugnisse der Aquarienfotografie, die 1899 erschienene kleine Schrift mit dem Titel *La Photographie des animaux aquatiques*, die Reproduktionen fotografischer Bilder aus dem Aquarium des Laboratoriums der Biologischen Station von Concarneau enthielt.[21] Text und Fotografien stammen von dem französischen Mediziner, Naturforscher und Embryologen Paul Louis Fabre-Domergue. Im Anschluss an seine Tätigkeit im Laboratorium des Muséum d'Histoire naturelle unter dem bekannten Naturforscher Alphonse Milne-Edwards wurde er 1894 zum stellvertretenden Direktor der Station biologique de Concarneau in der Bretagne ernannt, die zum Pariser Collège de France gehörte. Seine Aquarienfotografien sind im Kontext der meeresbiologischen Forschungen an der Station verortet. Gleich zu Beginn des Textes formulierte Fabre-Domergue den programmatischen Anspruch, den er mit der Aquarienfotografie verband: Aufnahmen von Wassertieren »à l'état de vie et dans leur milieu naturel«[22] (**Tafel XIX**). Hier wird abermals der epistemische Einsatz deutlich, der

21 Die Station biologique de Concarneau, eine der ersten meeresbiologischen Forschungsstationen, wurde 1859 von Jean Victor Coste als Einrichtung des Pariser Muséum d'Histoire Naturelle und des Collège de France gegründet. 1884 wurde Fabre-Domergue als Stipendiat in Alphonse Milne-Edwards' Labor am Muséum aufgenommen, von wo aus er zu Georges Pouchet, Professor für vergleichende Anatomie, an die Station in Concarneau wechselte, deren stellvertretender Direktor er 1894 wurde. Vgl. zu Fabre-Domergues Fotografien zudem Edward Eigen: »On the Screen and in the Water. On Photographically Envisioning the Sea«, in: Centre d'études foréziennes, École d'architecture de Saint-Étienne (Hg.): *L'Architecture, les sciences et la culture de l'histoire au XIXe siècle*, Saint-Étienne 2001b, S. 229-248.

22 Fabre-Domergue 1899, S. 1.

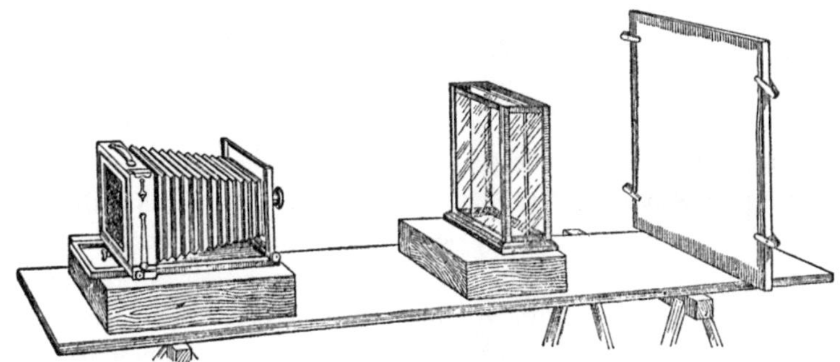

Abb. 43: Räumliche Anordnung von Kamera, Fischbehälter und Hintergrundwand für Aquarienfotografien.

mit dem Aquarium und nun auch mit dem neuen Medienverbund einherging: mit der Kamera durch das Aquarium ins Meer blicken und dadurch neue Einsichten in diesen Raum zu gewinnen. Gerade das setzte indes auch bei Fabre-Domergue vielfältige Manipulationen dieses Raums voraus.

Fabre-Domergue riet wie Meerwarth, eigene Behälter zum Zwecke einer Aufnahme einzurichten. Das Arrangement der einzelnen Elemente darin war das Ergebnis einer Mischkalkulation ästhetischer, epistemischer und praktischer Aspekte. So sei etwa bei der Auswahl der Pflanzen besonders wichtig, ob sie fotografisch brauchbares Material darboten und nicht etwa »nach mehrmaliger, gründlicher Reinigung doch immer wieder Schmutz und Schleim abscheiden«.[23] In Bewegung und *als* Bewegte störten nun nicht nur die Fische, sondern ebenso die Elemente der landschaftlich eingerichteten Unterwasserszene. Die Aquarienfotografie entwarf damit eigene Kriterien dessen, was sich als Aquarienhalt für fotografische Aufnahmen eignete. Was am Ende im Bild sichtbar wurde, basierte auf Kriterien, die sich an Bildeffekten orientierten.

Je mehr Milieu-Elemente hinzutraten, desto schwieriger erwies sich die Reinhaltung des Wassers. Die aufwirbelnden Bewegungen der Tiere und die Schmutz absondernden Elemente störten das Transparenz-Paradigma, das als Voraussetzung für klare und scharfe fotografische Bilder galt, ganz empfindlich. Auch die Scheiben mussten während des gesamten fotografischen Aktes, der aufgrund der Wartezeiten manchmal mehrere Stunden in Anspruch

23 Meerwarth 1905, S. 64.

nehmen konnte, fortwährend geputzt werden, um klare Einsichten zu gewähren.[24] Wurde in das für die Aufnahme arrangierte Setting aus Wasserpflanzen, Steinen und anderen Elementen der Umgebung auch nur ein einziger Fisch gesetzt, musste der Fotograf bald feststellen, dass dieser »zu allererst all unser hübsches Arrangement von Wasserpflanzen u. dgl. durcheinander bringt«.[25] Dadurch trübte sich wiederum das Wasser und wurde im Bild sichtbar. Am Ende drohten daher die Grenzen zwischen Tier und Umwelt visuell zu verschwimmen. Die Aufnahmen bringen damit eben jene anästhetische Seite (der Fotografie und des Aquariums) zur Ansicht, die gewöhnlich in der visuellen Latenz verblieb. Bei dem Versuch, das Lebendige fotografisch festzuhalten, stellte dieses folglich *als* Lebendiges mit seinen als unkoordiniert und chaotisch sich darstellenden Bewegungen (»mouvements désordonnés«[26]) selbst einen potenziellen Störfaktor dar.

Um der Verschwommenheit des inneren Aquarien- respektive Bildraums entgegenzuwirken und dennoch ein landschaftliches Setting zu integrieren, entwickelte Paul Louis Fabre-Domergue ein komplexes Arrangement, das wie das Prinzip des »fencing« aus der Installation mehrerer modularer Glasbehälter bestand, die hintereinander geschichtet wurden. Er selbst baute eine solche Konstruktion, die er in seinem kurzen Text *La Photographie des animaux aquatiques* beschreibt.[27] Dafür stellte er hinter den ersten rechteckigen Behälter ein zweites trapezförmiges Glasbecken auf (**Abb. 44**). Die ansonsten übliche neutrale graue Leinwand hinter dem Aquarium ersetzte er durch eine transparente Glasscheibe, die den Blick auf ein zweites Aquarium als erweitertes »visual milieu« freigab.[28] Hierdurch sollte der

24 Fabre-Domergue 1899, S. 2 : »On conçoit que la glace antérieure de l'aquarium doive être d'une propreté et d'une transparence absolument rigoureuses; cette dernière qualité ne se conserve malheureusement jamais bien longtemps dans les aquariums d'eau de mer dont les glaces sont vite envahies par des algues vertes très tenaces et rayées par les grains de sable.«

25 Ebd., S. 61.

26 Ebd., S. 5.

27 Die Fotografie näherte sich mit dieser Aufteilung des Raums in dreidimensionalen Vorder- und gemalten zweidimensionalen Hintergrund der älteren Darstellungsform des Dioramas an. Eine materielle Verbindung zu diesem bestand in der Aquarienfotografie zudem darin, dass häufig gemalte aquatische Landschaftsszenen als Hintergrund dienten.

28 Louis Boutan: »Photographies d'Aquarium«, in: *Photo-Gazette* (1898), zit. nach Louis Boutan: »L'Instantané dans la photographie sous-marine«, in: *Archives de Zoologie Expérimentale et Générale* 6 (1898) 3, S. 299-330, hier S. 303.

Tiefeneindruck des aquatischen (Landschafts-)Raumes optisch gesteigert werden. Zugleich war es so möglich, Lebewesen und ›Landschaft‹ in unterschiedliche Behälter aufzuteilen, und zwar die Tiere in das vordere und die Landschaftselemente in das hintere Becken.

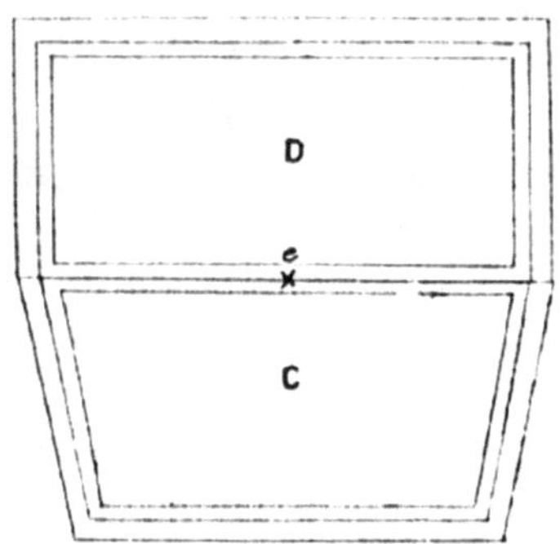

Abb. 44: Räumliche Anordnung von Fabre-Domergues doppeltem Aquarium für fotografische Aufnahmen.

Dieses Prinzip räumlicher Segmentierung findet sich in verschiedenen Aquarienschriften wieder. »Um alle diese Störungen möglichst zu beschränken, bringt man den größten Teil der Wasserpflanzen, vor allem die flottierenden, hinter das Abteilungsglas, so daß der Fisch möglichst wenig in Unordnung bringen kann«[29], heißt es auch bei Hermann Meerwarth über sein Aquarium mit mehreren hintereinander gereihten Glaswänden. Gerade da, wo die Aquarienfotografie das Umfeld der Tiere mit ins Bild brachte, musste sie sich als künstliche Anordnung von dem, was sie als ›natürliche Umgebung‹ abbilden wollte, entfernen. Das Aquarium war hier gerade kein gemeinsamer Lebensraum, kein Raum innerer Austauschprozesse zwischen Tieren und Pflanzen. Worum es hier ging, war vielmehr der visuelle *Eindruck* einer Einheit, die einzig als Bildeffekt existierte. Ähnlich den Lithografien in Gosses Schrift *Actinologia Britannica* wurde bei Fabre-Domergue und anderen ein natürliches Milieu (»milieu naturel«[30]) suggeriert, das gerade nicht die Bedingungen eines solchen erfüllte, sondern aus mehreren Räumen zusammengesetzt war und bei dem die Tiere und Pflanzen in diese Bildszenarien als Requisiten eingesetzt wurden.[31] Die Zusammenschau auf einer

29 Meerwarth 1905, S. 64. Vgl. auch Robert Wilson Shufeldt: »Photographing Living Fishes Under Water«, in: *Outing Magazine. Sport, Adventure, Travel, Fiction* 38 (1901), S. 543-547.

30 Fabre-Domergue 1899, S. 1.

31 Zur Bildfunktion bei Fabre-Domergue in Bezug auf Landschaftsästhetik vgl. Eigen 2001, insb. S. 95-99. Der Effekt erinnert an Carl Hagenbecks revolutionäre Zoogestaltung mittels des »naturwissenschaftlichen Panoramas«. In seinem Stelliger Tierpark ersetzte er Zäune und Gitterstäbe durch Felsen und Wassergräben, die eine Trennung der Bereiche bewirkten, während sie zugleich optisch einen Zusammenschluss erzielen, durch den die Tiere »unmittel-

zweidimensionalen Fläche, die Gosse in der Lithografie als Einheit arrangieren konnte, wird hier architektonisch-fotografisch mithilfe einer Illusion räumlicher Einheit inszeniert. Die Ansicht auf dem Bild resultierte, wie Edward Eigen darlegt, aus einer Diskontinuität im visuellen Feld, indem die Kamera außerhalb des Raums angesiedelt war, in dem sich die abgelichteten Objekte befanden.[32] Mehrere Glasscheiben der hintereinander gereihten Aquarien und des fotografischen Apparats waren hier als *Interfaces* zwischen dem Auge und den Bildmotiven eingezogen. Was im Bild also als ein einziger Raum erscheint, verdankt sich einer vielschichtigen medialen Anordnung. Die Perspektive der Aufnahme ermöglicht so eine visuelle Zusammenführung von räumlich Getrenntem und synthetisiert dies optisch zu einem homogenen Raum, einer räumlichen Kohärenz. Die Trennung zwischen dem Subjekt und den Objekten der Beobachtung sollte eine klare visuelle Identifizierbarkeit und Unterscheidbarkeit der einzelnen Elemente gewährleisten und die räumliche Schichtung zugleich eine visuelle Synthese erzeugen.

Dennoch entstanden bei Fabre-Domergues Versuchen, Tiere in ihrer Umgebung und in Bewegung abzulichten, trotz separierter Aquarienräume zumindest teilweise Unschärfen im Bild. Während die Tiere im Vordergrund in ihren Umrissen, die durch das von hinten einfallende Licht betont wurden, erstaunlich scharf erscheinen, verwischen sich im Bildhintergrund – durch das aufgewirbelte Wasser und die technisch bedingten Einschränkungen bei der Tiefenschärfe – zunehmend die Grenzen zwischen Tieren und Umgebung, (**Tafel XX**).

Wo die Aquarienfotografien durch die räumlichen Trennungen eine Zusammenschau herzustellen suchten, die gleichzeitig eine klare visuelle Identifizierbarkeit und Unterscheidbarkeit der einzelnen Elemente gewährleisten sollte, ließ sich eine visuelle Vermischung von Lebewesen und Milieu, die der Fotografiehistoriker Edward Eigen als »floating-bodies problem« bezeichnet, nicht ganz vermeiden.[33] Obwohl Fabre-Domergues Aufnahmen auf einer Separierung und Isolierung von Räumen beruhten, ließen sie den Lebewesen noch einen

bar nebeneinander« gezeigt wurden. Vgl. May 2011; sowie dies.: »Künstliche Savannen. Afrikanisch thematisierte Landschaften in zoologischen Gärten seit 1900«, in: Winfried Speitkamp, Stephanie Zehnle (Hg.): *Afrikanische Tierräume. Historische Verortungen*, Köln 2014, S. 161-178.

32 Eigen 2001b, S. 96.

33 Edward Eigen: »Dark Space and the Early Days of Photography as a Medium«, in: *Grey Room* (2001a) 3, S. 90-111, hier S. 95.

gewissen Bewegungsfreiraum, während bei Innes ein verschärfter Eingriff in diesen Bewegungsspielraum und damit eine noch direktere Zurichtung am Werke ist. Die Bewegung – Kennzeichen des Lebendigen *par excellence*, welche die Aquarianer als »moving world«[34] fotografisch einzufangen suchten – wurde zwar als Störfall des Bildes wahrgenommen, aber gerade die unter Wasser vorherrschenden Verhältnisse auf die Platte bannte. Die Aufnahmen bringen die Bedingungen dieses Raums ins Bild. Umgebung wird hier gleichsam unmittelbar greifbar. Bei dieser Umgebung handelte es sich freilich nicht um das Meer selbst, sondern den Aquarienraum. So spektakulär sie waren, wurde daher der wissenschaftliche Aussagewert solcher arrangierter Aufnahmen schon bald von verschiedenen Seiten infrage gestellt. So kritisierte etwa der französische Biologe Louis Boutan, der selbst mit Unterwasseraufnahmen im Feld experimentierte, die Aquarienfotografie insbesondere als Instrument wissenschaftlicher Umweltforschung:

> »[J]e crois cependant […] s'il est appelé à rendre de réels services, particulièrement dans l'illustration des ouvrages scientifiques, il ne peut remplacer les photographies d'animaux pris en pleine liberté. Ces dernières, en se plaçant au point de vue zoologique, sont appelées à fournir d'utiles indications biologiques, non seulement sur les animaux eux-mêmes, mais aussi sur le milieu dans lequel ils évoluent.«[35]

Wissen über Tiere in ihrer Umgebung zu gewinnen, war in Boutans Augen nicht über ein inszeniertes ›milieu naturel‹ zu erreichen, sondern nur im ›milieu naturel‹ selbst. Statt das Lebendige in einen anderen Raum zu versetzen, sollte der Wissenschaftler sich in Bewegung und in die ›natürliche Umgebung‹ der Tiere versetzen.

Fotografische ›Reinigungsarbeit‹

Auf verschiedene Weise war die frühe Aquarienfotografie darauf ausgerichtet, das technische Dispositiv und die menschliche Intervention in Form von Landschaftskompositionen und Tier-Arrangements, kurz: die Bedingungen der Bildproduktion in der Aufnahme zum Verschwinden zu bringen, um entweder ein ›milieu naturel‹ abzulichten

34 Anonym 1858, S. 144.
35 Boutan 1898, S. 305.

oder eine Nahaufnahme einzelner Tiere zu erlangen. Die frühen Aquarienfotografen griffen damit auf die gleichen visuellen Strategien zurück, die zuvor die Zeichner genutzt hatten: Das Aquarium wurde als Umgebung ausgeblendet und die Tiere scheinbar in ihr ›natürliches‹ Umfeld versetzt, das jedoch künstlich arrangiert war.[36] Dies setzte eine teils recht aufwendige materielle, epistemische und ästhetische ›Reinigungsarbeit‹ voraus, die vom Putzen der Glasscheiben über die architektonische Isolierung der zu fotografierenden Objekte bis zur Retusche des Bildes reichte.

Besonders galt dies für Aufnahmen, die dezidiert ein ›natürliches‹ Habitat in Szene zu setzen suchten, wie etwa die Aufnahmen von Paul Louis Fabre-Domergue. Da als perspektivischer Effekt die hinteren Ecken eines rechteckigen Aquariums oft im Bild sichtbar waren, »[qui] viennent couper désagréablement l'image et ôtent au paysage son aspect naturel«[37], konstruierte er den vorderen Behälter seines doppelten Aquariums trapezförmig und versuchte zudem die Sichtbarkeit der inneren Winkel durch Pflanzen oder Steine zu verdecken. Um eine ›natürliche‹ Perspektive für die Kamera zu konstruieren, musste das umgebende technische Milieu so gut wie möglich visuell annulliert werden. Gerade mittels einer solchen konstruierten Sichtbarkeit suchte Fabre-Domergue im Bild Natürlichkeitseffekte zu evozieren. Doch waren die fotografische Technik, das Aquarium oder der Fotografierende selbst immer wieder als Spuren in den Bildern präsent. So wurde die technische Apparatur häufig in Form des reflektierten Blitzlichtes auf dem Tierkörper sichtbar (**Abb. 39** und **40**). Im Gegensatz zum Tageslicht, das eine mehr oder weniger gleichmäßige Belichtung bewirkte, flammte der Magnesiumblitz in kurzer Entfernung vom Objekt plötzlich hell auf und überschüttete dieses mit einer Lichtflut, während die anderen Bildteile dunkler blieben. Damit stellen die Aufnahmen ihre Künstlichkeit in Form der künstlichen Beleuchtung mit aus. Weitere Formen der Sichtbarkeit des Mediums finden sich in Fabre-Domergues Aufnahme von Aalen (**Tafel XXI**), wo die Aquarienränder und – indirekt – die frontale Glasscheibe sichtbar bleiben, an denen Aktinien oder Seesterne ›kleben‹ und schließlich durch den planen Hintergrund. Wie in Gosses Lithografien (**Tafel I**) verhindert dieser,

36 Vergleichbare Strategien kamen bei Aufnahmen in Zoos zum Einsatz, vgl. Gall 2017, S. 186.

37 Fabre-Domergue 1899, S. 4.

dass der Blick der Betrachtenden visuell in die Tiefen und Weiten des Unterwasserraums eintaucht.

Bei den Aufnahmen von William T. Innes drängt sich das Blickdispositiv ebenfalls ins Bild: Weist einerseits die gekrümmte Pose und die eingezwängte Position der Fische auf die arretierende Anordnung hin, taucht diese zugleich materiell in Form des Rahmens am seitlichen und unteren Bildrand auf (**Abb. 45** und **46**). Damit schließen die Aufnahmen mit ihrer Stillstellung des Lebendigen im Bild unmittelbar an ältere naturgeschichtliche Darstellungsformen an, ja markieren gleichsam eine Wiederkehr der kontextlos, auf einer (Papier-)Fläche abgebildeten Tierkörper. So dominiert trotz des Medienwechsels in Innes' Fotografien eine grafische Anordnung, in der die Tiere als statische Motive erscheinen. Doch während in früheren naturhistorischen Illustrationen Tiere – entsprechend dem kontextlos operierenden taxonomischen Wissen – völlig kontextlos dargestellt sind, ist in Innes' Fotografien der (Produktions-)Kontext in Form der technisch-medialen Umwelt mit aufgezeichnet. Was dort als a-historischer Raum erscheint, erhält hier durch den konkreten sichtbaren Rahmen zugleich einen historischen Index.[38]

Unzählige weitere Hinweise auf die Schwierigkeiten, Mensch und Technik aus den Bildern herauszuhalten, liefern die Anleitungsschriften für Aquarienfotografie. Trotz aufwendiger Berechnungen zum Einfallswinkel des Lichts, trotz Abdunkelungstechniken, um Spiegelungen und Schattenwürfe zu vermeiden, trotz sorgsamer Trennung zwischen Fotograf und Bildmotiv tauchte das technische Dispositiv in verschiedener Form in den Aufnahmen auf. Ein Problem bestand darin, Glasscheiben von »tadellos[em] [W]eiß, ohne Blasen, Unebenheit oder sonstige Fehler«[39] zu bekommen, um dadurch einen gesteigerten naturalistischen Effekt zu erzielen. Beim Putzen der Aquarienscheiben wiederum galt es zu beachten, dass keine Tropfen und Flecken daran haften blieben oder sich Schlieren bildeten, erschien doch bereits »der kleinste anhaftende Fremdkörper […] im Bild mit verblüffender Genauigkeit«.[40] Darüber hinaus erwies sich das Glas auch dahingehend als widerständiges Material, als »beim geringsten Anlaufen des Glases alles, was dahinter ist, verschwommen und undeutlich wird, als wäre nicht scharf eingestellt.«[41] Nicht nur von Seiten der Kamera

38 Vgl. Brower.
39 Meerwarth 1905, S. 60.
40 Ebd., S. 65.
41 Ebd. Vgl. auch Fabre-Domergue 1899, S. 3.

Abb. 45 und 46: In die Ecke gedrängte Fische in fotografischen Aufnahmen »from Life« mit Aquarienrändern im Bild.

und des Aquarieninhalts drohte somit ein ›Verschwimmen‹ des Bildes, sondern auch das Aquarienglas vermochte in seiner (verzerrenden) Materialität im Bild aufzutauchen.

Noch auf andere Weise drängte sich qua Aquarienglas der Außenraum in die Aufzeichnung, wenn sich nämlich der Fotografierende und seine Kamera, die Objekte im umgebenden Raum oder selbst Dinge jenseits dieses Raumes, die sich durch offene Türen oder Fenster in der Glasscheibe spiegelten.[42] Hierdurch fiel ein anderes Bild ein, »eines, das sich nicht mehr hinter der Aquarienscheibe, sondern davor befindet«.[43] In gänzlich anderem als dem erstrebten Sinne bringt in solchen Momenten der Störung die Verbindung von Aquarium und Fotografie eine Umwelt ins Bild, und zwar als unauflösliche hybride Vermischung, ja als manifeste Interaktion von innerem Aquarienraum und seiner äußeren Umgebung.[44] Gerade dann eignet der Aquarien-

42 Vgl. Shufeldt 1901, S. 546-547. Die Spiegelung als fotografische Störung wurde in dieser Zeit für Glasarchitekturen generell problematisiert. So geht etwa Chéroux der zeitgenössischen Debatte um die störenden Spiegelungen in Schaufensterscheiben nach. Vgl. Clément Chéroux: »Zu einigen Schaufensterbildern«, in: Berliner Filmfestspiele, Bibliothèque Nationale de France (Hg.): *Eugène Atget. Retrospektive*, Berlin 2007, S. 85-93.

43 Dieses Phänomen der Spiegelung hat auch Christian Spies in Bezug auf die Fotografien früher Schaufenster analysiert. Christian Spies: »Vor Augen Stellen. Vitrinen und Schaufenster bei Edgar Degas, Eugène Atget, Damian Hirst und Louise Lawler«, in: Gottfried Boehm, Sebastian Egenhofer, Christian Spies (Hg.): *Zeigen. Die Rhetorik des Sichtbaren*, München 2010, S. 261-288, hier S. 278.

44 Zudem schwächten die Spiegelungen auf den Glasscheiben des Aquariums die Klarheit des Bildes. Vgl. Boutan 1898, S. 302.

fotografie das Potenzial, ein visuelles Medium der Umweltforschung zu werden, das den eigenen Standpunkt in der reflektierenden Glasscheibe wortwörtlich mitreflektiert.[45]

45 Damit sagen die Aquarienfotografien mehr über den Fotografierenden als über ihr Bildmotiv aus. Während diese Effekte im fotografischen Diskurs um 1900 jedoch nur indirekt oder negativ verhandelt wurden, avancierte zur gleichen Zeit in der Literatur (insbesondere der französischen) das Aquarium bewusst zum Medium einer Selbst-Beobachtung und Selbst-Spiegelung. Vgl. hierzu Harter 2014, insb. S. 154-156; sowie Friede 2003.

Rahmen II

Schauaquarien. Blickvorlagen für die Unterwasserwelt

Am 21. Juli 1862 musste William Alford Lloyds *Aquarium Warehouse* Konkurs anmelden. Bereits zwei Jahre zuvor hatte der populäre naturkundliche Schriftsteller Shirley Hibberd, aus dessen Feder mehrere Bücher über Salonaquarien stammten, verkündet: »The ›aquarium mania‹ may be considered as fairly dead; it died out properly and completely.« Nach nur einem Jahrzehnt flaute das Aquarienfieber, das die gut gestellte viktorianische Gesellschaft erfasst hatte, in Großbritannien spürbar ab. »[T]he thousands who set up aquaria, without the least idea that to be successful they must be managed on philosophical principles, have […] given them up as ›troublesome‹«[1], resümierte Hibberd den aktuellen Stand der Aquarienpraxis. Während in Großbritannien der Zenit bereits überschritten war, nahm die Aquarienkunde in Deutschland gerade an Fahrt auf. Hier vermochte sie in der Folge weit nachhaltiger Fuß zu fassen und sich mit der Gründung von Vereinen und Fachzeitschriften, kommerziellem Handel und wissenschaftlichen Einrichtungen weiter zu institutionalisieren.[2]

Gleichzeitig wurden Aquarien ab den späten 1860er Jahren zunehmend Teil des öffentlichen Raums, als in ganz Europa große Schauaquarien eröffneten.[3] Die in fast jeder europäischen Großstadt und touristischen Küstenresorts erbauten Aquarienhäuser sprachen

1 Shirley Hibberd: »Management of Aquaria«, in: *Recreative Science* 1 (1860) 3, S. 73-76, hier S. 73. Vgl. Hamlin 1986, S. 132: »The number of aquarium inquiries in the popular science and natural history journal *Science Gossip* declined rapidly between 1866 and 1869: eighteen items in 1866; thirteen in 1867; two in 1868; none in 1869.«

2 Vgl. Reiß 2014, insb. S. 88-106.

3 Nachdem das erste öffentliche Aquarium, das »Fish House« bereits 1853 im Londoner Zoologischen Garten eröffnet wurde, etablierten sich eigenständige Aquarienhäuser ab den 1860er Jahren auf dem europäischen Kontinent und in US-amerikanischen Städten. Für einen Überblick europäischer Schauaquarien im 19. Jahrhundert vgl. Harter 2014.

abermals vorwiegend die von der ›Meereslust‹ infizierten bürgerlichen Kreise an. Als Erstes eröffnete 1853 im Zoologischen Garten von London das »Fish House«. Ein Blick hinter seine Kulissen macht den Aufwand und die Herausforderungen klar, die mit der öffentlichen Präsentation der aquatischen Welt einhergingen. Allein für die Bestückung der relativ überschaubaren Anzahl von Behältern im »Fish House« war Philip Henry Gosse vier Monate lang damit beschäftigt, über viertausend Tiere aus der Weymouther Bucht zu fischen, zu verpacken und nach London zu verschicken.

Die frühen Schauaquarien avancierten zu beliebten Präsentationsmedien der Meereswelt. Sie spielten bei der Vermittlung populärer Vorstellungen, aber auch von Wissen über die Unterwasserwelt eine zentrale Rolle. Denn sie machten in noch weit größerer Dimension und biologischer Vielfalt als Heimaquarien die Lebensformen der süßen und salzigen Gewässer den Blicken zugänglich – für viele zum ersten Mal. Der *London Times* zufolge lockte das »Fish House« in nur einer Woche über 40000 Besucher an.[4] Das lässt erahnen, welche Sensation und Attraktion diese Häuser – zumindest in den ersten Jahren – darstellten.[5] »Das Aufsehen, das im Jahre 1850 die Ankunft des ersten lebenden Nilpferdes im zoologischen Garten zu London erregte, ist sicherlich nicht größer gewesen als das, welches sich des englischen Publikums bemächtigte, als die ersten lebenden Aktinien 1853 im ›Fish-house‹ zur Schau gestellt wurden«[6], erinnerte sich später ein Aquarianer in der Fachzeitschrift *Blätter für Aquarien- und Terrarienkunde* an dieses Ereignis. Statt isoliert in einzelnen Glasgefäßen eingelegter, systematisch nebeneinander aufgestellter toter Präparate bot sich hier ein Blick in eine farbenfrohe, ständig in Bewegung befindliche Lebenswelt.

Die Architektur und innere räumliche und ästhetische Anordnung dieser frühen Aquarienhäuser haben Autoren wie die Kunsthistorikerin Ursula Harter und Natascha Adamowsky in den letzten Jahren detailliert beschrieben.[7] Während in diesen Studien jedoch zumeist die ästhetische Inszenierung im Fokus steht, werden die Ausstellungsformate hier stärker an die Frage nach der Präsentation und Vermittlung

4 Anonym: »The Aquatic Vivarium«, in: *The London Times*, 31.5.1853, S. 8.

5 Die neuen europäischen Schauaquarien der 1860er, 70er und 80er Jahre waren zunächst sehr gut besucht, während das Interesse meist nach einigen Jahren stark sank und viele von ihnen schließen mussten oder anderen Nutzungen zugeführt wurden.

6 Kerbert 1906, S. 292.

7 Vgl. Harter 2014; Adamowsky 2017.

von Wissen und von Blickregimen geknüpft, in denen sich bestimmte Aneignungsformen sowie Hierarchie- und Machtverhältnisse ausdrücken. Ausgangspunkt sind dabei die Medien und Techniken, welche die frühen Schauaquarien der zweiten Hälfte des 19. Jahrhunderts einsetzten, um den Unterwasserraum sinnlich erfahrbar zu machen und Wissen zu vermitteln. Welche Verbindungen gingen Unterhaltung und Belehrung dabei ein? Nach welchen Vorstellungen, Vorbildern, Vorkenntnissen wurden die Schaubecken und die Aquarienhäuser eingerichtet und wie prägten diese anschließend wiederum die Kenntnisse, Vorstellungen und sinnlichen Erfahrungen des Publikums von der Unterwasserwelt?

Tiere rahmen

Anfangs herrschte darüber, *was* die Aquarien eigentlich zu sehen gaben, keineswegs Klarheit:

> »Im Aquarium ist der Neuling suchend und sinnend, man sieht's ihm an, daß es in seinem Innern kocht und arbeitet; vor lauter Suchen bringt er es zu keinen behaglichen Genüssen, ja, man verzeihe den Ausdruck, er sieht so dumm drein, wie jemand in einer Gesellschaft, wo eine ihm fremde Sprache gesprochen wird. Es sind mir Fälle vorgekommen, wo gebildete Leute, weil zufällig die erklärende Person abwesend war, nach längerem planlosen Laufen von einem Gefäß zum andern weggingen und außen an der Kasse ärgerlich fragten: Ja, was sieht man denn eigentlich da drin?«[8]

Mit diesen Worten resümiert der schwäbische Arzt und Zoologe Gustav Jaeger 1860 in Wien seine Erfahrungen mit dem ersten öffentlichen Meerwasseraquarium auf dem europäischen Kontinent. Trat das Aquarium an, das Leben unter Wasser unmittelbar vor Augen zu stellen, so erwies sich das neu Erblickte durchaus nicht als unmittelbar evident. Die Lebewesen offenbarten sich gerade nicht ›von selbst‹. Der aufklärerischen Rhetorik des Sich-Zeigens waren somit praktische Grenzen gesetzt. Um das Gesehene entzifferbar zu machen, waren daher epistemische und ästhetische Rahmungen notwendig.

Um die präsentierten Tiere einordnen zu können, wurden – ebenso wie in Museen und Zoos – Beschilderungen und Aquarienführer eingesetzt, die dem Gesehenen eine Reihe von Kommentaren und

8 Jaeger 1868, S. 90.

Erklärungen hinzufügten. Dies stellte sich allerdings als durchaus diffizil heraus. »Many of the animals and some of the plants will be but partially seen in the tanks«, gab der Weymouther Aquarianer William Thompson bezüglich der Einrichtung öffentlicher Aquarien zu bedenken, »as the animals will be in constant motion.«[9] Wie sollten Tiere in einem Behälter für die Besucher zugeordnet und klassifiziert werden, die sich ständig bewegten? Dieses Problem kannte man bereits von den lebenden Tieren in Zoologischen Gärten.[10] Sobald sich zu den stillgestellten Landschaften und ausgestopften oder konservierten Tiere der naturkundlichen Schausammlungen lebendige Tiere gesellten, in Freigehegen oder den Glaskästen des Aquariums, verblieben die Tiere nicht mehr an Ort und Stelle und waren entsprechend nicht immer allzeit sichtbar. Im Gegensatz zu konservierten Tieren, die in Gläsern einzeln beschildert und etikettiert werden konnten und in überschaubarer fixierter Anordnung verfügbar waren, ging nun ein Stück visuelle Kontrolle verloren, und das obwohl eine eindeutige Identifikation gerade für den »unscientific observer«[11] als unerlässlich galt. Mitte des 19. Jahrhunderts wurden so mit den neuen Schauplätzen, die lebende Tiere öffentlich präsentierten, Fragen der Ausstellung, ja der Ausstellbarkeit auf neue Weise virulent.

Thompsons Vorschlag bestand darin, um jeden Aquarienbehälter herum ein Ensemble aus Glasvitrinen und Tischen anzuordnen, um alle lebenden Tiere in Form toter Exemplare und Zeichnungen zu doppeln. Diese sollten mit Namensschildern und Nummern versehen werden, die im Aquarienführer wiederzufinden waren. In der Tat wurden in öffentlichen Aquarien den sich versteckenden, schlecht ausgeleuchteten oder sich permanent bewegenden lebenden Exemplaren in den Aquarien zur ungestörten Detailansicht konservierte Tiere zur Seite gestellt. Damit griff die Ausstellungsinszenierung auf eine bereits in früheren Jahrhunderten gängige naturkundliche Praxis zurück, die Konservierung toter Lebewesen in Alkohol.[12] Somit zeigt sich, wie auch in Ausstellungskontexten das Wissen, die Objekte und die Techniken der Lebendhaltung und der Präparation kombiniert wurden. Die frühen Aquarienhäuser stellten damit einen hybriden Raum dar,

9 Thompson 1853, S. 385-386.

10 Hinsichtlich des Zoos vgl. Christina Wessely: *Künstliche Tiere. Zoologische Gärten und urbane Moderne*, Berlin 2008, S. 165.

11 Thompson 1853, S. 385.

12 Die Technik der Nasspräparation blieb bis Ende des 19. Jh.s fast unverändert, erst um 1890, als der metamorphotische Alkohol ersetzt wurde, kam es zur entscheidenden Neuerung.

in dem die Übergänge zwischen Totem und Lebendigem sowie die Grenzen zwischen verschiedenen Wissens- und Praxisformen fließend waren.

Durch visuelle, schriftliche und haptische Vermittlungsformen von Wissen, durch Beschriftungen, Erläuterungen, Führer und Listen waren die Besucher in die Lage versetzt, sich über das Ausgestellte zu informieren. Das setzten im ausgehenden 19. Jahrhundert die Aquarienschauen der frisch gegründeten Vereine fort. Neben den öffentlichen Schauaquarien organisierte in Deutschland ab den 1890er Jahren die rasch wachsende Zahl der Aquarienvereine regelmäßig Ausstellungen, die eine Fülle von Tier- und Pflanzenarten, neue Behälterformen sowie technische Gerätschaften und Zubehörteile für die Aquaristik präsentierten.[13] Der erste Berliner Aquarienverein, der 1888 gegründete *Triton*, organisierte regelmäßig Ausstellungen. Bei einer Schau im Jahr 1890 besuchten mehr als 7000 Besucher das Grand Hotel am Alexanderplatz, das die vierzehntägige Ausstellung beherbergte. Zu den Medien und Techniken der Wissenspräsentation zählten auch hier Schilder und Bildetiketten an den Gefäßen sowie Kataloge und Verzeichnisse, mit deren Hilfe man einzelne ausgestellte Fischarten identifizieren und sich über ihre Lebensweise informieren konnte.[14] Im Unterschied zu den großen Aquarienhäusern, die auf immersive Raumerlebnisse setzten, waren die Vereinsschauen indes vor allem auf die private Aquaristik ausgerichtet und stellten entsprechend zoologisches und praktisches Wissen stärker in den Vordergrund. So waren an den Wänden der Ausstellungssäle häufig »farbenfreudige[…] und naturgetreue[…] Tafeln« als Anschauungsmaterial angebracht, die einzelne Tiere in ihrem anatomischen Bau oder ihrer Lebensweise erläuterten.[15] Diese wurden wiederum von Nasspräparaten flankiert, die wie im Falle des Berliner *Triton* hauptsächlich von den Vereinsmitgliedern selbst stammten: »In jedem Glas fand sich eine Thierart und zwei Pflanzenarten; jede Art war mit deutschen und lateinischen Namen, sowie der Heimath bezeichnet.«[16] Totes und lebendes Tiermaterial dienten im Verbund als

13 Vgl. Hohl 2001a, S. 38.

14 Hierzu gehörten Herkunftsangaben, Informationen über Fortpflanzung und die verschiedenen Bezeichnungen der jeweiligen Tierart. Vgl. Hugo Behrens (Hg.): *Führer durch die Jubiläumsausstellung des Triton, Verein für Aquarien- und Terrarienkunde zu Berlin (E. V.)*, Braunschweig 1913, S. 1.

15 Anonym: »Ein Rundgang durch die Ausstellung«, in: Ebd., S. 6-13, hier S. 13.

16 Vgl. Protokoll Aquarienfreunde, 11.3.1903, in: *Blätter für Aquarien- und Terrarienkunde* 14 (1903), S. 128; Protokoll Triton, 16.3.1894, in: *Blätter für Aquarien- und Terrarien-Freunde* 5 (1894), S. 98, Ausstellungen. Berlin. [Tri-

Medien der Wissensvermittlung. Um der Tiere visuell Herr zu werden, boten die Ausstellungen somit ein ganzes mediales Rahmenprogramm auf, das die Lebewesen auf verschiedene Weise – durch lebende Tiere, Bilder, Texte und konservierte Objekte – epistemisch einhegte und im Medienverbund sichtbar und identifizierbar machte.[17]

Das war auch das Ziel eines der ersten Aquarienhäuser im deutschsprachigen Raum, dem 1864 eröffneten Aquarium des Zoologischen Gartens in Hamburg. Auch hier waren nummerierte Zeichnungen der ausgestellten Tiere über den Aquarienbehältern angebracht, die auf detailliertere Erläuterungen im Führer verwiesen. Gerade den Aquarienführern kam hier, vergleichbar den Museumsführern, eine wichtige Rolle in der Wissensvermittlung zu. So gab der Zoologe Karl August Möbius für das 1864 eröffnete Seewasseraquarium des Zoologischen Gartens zu Hamburg an, der gedruckte Führer würde »den Wünschen der Besucher dann am besten entsprechen, wenn er ihnen wie ein sachkundiger Begleiter die Thiere jedes einzelnen Behälters zeigte und beschriebe«.[18] Die Aquarienführer partizipierten damit »am Orientierungswissen der Katalogisierungstechniken«.[19] Manches Tier wurde indes *einzig* im Führer ›sichtbar‹, wie im Falle von eingegrabenen Muscheln »which, although in the tank, would be seldom visible«.[20]

Schlimmer noch: »Da der Tod und der Ortswechsel der Thiere immerwährend Veränderungen hervorrufen, lassen sich über die Bevölkerung der Behälter nur wenige Worte sagen, welche dauernd Geltung behalten«[21], berichtete Möbius weiter. Die Gründe für einen solchen Ortswechsel der Aquarientiere waren vielfältig. Die teils hohe

ton], in: *Blätter für Aquarien- und Terrarien-Freunde* 6 (1895), S. 178. Besonders seltene oder interessante Exemplare unter den im heimischen Aquarium verstorbenen Tieren wurden von den Aquarianern selbst präpariert und in Gläsern als Anschauungsobjekte im Verein oder auf dessen Ausstellungen gezeigt.

17 Vgl. ebd., S. 386. Vgl. Lloyd 1872b, S. 36. Zoologische Schausammlungen präsentierten ebenfalls meist einen Medienverbund aus Gläsern mit konservierten Tieren, dreidimensionalen Modellen oder kolorierten Bildern.

18 Karl August Möbius: *Das Aquarium des Zoologischen Gartens zu Hamburg, für die Besucher desselben beschrieben* [1864], Hamburg 1866 (4. Aufl.), S. 9.

19 Patrick Ramponi: »Vom dunklen Kontinent zum Planet Tiefsee. Zur Genealogie des maritimen Sachbuchs aus Aquarium und ozeanischem Expeditionsbericht«, in: Andy Hahnemann, David Oels (Hg.): *Sachbuch und populäres Wissen im 20. Jahrhundert*, Frankfurt a. M. 2008, S. 247-261, hier S. 252. Meist verfassten die Aquariums-Direktoren oder die Kustoden die Führer.

20 Lloyd 1872b, S. 386.

21 Möbius 1866, S. 9.

Sterblichkeitsrate empfindlicher Tiere sowie saisonal bedingte Schwierigkeiten bei der Nachlieferung führten dazu, dass zeitweise die Behälter der öffentlichen Aquarien gar nicht oder nur unvollständig besetzt waren.[22] Angesichts dieser hohen Fluktuationsrate stimmten die Beschilderungen meist nur kurzzeitig mit dem tatsächlichen Inhalt der Tanks überein. Das galt erst recht für die Aquarienführer, die aufgrund der längeren Produktionszeiten zum Zeitpunkt der Veröffentlichung selten aktuell waren und auf deren Angaben man sich daher keineswegs verlassen konnte.[23] Das Aquarium, das die Tiere der undurchsichtigen Meerestiefe entreißen und einem (ein)ordnenden Blick zugänglich machen sollte, drohte dadurch selbst zu einem Konfusionsraum zu werden.

Umgekehrt grenzten sich die Führer aber auch bewusst von bestehenden Katalogisierungsformen, insbesondere von der systematischen Präsentationsweise naturhistorischer Sammlungen, ab:

> »Although tank No. 1 contains exclusively sea-anemones, and thus properly commences with the lower animals, yet the classification of the creatures throughout the building is not made with reference to any acknowledged system founded on organisation, but the creatures are, so far as the limits of the place permit, arranged with reference to *habits* rather than *structure* [...].«[24]

22 Ein einigermaßen stabiles Arrangement boten nur Behälter mit festsitzenden Lebewesen wie etwa Seeanemonen. Vgl. Lloyd: »At present, with some of the tanks partially unoccupied, owing to the shortness of the period since the opening of the aquarium, the arrangement of some of the animals is quite arbitrary.« Lloyd 1872b, S. 2.

23 Die Naturkundemuseen hatten im 19. Jahrhundert, wenn auch auf andere Weise, ebenfalls Probleme mit einer durchgängigen Systematisierung und Verzeichnung ihrer Sammlungen, wie Carsten Kretschmann herausstellt: »Die Klage über mangelnde Inventare und Kataloge wurde über das ganze Jahrhundert hinweg in vielen Museen, Vereinen und Ministerien laut. Sie verwies auf eine eigentümliche Überforderung der Museen, die sich nicht in der Lage sahen, verläßliche Kataloge einzurichten. Das hatte seinen Grund zum Teil in der mangelnden personellen Ausstattung der Häuser. Darüber hinaus aber war es oftmals die Dynamik der Sammlung selbst, die sich der Katalogisierung widersetzte. Weil jede Sammlung auf Expansion hin angelegt war, blieb das Ordnungssystem stets im Fluß. Die aufwendigen Einträge in einen voluminösen Katalog [...] entwarfen daher ein Bild, das in seiner Statik unweigerlich hinter der lebendigen Wirklichkeit der Sammlung zurückbleiben mußte.« Carsten Kretschmann: *Räume öffnen sich. Naturhistorische Museen im Deutschland des 19. Jahrhunderts*, Berlin 2006, S. 23.

24 William Alford Lloyd: »The Crystal Palace Aquarium«, in: *Nature* 4 (1871) 102, S. 469-473, hier S. 473.

Die Zusammenstellung der Tiere setzte eine andere Form des Wissens voraus als das kontextlos operierende Wissen systematischer Aufstellungen von Tierreihen. Damit ähnelte die Präsentation lebender Tiere ebenfalls den zeitgenössischen Dioramen in Naturkundemuseen, wo die verschiedenen Tierarten ebenfalls zunehmend in ›biologischen Gruppen‹ und ›natürlichen Habitaten‹ ausgestellt wurden.[25] Erst die Haltung lebender Tiere in ein und demselben (Lebens-)Raum in Zoos und Aquarien machte eine Zusammenstellung entlang biologischer und ökologischer Kriterien aber zwingend erforderlich. Die Einrichtung öffentlicher Schauaquarien setzte somit ein Wissen über die Beziehungen zwischen den Lebewesen voraus, das sie wiederum weitervermittelten und damit bestehende (Zu-)Ordnungsmuster infrage stellten. In jedes mit Leben gefüllte Aquarium war ein Wissen um aquatische Stoffkreisläufe und Funktionszusammenhänge zwischen Tieren, Pflanzen und ihrer Umgebung eingelassen. Hier zeigt sich beispielhaft, wie etablierte Konservierungstechniken und Ausstellungsformen fortbestehen und zugleich durch das Aquarium erweitert und transformiert wurden. Sobald sich die Anordnung im Übergang von der Museumsvitrine hin zum Aquarium in Bewegung setzte, dynamisierte sich somit zwangsläufig auch die naturhistorische Präsentationsform. »In dieser Weise wird die Verschiedenheit der Lebensgewohnheiten mehr als die der Organisation die leitende Idee einer zweckmässigen Vertheilung bilden müssen«[26], resümierte William Alford Lloyd die Präsentation im Hamburger Aquarium.[27] Die Aufstellung der Behälter selbst war abhängig von Faktoren wie Lichteinfall, der benötigten Wassermenge, die mittels Pumpen durch einen Tank geleitet werden musste, »and so forth«.[28] Das Ausstellen aquatischer Lebewesen destabilisierte somit räumliche und epistemische Ordnungen, es formatierte die visuelle Schau(an)ordnung neu und transformierte dadurch zugleich das epistemische Rahmenwerk musealer Repräsentation. Damit

25 Im letzten Drittel des 19. Jahrhunderts veränderte sich auch in vielen Naturkundemuseen die Ausstellungspraxis von systematischen Aufstellungen hin zu Biologischen Gruppen. Vgl. Nyhart 2009; sowie wissenschaftshistorisch Lepenies 1976.

26 Ebd., S. 85-86.

27 Lloyd 1872b, S. 3. Vgl. auch Lloyd: »So werden, beispielsweise, die beweglichen Geschöpfe, wie Fische und Crustaceen, im Ganzen von den ruhigen Thieren, wie See-Anemonen und den meisten Mollusken, getrennt sein, da sie andernfalls sich gegenseitig stören oder vernichten würden.« William Alford Lloyd: »Das Aquarienhaus des zoologischen Gartens in Hamburg«, in: *Der Zoologische Garten* 5 (1864) 3, S. 84-87, hier S. 85.

28 Lloyd 1872b, S. 3.

rückten die Zusammenhänge zwischen den Lebewesen und Beziehungen zu ihrer Umgebung auch hinsichtlich der Präsentation von Wissen in den Vordergrund. An den frühen öffentlichen Aquarien, die auf Weltausstellungen, in Zoologischen Gärten und eigens erbauten Häusern installiert wurden, lässt sich somit eine epistemische und ästhetische Transformation der Wissensordnung und -präsentation ablesen.

Blick(an)ordnungen

Ebenso wie die Aquarienführer die Blicke der Besucher rahmten, indem sie Anleitungen für die Lesbarkeit des Gezeigten lieferten, avancierte mancher Aquarienblick selbst zur Vorlage, der die zeitgenössischen Vorstellungen über den Unterwasserraum prägte. Auf der Pariser Weltausstellung des Jahres 1867 wurde durch architektonische Anordnung und geschickte Lichtregie im Aquariengebäude ein immersives ›Eintauchen‹ in die Unterwasserwelt räumlich erfahrbar.[29] Eingefasst in eine Grottenarchitektur, in die einzelne Aquarienbehälter eingelassen waren, wurde hier ein Gang auf dem Meeresboden simuliert, wodurch die Besucher selbst auf den Meeresgrund versetzt schienen.[30] Auch der französische Romancier Jules Verne besuchte 1867 das große unterirdische Schauaquarium, um Inspirationen und Vorlagen für seinen späterhin weltbekannten Roman *Vingt mille lieues sous les mers (20000 Meilen unter dem Meer)* zu finden – angeblich ist gar ein Großteil des Romans dort entstanden.[31] Auffällig jedenfalls ist, wie sehr die im Pariser Aquarium inszenierte Blickanordnung dem ähnelt, was bald zu einem der prominentesten literarischen Meeresblicke avancierte: die Blickbeschreibung aus dem Bullauge im Salon der »Nautilus«, dem Unterseeboot von Kapitän Nemo. Im 14. Kapitel des ersten Romanteils befindet sich Professor Pierre Arronax, der von

29 Die Weltausstellungen spielten eine wichtige Rolle in der Geschichte öffentlicher Aquarien; oft blieben die dort errichteten Aquarien anschließend als eigene Häuser bestehen. In Paris öffnete bereits im Oktober 1860 im *Jardin d'Acclimatation* das erste öffentliche Aquarienhaus der Stadt seine Pforten. Für eine ausführliche Beschreibung der beiden Aquarienhäuser vgl. Harter 2014, S. 64-65.

30 Vgl. ebd.

31 Das Werk erschien zunächst zwischen 1869 und 1870 als Fortsetzungsroman. Vgl. ebd., S. 79; sowie dies.: »Vor den Schaufenstern des Ozeans. Das Meer, die Aquarien und die Literatur: Inspirationsquellen von Jules Verne«, in: *Frankfurter Allgemeine Zeitung* 73, 30.3.2005, S. N3; weiterhin Volker Dehs: *Jules Verne. Eine kritische Biographie*, Düsseldorf/Zürich 2005, S. 174.

Kapitän Nemo auf der Nautilus gefangen gehaltene Leiter des Pariser Naturkundemuseums, gemeinsam mit seinen beiden Schicksalsgefährten, dem Diener Conseil und dem kanadischen Harpunier Ned Land, im Salon des Unterseebootes. Dieser Salon stellt eine Zusammenschau unterschiedlicher Zugangsweisen zum Meer bereit, die auf der Pariser Weltausstellung ebenfalls dargeboten wurden. Zum einen beherbergt er nautische Instrumente und ruft damit ein Meereswissen auf, welches das Meer als Oberfläche, vorzugsweise als Transit- und Navigationsraum betrachtet.[32] Zugleich beinhaltet der Salon ein naturhistorisches Museum, in dem Glasvitrinen zoologische Objekte der Conchologie und Ichthyologie (Muschel- und Fischkunde) und damit ein naturhistorisches Wissen ausstellen.[33]

In diese Anordnung bricht unerwartet eine »bezaubernde Vision«[34] ein, berichtet Arronax, die Erzählerfigur des Romans. Diese Vision kündigt sich – wie bei den Besuchern des Pariser Schauaquariums, die zunächst durch einen dunklen Gang treten mussten – zunächst dadurch an, dass »es plötzlich dunkel wurde, und zwar stockdunkel«[35], wie es im Roman heißt. Auf diese schlagartige Verunmöglichung des Sehens folgt eine wundersame Erleuchtung, als sich die mechanischen Klappen eines Bullauges öffnen: »Plötzlich fiel Licht durch zwei längliche Öffnungen auf beiden Seiten des Salons. Durch die Lichtentladung erstreckten sich hell erleuchtete Wassermassen vor unseren Augen. Zwei Kristallglasscheiben trennten uns vom Meer.«[36] Hier aktualisiert sich die kristallin-gläserne Metaphorik des Aquariums und jene des sich lüftenden Schleiers, der die Geheimnisse der Tiefsee zu enthüllen antritt – im Falle von Nemos Bullauge freilich in mechanisierter Form.[37] Tatsächlich gibt dieses Bullauge als gerahmter Ausblick, wie die begleitende Illustration im Buch zeigt[38] (**Abb. 47**), den Blick auf eine phantastische Unterwasserwelt mit einer bislang ungekannten Anzahl und Artenvielfalt von Kreaturen frei.

32 Vgl. Jules Verne: *20000 Meilen unter den Meeren* [frz. Originalausgabe 1869/70], aus dem Französischen neu übersetzt und herausgegeben von Volker Dehs. München 2013, S. 121, 123-127.
33 Vgl. ebd., S. 117-119. Zum Verhältnis von Aquarium und bürgerlichem Interieur vgl. auch Kranz 2010, S. 158-159.
34 Verne 2013, S. 159.
35 Ebd., S. 150.
36 Ebd.
37 Erinnert sei an Gosses Untertitel: *The Aquarium. An Unveiling of the Wonders of the Deep Sea.*
38 Der Holzstich stammt von Alphonse-Marie-Adolphe de Neuville, der für die Illustrationen verschiedener literarischer und wissenschaftlicher Werke verantwortlich zeichnete. Vgl. Arthur B. Evans: »The Illustrators of Jules

Mit diesem gerahmten Blick durch das Bullauge, der wohl nicht zufällig den Blickarrangements der zeitgenössischen Schauaquarien ähnelt, wird neben dem nautischen und naturgeschichtlichen ein dritter Zugang zum Meer eingeführt, der dieses als Lebensraum präsentiert und die Wasserwesen nun ›tatsächlich‹ »lebendig und frei in ihrem natürlichen Element zu beobachten [erlaubt]«.[39] Forscherinteresse gepaart mit Faszination und Schaudern lassen die drei Figuren wie auch die literarische Beschreibung lange vor der geschauten Unterwasserwelt verharren.

Interessanterweise fällt den Protagonisten in Jules Vernes Roman die Analogie zum Aquarienblick selbst auf, denn nicht nur der Erzähler Professor Arronax vergleicht den Blick aus dem Bullauge mit demjenigen in ein Aquarium: »Auf beiden Seiten hatte ich ein offenes Fenster, das den Blick auf die unerforschten Abgründe freigab. Die Dunkelheit des Salons brachte die Helligkeit draußen noch intensiver zur Geltung, und wir schauten gebannt, als wäre dieses klare Kristallglas die Scheibe eines unermesslichen Aquariums.«[40] Auch Conseil ruft angesichts der vorüberziehenden Fische aus: »Man sollte meinen, wir befänden uns vor einem Aquarium.«[41] Das Meer wird den Betrachtern durch die Blickanordnung zum riesigen Aquarium. Vorläufig. Denn wenn kurz darauf Arronax Conseil korrigiert – »›Oh nein‹, erwiderte ich, ›denn ein Aquarium ist nichts als ein Käfig, und diese Fische dort sind frei wie die Vögel in der Luft‹«[42] –, dann deutet sich hierin eine Umkehrung der Blickrichtung an, die in letzter Konsequenz die Nautilus selbst als Aquarium (oder vielmehr Vivarium) markiert. Schließlich sind die Menschen im U-Boot in einem viel kleineren Behältnis eingelassen als die sie umgebende Meereswelt. Im literarischen Spiel der Perspektiven deutet sich damit eine Verunsicherung der Blickrela-

Verne's *Voyages Extraordinaires*«, in: *Science-Fiction Studies* 25 (1998) 2, S. 241-270.

39 Arronax bemerkt weiter: »Niemals zuvor war es mir vergönnt gewesen, diese Tiere lebendig und frei in ihrem natürlichen Element zu beobachten.« Verne 2013, S. 159. Zur Thematik des Fensterblicks bei Verne vgl. auch Sebeok: »By and large, there is a constant situation in which Arronax and his companions passively sit within the luxurious *Nautilus* watching what passes by outside the porthole. The porthole itself becomes in effect a movie screen, but also a screen that shields the passengers of the *Nautilus* from the dangers of the sea.« Thomas A. Sebeok: *The Play of Musement*, Bloomington 1981, S. 70.

40 Verne 2013, S. 151. Vgl. auch Kranz 2010, S. 167.

41 Verne 2013, S. 156.

42 Ebd.

Abb. 47: Ein visuell (durch das Bullauge) und epistemisch (durch das Wissen der Figuren) gerahmter Meeresblick. Szene im Salon der *Nautilus* aus dem Roman *20 000 Meilen unter dem Meer* von Jules Verne, 1876.

tionen und nicht zuletzt auch eine Beurteilung der Lebensbedingungen im Aquarium an, die gerade aus der eingeschlossenen Lage der Figuren heraus auf das Aquarium als Einschließungsarchitektur zu reflektieren vermag – eine Perspektive, die den Aquarianern zu dieser Zeit häufig (noch) abging.

Blickaneignungen

Die bei Verne angedeutete Perspektivumkehrung, die ein gänzlich anderes *framing* in Szene setzt, ist jedoch im Roman letztlich nicht bis zu Ende ausbuchstabiert. In Bezug auf die drei Figuren bleibt die Blick- und Interaktionsrichtung eindimensional vom menschlichen Beobachter aus gedacht, anders gesagt: den Lebewesen im Aquarium wird kein Blick zugestanden. Eben dies hat John Berger als die Ideologie identifiziert, die tierlichen Schauanordnungen wie dem Zoo unterliege und deren zentrales Merkmal es sei, »[that] animals are always the observed«.[43] In diesem Blickregime drückt sich für Berger stets ein Machtverhältnis aus: »They are the objects of our ever-extending knowledge. What we know about them is an index of our power, and thus an index of what separates us from them. The more we know, the further away they are.«[44] Die Tiere benennen zu können, bedeutet hiernach, sie symbolisch in Besitz zu nehmen. Und eben dies tut der Roman – beinah bis zum Exzess. Während einerseits das Bullauge den Blick in die Unterwasserwelt materiell rahmt, übernehmen andererseits die Beschreibungen des Geschauten eine rahmende, (ein-)ordnende Funktion. Die seitenlang aufgelisteten Benennungen lassen an die Listen der Aquarianer und ihr Bestreben einer möglichst vollständigen Inventarisierung lokaler Floren und Faunen denken.

Mittels der drei (Erzähl-)Perspektiven der Figuren bildet sich in den Beschreibungen abermals eine exemplarische Zusammenschau der marinen Wissensordnungen ab. Wenn es heißt: »Ned nannte die Fische beim Namen, Conseil ordnete sie ein und ich [Arronax], ich begeisterte mich an ihren lebhaften Bewegungen und der Schönheit ihrer Formen«[45], so ist darin das Praxiswissen des Harpuniers, das Klassifikationswissen der Taxonomen und das morphologische Wissen des Aquarianers synthetisiert. Doch geht der Blick nicht allein in einer *epistemischen* Aneignung auf. In Arronax' Begeisterung drückt sich zugleich der ästhetische Genuss eines Unterwassertouristen (respektive eines Aquarienbesuchers) aus, wie sich an den Semantiken der Überwältigung und des Erhabenen ablesen lässt: »Hingerissen« verharrt Arronax in »Sprachlosigkeit«, eingehüllt in »namenloses

43 Berger 2009, S. 27.
44 Ebd.
45 Verne 2013, S. 159.

Staunen«.[46] Zum zoologisch informierten Blick gesellt sich so die suggestive Faszinationskraft der vorüberziehenden Bilder.

Was die Zusammenschau der interferierenden Rahmungen der Figurentrias Ned/Conseil/Arronax damit entwirft, ist gleichsam der Blick eines idealen Aquarienbesuchers. Dieser weiß sich die dargebotenen Lebewesen auf mehrfache Weise anzueignen: durch das Wissen der Naturgeschichte, welche die Tiere zu ›lesen‹ versteht und mittels der (autoritären) Geste des Benennens das Gezeigte epistemisch einordnet; durch den ökonomischen Blick der Fischerei, der die Tiere als Ware fasst; und schließlich durch den Blick des Aquarientouristen, der sie als visuelle Attraktionen konsumiert. Hier wird die Spannung zwischen Ästhetisierung, Kommerzialisierung und Verwissenschaftlichung deutlich, in der sich die öffentlichen Schauaquarien im 19. Jahrhundert bewegten.

Diese Formen epistemischer, ästhetischer und kommodifizierender Aneignung lassen sich in den räumlichen Inszenierungsstrategien, durch die der Blick in das Pariser Aquarium des Jahres 1867 gerahmt wird, wiederfinden. Das gesamte Raumarrangement bildete eine ausgefeilte Schauanordnung. So waren auf dem Pariser Weltausstellungsgelände im Park das Süß- und ein Salzwasseraquarium unterirdisch eingerichtet, deren räumliche Gestaltung Ursula Harter ausführlich darlegt: »Den Ausstellungsraum des Seewasseraquariums betrat man wie bei den Panoramen von einem abgedunkelten Eingangsbereich aus über Treppen. Oben angelangt, sahen sich die Besucher wie von einer gigantischen Kristalldecke und ringsum von leben- und lichtdurchflutetem Wasser umschlossen.«[47] Mit solch ausgefeilten räumlich-theatralen Inszenierungsstrategien ergänzte das Pariser Schauaquarium gemeinsam mit anderen öffentlichen Aquarien die zeitgenössische Unterhaltungskultur aus Theatern, Dioramen und Panoramen. Dabei teilte es, wie Christina Wessely gezeigt hat, die Anordnung der dunkel gehaltenen Besuchergänge und erleuchteten Glaskästen mit vielen zoologischen Gärten des späten 19. Jahrhunderts, die mit dieser Lichtregie »auf den Objektcharakter des Ausgestellten, auf dessen Verfügbarkeit durch jeden der anonymen Betrachter außerhalb«[48] verwiesen. Hier findet sich ein kommodifizierender Blick auf die eingeschlossene

46 Ebd., S. 152.

47 Harter 2014, S. 65. Die unterirdische Lage der großen Aquariengebäude hing zudem mit praktischen Gründen zusammen, namentlich dem schweren Gewicht der wassergefüllten Behälter und den Unterbringungsmöglichkeiten für Wasserreservoirs, -anschlüsse und andere technische Einrichtungen.

48 Wessely 2008, S. 173.

›Natur‹, bei dem symbolischer Besitzanspruch auf materielle Warenästhetik trifft.[49] Und dieser Schritt vom Sehen zum Besitzen wurde nicht nur symbolisch vollzogen. Im Aquarium der Pariser Weltausstellung 1867 fanden die Besucher des Salzwasseraquariums, wie Volker Barth ausführt, inmitten der mannigfaltigen Fauna und Flora die Ausstellung der Austernzucht *Régneville* vor. Die dort ausgestellten Austern waren offizielle Exponate und einem Katalog konnte die Adresse der Züchter entnommen werden.[50] Und nicht nur hier konnte man sich manche der ausgestellten Lebewesen mit nach Hause nehmen; viele der frühen öffentlichen Aquarien boten ihre ausgestellten Tiere zum Verkauf an und nutzten die Zurschaustellung zugleich als Warenauslage.[51] Indem sie Querschnitte durch die aquatische Warenwelt präsentieren, nähern sich die gläsernen Schaukästen der Aquarien den Schaufenstern der Metropolen an, die seit Mitte des 19. Jahrhunderts als Demonstrationskästen der Läden ihre Waren rahmten.[52] Es mag mit eben diesen Aneignungsformen zu tun haben, wenn Jules Verne eine vollständige Umkehrung der Perspektive nicht ausformuliert, würden doch dann die U-Boot-Reisenden für das Meeresgetier jenseits der Glasscheibe gleichfalls zu Exponaten, »sandwiched between two panes of glass, and inspected on either side by curious eyes«[53], wie der Zoologe und Sekretär der London Zoological Society David William Mitchell über Aquarientiere schreibt.

49 Die Technik, »den Beschauer soviel wie möglich der Einwirkung des directen Lichtes zu entziehen und ihn von einem indirect beleuchteten Raume in die sonnigen Ställe blicken zu lassen«, entsprach den Präsentationsmodi der Waren in den hell erleuchteten Schaufenstern der Kaufhäuser. Auf sie blickten die potenziellen Käufer von der dunklen Straße, wenn die Warenhäuser am Abend »wie ›Märchenpaläste‹ erleuchtet waren«. Ebd., S. 149.

50 Volker Barth: *Mensch versus Welt. Die Pariser Weltausstellung von 1867*, Darmstadt 2007, S. 335.

51 Vgl. etwa Alfred Brehm: *Führer durch das Berliner Aquarium. Eine kurze Beschreibung der in ihm zur Schau gestellten Tiere* [1869], Berlin 1870 (9. Aufl.), S. 4.

52 Vgl. Spies 2010, insb. S. 271, 274.

53 David William Mitchell: *A Popular Guide to the Gardens of the Zoological Society of London*, London 1855, S. 321.

Leerstellen

Diese Form visueller Aneignung gelang nicht immer. Knapp zehn Jahre nach der Pariser Weltausstellung öffnete am 22. Januar 1876 als neueste Londoner Attraktion ein weiteres Schauaquarium seine Pforten: das *Royal Aquarium*, in direkter Umgebung der Westminster Abbey und der Houses of Parliament gelegen, und explizit unter royaler Protektion stehend.[54] Es sollte an Größe und Opulenz die bisherigen Aquarienbauten noch übertreffen. Prominente waren zur feierlichen Eröffnung ebenso zahlreich zugegen wie Vergnügungsangebote – »rooms for reading and writing in, rooms for dining, and rooms for dressing in, rooms, too, in which it will be allowed to play billiards and to smoke«, weiterhin »picture-galleries and galleries of sculpture; an orchestra capable of containing nearly 400 performers; and a theatre wherein over 2,000 persons may sit«, und nicht zuletzt »of course, a skating ring«.[55] Was an jenem Abend jedoch unübersehbar fehlte, waren die Protagonisten des Aquariums: die Tiere. Tatsächlich standen bei der Eröffnung die enormen Aquarienbehälter aufgrund praktischer Schwierigkeiten noch gänzlich leer, nicht einmal mit Wasser waren sie gefüllt.

Da es sich beim Aquarium um ein Dispositiv des Zeigens *par excellence* handelte, lautete sein Imperativ: »Nie leer sein!«[56] Das war sowohl mit Blick auf die Unterhaltungs- als auch die Bildungsfunktion virulent. So wurde den öffentlichen Aquarien im späten 19. Jahrhundert das Potenzial einer naturkundlichen Erziehung des Blicks zugesprochen. Der Journalist Frank Buckland, Autor zahlreicher populärwissenschaftlicher Artikel und zugleich Begründer eines *Museum of Economic Fish Culture*, führte beispielhaft das Brightoner Aquarium in seiner Funktion als Medium der Aufmerksamkeitsübung ins Feld:

> »The Aquarium, again, was useful as a means whereby the powers of observation might be trained. Quickness of eye and of perception was necessary to detect the movements of fish and the meaning of those movements. Animals were often noisy, and gave indications

54 Zum *Royal Aquarium* vgl. auch Harter: »An historisch prominenter Stelle, gegenüber der Westminster Cathedral errichtet, wurde es in klassizistischem Edelstil aus Backstein, Stein, Eisen und Glas gebaut und existierte bis 1902.« Harter 2014, S. 32.

55 Anonym: »The Royal Aquarium«, in: *The London Times*, 24.1.1876, S. 5.

56 Te Heesen/Michels 2007, S. 11. Sie bezeichnen in diesem Sinne die Glasvitrine als »Zeigemöbel«. Ebd.

> of their presence by roaring or producing other sounds; but fish were perfectly silent, and their movements required close watching to discover their objects […].«[57]

Das *Royal Aquarium* ohne Inhalt stellt dagegen eine Leerstelle des Wissens und der Attraktion dar beziehungsweise aus. Über das Phänomen leerer Glaskästen im Ausstellungskontext schreibt der Kunsthistoriker Christian Spies, sie seien »wie ein Fingerzeig für den Ausstellungsbesucher, wie eine verweisende Geste, die aber ins Leere führt. ›Sieh her!‹, wird der Betrachter aufgefordert. Umgehend wird er jedoch enttäuscht: ›Zu sehen bekommst du aber nichts!‹«[58] Der Blick, der sich die Tiere als Schauobjekte aneignete, lief im *Royal Aquarium* ins Leere. Wie misslich es erscheinen musste, wenn in den Behältern rein gar nichts zu sehen war, spiegelt sich in den höhnischen Reaktionen der Presse, die postwendend folgten: »An Aquarium without fish can scarcely be said to offer a legitimate attraction to the public«[59] heißt es etwa über den Eröffnungsabend.[60]

Wenn angesichts der unbefüllten Behälter selbst das aufmerksamste Schauen ins Leere lief, schlug damit aber nicht nur die Demonstration einer epistemischen, sondern ebenso einer ökonomischen Potenz fehl, gerade bei Institutionen, die von privaten Unternehmern, häufig von Aktiengesellschaften geführt wurden. Die leeren Glasbehälter markieren entsprechend nicht nur den Ausnahmezustand, sondern geradezu das Skandalon des Aquariums, zumal eines unter royaler Protektion stehenden. Ein beißender Kommentar in der *Saturday Review* brachte dies auf den Punkt: »It may occur to some

57 Anonym: »The Practical Uses of the Brighton Aquarium«, in: *Land and Water* (1874), S. 296-297, hier S. 296.

58 Spies 2010, S. 263. Spies analysiert eine leere Vitrine auf der Impressionisten-Ausstellung 1880. Die dafür vorgesehene Skulptur *Petite Danseuse de quatorze ans (statuette en cire)* von Edgar Degas nahm ihren Platz darin erst mit einjähriger Verspätung ein.

59 Anonym: »Opening of the Royal Westminster Aquarium«, in: *The Musical Times and Singing Class Circular* 17 (1876) 396, S. 362.

60 Damit stehen die Aquarienbehälter des *Royal Aquarium* im Gegensatz zu den Vitrinen eines Großteils der naturhistorischen Museen, die – wie meist das gesamte Museumsgebäude – bereits seit den 1830er Jahren aufgrund der stetig wachsenden Sammlungsbestände an chronischem Platzmangel litten. Vgl. hierzu am Beispiel des Berliner Naturkundemuseums Kretschmann 2006, insb. S. 34-35. Im Berliner Naturkundemuseum war indes bei der feierlichen Eröffnung des Neubaus im Jahr 1889 der Umzug noch nicht vollständig erfolgt und die zoologische Schausammlung daher ebenfalls nur teilweise bestückt.

people that a sham Aquarium consisting of empty tanks is an odd sort of speculation to be ›inaugurated‹ by a member of the Royal Family.«[61] Wenn sich die Unternehmer verspekuliert hatten, blieb das Auge (und das Wissen) auf reine Spekulationen angewiesen und das leere ›Gerüst‹ verwies als »promise of the future« zuallererst auf die Leerstelle als »immediate evidence in the present«.[62] Statt der Darbietung einer Naturbeherrschung in immer größeren Dimensionen erschienen hier die Lebewesen ostentativ als Abwesende.

Mehr als ein Jahr nach der Eröffnung teilte zwar ein Korrespondent des *Midland Naturalist* mit: »The Aquarium, at Westminster, is now well worth seeing, the tanks being fully stocked and the water bright.«[63] Doch selbst zu diesem Zeitpunkt standen einige der bis zu achtzehn Meter großen Salzwasserbehälter noch immer leer.[64] Stattdessen begann man, die Becken umzunutzen und nun als Bühne für sogenannte »water shows« zu verwenden, die im Abendprogramm angekündigt wurden. Fortan schwammen im Aquarium »Mlle Paula, the Water Queen Alligator and Snake Charmer« oder die Damen von »Professor Beckwith's swimming tank«[65]. Wenn solchermaßen Badenixen und Schwimmtalente in die Fischtanks Einzug hielten, verkehrte sich mit der Umnutzung der Becken der Typus von Attraktion. Die Blickrelation zwischen Schauendem und Angeschautem indes blieb unverändert. Statt der tierlichen wurden nun menschliche, vor allem weibliche ›Kuriositäten‹ im Aquarium ausgestellt, die damit in die Nähe jener gewinnträchtigen Menschenschauen rückten, die Carl Hagenbeck in Zoologischen Gärten und auf Weltausstellungen inszenierte.[66] Die bei Jules Verne implizit angelegte Reflexion über tierliche und menschliche Einschließungsarchitekturen und ihre Blickregime fand so auf andere Weise eine Realisierung.

61 Anonym: »An Aquarium *in Nubibus*«, in: *The Saturday Review*, 29.1.1876, 41, S. 136-137, hier S. 137.

62 Anonym 1876, S. 5.

63 W.J.S.: »A Few London Notes, By an Occasional Correspondent«, in: *Midland Naturalist* 1 (1878), S. 22-23, hier S. 23.

64 Vgl. Harter 2014, S. 32.

65 Anzeige des *Royal Aquarium* in der *London Times*, 10.6.1890, S. 1; vgl. auch John M. Munro: *The Royal Aquarium. Failure of a Victorian Compromise*, Beirut 1971, S. 12.

66 Das *Royal Aquarium* näherte sich mehr und mehr einem Vergnügungspark im Stile des *Vaudeville* an, das schon bald in Verruf geriet und schließlich 1903, nach dem endgültigen Bankrott, abgerissen wurde.

Blickvorlagen

Nachdem Jules Verne seine Aquarienbeobachtungen der Pariser Weltausstellung in seinen Roman übersetzt hatte, führte dieser literarische Blick anschließend wiederum die Aquarienbesucher auf der folgenden Weltausstellung und die Leserschaft seines Romans. Ebenso wie die Aquarienführer den Blick und das Wissen der Besucher lenkten, avancierte Jules Vernes Roman zur Blickvorlage. In welchem Maße sein Text die Vorstellungen über die Unterwasserwelt prägte, deutet sich zum einen in den unzähligen Auflagen und Übersetzungen des Romans an. Dieser und weitere literarische Meeresvisionen, wie sie etwa Victor Hugo und Jules Michelet in der zweiten Hälfte des 19. Jahrhunderts verfassten, stellten ein textuelles (und durch Buchillustrationen häufig auch visuelles) Vokabular bereit, um die neu erblickte, neu erfahrbare Unterwasserwelt zu sehen, zu beschreiben und zu interpretieren.

Ganz konkret wurde Jules Vernes Roman aber auch zur Vorlage für den Blick ins Aquarium und so mithin selbst zum Führer durch die imitierte Unterwasserwelt. Die literarischen Beschreibungen des Meeresblicks durch das Bullauge dienten selbst als Anleitung dafür, auf welche Weise die bewegte Unterwasserwelt im Aquarium zu konsumieren sei. So ist über das Schauaquarium der nachfolgenden Weltausstellung im Paris des Jahres 1878, bei dem die Aquarienscheiben teils über den Köpfen der Besucher angebracht waren, von Gabriel de Mortillet, Museumsdirektor und Ur- und Frühgeschichtsforscher in Paris zu lesen: »Ses galeries réservées aux visiteurs seront au-dessous, de sorte qu'ils verront les poissons se jouer sur leur tête. C'est la réalisation des conceptions fantastiques de Jules Vernes.«[67] Durch die räumliche Anordnung, die den Besucher rundum mit Wasser und Meeresgetier umgab, vermochte das Aquarium für Mortillet einen (Aus-)Blick ins Meer zu suggerieren, der im Grunde einen (Ein-)Blick in Aquarienbehälter darstellte. Doch war es nicht nur das Aquarium, das den Blick rahmte, fühlte sich Mortillet doch allem voran an Jules Vernes »conceptions fantastiques« erinnert und damit weniger ins Meer als in einen Roman hineinversetzt, der einen Blick ins Meer beschreibt. Mortillets ›Meeresblick‹ findet vor der Folie eines Romans im Rahmen des Aquariums

67 Vgl. Gabriel de Mortillet: »Exposition Universelle de 1878. Palais du Trocadéro«, in: *La Nature* 226 (1877), S. 273-274, hier S. 274. Mortillet berichtete vom »vaste et bel aquarium d'eau douce, dont les bacs s'ouvriront à l'air libre«.

statt – und ist damit unter eine doppelte mediale Bedingung gestellt. An Vernes Roman zeigt sich somit, wie ein literarischer Blick, der selbst aus einer Aquarienbeobachtung hervorgeht, sodann zur Vorlage für einen (imaginierten) Blick in den Unterwasserraum wird: Mit Jules Vernes Roman durch das Aquarium ins Meer blicken. Die literarische Beschreibung wirkte auf die Vorstellung der Unterwasserwelt ein, indem sie zum konkreten Vorbild für Aquarienerlebnisse wurde, die wiederum einen Gang auf dem Meeresboden simulierten.

Wie schnell dies zum Klischee gerann, zeigt sich nicht zuletzt darin, dass sich auf besagter Weltausstellung von 1878 Jules Vernes literarischer Meeres- respektive Aquarienblick materialisierte, namentlich im Nachbau des fiktiven U-Bootes Nautilus, das im unterirdischen Grottenaquarium als Attrappe ausgestellt war.[68] Dieses Konzept setzte sich auf weiteren Ausstellungen fort, sodass die Vernesche Vorlage mithin zum Standardset in der Ausstattung öffentlicher Aquarien und anderer Ausstellungsformate avancierte.[69] Auf der Deutschen Armee-, Marine- und Kolonialausstellung, die von Mai bis September 1907 in Berlin veranstaltet wurde, war diese Anordnung noch erweitert. Der *Offizielle Katalog und Führer* kündigte als Attraktion neben einem »Kolonial-Aquarium« und einer »Reise zum Mond mit lenkbarem Luftschiff« die »Nautilus oder 20,000 Meilen unter dem Meeresspiegel« an: »Jules Vernes berühmtes Werk ist hier realisiert, eine für Europa neue Illusions-Schaustellung. Man besteigt das Unterseeboot und sinkt mit diesem in die Tiefe um alle Schönheiten und Schrecken dieser Fahrt mitzumachen.«[70] In einer Art *Reenactment* setzte das Boot, das bestiegen werden konnte, den Blick in die submarine (Aquarien-)Welt auf neue Weise in Bewegung und näherte mit diesem mobilisierten Sehen den Aquarienblick einem *in situ*-Blick weiter an. Solche Resonanzen zwischen Literatur und Architektur verweisen auf die konstitutive Rolle, die beide Medien in der Ausbildung eines subaquatischen Bilder- und Beschreibungskosmos einnahmen.

Zu Beginn des 20. Jahrhunderts war dieser Aquarienblick bereits zur Sehgewohnheit avanciert, und diente selbst manchem wissen-

68 Vgl. ebd.; sowie Harter 2014, S. 65.

69 Auf der Weltausstellung des Jahres 1900 befand sich Ursula Harter zufolge im Aquarium ein ›authentisches‹ Schiffswrack im Zuschauerraum, das die Besucher zu Schatzsuchern am Meeresgrund machte. Vgl. ebd., S. 69-70.

70 *Offizieller Katalog und Führer für die Deutsche Armee-, Marine- und Kolonial-Ausstellung* (15. Mai bis 15. September 1907), herausgegeben im Auftrage des Arbeitsausschusses von Stella-Verlag, G.m.b.H, Berlin 1907. Diesen Hinweis verdanke ich Patrick Ramponi.

schaftlichen Blick in die Unterwasserwelt als Folie. Welchen Einfluss Aquarien als Ausstellungsmedien der Unterwasserwelt inzwischen erlangt hatten, belegt der Bericht einer sechsmonatigen Expedition des Forschungsschiffs »Arcturus«, das im Jahr 1923 eine Reise von New York in die Sargassosee sowie nach Galapagos und zurück antrat.[71] William Beebe, Leiter der Expedition und Direktor des New Yorker *Department of Tropical Research*, musste auf seinem ersten Tauchgang beinah enttäuscht feststellen, dass ihm der Blick durch den Taucherhelm reichlich bekannt vorkam – aus dem New Yorker Aquarium nämlich:

> »I swung myself lightly down from the ladder and stood on the bottom. I gazed out with interest on the rocks and fish about me, but felt a vague feeling of disappointment. […] I was looking through a pane of glass at fish swimming about – exactly what I have done and seen a hundred times in our aquarium in New York.«[72]

Das Aquarium, das dem *in situ*-Blick historisch vorausging, prägte Beebes Vorstellung der submarinen Welt in dem Maße, dass die künstliche Unterwasserszene im Aquarium ihm gar authentischer erschien als die reale Unterwasser-Erfahrung: »I felt […] looking upon a wonderful tank of living fish with a most excellently painted background«[73], erinnert sich Beebe. Die ›Popularisierung‹ des Aquariums beschränkte sich, so wird spätestens hier klar, längst nicht nur darauf, wissenschaftliches Wissen zu allgemeinverständlichen Formeln zu vereinfachen und zu verbreiten. Vielmehr waren populäre (Aquarien-)Kultur und Meeresforschung, populäre Schau(an)ordnungen und ein wissenschaftlich motivierter Blick auf vielfältige Weise voneinander durchdrungen und formten interferierende Rahmungen mit vielfältigen Rückkopplungseffekten.

71 Bereits während der Reise wurde die Öffentlichkeit regelmäßig durch Zeitungsberichte, die Beebe und seine Mannschaft einsandten, auf dem Laufenden gehalten.

72 William Beebe: *The Arcturus Adventure. An Account of the New York Zoological Society's First Oceanographic Expedition*, New York/London 1926, S. 76.

73 Ebd., S. 76-77; vgl. auch ders.: »A Half Mile Down. Strange Creatures, Beautiful and Grotesque as Figments of Fancy, Reveal Themselves at Windows of the Bathysphere«, in: *The National Geographic Magazine* 66 (1934) 6, S. 661-704. Zu Beebes Expedition im Zusammenhang mit dem Aquarium vgl. Muka 2014, insb. Kapitel 2.

Einrichten II

Meeresbiologische Schlammgeschichte(n). Aquarien als Schauplatz ökologischer Forschung

Ostseeschlamm im Aquarium

Die wissenschaftliche Meeresforschung bildete insbesondere ab dem späten 19. Jahrhundert ein weiteres Gebiet, auf dem sich ein neues Wissen über das Leben unter Wasser formierte. Hierbei spielten Aquarien eine konstitutive Rolle.[1] Einerseits wurden in dieser Zeit Aquarien in bestehende Forschungs(infra)strukturen integriert und andererseits zahlreiche zoologische Forschungsstationen gegründet, die von Anfang an über eingebaute Aquarienanlagen verfügten.[2] Die Aquarienversuche des deutschen Zoologen Karl August Möbius bilden diesen Prozess der Verwissenschaftlichung beispielhaft ab; Möbius selbst experimentierte zunächst mit heimischen Aquarien und später mit Aquarien in wissenschaftlichen Institutionen. Seine praktische Arbeit mit Aquarien, die wirtschaftlich, in staatlichem Auftrag, und wissenschaftlich zugleich motiviert war, wirkte sowohl auf die Wissens- und Theoriebestände zoologischer Forschung wie auf die visuelle Präsentation der Unterwasserwelt in musealen und aquaristischen Kontexten ein. Bei Möbius' Experimenten spielte als wiederkehrendes und gleichsam zentrales Moment der Schlamm eine Rolle, jenes undurchsichtige Gemisch aus organischen und anorganischen Stoffen, das bereits den Londoner Aquarianer Robert Warington beschäftigt hatte und im Laufe von Möbius' Aquarienversuchen eine neue Bedeutung, genauer gesagt einen neuen Status erhielt.

Möbius, der zunächst Oberlehrer am Johanneum in Hamburg, später Professor für Zoologie in Kiel und schließlich Direktor des

1 Teile der hier entwickelten Argumentation finden sich auch in Reiß/Vennen 2014a.

2 Zur Arbeit mit Aquarien an Marinestationen im 19. Jahrhundert vgl. Muka 2014; de Bont 2015. Zum Aquarium als wissenschaftliches Forschungsinstrument vgl. auch Reiß 2012a; sowie Wessely 2013.

Museums für Naturkunde in Berlin war,[3] beschäftigte sich bereits früh mit der marinen Flora und Fauna. Da er sich seit Beginn seiner meeresbiologischen Forschungen besonders für die wirbellosen marinen Tiere der Nord- und Ostsee interessierte, diente ihm zunächst die Kieler Bucht als Schauplatz und Untersuchungsobjekt. Gemeinsam mit dem Fabrikanten und begeisterten Meeresforscher Heinrich Adolph Meyer verbrachte er die Monate Juli und August des Jahres 1859 damit, für zoologische Studien Lebewesen aus der Kieler Bucht zu sammeln. Schon bald hatten sie allein in dieser Bucht mehr Tierarten gefunden, als man bisher aus der gesamten Ostsee kannte. Daraufhin begannen sie 1860 systematische Untersuchungen der Fauna und des physikalischen und chemischen Zustandes des Wassers. Diese breit angelegte Feldforschung mündete in die erste umfassende wissenschaftliche Untersuchung der dort heimischen Lebewesen. Ihre Ergebnisse veröffentlichten sie in einem zweibändigen Werk unter dem Titel *Die Fauna der Kieler Bucht*, das einen der ersten Berichte über eine praktische ökologische Forschungsarbeit darstellt.[4]

Auf ihren regelmäßigen Fahrten in der Kieler Bucht stellten Möbius und Meyer nicht nur Messungen von Wassertemperatur, Salzgehalt und Strömungen an und entnahmen Bodenproben. Zudem richteten sie für die Untersuchung der von ihnen gefangenen Tiere in Meyers Haus verschiedene Seewasseraquarien ein: Fünf größere und vier kleinere Aquarien nahmen in einem extra hierfür eingerichteten Raum im Souterrain des Gebäudes die Tiere auf. Zu diesen gesellten sich später noch Aquarien am Naturhistorischen Museum und bald darauf auch im Hamburger Zoologischen Garten.[5] Die privaten

3 1868 wurde Möbius auf die neu geschaffene Professur für Zoologie an die Universität Kiel berufen und wurde Direktor des 1881 dort gegründeten Zoologischen Museums. 1887 nahm er in Berlin die Posten als Direktor der zoologischen Sammlungen und als Verwaltungsdirektor am Museum für Naturkunde an, wo er zugleich den Lehrstuhl für Systematik und Zoogeografie an der Königlichen Friedrich-Wilhelm-Universität innehatte.

4 Zum Einsatz von Aquarien bei der Untersuchung der Kieler Bucht vgl. Heinrich Adolph Meyer, Karl A. Möbius: *Die Fauna der Kieler Bucht*, Bd. 1, Die Hinterkiemer oder Opisthobranchia, Leipzig 1865, S. XVIII. Vgl. auch dies.: *Die Fauna der Kieler Bucht*, Bd. 2, Die Prosobranchia und Lamellibranchia, Leipzig 1872.

5 Für eine Beschreibung von Meyers eigenen Aquarien vgl. Möbius 1862a und Möbius 1862b. Vgl. hierzu weiterhin Nyhart 2009, S. 125-138; sowie Herbert Weidner: »Die Anfänge meeresbiologischer und ökologischer Forschung in Hamburg durch Karl August Möbius (1825-1908) und Heinrich Adolf Meyer (1822-1889)«, in: *Historisch-Meereskundliches Jahrbuch* 2 (1994), S. 69-84, insb. S. 74.

Aquarien von Möbius und Meyer stammten wiederum von William Alford Lloyd, der zu jener Zeit in Hamburg war und dort – auf Empfehlung Richard Owens – für die Installation der Aquarienanlagen im Zoologischen Garten verantwortlich war.[6]

Die Umsiedlung der von Möbius und Meyer gefangenen Meerestiere ins Aquarium stellte sich jedoch schwieriger heraus als erwartet. Denn viele von ihnen überlebten nur kurze Zeit im Aquarium und wurden daher als Wissensobjekte schnell unbrauchbar. Im Gegensatz zum Meer schien den Tieren im Aquarium etwas zu fehlen, das für ihr Überleben notwendig war. Dieses Problem lenkte den Blick der beiden Meeresforscher zurück auf das Referenzmodell ihrer Aquarien, die Ostsee. Sie widmeten sich nun ausführlicher dem charakteristischen Meeresboden und hier besonders jenen Regionen, die aus abgestorbenem Seegras und Schlamm bestanden. Dieser schlammige Boden war von ihnen bei vorangegangenen Expeditionen vor allem als Ärgernis wahrgenommen worden, da er in den Schleppnetzen, mit denen sie den Boden der Ostsee befischten, ebenfalls nach oben befördert wurde und die gefangenen Tiere erst mühsam von ihm befreit werden mussten.[7] Nach ihren Erfahrungen mit den im Aquarium rasch absterbenden Tieren wendeten sie auf der Suche nach einem Ausweg ihre Aufmerksamkeit nun aber ausdrücklich dem Boden zu, von dem sie Proben nahmen, um sie genauer zu untersuchen.

Versuchsweise näherten sie zudem, um die fehlende ›Zutat‹ für das Wohlergehen der Tiere zu identifizieren, ihre Ostseeaquarien schrittweise den am Boden der Kieler Bucht vorgefundenen Verhältnissen an. In einem ersten Versuch beließen sie neben lebenden auch verwesende Pflanzen in ihren Aquarien, statt diese wie üblich zu entfernen.[8] Bereits diese Maßnahme zeigte Wirkung und ließ einige der Tiere besser gedeihen.[9] Das dezidierte Einführen von Schlamm, den sie am Ostseeboden vorgefunden hatten, ins Aquarium als nächster konsequenter Schritt ihrer Versuche kostete zusätzliche Überwindung, mussten beide Forscher doch zuerst ihre ausgeprägte »Abscheu vor dem

6 Vgl. Lloyd 1874, S. 3845.

7 Meyer/Möbius 1865, S. XVII. Für detaillierte Beschreibungen der Instrumente, Techniken und Praktiken der Tiefseeforschung im 19. Jahrhundert vgl. Rozwadowski 2005. Die Entnahme von Ozeansedimenten in Küstengewässern zum Zwecke von Tiefenlotungen war bereits seit den 1840er Jahren gängig, vgl. ebd., S. 84.

8 Karl A. Möbius: »Einige Fingerzeige für die Bevölkerung und Erhaltung der Aquarien«, in: *Der Zoologische Garten* 6 (1865), S. 211-214, hier S. 213.

9 Ebd.

Schlammgrund im Aquarium«[10] ablegen, die sich genealogisch in die Pathologie des Sumpfes einfügt und dem bereits etablierten Transparenzparadigma entgegenstand.

Doch erst, als sie sich trotz anfänglichen Widerstands »endlich entschlossen, in zwei Aquarien einen drei bis vier Finger hohen Grund von dunklem Schlamm«[11] aus dem Kieler Hafen einzusetzen, gelang es ihnen, ihre Aquarientiere längerfristig am Leben zu erhalten. Dies galt besonders für die Bewohner der Schlammregion, die sich »durch viele eigenthümliche Thierarten und durch Reichthum an Individuen auszeichnet«.[12] Dass die Tiere nun den Transfer ins Aquarium überlebten, bestärkte die beiden Forscher in ihrer Vermutung, dass der Schlamm eine notwendige Lebensbedingung darstellte. Ihr Fazit lautete daher: »Was zusammen lebt, versetze man mit dem Wasser und den Bodenbestandtheilen seines Wohnortes in das Aquarium.«[13]

Erneut stellte sich damit die Störung als wissenskonstitutives Moment heraus. Bereits bei Warington war es gerade der unkontrolliert wuchernde »green slimy matter«, der ihn veranlasste, seinen rein chemisch konzipierten Stoffkreislauf zwischen Pflanzen und Fischen um einen biologischen Faktor (die Schnecken) zu erweitern. Und auch bei Möbius und Meyer wirkte die Auseinandersetzung mit den Dysfunktionen des Aquariums produktiv in die Forschung hinein. Mit dem Schlamm wurde so ein bereits bekannter, jedoch bislang negativ bewerteter Stoff in den Transfer zwischen Meer und Aquarium integriert. Erst die Mobilisierung der marinen Lebewesen *mit* ihrer schlammigen Umgebung brachte also ein Wissen darüber hervor, welcher Elemente es bedurfte, um die natürlichen Bedingungen der Wassertiere nachzubilden und diese am Leben zu erhalten.

Der materielle Austausch zwischen Meer und Aquarium erweist sich also auch hier an der Generierung eines Wissens vom Zusammenhang zwischen Lebewesen und ihrem Lebensraum konstitutiv beteiligt. Die entscheidenden Einsichten in die Zusammenhänge des Lebens in der Ostsee gewannen Möbius und Meyer gerade durch die Verbindung von Feld- und Aquarienforschung. So nutzten sie das Aquarium, um neue Erkenntnisse über das Meer bzw. den Schlamm zu gewinnen und wendeten dieses Wissen dann wiederum auf das Aquarium an. Damit wurde Letzteres zum wichtigen Medium nicht

10 Ebd.
11 Ebd.
12 Meyer/Möbius 1865 Bd. 1, S. XIII.
13 Möbius 1865, S. 212.

nur der biologischen Wissensproduktion. Es brachte zugleich neues ökologisches Wissen über spezifische Milieus hervor, indem es die Erforschung des komplexen stofflichen Austauschs zwischen Lebewesen und ihrer Umgebung ermöglichte.

Schlamm – epistemisches Objekt und produktiver Stoff

Wie bereits bei dem frühen Aquarianer Robert Warington führte also auch im Falle der Meeresbiologen Möbius und Meyer der praktische Umgang mit Aquarien zu neuen Erkenntnissen und Erweiterungen der ursprünglichen Annahmen. Während Warington seinen Kreislauf aus Sauerstoff produzierenden Pflanzen und Sauerstoff verbrauchenden Tieren um Schnecken erweitern musste, war es bei Möbius und Meyer der Schlamm, oder allgemeiner formuliert: die ursprüngliche Umgebung der Lebewesen, die sie in die von ihm untersuchten Zusammenhänge integrierten. Hatte Waringtons Modell eines chemisch-biologischen Stoffkreislaufs zwischen Tieren und Pflanzen die Beziehungen der Lebewesen untereinander, namentlich die tier-pflanzlichen Kreisläufe fokussiert, so bezogen Möbius und Meyer nun vor allem die stoffliche Umgebung der Lebewesen mit ein und entwickelten so die Vorstellung einer funktionellen Wechselbindung von Lebewesen und ihrer Umgebung weiter.

Während Warington im Schlamm konsequent ein Abfallprodukt erblickt hatte, das aus einer Überproduktion von Stoffen resultierte, die Integrität des Kreislaufs bedrohte und daher mithilfe der Schnecken beseitigt werden musste, stellten Experimente wie jene von Möbius und Meyer diesen negativen Status des Schlamms in Frage. Aus dem störenden Nebeneffekt wurde für sie ein Hauptfokus der Forschung[14], und somit aus dem undurchsichtigen Gemisch aus Sand und organischen Stoffen ein epistemisches Objekt. Mehr noch: Wenn Möbius und Meyer im Zuge ihrer experimentellen Arbeit mit Aquarien zu dem Schluss kamen, dass gerade der Schlamm des Meeresbodens, diese organische, hauptsächlich vegetabilische Masse, für das Leben im gläsernen Behälter lebensnotwendig sei, manifestiert sich darin eine

14 Zur Störung als Neben- und Hauptfokus wissenschaftlicher Forschung vgl. Christoph Hoffmann, Jutta Schickore: »Secondary Matters. On Disturbances, Contamination, and Waste as Objects of Research«, in: *Perspectives on Science* 9 (2001) 2, S. 123-125; ders.: »The Design of Disturbance. Physics Institutes and Physics Research in Germany, 1870-1910«, in: *Perspectives on Science* 9 (2001) 2, S. 173-195.

Umwertung vom bedrohlichen Überschuss hin zu einem essenziellen Bestandteil des Milieus. Denn der Schlamm bot, wie sie herausfanden, einer Vielzahl von Tierarten Nahrung und Lebensraum. Durch ihre Studien wurde so aus einem Abfallstoff ein produktives Stoffgefüge. Das Gemisch aus Sand und organischen Stoffen in seiner Funktion als Lebensraum, Versteck und Nahrung zu begreifen, bedeutete schließlich, ihm eine neue Funktion und einen neuen Status zuzusprechen.

Woran die beiden Meeresforscher hier arbeiteten, lässt sich mithin als eine Form der ›Verunreinigungsarbeit‹ bezeichnen, die mit dem Schlamm auch ein ›schlammiges‹ Wissen in das Aquarium einführt, welches das etablierte Paradigma eines ›reinen‹ Wissens auf mehreren Ebenen infrage stellt: Hierdurch geriet die Vorstellung einer Transparenz und damit eines unvermittelten Einblicks ins Wanken und damit einhergehend das Ideal eines Blicks, der Lebewesen und Umgebung durch säuberliche Trennung eindeutig zu identifizieren vermag. Und nicht zuletzt hatte dies Auswirkungen auf die in Aquarianerkreisen weit verbreiteten hygienischen Auffassungen und den daraus resultierenden »Reinigungsmassregeln«.[15] Möbius ging dabei so weit, »[d]ie irrige Meinung, in ein neu einzurichtendes Aquarium dürften nur reingewaschener Sand, reine Steine, reines Fluss- oder Seewasser gesetzt werden« scharf zu kritisieren, und damit einige der grundlegenden Annahmen der inzwischen etablierten Aquaristik wieder infrage zu stellen.[16]

Nachdem er und Meyer ihre eigene Abneigung gegen den Schlamm überwunden hatten, beobachteten sie, dass »hier und da starke Fäulniss von Thieren und Pflanzen […], die unter dem Schlamm begraben lagen«[17], auftrat. Hier herrschten also genau jene Zustände, die Warington alarmiert und zum Einsatz der Schnecken bewogen hatten. Doch dieses Mal galten sie nicht als Zeichen einer Störung in Form einer Stockung im internen Stoffkreislauf, sondern wurden als notwendige

15 Wilhelm Roth: »Allerhand Kleinigkeiten aus dem Aquarium. 10. ›Der braue Scheibenbelag‹«, in: *Blätter für Aquarien- und Terrarienkunde* 19 (1908) 29, S. 380-382, hier S. 380.

16 Möbius 1865, S. 213. Wie weit verbreitet diese Auffassung damals war, zeigen etwa Eduard Graeffe: *Das Süßwasseraquarium. Kurze Anleitung zur besten Construction der Aquarien und Instandhaltung derselben, sowie Schilderung der Süßwasserthiere*, Hamburg 1861, S. 14-16; Hess 1886, S. 14; Bruno Dürigen: *Fremdländische Zierfische. Winke zur Beobachtung, Pflege und Zucht der Makropoden, Guramis, Gold-, Teleskop-, Hundsfische u.a.*, Lankwitz-Südende bei Berlin 1886, S. 2; Geyer 1892, S. 32; Bade 1899, S. 11, 51-52 und 65-67.

17 Möbius 1865, S. 213.

Bedingung für das Überleben der Tiere im Aquarium verstanden. Dadurch ergab sich eine deutlich andere Auffassung darüber, was ein ›gesundes‹ Aquarium ausmachte. Mit dem Plädoyer für den Schlamm wendeten sich Möbius und Meyer schrittweise von der traditionsreichen Kopplung von Transparenz und Gesundheit ab und orientierten sich vermehrt an den Faktoren, die sie als orts- und artspezifische Bedürfnisse der Aquarienbewohner identifizierten. Durch die Praxis wurde deutlich, dass für ein über längere Zeit funktionierendes Aquarium die Verbindungen zwischen den Lebewesen und ihrer angestammten Umgebung entscheidend waren und erhalten werden mussten.

Erfahrungen wie die von Möbius und Meyer brachen sich in der Aquaristik des ausgehenden 19. Jahrhunderts auf breiterer Front Bahn. In den *Blättern für Aquarien- und Terrarienkunde* erschienen ganze Artikel über die »Zweckmäßigkeit des Schlammes im Aquarium«. Darin war etwa zu lesen, dass es der größte Fehler sei, den Sand oft zu reinigen damit er »schön aussieht«.[18] In der freien Natur finde man in Gewässern nirgends diesen ›schönen Sand‹. Ein reiches Tierleben vermöge sich nur da zu entfalten, wo sich Schlammablagerungen finden; ja, der Schlamm selbst sei »ungemein reich an thierischen Wesen«[19]. Daher lasse man »den anfangs reinen Sand im Aquarium, der unser Auge so ergötzte, allmählich von einer dünnen Schicht Schlamm bedeckt werden«[20], wodurch die Tiere im Aquarium nicht nur länger lebten, sondern sich auch besser vermehrten.

Das wirkte sodann auf die Vorstellung des Aquariums als Summe einzelner, klar benennbarer Elemente zurück, wie sie etwa in Waringtons Musterset aus *Vallisneria spiralis*, *Limnea stagnalis* und ein paar Fischen zum Ausdruck kam. Statt Bestandteile einzeln aus der Natur zu entnehmen und aufwendig zu reinigen, um sie dann im Aquarium wieder zusammenzusetzen, plädierten Möbius und andere nun gegen die primäre Entmischung der Stoffe und die damit verbundene Trennung von Lebewesen und Lebensraum. Die Konsequenzen waren weitreichend: Die Bestandteile, von denen die Tiere umgeben waren und von denen ihr Überleben im Aquarium abhing, ließen sich selbst nicht immer als eindeutig identifizierbare und quantifizierbare

18 E. Buck: »Die Zweckmäßigkeit des Schlammes im Aquarium«, in: *Blätter für Aquarien- und Terrarien-Freunde* 6 (1895) 7, S. 75-76, hier S. 75.
19 Ebd., S. 76.
20 Ebd.

Stoffe bestimmen, gehörte doch zu ihnen nun unabdingbar auch jenes unreine Stoffgefüge ›Schlamm‹.

Dieses Wissen über Schlamm ging gerade aus der praktischen Arbeit mit Aquarien hervor und hing eng mit dessen materieller Bewegung ins Aquarium zusammen. ›Stoffbewegung‹ bezieht sich in diesem Sinne auf die Materialität ebenso wie auf den epistemischen Status von Stoffen, gingen doch mit ihrer materiellen Mobilisierung zugleich Umwertungsprozesse einher, die – in diesem Falle – aus dem negativen Abfallprodukt ›Schlamm‹ ein epistemisches Objekt und einen produktiven Stoff machen. Das Aquarium führte damit zu einer neuen Bewertung der Stoffe und ihrer Rolle für das Leben im Wasser und damit wiederum zu einer Verschiebung in der Wissensordnung – einer Wissensordnung indes, die es ohne Aquarium nicht gäbe, da sie *a priori* an Sichtbarkeit gebunden ist.

Schlamm ausstellen

Die Aquarienexperimente, die Möbius und Meyer im Zuge der Studien zur Kieler Bucht anstellten, hatten nicht zuletzt auch Auswirkungen auf die Art und Weise, in der Seewasseraquarien in Ausstellungskontexten präsentiert wurden. Ihre Aquarienaufstellungen, die sich zunächst auf den privaten Bereich beschränkten, fanden zum einen Eingang in das Hamburger Naturhistorische Museum und zum anderen in das neu errichtete Schauaquarium des dortigen Zoologischen Gartens. Bereits seit 1842 bestand das Hamburgische Naturhistorische Museum, das durch einen Vertrag zwischen dem Hamburgischen Staat und dem Naturwissenschaftlichen Verein gegründet worden war. Nachdem Möbius der achtköpfigen Kommission, der die Leitung des Museums oblag, beigetreten war, setzte er sich unter anderem für die Aufstellung von Aquarien ein. Heinrich Adolph Meyer wiederum war es, der ab 1859 dem Museum drei Aquarien überließ, die im Gebäude des Johanneum aufgestellt wurden, wo Möbius als Lehrer arbeitete.[21]

21 Die Aquarien, von denen zwei mit Nordseewasser und eines mit Süßwasser gefüllt waren, bestanden an den Seiten aus Schieferplatten, vorne aus einer Glasscheibe und waren im Innern mit einer nach hinten aufsteigenden Bodenplatte versehen, die mit Sand und Steinen besetzt war. Vgl. Karl Möbius: »Einrichtung und Erhaltung der Aquarien, mit Berücksichtigung der Aquarien des naturhistorischen Museums in Hamburg«, in: *Hamburger Garten- und Blumenzeitung* 16 (1860), S. 221-225, hier S. 224. Möbius war in Hamburg, Kiel und vor allem später am Berliner Naturkundemuseum selbst

Das aquatische Leben hielt damit Einzug in eine vormals von toten Tieren bevölkerte Institution.[22] Sowohl im Schulunterricht als auch im Museum konnte Möbius nun Aquarien als pädagogisches Mittel einsetzen, um ein größeres Publikum mit dem Leben unter Wasser, insbesondere demjenigen der deutschen Küsten, bekannt zu machen.[23]

Dabei fügten sich die Aquarien nicht ohne weiteres in die Wissens- und Schauordnung naturhistorischer Museen. Aus ihren Experimenten hatten Möbius und Meyer gelernt: Einzelne Elemente aus der Natur zu entnehmen und als isolierte Wissens- und Schauobjekte im Museum wieder aufzustellen, wie es in Naturkundemuseen gängige Praxis war, war wenig ratsam, wenn es um aquatische Anordnungen und insbesondere das aquatische Leben ging. Anstelle einer totalen De- und Rekontextualisierung war bei lebenden Wassertieren vielmehr ein Blick auf größere Zusammenhänge notwendig. Und hierzu gehörte auch, den Schlamm der Küstenregionen in die Aquarien zu integrieren, denn, so Möbius: »Man muß Schlamm-, Sand- und Felsenaquarien anlegen, wenn die Bewohner dieser verschiedenen

maßgeblich an der Umgestaltung musealer Schauanordnungen beteiligt. Vgl. Karl A. Möbius: »Ratschläge für den Bau und die innere Einrichtung zoologischer Museen«, in: *Zoologischer Anzeiger* 7 (1884) 171, S. 378-383; sowie ders.: »Über den Umfang und die Einrichtung des zoologischen Museums in Berlin«, in: *Sitzungsberichte der Königlich Preußischen Akademie der Wissenschaften zu Berlin* 29 (1898), S. 363-374.

22 Die Installation von Aquarien in naturkundlichen Museen setzte sich in Berlin fort, dort allerdings in der Forschungssammlung. Nachdem Möbius 1887 als Direktor der zoologischen Sammlungen und als Verwaltungsdirektor ans Museum für Naturkunde ging, wurden dort im Jahr 1890/91 im Keller und im Dachgeschoss mehrere Aquarien und Terrarien zu Forschungszwecken und zudem im Versuchsgarten des Museums ein großes Fischbecken aufgestellt. In Museen und Aquarienhäusern verwischten somit die eindeutigen Zuordnungen von Totem und Lebendigem. Statt klarer Grenzziehungen verliefen die Übergänge vielmehr fließend, wodurch sich auch Praktiken teils überschnitten. Im Jahr 1949 waren dort auch in der Ausstellung erstmalig Aquarien und Terrarien zu sehen.

23 Nicht nur von Möbius wurde das Aquarium als pädagogisches Mittel eingesetzt; vielmehr fand das Schulaquarium insbesondere ab der Jahrhundertwende große Resonanz als biologisches Anschauungsmittel wie auch als soziales Modell. Vgl. beispielhaft R. Berndl: »Das Schulaquarium«, in: *Pädagogische Monatshefte* 3 (1902) 5, S. 165-168; sowie F. Werner: »Einrichtung und Besetzung von Aquarien und Terrarien für den Unterricht«, in: *Blätter für Aquarien- und Terrarienkunde* 19 (1908) 31, S. 414-415; *Blätter für Aquarien- und Terrarienkunde* 19 (1908) 32, S. 430-432; *Blätter für Aquarien- und Terrarienkunde* 19 (1908) 33, S. 443-446.

Bodenarten gedeihen sollen.«[24] Die auf Sichtbarkeit ausgerichtete museale Anordnung wurde, so zeigt sich hier, noch umfassender auf die Lebensbedürfnisse der Tiere ein- bzw. umgestellt. Das galt ebenso für die stärkere Berücksichtigung der Lichtempfindlichkeit vieler Tiere der schlammigen Meeresregionen. Für diese wurden »[d]ie beiden durchsichtigen Aquarien […] an der dem Lichte zugewandten Seite mit dunkelem Zeug verhängt […], das nur während der Beobachtungszeit zurückgeschlagen [wurde]«.[25]

Solche noch mehr oder weniger improvisierten Anpassungen wurden im neu erbauten Schauaquarium von Anfang an baulich und technisch integriert. In den Schauarchitekturen der bis dato bereits bestehenden zoologischen Gärten und öffentlichen Aquarien sah Möbius seine Forderung, »einer jeden Art von Thieren solche Verhältnisse zu bereiten, welche mit den Eigenthümlichkeiten ihres freien Wohnortes möglichst übereinstimmen«[26], bislang wenig berücksichtigt. Umso mehr plädierte er dafür, dass sich die Einrichtung eines Aquariums stattdessen »zunächst nach den Bedürfnissen der Thiere [zu] richten [hat], die das Aquarium aufnehmen soll, dann erst dürfen ästhetische Gründe eintreten«.[27]

Nachdem im Mai 1863 Hamburg als fünfte deutsche Stadt einen zoologischen Garten erhalten hatte,[28] wurde dort noch im selben Jahr mit dem Bau eines eigenen Aquariengebäudes begonnen. Dieses eröffnete am 25. April 1864 unter der Direktion von Alfred Brehm als erstes Seewasseraquarium auf dem europäischen Kontinent und diente zu Schau- ebenso wie zu Forschungszwecken.[29] Das Aquarienhaus war ein rechteckiges Gebäude, 27 Meter lang und 11 Meter breit. In der Mitte befand sich eine 15 Meter lange gewölbte Besuchergalerie, wo

24 Karl A. Möbius: »Einige Bemerkungen über Aquarien«, in: *Der Zoologische Garten* 4 (1863), S. 211-212, hier S. 211.

25 Möbius 1860, S. 225.

26 Möbius 1865, S. 211.

27 Möbius 1863, S. 211.

28 Meyer war Mitglied im Verwaltungsrat des Zoologischen Gartens und von 1860-63 Präsident der Zoologischen Gesellschaft in Hamburg, der Trägergesellschaft des Zoologischen Gartens. Im Verwaltungsrat und an der Einrichtung des Aquariums war auch Möbius beteiligt. Am 15. Mai 1863 wurde in Hamburg ein Zoologischer Garten eröffnet. In Berlin waren bereits 1844, in Frankfurt a.M. 1858, in Köln 1860 und in Dresden 1861 Zoologische Gärten eröffnet worden.

29 Der Bau des Aquariums war wiederum besonders Meyers und Möbius' Engagement zu verdanken. Zum Aquarium des Hamburger Zoos vgl. Möbius 1866.

zwischen den Strebepfeilern des Gewölbes jeweils fünf Behälter in die Wand eingelassen waren (Tafel XXII).[30] Die Seetiere stammten vornehmlich aus Helgoland, von den norwegischen und englischen Küsten sowie aus der Lübecker und Kieler Bucht. Ab und an lieferten zudem die biologischen Stationen in Rovigno und Neapel lebendes Tiermaterial. Neben kleinen Katzenhaien, Hummern und Langusten bildete abermals ein Becken mit Seeanemonen »den Clou des ganzen Aquariums«[31].

An dieser Anlage lässt sich der Versuch ablesen, Aquarien nicht nur als publikumswirksame Schauräume, sondern auch als funktionsfähige Lebensräume einzurichten – und zwar in diesem Falle als ›schmutzige‹ Milieus des Nord- und Ostseebodens. Während die Räumlichkeiten und Praktiken immer besser an die Tiere und ihre jeweiligen Bedürfnisse angepasst wurden, war gleichzeitig das Aquarium inzwischen von einem massiven Technikeinsatz unterstützt. Nach Lloyds Plänen wurde ein Pumpwerk installiert, das, von zwei Gasmotoren betrieben, für einen dauernden Kreislauf des Seewassers zwischen unterirdischen Sammelbecken, Hochbecken und den Aquarienbehältern sorgte. Mit Fokus auf die Lebensbedingungen mussten darüber hinaus verschiedene Fragen der Ausstellungsinszenierung neu überdacht werden. Dies bezog sich vor allem auf Licht und Dunkel, Sichtbarkeit und Unsichtbarkeit. In den ersten Jahren hatte sich als Credo der frühen Aquaristik zunächst weitgehend die Ansicht durchgesetzt: »the clearer and more transparent the glass is, the better«.[32] Zunehmend wurde dieses Begehren nach absoluter Sichtbarkeit jedoch – nicht zuletzt durch den Londoner Ingenieur William Alford Lloyd – von der Einsicht abgelöst, dass eine »excessive transparency«[33] aus praktischer und biologischer Sicht alles andere als ratsam war. Und niemand anderes als Lloyd war es, der für die Installation und anfängliche Betreuung der Aquarien im Hamburger Zoologischen Garten engagiert worden war und dabei eben diesem Leitsatz folgte. Lloyd war hier, wie auch bei seinen nachfolgenden Einsätzen für das *Crystal Palace Aquarium* in London oder beratend für das Aquarium

30 Die größten Behälter waren 3,49 Meter lang, 1,07 Meter hoch und 1,67 Meter tief und fassten je 6,23 Kubikmeter. Zudem gingen von beiden Seiten der Vorhalle noch zwei Räume mit zehn kleineren Aquarien ab. Vgl. S. Müllеger: »Das Aquarium des Zoologischen Gartens in Hamburg«, in: *Blätter für Aquarien- und Terrarienkunde* 20 (1909) 7, S. 94-97, hier S. 94.

31 Ebd., S. 96.

32 Lankester 1856, S. 13-14.

33 Lloyd 1858, S. 54.

der Stazione Zoologica in Neapel, darum bemüht, den Lebewesen im Aquarium bestmögliche Lebensbedingungen zu schaffen. »In the sea many of them are always in more or less darkness«, gab er zu bedenken, »and this shade they much seek in aquaria by hiding in crevices of rock-work, or by burrowing in the sand and shingle.«[34] Für jene Tiere, die Dunkelheit bevorzugten, passte Lloyd daher auch die Lichtverhältnisse in den Aquarienbauten an. Die gedämpfte Beleuchtung wurde dabei umgekehrt wiederum Teil einer geschickten Lichtinszenierung, die ästhetische Effekte erzielte.[35] Doch wenn nun bei nachtaktiven Tieren abgeschwächtes Licht verbunden mit Felsen als Zufluchtmöglichkeit zum Einsatz kamen, konnte es vorkommen, dass »a fully inhabited tank« mit nachtaktiven Tieren tagsüber »very empty« erschien, wie Lloyd schreibt.[36] Die Berücksichtigung der lokalen Lebensbedingungen hatte somit direkte Auswirkungen auf die Sichtbarkeit der Tiere und damit auf ihren Status als Schauobjekte.

Neben den Lichtverhältnissen wurde für die Frage nach der Sichtbarkeit des Aquarieninhalts auch der Schlamm erneut relevant. Da dieser sich für das Überleben der Tiere als Notwendigkeit erwies, musste auch er in den Schauanordnungen mitbedacht werden: Die Besucher sahen sich Glaskästen mit schlammigem Meeresboden gegenüber, wo die Tiere – wenn überhaupt – oft nur partiell sichtbar waren. Von den Fischreusen etwa und den Wellhörnern berichtet Möbius: »[Sie] vergraben sich behaglich im Schlamm und lassen nur ihr Athemrohr in das reine Wasser emporragen; verschiedene Muscheln, deren Schale nie zum Vorschein kommt, verrathen ihr Dasein durch die ausgedehnten Wasserröhren ihres Mantels.«[37] Wenn die Ausrichtung auf die Lebensräume und -gewohnheiten der Tiere bedeutete, die gesamte ursprüngliche Umgebung der Meerestiere inklusive Sand und organischer Überreste ins Aquarium zu transferieren, wurde das undurchsichtige Gemisch unweigerlich in das ästhetische Ausstellungsarrangement eingebunden und damit selbst zum Teil der Aquarienexponate. Was die Ost- und Nordseeaquarien des Naturhistorischen Museums und des Zoologischen Gartens somit zeigten, war weniger ein Blick auf einzelne naturgeschichtliche Wissens- und Schauobjekte. Das Aquarium wandelte sich dadurch von einem Schaukasten, der Figur und Grund sorgsam trennt, zu einem potenziell undurchsichtigen Raum,

34 Lloyd 1872b, S. 30-31.
35 Zu den Inszenierungsstrategien öffentlicher Aquarien vgl. das vorherige Kapitel »Rahmen II«.
36 Lloyd 1872b, S. 6.
37 Möbius 1865, S. 213.

in dem sich die Tiere mit ihrer schlammigen Umgebung auf vielfältige Weise visuell vermischen. Gerade dadurch wurde jedoch ein Wissen über die Lebensweise der Tiere vermittelt. Die ökologische Sicht und ihre Hinwendung auf spezifische Lebensräume wirkte somit auf die Art und Weise zurück, in der das aquatische Leben ausgestellt wurde und griff in den räumlichen, epistemischen und ästhetischen Rahmen des Schauaquariums ein.

Lebensgemeinschaften in der Kieler Bucht

Möbius' Forschungen am und im Aquarium brachten aber nicht allein ein Wissen über die spezifischen Verbindungen zwischen den Wassertieren und ihrem (bisweilen schlammigen) Milieu, sondern ebenso über die Wechselbeziehungen zwischen den Lebewesen untereinander hervor. Aufbauend auf seinen Untersuchungen zur Kieler Bucht begann er in den 1870er Jahren im Auftrag der preußischen Regierung eine Studie über Austern und künstliche Austernzucht, die späterhin Ökologiegeschichte schreiben sollte. Um das ökonomische Potenzial in Form künstlich angelegter Austernkulturen an deutschen Küsten auszuloten, griff Möbius erneut auf Aquarien als Forschungsinstrumente zurück.

Der Ausgangspunkt von Möbius' Austern-Studie war weniger ein biologisches denn ein ökonomisches Problem, das in Form einer akuten Überfischung bestimmter Meeresregionen auftrat und die preußische Regierung veranlasste, Möbius damit zu beauftragen, die Möglichkeiten der künstlichen Austernzucht an deutschen Küsten zu sondieren.[38] Im Rahmen dieser Studie entwickelte er das Konzept der »Biocönose« (später »Biozönose«) oder »Lebensgemeinschaft«.[39] Unter diesem Begriff, der für die sich formierende wissenschaftliche Disziplin der Ökologie von zentraler Bedeutung werden sollte, ver-

38 Hierfür spielte wiederum, so zeigt Engelbert Schramm, der Bau der Eisenbahnlinie nach Husum eine zentrale Rolle, wodurch Austern von den Bänken im Wattenmeer hinter den nordfriesischen Inseln schnell ins Hinterland transportiert werden konnten. Damit war die Möglichkeit geschaffen, einen größeren Markt mit Austern zu versorgen, was jedoch zur Reduktion der Austernbestände auf den Bänken führte. Vgl. hierzu Engelbert Schramm: *Ökologie-Lesebuch. Ausgewählte Texte zur Entwicklung ökologischen Denkens*, Frankfurt a.M. 1984, S. 157.

39 Zur Begriffs- und Rezeptionsgeschichte dieses Konzepts vgl. Karsten Reise: »Hundert Jahre Biozönose. Die Evolution eines ökologischen Begriffes«, in: *Naturwissenschaftliche Rundschau* 22 (1980) 8, S. 328-334.

stand Möbius eine bestimmte räumliche und artspezifische Verteilung von Organismen, die er jedoch nicht mehr allein im Kontext der zeitgenössischen Biogeografie begriff, sondern bei dem es ihm um bestimmte funktionale Beziehungen ging, wie in der Beschreibung eines seiner Austern-Aquarien deutlich wird:

> »Ich sehe den Boden mit Austernschalen bedeckt, auf welchen hier und da eine geöffnete Auster liegt, die den gefransten Saum ihres Mantels aus der Schale heraustreten lässt. Auf ihrer oberen Schale wachsen Polypen, deren Fühlfäden wie zarte, vielstrahlige Sterne entfaltet sind. Einsiedlerkrebse klettern, ihr Schneckenhaus mit sich tragend, über den höckerigen Boden hin und tasten, mit ihren Fühlfäden trippelnd, nach Nahrung. Würmer stecken ihre Köpfe aus Röhren und Spalten hervor. Seeigel strecken ihre Saugfüsse weit über die Spitzen ihrer Stacheln hinaus und ziehen sich langsam an einem Stein hinauf. Ein Seestern hat mit hochgehobenem Rücken eine Muschel umklammert, um sie auszusaugen. Ein kleiner Fisch fährt unter einer geöffneten Auster hervor und schnappt die Schwärmlinge weg, die sie ausstösst.«[40]

Was Möbius hier beschreibt, sind keineswegs nur Austern; sein Aquarium war vielmehr voll besetzt mit den verschiedensten Lebewesen. Dies mag als nicht sonderlich außergewöhnlich erscheinen. Und doch liegt dieser Anordnung eine epistemisch anders gelagerte Auffassung über die Zusammenhänge im Aquarium zugrunde als Möbius sie noch in seinen ersten Studien vertrat. Bereits während der früheren Untersuchungen zur Kieler Bucht hatte er beobachtet, dass die Lebewesen auf dem Meeresgrund auf eine bestimmte Art gruppiert waren. Dies hatte er damals noch im Sinne einer rein räumlichen Verteilung und damit im Kontext der zeitgenössischen Biogeografie gefasst. Die »Gesellschaften«, wie er die spezifische Verteilung von Tieren und Pflanzen auf dem Meeresgrund anfangs bezeichnete, stellten für ihn charakteristische Verteilungen dar, die lokal und in ihrer Zusammensetzung spezifisch waren.

Erst im Laufe seiner Suche nach den Ursachen für den Rückgang der Austernbestände an den Küsten entwickelte er diese Beobachtungen zum Konzept der »Lebensgemeinschaft« weiter. War die Studie zur Kieler Bucht noch von einem deskriptiven Ansatz geprägt, kommt bei der Austernstudie mit dem Biozönose-Konzept ein analytischer Anspruch zum Tragen. Dieser resultierte nicht zuletzt aus einer

40 Karl A. Möbius: *Die Auster und die Austernwirtschaft*, Berlin 1877, S. 120.

schrittweisen Konzeptualisierung und Systematisierung der Erkenntnisse aus seinen früheren Aquarienversuchen. Am Beginn standen die praktischen Probleme bei der Haltung der Tiere aus der Ostsee. Ähnlich wie bei Warington hatte sich ihm durch die Praxis, durch die Handhabung des Aquariums, ein Einblick in die Bedingungen des Lebens unter Wasser eröffnet, der ihn letztlich zu der Überzeugung führte, dass alles »[w]as zusammen lebt« auch zusammen ins Aquarium versetzt werden muss.[41] Diese Erkenntnis bildete nun die Grundlage für sein wissenschaftliches Konzept der Biozönose, bei dem es zwar weiterhin um eine bestimmte räumliche und artspezifische Verteilung von Organismen ging; doch standen nun die funktionellen Beziehungen innerhalb der in einer Austernbank lebenden Organismen und ihres Lebensraums im Zentrum. Vielmehr interessierte Möbius das komplexe Beziehungsgefüge in einer »Lebensgemeinde«:

> »Die Wissenschaft besitzt noch kein Wort für eine solche Gemeinschaft von lebenden Wesen […], welche sich gegenseitig bedingen und durch Fortpflanzung in einem abgemessenen Gebiete dauernd erhalten. Ich nenne eine solche Gemeinschaft Biocoenosis oder Lebensgemeinde.«[42]

Der neue Begriff bezeichnet also eine spezifische Konzeption des Zusammenlebens von Organismen, welche die Beziehungen zwischen Lebewesen und Lebensraum in zeitlicher und räumlicher Hinsicht erweitert. Diese Zusammenhänge wurden in Möbius' Augen einzig in Aquarien sichtbar und erforschbar. Da sich im Aquarium Veränderungen einer Komponente unweigerlich auf andere auswirkten, schloss Möbius, dass die »lebendigen Glieder einer Lebensgemeinde« auch in der freien Natur für ihr Überleben aufeinander angewiesen sind. Was Möbius mit seinem Blick ins Aquarium also beschreibt, ist keine beliebig zusammengestellte Population, sondern ein komplexes Beziehungsgefüge, das, so der induktive Schluss, genau so auch im Meer existiere. An dieser Stelle überträgt Möbius seine Aussagen über das Verhalten einer Biozönose, die er aus Aquarienexperimenten ableitet, wieder zurück auf die Verhältnisse im Meer.

Dabei schützt die Biozönose als »Gemeinschaft«, als die Möbius sie verstand, ihre Mitglieder gegen Änderungen der äußeren Bedingungen. Dadurch bleibe sie als Ganzes in der Individuenzahl der Arten wie auch

41 Möbius 1865, S. 212.

42 Möbius 1877, S. 76. Später ersetzte Möbius den religiös konnotierten Begriff der »Gemeinde« durchweg durch den Begriff der »Gemeinschaft«.

in ihrer Zusammensetzung möglichst stabil.[43] Möbius führt in seinem Biozönose-Konzept also nicht zuletzt jene Wissensfigur des Gleichgewichts fort, die bereits Waringtons Arbeiten zugrunde lag und die zum integralen Bestandteil aquaristischen Denkens wurde.[44] Das innere Gleichgewicht macht die Biozönose in dieser Vorstellung zu einer autarken, nach außen hin unabhängigen Gemeinschaft. Die Lebensgemeinschaften im Meer wurden als *geschlossen* imaginiert. Wenn laut Möbius die Gemeinschaft ihre Mitglieder »gegenüber allen Einwirkungen äusserer Reize und gegenüber allen Angriffen auf das Fortbestehen

43 Vgl. ebd., S. 76-77. Zu den politischen Implikationen dieses Konzepts vgl. Benjamin Bühler: »Austernwirtschaft und politische Ökologie«, in: Anne von der Heiden, Joseph Vogl (Hg.): *Politische Zoologie*, Zürich/Berlin 2007, S. 275-286; vgl. weiterhin Lynn K. Nyhart: »Civic and Economic Zoology in Nineteenth-Century Germany. The ›Living Communities‹ of Karl Möbius«, in: *Isis* 89 (1998), S. 605-630.

44 Parallel zu Möbius' frühen meeresbiologischen Studien taucht auch in der frühen Limnologie, der Kunde der stehenden Gewässer, im letzten Drittel des 19. Jahrhunderts das Konzept geschlossener Lebensräume und -gemeinschaften auf. Astrid Schwarz hat dargelegt, wie an unterschiedlichen Schauplätzen limnologischer Forschung – etwa Stephen Alfred Forbes (1887) in den USA, in Frankreich mit François Alphonse Forel (1891) und in Deutschland mit Otto Zacharias (1904) – der See als Mikrokosmos beschrieben und so mit ›Ganzheit‹ und ›Abgeschlossenheit‹ assoziiert wurde. Stephen Alfred Forbes, Professor für Zoologie und Entomologe an der *I*llinois State University und damals Direktor des Illinois State Laboratory of Natural History, veröffentlichte 1880 einen Aufsatz über »Some Interactions of Organisms« in stehenden Gewässern. 1887 folgte der inzwischen kanonische Aufsatz über »The Lake as a Microcosm«, der die Ergebnisse seiner empirischen Seen-Studien in Illinois und Wisconsin präsentiert. Darin fasst er den See als einen von Ufer und Land unabhängigen Mikrokosmos (»it forms a little world within itself«), dessen inneres Beziehungsgefüge als Gleichgewicht begriffen wird: »a complete and independent equilibrium of organic life and activity«. Vgl. Stephen Forbes: »The Lake as a Microcosm«, in: *Bulletin of the Scientific Association of Peoria* (1887), S. 77-87, hier S. 77; sowie Astrid E. Schwarz: *Wasserwüste – Mikrokosmos – Ökosystem. Eine Geschichte der ›Eroberung‹ des Wasserraumes*, Freiburg im Breisgau 2003, S. 299. Auch hier gab es eine Verbindung zu Aquarien, war Forbes doch von 1895 bis 1896 *Director of the Illinois Biological Station* und *Director of the Aquarium of the United States Fish Commission at the World's Columbian Exposition in Chicago*. Vgl. hierzu Stephen Forbes: »The Aquarium of the United States Fish Commission at the World's Columbian Exposition«, in: *Bulletin of the United States Fish Commission* 13 (1894), S. 143-158. Zur Bedeutung des Gleichgewichtsaspekts der Biozönose bei Möbius und Forbes vgl. Nyhart 2009, S. 158. Aus medienwissenschaftlicher Sicht vgl. Claus Pias: »Paradiesische Zustände. Tümpel – Erde – Raumstation«, in: Butis Butis 2007, S. 47-66.

ihrer Individualität«[45] schützt, gilt konsequenterweise alles von außerhalb Kommende, ja überhaupt jede Veränderung, als Bedrohung. War ein Lebensraum wie die Kieler Bucht erst einmal – qua Aquarium – mit dem Topos des Gleichgewichts verknüpft, so musste von da an jede Veränderung als Bedrohung des Zustands interpretiert werden. Die Vorstellung einer Lebensgemeinschaft im Gleichgewicht führt somit dessen potenzielles Kippen immer schon als Kehrseite mit sich.

Den Einfluss des Menschen auf die Natur und insbesondere das Verhältnis von Ökonomie und Ökologie hatte bereits Möbius im Blick. Wenn er über die Lebensgemeinschaften im Meer schreibt, dass »jede Veränderung irgend eines mitbedingenden Faktors einer Biocönose [...] Veränderungen anderer Faktoren derselben«[46] bewirkt, schließt dies auch den Eingriff des Menschen und dessen ökonomische Interessen als Einflussfaktoren ein. Die ganze Biozönose verändert sich, so Möbius weiter, »wenn die Zahl der Individuen einer zugehörigen Art durch Einwirkungen des Menschen sinkt oder steigt«.[47] Ein solcher äußerer Einflussfaktor auf die (De-)Regulierung der Lebensgemeinschaft einer Austernbank im Meer hatte sich schließlich bereits in Form einer Überfischung der Austernbänke manifestiert. Dabei dezimierte der Eingriff durch die Fischerei die marine Lebensgemeinschaft derart, dass neue Mittel und Wege gefunden werden mussten. Darauf reagierte die preußische Regierung eben mit der in Auftrag gegebenen Studie, welche die Möglichkeiten künstlicher Austernzucht eruieren sollte. Damit standen Möbius' biologisch-ökologische Forschungen im Dienste wirtschaftlicher Interessen einer Industrialisierung der Meere; schließlich war ein Verständnis der Ökologie der Austern für die Begründung einer effizienten Austernwirtschaft grundlegend: »[O]hne dieses Wissen über die Population«, schreibt Benjamin Bühler mit Bezug auf Möbius, »kann es auch keine ökonomische Erschließung geben, anders gesagt: Nur wenn die Austernbänke in einem Gleichgewichtszustand erhalten werden, kann der maximale ökonomische Nutzen gewonnen werden.«[48]

Möbius' Experimente im kontrollierbaren, überschaubaren Lebensraum des Aquariums dienten also auch dazu, das Leben im Meer als Ressource nutzbar zu machen. Dabei konnten die Austernbänke mithin selbst, wie Bühler darlegt, »als Vorbild für die ökonomische

45 Möbius 1877, S. 80.
46 Ebd., S. 76.
47 Ebd.
48 Bühler 2007, S. 277.

Organisation menschlicher Populationen«[49] dienen. Das Aquarium als Mittel der Meeresforschung brachte somit gleichfalls ein Wissen über die Rolle menschlicher Interventionen als (ökonomisch bedingte) Umweltfaktoren hervor. Ökologische Wissensproduktion war somit nicht nur untrennbar an ökonomische Argumente gebunden; Indem sie Populationen – die tierlichen wie die menschlichen – zu ihrem Gegenstand machte, zeitigt ihr Einsatz zugleich biopolitische Effekte.[50]

Taucher im Ostseeschlamm

Während so in Möbius' Forschungen der menschliche Einfluss als ökologischer und in letzter Konsequenz ökonomischer Faktor in umfassendem Maße reflektiert wurde, blieben dagegen der Forschende selbst und die konkrete Forschungsumgebung (das ›äußere Milieu‹ des Aquariums) als Beeinflussungsfaktoren des Austern-Verhaltens im Aquarium ein blinder Fleck in Möbius' Experimenten. Warum erklärte er die aquarienbasierte Form der Wissensproduktion, die den subaquatischen Raum nicht im Feld erforscht, zur geeigneten Methode meeresbiologischer Forschung? Allein Aquarien waren seiner Überzeugung nach imstande, »die natürlichen Eigenschaften und Thätigkeiten der Thiere vor unsern Augen entfalten zu lassen«.[51] Statt die Austern also in ihrer natürlichen Umgebung zu studieren, plädierte er für ihren Transfer ins Aquarium – statt einer Mobilisierung des Feldforschers setzte er auf eine Mobilisierung des Meeresraumes. Und das obwohl zu diesem Zeitpunkt diverses Tauchequipment durchaus schon verfügbar war. Gegenüber dem Aquarium hatte jedoch in Möbius' Augen die *in situ*-Beobachtung des Tauchers eine ganze Reihe von Nachteilen. Die hierauf bezogenen Passagen in seinem Text sind deshalb besonders interessant, da sie von den Bedingungen der Möglichkeit eines (Ein-)Blicks handeln und, indem sie den Aquarienblick

49 Ebd. S. 278.

50 Zur gouvernementalen Machttechnik, die seit dem 18. Jahrhundert als »Hauptziel die Bevölkerung, als wichtigste Wissensform die politische Ökonomie und als wesentliches Instrument die Sicherheitsdispositive hat« und im 19. Jahrhundert in der Gestalt der Biopolitik auftritt vgl. Michel Foucault: *Geschichte der Gouvernementalität I. Sicherheit, Territorium, Bevölkerung. Vorlesung am Collège de France 1977-1978*, Frankfurt a.M. 2004, S. 162; sowie ders.: *Sexualität und Wahrheit I. Der Wille zum Wissen*, Frankfurt a.M. 1983, S. 170.

51 Möbius 1865, S. 211.

gegen jenen des Tauchers abwägen, eine visuelle Epistemologie aquaristischer Forschung entwerfen.

Hierfür sei noch einmal an den primären Schauplatz seiner Studien erinnert: das teils stark getrübte Wasser der Nord- und Ostsee. Während an meeresbiologischen Forschungsstationen wie der Stazione Zoologica in Neapel die Flora und Fauna im weitestgehend klaren Wasser des Mittelmeeres untersucht werden konnten, stellten Ost- und Nordsee ganz andere Herausforderungen an die Sichtbarkeit. In den »flachen Küstenmeeren, welche Ebbe und Fluth haben«, würde ein Taucher Möbius zufolge wenig bis nichts sehen, da »das Wasser durch schwebende Bodenstoffe so sehr getrübt [ist], dass nur wenig Licht bis an den Grund hinabdringt«.[52]

Sobald das wässrige Milieu des Meeres selbst zur Forschungsumgebung wurde und der menschliche Akteur dieser unmittelbar ausgesetzt war, stellte sie dessen Blick unter ihre Bedingungen, was in diesem Falle vor allem eine gestörte Sicht bedeutete. Gerade der visuelle Sinn wurde im wässrigen Milieu auf die Probe gestellt und als Erkenntnissinn teilweise gänzlich ausgeschaltet, wodurch sodann der Taucher »hauptsächlich auf das Betasten und Ergreifen der Austern mit der Hand angewiesen«[53] sei. Doch damit nicht genug: Selbst in klarem Wasser wäre ein Taucher laut Möbius nicht einmal imstande, die Anzahl der Austern »durch das Gesicht zu ermitteln; denn wohin er tritt, trübt er das Wasser, indem er die leichteren Bodenbestandtheile aufwühlt«.[54] Das physische Fortkommen auf dem Meeresboden beeinflusste so direkt den Fortgang der (visuellen) Wissensproduktion.[55]

Sobald sich also der Mensch selbst in die Umwelt der wässrigen Lebewesen begibt, wird seine körperliche Anwesenheit als Einflussfaktor unübersehbar und mischt sich in diese Umwelt ein – etwa indem er durch seine Bewegungen das Wasser noch stärker trübt. Die Wissenspraxis der *in situ*-Beobachtung bringt damit ein optisches Rauschen, eine Unterbrechung der klaren Sicht hervor, in die der Taucher auf zweifache Weise verwickelt ist: Er stellt einen (störenden) Umwelteinfluss dar und ist von dieser Störung zugleich selbst ergriffen. Außerdem wirkte sich dieses Beobachtungsszenario auf die Beobachtungsobjekte aus, war doch der Taucher auf dem Meeresbo-

52 Möbius 1877, S. 119.

53 Ebd.

54 Ebd.

55 Zum Sichtdispositiv und dem medial vermittelten Blick durch die Taucherglocke vgl. Eigen 2001.

den, so Möbius, auch dafür verantwortlich, dass »die Austern sich schliessen, die Krebse und Würmer sich verkriechen und die Fische wegschwimmen«.[56] Ihm bliebe die Unterwasserwelt somit mehrfach verschlossen.

Die aufwühlende, schlammige Verbindung des Tauchers mit dem Ostseeschlamm galt es folglich tunlichst zu vermeiden – ein Problem, das Möbius durch den Einsatz des Aquariums löste, um sich durch das Medium vermittelt »mit den Eigenschaften und Lebensbedingungen der Auster bekannt [zu] machen«.[57] Das Leben der Austern zu erforschen, setzte somit eine Bewegung von Stoffen und Lebewesen und im gleichen Zuge eine Immobilisierung des Betrachtenden vor dem Aquarium voraus. Dabei nähmen die aus dem Meer geborgenen Tiere laut Möbius im Aquarium »bald wieder ihre gewohnten Stellungen und Bewegungen«[58] ein. Die Zusammenhänge des Lebens unter Wasser und damit »ein Bild des belebten Meeresgrundes«[59] wurden für ihn folglich nicht in der freien Natur, sondern erst im überschaubaren Aquarium sichtbar. In diesem konnten bestimmte Parameter beliebig variiert und die daraus resultierenden Effekte beobachtet werden. Das Aquarium erschien im Vergleich zur Feldforschung unter Wasser daher keineswegs als Umweg, sondern vielmehr als Abkürzung, denn es biete dem Forscher »ein Bild des belebten Meeresgrundes wie es ein Taucher niemals erblicken würde«.[60]

Was hier auf dem Spiel stand, war das Ringen um einen möglichst objektiven Standpunkt. Im Gegensatz zur Forschung unter Wasser begriffen Möbius und andere Wissenschaftler die Aquarienbeobachtung als eine Wissenspraxis, in der die Forschenden und ihre Körper kaum ins Gewicht fielen. Der *in situ*-Beobachtende wurde, sobald er selbst in die subaquatische Umwelt versetzt war, Teil dieser Umwelt und konnte, da er sich *im* Unterwasserraum befand, nicht mehr distanziert *auf* diesen blicken. Dagegen verband Möbius mit dem Aquarium die Vorstellung einer kategorialen Trennbarkeit von ›innerem‹ und ›äußerem‹ Aquarienmilieu. Der Blick auf die ›natürlichen‹ Verhältnisse bleibt in dieser Sicht einzig dem Aquarianer vorbehalten.

Da man die Austern in der neuen künstlich angelegten Umgebung nun »gerade so vor sich [hat], wie sie am Meeresboden leben«[61], konn-

56 Möbius 1877, S. 120.
57 Ebd., S. IV.
58 Ebd.
59 Ebd.
60 Ebd., S. 120.
61 Ebd., S. 120.

ten sie Möbius zufolge hier in Ruhe studiert und hieraus wiederum Rückschlüsse auf das Leben im Meer gezogen werden. Damit führt auch er jene Auffassung fort, die seit den Anfängen der Aquarienpraxis den gläsernen Behälter mit dem Meer gleichsetzte: »Ein Aquarium mit den lebendigen Thieren einer Austernbank ist«, so Möbius »ein Ausschnitt aus der Bank selbst.«[62] Das Aquarium erfüllte hier demnach zwei Funktionen. Zum einen gab es Aufschluss darüber, welche Bedingungen in einer Austernbank gegeben sein müssen, damit die Austern gedeihen. Waren diese Faktoren erforscht und im Aquarium hergestellt, wurde es durch diese mimetische Annäherung selbst zum Naturraum. Damit ermöglichte es zum anderen die ungestörte Beobachtung des Lebens in der Austernbank. Indem für Möbius das Aquarium eine perfekte Nachahmung der Verhältnisse im Meer darstellte, konnte es als dessen Modell fungieren und lieferte Möbius damit die Möglichkeit, die im und am Aquarium gewonnenen Einsichten wiederum auf das Leben im Meer zu übertragen. Wenn er hinsichtlich der Aquaristik schrieb: »Wir müssen uns an die Natur anschliessen, wenn wir die Prinzipien der Aquarien wissenschaftlich so weit kennen lernen wollen, dass wir fähig werden, sie künstlich in möglichster Vollkommenheit einzurichten«[63], so bildet sein wissenschaftliches Forschungsprogramm in einem zweiten Schritt die Umkehrung dieser Losung: Erst der praktische Umgang mit Aquarien enthüllte für ihn die Zusammenhänge des Lebens unter Wasser. Forschungsaquarien stellten hier also nicht nur Nachahmungen, sondern vielmehr eine Erweiterung der Unterwasserwelt dar, vor denen der Forscher ungestört und ohne selbst zu stören das Leben des Meeresgrundes beobachten konnte. Doch indem Möbius die Wechselwirkungen zwischen Taucher, marinem Milieu und Austern durch die aquaristische Wissensproduktion auszuschalten suchte, um eine nicht von menschlichem Einfluss kontaminierte ›Natur‹ beobachten zu können, stellt sich hier die Frage, auf was für eine ›Natur‹ er sich überhaupt bezog, wenn die Rede von überfischten Austernbänken ist. Mehr noch: Was für einen »Ausschnitt aus der Bank selbst«[64] konnte ein Aquarium bieten, das seine Objekte aus eben diesen Austernbänken bezog? Aus wissenshistorischer Perspektive liegt daher das Potenzial seiner Aquarienforschung weniger im Gelingen oder Missglücken des Versuchs, ›natürliche‹ Lebensbedingungen mariner Milieus nachzubilden.

62 Ebd., S. 20.
63 Möbius 1865, S. 212.
64 Möbius 1877, S. 120.

Bedeutsam erscheint hier vielmehr der parallele Status von Aquarium und Meer als Experimentalräume, als Regierungsräume, die sich beide durch aufeinander folgende und auseinander hervorgehende künstliche Eingriffe nachhaltig veränderten.

Doch verband auch Möbius mit dem Aquarium das Phantasma, in seinem Innern die Lebewesen in ihrem ›natürlichen Zustand‹ vor Augen stellen zu können. Das setzte voraus, das Aquarium als störungsfreien inneren Beobachtungsraum zu fassen, der von der äußeren Forschungsumgebung, in der sich der Beobachtende befand, völlig unbeeinflusst ist.[65] In gleichem Maße wie Möbius das Aquarium als Medium der Wissensproduktion einsetzte, um die ›natürlichen‹ Bedingungen der Austernbänke im Meer freizulegen, blieb damit die Künstlichkeit seiner eigenen Forschungsumgebung und die Situiertheit seiner eigenen Forschungsperspektive als Einflussfaktor un(ter)-belichtet. Auch mit der Integration des Aquariums in wissenschaftliche Forschungs(infra)strukturen blieb somit vielerorts das Phantasma einer ›reinen‹ Forschung wirksam, die auf räumliche und epistemische Trennungen baute. Doch vermögen nicht gerade Möbius' Experimente die strukturelle Unabschließbarkeit des Aquariums auszustellen? Enden doch dessen Grenzen keineswegs an den Glaswänden, sondern umspannen ein Netz von Bedingungen, in dem sich ›äußere‹ und ›innere‹ Faktoren wechselseitig beeinflussen – beziehungsweise im Grunde schon nicht mehr eindeutig bestimmbar ist, was als ›innere‹ und ›äußere‹ Faktoren gelten kann.

65 Zur reinen Beobachtung gesellten sich gezielte experimentelle Eingriffe.

Erweitern II

Aquarium, Stadt, Welt. ›Saubere Objekte‹ und ›unsaubere Vermischungen‹

Sumpf der Großstadt

Paris, London oder Hamburg – wohin man in Europa blickte, drohten die Großstädte im 19. Jahrhundert förmlich im Matsch zu versinken. Während der Schlamm der Nord- und Ostsee von Möbius in den 1860er Jahren gezielt ins Hamburger Aquarium integriert wurde und als Wissensobjekt in den Blick rückte, wurde der Schlamm auf und unter den Straßen europäischer Metropolen zum immer dringlicheren Problem. Zahlreiche Karikaturen haben diesen schmutzigen Umstand urbanen Lebens dokumentiert und kommentiert, wie jene Londoner Straßenszene im britischen Satiremagazin *Punch* von 1861 (**Abb. 48**).[1]

Insbesondere in London diagnostizierten zu dieser Zeit Stadtplaner, Ärzte wie auch Chemiker ein immer akuteres Verschmutzungsproblem, das maßgeblich als ein Problem der Ansammlung von schädlichen Stoffen adressiert wurde. Die Stadt litt demzufolge an einer Produktion gefährlicher Überschüsse, wie sie auch das Aquarium kannte.[2] Beide Räume waren mit der Vorstellung eines ökonomischen Haushaltsmodells verknüpft, bei dem sich liegengebliebene Reste, die nicht im Stoffhaushalt reinvestiert wurden, als problematisch erwiesen. Machten dabei zum einen Fabrikabgase die geschlossenen Innenräume zum Objekt hygienischer und sanitärer Debatten und Interventionen,[3]

1 Vgl. Anonym: »The Thaw and the Streets«, in: *Punch* 40 (1861), S. 48.

2 Vgl. Johanna Bleker: »Die Stadt als Krankheitsfaktor. Eine Analyse ärztlicher Auffassungen im 19. Jahrhundert«, in: *Medizinhistorisches Journal* 18 (1983) 1/2, S. 118-136.

3 Vgl. Ashby/Anderson 1981; Richard Etlin: »L'air dans l'urbanisme des lumières«, in: *Dix-huitième siècle* (1977) 9, S. 123-134; Corbin 1988, insbesondere der Abschnitt »Der moderne Schiffsbauch und die Gerüche der kranken Stadt«; Sarasin 2001. Zur Lufttthematik vgl. auch das Kapitel »Stabilisieren II« in diesem Buch.

Abb. 48: Karikaturhafte Szene der verschlammten Londoner Straßen Mitte des 19. Jahrhunderts.

so geriet zum anderen der städtische Untergrund als gesundheitlicher Risikofaktor in verschiedener Hinsicht in den Fokus. Um eben diesen geht es im Folgenden insbesondere mit Blick auf London und Hamburg.

Durch die sich mehrenden Abwässer, die vielen oft undichten Brunnen und das nicht abgeleitete städtische Grundwasser rückte bereits im frühen 19. Jahrhundert in den Zentren der Urbanisierung die Umwelt den Einwohnern regelrecht zu Leibe.[4] Besonders prekär waren die vielen alten Abtritts-, Jauche- und Senkgruben, in denen häusliche und gewerbliche Abfälle, Schmutzwasser und Ausscheidungen sich sammelten, vermischten und die nicht selten überliefen.[5]

4 Vgl. hierzu Jürgen Büschenfeld: »Natürliches Element im technischen Zeitalter. Wasser- und Abwassertechniken und ihre wissenschaftlichen Begründungszusammenhänge«, in: Susanne Frank, Matthew Gandy (Hg.): *Hydropolis. Wasser und die Stadt der Moderne*, Frankfurt a.M./New York 2006, S. 94-116; sowie Elisabeth Heidenreich: *Fließräume. Die Vernetzung von Natur, Raum und Gesellschaft seit dem 19. Jahrhundert*, Frankfurt a.M./New York 2004, S. 153.

5 Vor der Einführung der zentralen Kanalisation wurden die häuslichen und gewerblichen Abwässer meist an einzelnen Stellen der städtischen Häuser gesammelt und erst später abtransportiert: In sogenannten Abtrittsgruben der Höfe und Gärten wurden menschliche Ausscheidungen und Schmutzwasser deponiert, in Jauchegruben die tierischen Ausscheidungen und in Senkgruben vornehmlich flüssige gewerbliche Abfälle.

»Von dort, aus dem Untergrund der stehenden Gewässer, kommt der verderblichste Gestank«, erläutert Alain Corbin in seiner Geschichte des Geruchs die Situation Londons und anderer urbaner Zentren. Das »Schreckgespenst der Risse, der Zwischenräume, der auseinanderklaffenden Fugen« beherrschte, so Corbin weiter, den städtischen Raum: »Die Furcht vor Ausdünstungen macht alles suspekt, was schlecht zusammengefügt ist: undichte Senkgruben, rissige Fußböden, Fugen im Straßenpflaster, unverschlossene Bottiche und Grabgewölbe.«[6] In der Furcht vor dem Riss drückte sich nicht zuletzt die Befürchtung gefährlicher Vermischungen aus. Die Stadt schien damit – ebenso wie Waringtons Aquarium – an einem Überschuss fauliger Stoffe zu kranken. Bei beiden wurde das unreine Stoffgemisch als gefährlicher Störfaktor qualifiziert. Diese umweltlichen Umstände wurden in vielen zeitgenössischen Schriften der Hygienebewegung im Bild der Stadt als Sumpf zusammengefasst.[7] Der berühmte *Sanitary Report* etwa, den der englische Sanitärreformer Edwin Chadwick in den 1840er Jahren im Auftrag der englischen Regierung anfertigte, um die hygienischen Zustände der englischen Stadtbevölkerung zu erfassen, ist von Semantiken der Stagnation, Stockung und Stauung durchzogen; nichts anderes gilt für die Schriften des bekannten Münchener Hygienikers Max von Pettenkofer. Während hier die Senkgruben als »unterirdische Sümpfe« bezeichnet werden, »die wir mit grosser Sorgfalt und scheinbarer Reinlichkeit oben zudecken«[8], sind dort die sich stauenden Abwässer als krankmachende stehende Gewässer beschrieben:

> »Here and there stagnant water, and channels so offensive that they have been declared to be unbearable, lie under the doorways

6 Alle vorherigen Zitate aus Corbin 1988, S. 36. Abermals wird hier die Wirkmacht miasmatischer Krankheitstheorien deutlich, die den Ärzten, Chemikern und experimentellen Hygienikern bis in die 1890er Jahre eine Erklärung für Krankheiten wie die Cholera lieferten. Zur Miasmen-Theorie schreibt Michel Foucault: »Je größer die Zusammenballung, desto mehr Miasmen wird es geben, desto mehr wird man krank. Je mehr man krank ist, gewiß, desto mehr stirbt man. Je mehr man stirbt, desto mehr Leichen und folglich mehr Miasmen wird es geben usw. Es ist also dieses Phänomen der Zirkulation von Ursachen und Wirkungen, das quer durch das Milieu angestrebt wird.« Foucault 2004, S. 40-41.

7 Zur Verschlammung der Stadt vgl. Heidenreich 2004, S. 153.

8 Max von Pettenkofer, zit. nach Eduard Lent: »Zur Frage der Fluss-Verunreinigung in Deutschland«, in: *Correspondenz-Blatt des Niederrheinischen Vereins für öffentliche Gesundheitspflege* 6 (1877) 7, S. 105-123, hier S. 109. Vgl. ebd.: »Die Gruben setzen wir den Häusern so recht auf den Nacken und alle Häuser tragen solch einen schmutzigen Wassersack auf dem Rücken.«

of the uncomplaining poor; and privies so laden with ashes and excrementitious matter as to be unuseable [sic] prevail, till the streets themselves become offensive from deposits of this description […]«.[9]

Wie das Aquarium wurde die Stadt als Zirkulationsraum gefasst und das Problem der Stauung als eines der gestörten Zirkulation verhandelt, das sanitärer Regulierungen bedurfte. Eine Anhäufung von Überschüssen, wie sie Mitte des 19. Jahrhunderts ganz konkret in Form von Abwässern virulent war, bedeutete in den Augen der sanitären Reformer eine empfindliche Störung des städtischen Kreislaufs. Sie erschien als Produkt einer Fehlkalkulation im urbanen Stoffhaushalt und entsprechend ersannen die Hygieniker neue Wege, um die entstehenden Überschüsse abzubauen und so Luft, Wasser und organische Stoffe in einen geregelten Umlauf zu bringen. Die Regelung städtischer Zirkulationen zur Versorgung, Entsorgung und Verwertung, die einen ausgeglichenen Stoffkreislauf sichern sollte, wurde in den Augen der öffentlichen Hygiene zu einer zentralen Aufgabe für eine ›gesunde Stadt‹.[10] Im Zuge dessen, und geschürt insbesondere vom mehrfachen Einfall der Cholera in den 1830er und 1850er Jahren, wurden zunächst für London umfassende Pläne zur Umgestaltung städtischer Infrastruktur entwickelt.[11] Die von Stadtplanern, Ärzten, Chemikern und Ingenieuren

9 Edwin Chadwick: *Report to Her Majesty's Principal Secretary of State for the Home Department, from the Poor Law Commissioners, on an Inquiry into the Sanitary Condition of the Labouring Population of Great Britain*, House of Commons Parliamentary Papers, London 1842, S. 55.

10 Vgl. Christopher Hamlin: »The City as a Chemical System? The Chemist as Urban Environmental Professional in France and Britain, 1780-1880«, in: *Journal of Urban History* 33 (2007), S. 702-728.

11 Für London waren statt einer Zentralbehörde für jeden Stadtbezirk eigene *Commissioners of Sewers* eingesetzt, die für Anlage und Reinigung von Entwässerungskanälen zu sorgen hatten. 1840 gab es 40 solcher kommunalen Komitees, die für Situationsprüfungen amtliche Inspektoren für Hauskontrollen entsandten. Vgl. Gottfried Hösel: *Unser Abfall aller Zeiten. Eine Kulturgeschichte der Städtereinigung*, München 1990, S. 118. In den 1840er und 1850er Jahren folgten Gesetze zur Reinigung der Abwässer, die 1872 in den *Public Health Act* mündeten, ein Gesetz zur öffentlichen Gesundheitspflege gegen die Gewässerverunreinigung. 1867 trat der *Rivers Pollution Prevention Act* in Kraft. Für eine ausführliche Schilderung der sanitären Maßnahmen siehe John von Simson: *Kanalisation und Stadthygiene im 19. Jahrhundert*, Düsseldorf 1983. Ursula Weisser hat dargelegt, inwiefern gerade die Cholera für die bürgerliche Gesellschaft mit ihrer hohen Schamkultur einen besonders heiklen Bereich menschlicher Leiblichkeit betraf: »Eine chronische Krankheit wie die

angeführten infrastrukturellen Sanierungsmaßnahmen, die von neuen Wasserwerken über den Ausbau der Kanalisationssysteme bis hin zu neuen Belüftungs- und Beförderungstechniken reichten, sollten den Verkehr von Menschen, Luft, Trinkwasser und Abwässern effizienter regulieren.[12] Das Wohnhaus und der öffentliche Raum wurden somit zum Schauplatz und Objekt neuer sanitärer Techniken und Technologien, die auf eine kontinuierliche Zirkulation der Stoffe zielten.

Aquarium und Stadt rückten im Zuge dessen als Lebensumwelten in den Blick, die sich direkt auf ihre Bewohner – tierliche wie menschliche – auswirkten. Beide Räume wurden dabei immer wieder konkret in Bezug gesetzt. William R. Hughes, der in der Stadtverwaltung von Birmingham tätig und hierbei auch mit städtischen Gesundheitsfragen befasst war, sah im Aquarium einen Modellfall der Stadt, das die Effekte guter oder schlechter Luft- und Wasserqualität im Miniaturformat anschaulich zu machen vermochte, die dann hochskaliert auf die Verhältnisse in urbanen Räumen übertragbar waren. Jeder Aquarianer müsse, so Hughes, immer auch Hygieniker sein, was in erster Linie bedeute, für die Tiere eine gesunde Wohnstätte mit genügend Platz, frischer Luft und frischem Wasser zu schaffen. Umgekehrt könne der Hygieniker vom Aquarium lernen, da es die gegenseitige Abhän-

Lungentuberkulose, die insgesamt erheblich mehr Menschenleben gefordert hat, konnte man romantisch verklären, ihre Opfer konnten, von ungestillten Leidenschaften verzehrt, in Schönheit dahinsiechen. Der Choleratod war ein übelriechender, im wahrsten Sinne des Wortes schmutziger Tod.« Ursula Weisser: »Zur Cholera in Hamburg 1892. Medizin- und sozialhistorische Aspekte«, in: *Hamburger Ärzteblatt* 46 (1992) 12, S. 424-428, hier S. 424. Vgl. auch dies.: »Die Cholera in Hamburg 1892. Nachbetrachtungen zur Diagnose der ersten Erkrankungen und zu den Therapieansätzen in den Krankenhäusern«, in: Rainer Ansorge (Hg.): *Schlaglichter der Forschung zum 75. Jahrestag der Universität Hamburg 1994*, Berlin/Hamburg 1994, S. 85-109.

12 In Paris verlief die Erneuerung der Kanalisation unter Georges Eugène Haussmann von Anfang an zentralisierter. Dieser reichte 1854 bei der *Commission Municipale* seinen Bericht »Mémoire sur les Eaux de Paris« ein, in dem er die Notwendigkeit einer effektiven Wasserversorgung für die Bevölkerung der Stadt darlegt: Georges Eugène Haussmann: *Mémoire sur les Eaux de Paris, présenté à la Commission Municipale* (4. August 1854), Paris 1854. Die Verwaltung der Wasserversorgung erhielt mit dem *Service des Eaux et des Égouts* eine eigene Behörde. Die direkte Beaufsichtigung der Kanalreinigung ging 1859 von der *Préfecture de Police* auf die Ingenieure in Haussmanns *Préfecture de Seine* über. Nach dieser administrativen Umorganisation begann ab 1854 eine radikale Transformation des Pariser Untergrundes. Vgl. Antonia von Schöning: »Kartenwissen und Kanalisation«, in: Stephan Günzel, Lars Nowak (Hg.): *KartenWissen. Territoriale Räume zwischen Bild und Diagramm*, Wiesbaden 2012, S. 201-216.

gigkeit und Wechselbeziehungen aller Lebewesen, die in einem gemeinsamen Raum leben, unmittelbar vor Augen führe.[13] Das Aquarium dient damit als Medium der Anschauung, Vermittlung und Einübung in hygienische Praktiken, die auf eine kontinuierliche Zirkulation von Luft und Wasser zielen. Was die Heimaquarien im Kleinen leisteten, traute Hughes in noch größerem Maßstab den öffentlichen Aquarien zu und setzte sich daher für die Errichtung eines solchen in Birmingham ein.

In ähnlicher Weise fanden im Stadtdiskurs die infrastrukturellen Zirkulationssysteme ihr Pendant in emphatischen Darstellungen einer »Continuous Circulation«.[14] Dem Bild von der Stadt als Sumpf war eines von der Stadt als Zirkulationsraum, als Kreislauf unter- und überirdischer Ströme gegenübergestellt.[15] Diese Zirkulationsmetaphorik lässt sich mindestens bis zu William Harveys Theorie des Blutkreislaufs von 1628 zurückverfolgen, von wo aus das Modell des geschlossenen Kreislaufs im 18. und 19. Jahrhundert auf die Wissensbestände, Theorien und Metaphoriken der Medizin, Physiologie und Naturgeschichte ebenso wie die Bereiche der Agrarchemie und Ökonomie, der Politik und der Hygiene übertragen wurde. Es rekurrierte auf das Vorbild einer in der Natur vorfindlichen Kreislaufbewegung: Mit der natürlichen Umlaufbewegung sollte jedwede Produktion von Überschüssen in einen Prozess kontinuierlicher Kompensationen überführt und dadurch ein dynamischer Gleichgewichtszustand geschaffen werden. Die Rede vom geschlossenen Kreislauf zielte auch im Stadtdiskurs auf die Herstellung eines Gleichgewichts, das sich

13 Im Original heißt es: »The keeper of an Aquarium cannot be otherwise than a sanitarian […], preserving [the animals] in a cleanly habitation of sufficient cubic space, and by supplying them with pure air, pure water, pure and varied food«. Hughes 1875, S. 48-49.

14 Frederick Oldfield Ward, Edwin Chadwick: »Circulation or Stagnation« [1852], in: Benjamin Ward Richardson: *The Health of Nations. A Review of the Works of Edwin Chadwick*, Bd. 2, London 1887, S. 297-299, hier S. 297. Der englische Arzt Frederick Oldfield Ward stellte in diesem Vortrag 1852 auf einem internationalen Kongress für Hygiene in Brüssel heraus: »The main conveyance of pure water into towns and its distribution into houses, as well as the removal of foul water by drains from the houses and from the streets into the fields for agricultural production should go on without cessation and without stagnation either in the houses or the streets.« Ebd. S. 298. Vgl. hierzu auch Christopher Hamlin: »Edwin Chadwick and the Engineers, 1842-1854. Systems and Antisystems in the Pipe-and-Brick Sewers War«, in: *Technology and Culture* 33 (1992) 4, S. 680-709.

15 Zur neuzeitlichen Stadt als Zirkulationsraum vgl. auch Foucault 2004 S. 29, 38-41.

möglichst selbst regulierte und langfristig erhielt.[16] Die städtische Sanitärpraxis unterstand folglich in der zweiten Hälfte des 19. Jahrhunderts denselben chemisch-physiologisch informierten Diskursen um Gesundheit und Hygiene und denselben (medizinischen) Diagnosepraktiken wie die Aquarienpraxis. Beide waren innerhalb eines umfassenden Gesundheitsparadigmas verortet, das Zirkulation und Stagnation, ›gesunde‹ Kreislaufprozesse und ›gefährliche‹ Anhäufung gegenüberstellte.

Konkrete sanitäre Maßnahmen gingen in London von Reformern wie Edwin Chadwick und William Lindley aus, die entscheidende Neuerungen bei der Wasserversorgung und Abwasserbeseitigung durchsetzten. Auch deutsche Städte ergriffen kurz darauf neue sanitär-infrastrukturelle Maßnahmen – in Hamburg maßgeblich unter der Führung des vormals in London tätigen William Lindley. Nachdem zu Beginn des Jahrhunderts die Haushalte der Stadt das Trinkwasser noch aus nahe gelegenen Straßen- und Hofbrunnen entnahmen, von Wasserverkäufern oder aus Flüssen erhielten, löste die Einführung der zentralen Wasserversorgungsysteme diese Praktiken sukzessive ab. Immer mehr private großstädtische Haushalte wurden mit einem eigenen Anschluss an die städtischen Zirkulationssysteme der zentralen Wasserver- und -entsorgung versehen.[17] Durch diese Anbindung des Hauses und seiner einzelnen Wohneinheiten an die städtischen Netze entstand eine potenzielle Fließkontinuität zwischen dem öffentlichen Raum der Straße und dem privaten Raum der Wohnung.[18]

16 Der Gedanke eines geschlossenen Kreislaufs findet sich insbesondere auch in den Theorien der Agrarchemie, so etwa bei Justus von Liebig. Stadt und Land wurden dabei in einer stofflichen Kreislaufbewegung verklammert. Vgl. Justus von Liebig: *Die organische Chemie in ihrer Anwendung auf Agricultur und Physiologie*, Braunschweig 1840; vgl. ferner Erland Mårland: »Everything Circulates. Agricultural Chemistry and Recycling Theories in the Second Half of the Nineteenth Century«, in: *Environment and History* 8 (2002) 1, S. 65-84; sowie Hamlin 2007, S. 702-728.

17 Vgl. Matthew Gandy: »Das Wasser, die Moderne und der Niedergang der bakteriologischen Stadt«, in: Susanne Frank, ders. (Hg.): *Hydropolis. Wasser und die Stadt der Moderne*, Frankfurt a.M./New York 2006, S. 19-40, insb. S. 23. Vgl. zudem Evans: »Das Wasser wurde jetzt der Elbe an einer einzigen Stelle entnommen, die zwei Kilometer oberhalb der Stadt in Rothenburgsort lag, und durch einen 800 Meter langen gemauerten Kanal in drei große Klärbecken geleitet, wo sich Schweb- und Trübstoffe absetzen konnten.« Evans 1990, S. 195. Bis 1890 verfügte nahezu jedes Haus der Stadt im Innern oder auf dem Hof über mindestens einen Wasserhahn.

18 Vgl. Heidenreich 2004, S. 18-19.

Angeschlossene Aquarien

Im Zuge dieser Entwicklungen gingen auch private Aquarien und städtische Infrastrukturen neue Verbindungen ein. Während die ersten Durchlüftungsapparate zunächst mit Wasserreservoirs arbeiteten, kamen ab den 1870er Jahren mechanisch betriebene Durchlüftungsapparate für Heimaquarien auf den Markt, die durch eine Schlauch- oder Bleirohrleitung direkt an die sukzessive installierten Wasserleitungssysteme der Wohnhäuser angeschlossen wurden.[19] Für die Installation eines derartigen Durchlüftungsapparats, der die sich ständig erweiternden unterirdischen Fließräume[20] der Stadt nutzte, wurde vom Wasserleitungshahn ein Zu- und Abflussrohr abgezweigt (**Abb. 49**). Mithilfe der mechanisch betriebenen Apparate wurde durch Druck das Wasser zusammen mit Luft in das Aquarium geleitet.

Dieser Anschluss an die Wasserleitung zwecks Sauerstoffzufuhr und Durchlüftung definierte zugleich das Verhältnis von innerem Aquarienraum und äußerem Umraum neu. In der Küche nahe der Wasserleitung angebracht, beförderte der Apparat das Wasser und die Luft »mittels eines sehr dünnen Gummischlauches durch drei Zimmer nach dem Standort des Aquariums«[21], wie der Aquarienhändler Adolf Sasse 1878 über seinen neu installierten hemischen Durchlüftungsapparat schreibt. Mit dem Anschluss an die Infrastrukturen des Hauses und der Stadt war zwischen dem inneren Raum des Aquariums und seiner äußeren Umgebung eine regulierbare Verbindung geschaffen, die das Aquarium noch weiter in das Gebäude und seine Versorgungssysteme implementierte. Beide wurden dadurch zu einem operativen Gefüge räumlich angeordneter Zirkulations- und Regulationsmechanismen (**Abb. 50**).

Die mechanisch mit Wasser- und Luftdruck operierenden Apparate sicherten nun eine kontinuierliche und gleichmäßige Bewegung und Belüftung des Wassers, wodurch die Aquarien buchstäblich am ›Tropf‹ der Stadt hingen und Teil eines urbanen Kreislaufs wurden. Sie veränderten auch die tägliche Aquarienpraxis, da immer weni-

19 Vgl. etwa Wilhelm Schreitmüller: »Ein Durchlüftungsapparat der Neuzeit«, in: *Blätter für Aquarien- und Terrarienkunde* 19 (1908) 44, S. 630-632.

20 Diesen Begriff übernehme ich von Elisabeth Heidenreich, die damit »den Raumcharakter der großen Versorgungs-, Verkehrs-, Kommunikations- und Informationssysteme akzentuier[t]« und zugleich auf die »dynamischen Fließprozesse in ihnen« als zentrales Merkmal hinweist. Heidenreich 2004, S. 11.

21 Sasse 1878, S. 143.

Abb. 49: Wasserleitungshahn eines privaten Haushalts, von dessen Rohr ein Anschluss für den Durchlüftungsapparat des Heimaquariums abgezweigt ist.

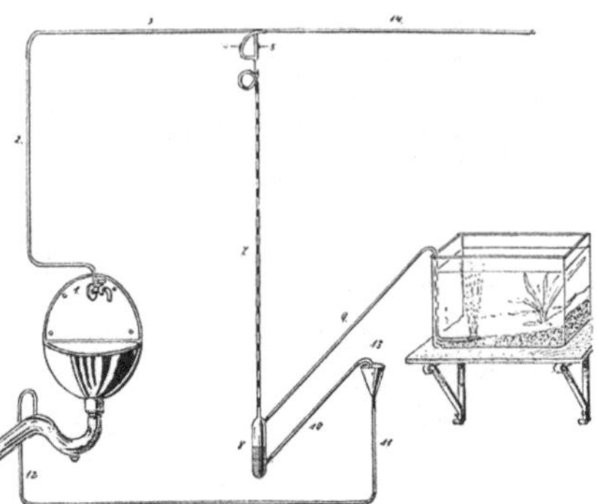

Abb. 50: Schematische Darstellung eines Durchlüftungssystems, bei dem das Aquarium mit der häuslichen Wasserleitung verbunden wird.

ger Wasserwechsel nötig waren und so die Heimaquarien durch die neuen, »vorzüglich Tag und Nacht gleichmässig«[22] arbeitenden Durchlüftungstechniken zunehmend unabhängig von ihren Besitzern wurden. Die materiellen Verschaltungen hatten ihr Pendant in der Vorstellung eines großen urbanen Zirkulationskreislaufs, durch den Wohnhaus und Heimaquarium zu einem »städtische[n] Perpetuum mobile«[23] verschmelzen sollten. Das Aquarium wurde folglich zum materialen wie auch diskursiven Resonanzmodell von ungehemmter Zirkulation und ungehemmtem Austausch. Es fügt sich damit nahtlos in jenes Kreislaufdenken, das auch den Stadtdiskurs in der zweiten Hälfte des 19. Jahrhunderts beherrschte.

Eine noch umfassendere Verbindung gingen die Fließräume des städtischen Untergrundes und des Aquariums ein, als die »circulation systems«, die William Alford Lloyd zunächst an Heimaquarien

22 Ebd.
23 Ebd.

entwickelt und erprobt hatte, sukzessive Eingang in öffentliche Aquarienanlagen fanden. Nachdem sein *Aquarium Warehouse* 1862 bankrott ging, wurde der Ingenieur mit der Einrichtung und Betreuung großer Aquarienanlagen in ganz Europa beauftragt.[24] Hierzu gehörte auch die Einrichtung des Londoner *Crystal Palace Aquarium* Anfang der 1870er Jahre auf dem Areal des Kristallpalastes, der nach dem Ende der Weltausstellung im Hyde Park in Sydenham, im Süden der Stadt, erneut aufgebaut wurde. Für die Salzwasseraquarien ließ Lloyd ein riesiges Wasserreservoir im Untergeschoss errichten. Von dort aus wurde durch einen dampfbetriebenen Motor das aus Brighton angelieferte Meerwasser zusammen mit Luft durch Röhren in den ersten Aquarienbehälter gepumpt und, nachdem es von dort durch alle übrigen Behälter geflossen war, wieder in das Reservoir zurückgeleitet.[25] Für die Süßwasseraquarien setzte Lloyd einen vergleichbaren Wasserkreislauf in Gang, der Wasserleitung, Innenraum und Aquarium umfasste und dabei Menschen und Aquarientiere demselben Wasser aussetzte:

> »[A] steam-engine [...] pumped up water for the general use of its gardens, and it was a mere matter of course to connect the aquarium with this engine, and to allow the water [...] to run through the fish tanks, and then be applied to ordinary purposes, drinking or other, for which its passage through the tanks in no way unfitted it.«[26]

In diesem Kreislauf drückt sich Lloyds Vertrauen in die reinigenden Kräfte der Technik aus. Auch hier herrschte die Vorstellung eines Kreislaufs, der Aquarium und Stadt umfasste und potenziell sogar zum

24 In Paris wurde Lloyd 1860 beauftragt, beim Bau des Aquariums im *Jardin d'Acclimatation* mitzuwirken sowie 1864 bei der Einrichtung und Betreuung der Aquarien im neuen Hamburger Zoo. Nachdem er 1879 für das Berliner Aquarium engagiert wurde, arbeitete er 1871 für das neu eröffnete *Crystal Palace Aquarium*, im Jahr darauf für das neue Brightoner Aquarium und daraufhin 1874 an der Zoologischen Station Neapel.

25 Vgl. Frank Buckland: »Underneath the building is a vast reservoir, a kind of gigantic cellar, which is to be filled with sea water. [...] The reservoir is so large that four thousand gallons only cover the bottom one inch. At one end of the building is a steam-engine, which will work day and night pumping the water out of the reservoir into the tanks, so that the marine animals will have a constant stream of water running past them. The tanks are so arranged that the water will fall from one into the other, and thus become oxygenated in its progress.« Frank Buckland: »The Crystal Palace Aquarium«, in: *Land and Water* (15.4.1871), S. 262-263, hier S. 263.

26 Lloyd 1876, S. 258-259.

weltumspannenden Modell ausgeweitet werden konnte.[27] Das überschwängliche Lob, das Lloyd für sein unterdessen patentiertes Zirkulationssystem erntete, zielte ebenfalls auf die reinigenden Effekte.[28] Eben das war Lloyd zufolge die originäre Leistung »moderner Aquarien«, »in which the water is so continually and abundantly aerated by ceaselessly moving machinery, that impurities have no time to accumulate, but are oxygenated and dissipated as quickly as they form«.[29] Die angeschlossenen privaten und öffentlichen Aquarien wurden für ihn zum Mittel der Reinigung und Gesundheit *par excellence* – »a source of purification and health quite unknown till recently«.[30] Dabei kehrte zugleich der Anspruch eines vollkommen wartungsfreien Systems wieder.[31] Die technisch durchlüfteten Aquarien partizipierten damit an der Vorstellung eines gereinigten Raumes, frei von Verschmutzungen oder Stockungen jeglicher Art. Aquarien und städtische Infrastrukturen rückten so als Experimentalräume in ihrer sanitären Funktion und vor allem in ihren Wechselwirkungen in den Blick.

Unerwünschte Vermischungen

Gleichsam als seine Kehrseite brachte dieser Zusammenschluss von Aquarium und städtischer Infrastruktur jedoch Vermischungen hervor, die nicht nur unerbeten, sondern häufig genug risikoreich waren. Die städtischen Versorgungssysteme stellten sich für die Aquarienflora und -fauna als durchaus gefährlich heraus, dann nämlich, wenn durch sie Tiere und Pflanzen befördert wurden. War das Gedeihen von Tier und Gewächs im Innenraum des Aquariums ausgemachtes Ziel, so blieb die Übertretung der Lebewesen aus diesem Raum alles andere als erwünscht. Dieses Problem trat vor allem an Stellen der ma-

27 In diesem Sinne beschreibt er an einer Stelle die ständigen Wasserwechsel im Aquarium des Londoner Proto-Aquarianers Sir John Dalyells »not as a change of water in the sense of its being lost, but merely as a change of position from a house in Edinburgh to the sea, and back again. That is to say, the water he dismissed from his jars went into a gutter in a street, or into a sewer below it, and found its way by gravitation into the ocean again. Or, if it were poured on the ground into which it soaked, it found its way back to the sea by an infinitely more circuitous route.« Ebd. S. 253-254.

28 Friedrich Knauer: *Das Süßwasser-Aquarium. Seine Herstellung, Einrichtung, Besetzung und Instandhaltung*, München/Regensburg 1907, S. 6.

29 Lloyd 1876, S. 255.

30 Ebd., S. 264.

31 Ebd., S. 255.

teriellen Übergänge auf: Die Wasser- und Quetschhähne wie auch die Rohre und Leitungen zwischen Durchlüftungsapparat, Aquarium und Wasserleitung drohten zu Medien ungewollter Transgressionen zu werden. Ständig bargen diese Schnittstellen die Gefahr, zur Passage für Schlamm, Pflanzenteile oder sogar Tiere zu werden, die durch den mechanisch erzeugten Wasserstrom vom Aquarium aus in die Abflussrohre der Durchlüftungsapparate »mitgerissen werden« oder »entschlüpfen«[32], was nicht selten sogar zu Verstopfungen führte.

Aber auch von entgegengesetzter Seite, von Seiten der Gewässer, welche die Leitungen speisten, lauerten Transgressions-Gefahren, in diesem Fall solche von unbekannten und potenziell gefährlichen Subjekten. Filter wurden daher für die Wassersysteme der Stadt und des Aquariums zu Reinigungs- und Ordnungsmedien ersten Ranges. Sie trennten, isolierten, exkludierten. Als besonders schwerwiegend und daher besonders sprechend erweist sich auch hier das Beispiel der Stadt Hamburg. Seit 1844 gab es dort Anlagen zur Wasserversorgung und -entsorgung und auf die Gründung des *Deutschen Vereins für öffentliche Gesundheitspflege*, der sich ab 1873 in Deutschland mit Problemen der Gesundheitstechnik befasste, folgte ein Jahr später eine Verordnung zur Sicherung der öffentlichen Gesundheit und Reinlichkeit in den Städten und Wohnräumen. Den gesetzlichen und verwaltungstechnischen Maßnahmen zum Trotz kamen in Hamburg effiziente Aufbereitungstechnologien, insbesondere Sandfilter für die Trinkwasseranlagen, erst spät zum Einsatz. Während Berlin sie bereits 1856 eingeführt hatte, kamen Sandfilteranlagen in Hamburg erst 1892 – nach der letzten großen Choleraepidemie – zum Einsatz.[33] Bis dahin wurde die Qualität des Elbwassers, das oberhalb der Stadt für die Wasserversorgung entnommen wurde, von Ärzten wie von Ingenieuren als weitgehend unbedenklich eingestuft.[34] Daher wurde das Flusswasser nur grob gereinigt, indem es in großen

32 Hess 1886, S. 44. Vgl. ebenso Jaeger 1868, S. 385.

33 Vgl. Evans 1990, insb. S. 194-213.

34 Hygieniker wie Max Pettenkofer vertrauten auf die selbstausgleichenden und selbstreinigenden Kräfte fließender Gewässer. Aufgrund der stetigen Zunahme von ungefiltert eingeleiteten Industrieabfällen und städtischen Abwässern trat dieser Auffassung jedoch (nicht zuletzt von Seiten der Fischereiverbände) in den 1880er Jahren die Forderung nach staatlicher Regulierung und dem Einsatz von Kanalisations- und Filtertechniken entgegen. Vgl. Jörg Lange: *Zur Geschichte des Gewässerschutzes am Ober- und Hochrhein. Eine Fallstudie zur Umwelt- und Biologiegeschichte*, [Dissertation], Freiburg 2002; sowie noch einmal Evans 1990, S. 505-589.

Ablagerungsbecken zwischengespeichert wurde, um nach oberflächlicher Klärung in die Stadt gepumpt zu werden.[35]

Damit wurde der Schlamm der Städte zum Problem des Aquariums. So berichtete Lloyd während seiner Zeit in Hamburg von einer Dame, die seit 1864 mit ihrem an die Wasserleitung angeschlossenen Heimaquarium große Erfolge erzielte – bis sie im Sommer 1867 in einen anderen Stadtteil zog, wo die Eisenrohre des Leitungsnetzes erst frisch verlegt worden waren: »The aquarium was again set up in the drawing-room, and a communication made between it and the street pipes; but the water which came into the aquarium was red with the iron rust of the pipes, and otherwise discoloured with deleterious matters, organic and inorganic, or both, and quite unfit for the maintenance of animal life.«[36] Dieselben Leitungen, die eine permanente und ungehinderte Beförderung von sauberem Wasser für das Haus und das Aquarium sicherstellen sollten, leiteten nun den gefürchteten Schmutz geradewegs in die Wohnzimmer.

Der Zusammenschluss von Aquarium und städtischen Infrastrukturen, den Lloyd an anderer Stelle emphatisch als reinigenden Kreislauf beschworen hatte, brachte selbst gesundheitliche Risiken mit sich. Das Aquarium diente in diesem Zusammenhang als sichtbares Zeichen der hygienischen Verhältnisse, die in den unsichtbaren städtischen Fließräumen herrschten. Verfärbtes Wasser oder sterbende Tiere waren messbare Indikatoren für schlechte Wasserqualität. Was ansonsten unsichtbar im Leitungsnetz zirkulierte, wurde im Aquarium anschaulich. Wenn es ansonsten ein zentrales Merkmal von Infrastrukturen ist, dass sie sich »in einem naturalisierten Hintergrund befinden«[37], also im Zuge ihrer Etablierung und Verbreitung zu einem Teil der Lebenswelt und damit für ihre Benutzer unsichtbar werden, machte das Aquarium,

35 In Berlin dagegen durchlief das der Spree entnommene Wasser mehrere Filterbecken, in denen es durch mehrere Schichten feinen Sandes sickerte, um dann durch Rohre unterhalb der Becken in das Leitungsnetz gepumpt zu werden. Dieses System tötete schädliche Mikroben ab, weil dabei Bakterien ins Wasser gelangten, die sie vernichteten. Ebd., S. 196.

36 Lloyd 1876, S. 170. Zur Geschichte chemischer Wasseranalysen vgl. Christopher Hamlin: *A Science of Impurity. Water Analysis in Nineteenth Century Britain*, Berkeley 1990.

37 Paul N. Edwards: »Infrastructure and Modernity. Force, Time, and Social Organization in the History of Sociotechnical Systems«, in: Thomas J. Misa, Philip Brey, Andrew Feenberg (Hg.): *Modernity and Technology*, Cambridge u.a. 2003, S. 185-225, hier S. 185. Edwards bezieht sich hier auf Internet oder Elektrizitätsnetze, doch gilt Ähnliches für den Ausbau der Leitungsnetze im 19. Jahrhundert.

anstelle der unsichtbaren Meerestiefen, hier den unsichtbaren Untergrund der Stadt sichtbar. Damit fungierte das Aquarium als Medium der Sichtbarmachung unter umgekehrten Vorzeichen.

Neben dem Schmutz drangen zudem im Jahr 1892 die ersten Cholera-Erreger durch das ungefilterte Elbwasser in die Netze der Hamburger Trinkwasserversorgung ein. Die Folge war ein verheerender Choleraausbruch, der Zehntausende das Leben kostete. Die Rohre der Wasserleitungen, die in den Großstädten mit beträchtlichem finanziellen Aufwand gebaut worden waren, aber kontrollierenden Blicken und regulierenden Techniken weitgehend entzogen blieben, wurden somit mangels angemessener Filter- und Kläranlagen zum Kontaminationsraum und zum prädestinierten Übertragungsmedium für Krankheiten.

In der Zeit *vor* der Einführung wirksamer Filteranlagen fungierte in Hamburg die Wasserleitung indes nicht nur als Transportmedium für mikroskopisch kleine Krankheitserreger, sondern sogar für größere Lebewesen, die aus Flüssen, ja selbst aus dem Meer in diese eindrangen und fortan in den städtischen Fließräumen verkehrten. Wiederholt zeugen Berichte davon, dass in Hamburg noch in den 1880er Jahren lebende »Aale und kleine Fische«[38] vom Röhrensystem bis in die Häuser gelangten und dort die Leitungen blockierten. Im Zuge der gefährlichen Bewegung von Lebewesen drohten die städtischen Infrastrukturen umgekehrt zu ungesunden Stauräumen zu werden. Die Rohre, die den Übergang verschiedenster Lebewesen in die städtischen Fließgewässer vermittelten, wurden somit anschließend selbst zu Medien der Unterbrechung und Stauung.

Schlimmer noch stand es um die Wasserreservoirs auf den Dachböden der Häuser, jenen Relais der Zirkulation, die das Leitungswasser aus Wassertürmen zwischenspeicherten und von dort auf die einzelnen Anschlussstellen verteilten. Hier florierten gleichsam wilde Aquarien, kleine schmutzige stehende Gewässer als bevorzugter Ablagerungsort für Schlamm, Algen und zahllose Tierarten. In ihnen sammelte sich bis zu »halb handhohe[r] dickflüssige[r] Schlick«[39] und bei brütender Hitze fanden auch die Choleravibrionen in diesen selten gereinigten Reservoirs prächtige Entwicklungsbedingungen. Die Versorgungssysteme, als Hygienemaßnahmen in die Wohnhäuser implementiert,

38 Johannes Schult: *Geschichte der Hamburger Arbeiter 1890-1919*, Hannover 1968, S. 41.

39 Ebd., S. 2.

waren damit selbst von Tausenden von »Fäulnisbewohner[n]«[40] kolonisiert und wurden dadurch zum Risikofaktor. Hier gedieh all das, was aus dem Aquarium ausgeschlossen werden sollte.

Lebensgemeinschaften in der Wasserleitung

Im Jahr 1885, noch bevor die aus der Elbe gespeiste Hamburger Wasserleitung eine Sandfilteranlage erhielt, begab sich der Zoologe Karl Kraepelin auf eine Expedition in die untergründigen Gewässer der Hansestadt.[41] Ausgestattet mit diversen Fang- und Siebgeräten entnahm der spätere Direktor des Naturhistorischen Museums in Hamburg zu unterschiedlichen Zeiten an verschiedenen Stellen des urbanen Leitungssystems Proben, die »ein wirres Durcheinander der mannigfachsten Lebewesen«[42] zutage förderten. Kraepelin bezifferte sie mit mehr als sechzig verschiedenen Arten – unter ihnen Wirbeltiere, Schnecken, Muscheln, Krebse, Mollusken, Würmer, Darmlose und Urtiere. In einem Aufsatz über »Die Fauna der Hamburger Wasserleitung« berichtete er von den Ergebnissen dieser Feldforschung in den städtischen Leitungsrohren.[43] Waren im ersten Drittel des 19. Jahr-

40 R. Timm: »Über die Flora der Hamburger Wasserkasten vor Betriebs-Eröffnung der Filtrations-Anlagen«, in: *Verhandlungen des Naturwissenschaftlichen Vereins in Hamburg* 3 (1893) 1, S. 1-14, hier S. 13. Timm zufolge wurden die Hamburger Wasserkästen zum ersten Mal im Zuge der Choleraepidemie von 1892 grundlegend gereinigt.

41 In Paris begab sich etwa Alexandre-Jean-Baptiste Parent-Duchâtelet als Gesundheitsbeauftragter der Stadt Paris in den 1820er Jahren wiederholt in die Abwasserkanalisation, allerdings nicht mit Fokus auf zoologische Fragen, sondern um die dortigen Hygienebedingungen und die Erkrankungsrisiken für die Kanalarbeiter zu untersuchen. Er verfasste umfangreiche Studien, die das unterirdische System der Abwässer in seinen quantitativen und qualitativen Eigenschaften erfassen. Vgl. Alexandre-Jean-Baptiste Parent-Duchâtelet: *Hygiène publique ou Mémoire sur les questions les plus importantes de l'Hygiène*, 2 Bd., Paris 1836.

42 Vgl. Karl Kraepelin: »Die Fauna der Hamburger Wasserleitung«, in: *Abhandlungen aus dem Gebiete der Naturwissenschaften* 9 (1885), S. 3-8, insb. S. 8.

43 Die Studie war damals nicht die einzige ihrer Art. Empirische Studien zur »Flora und Fauna städtischer Wasserleitungen« entwickelten sich vielmehr zu einem eigenen wissenschaftlichen Untersuchungsfeld. Vgl. etwa Hartwig Petersen: »Die Bewohner der Hamburger Wasserleitung«, in: *Verhandlungen des Vereins für Naturwissenschaftliche Unterhaltungen Hamburg* 4 (1877), S. 246-248; sowie Hugo de Vries: *Die Pflanzen und Tiere in den dunklen Räumen der Rotterdamer Wasserleitung. Bericht über die biologischen Untersuchun-*

hunderts die *practical naturalists* zur Küste aufgebrochen, um die Flora und Fauna des Meeres zu erforschen, machten sich im letzten Drittel des Jahrhunderts zahlreiche Zoologen, Botaniker und Chemiker daran, die Lebensbedingungen der schwer einsehbaren Fließräume des städtischen Untergrundes zu erfassen. Neben die Erforschung des Lebens in den Tiefen des Meeres trat so die Erforschung des Lebens in den Tiefen städtischer Fließgewässer.[44]

Bei beiden ging es um eine möglichst vollständige Erfassung im Dienste der (zoologischen) Wissensproduktion. Wie Philip Henry Gosse die lokale Fauna der Weymouther Bucht inventarisierte, erstellte Kraepelin eine Liste der Fauna der Hamburger Wasserleitung. Wie im Meer waren in den Rohren ganze Ökosysteme zu finden. Kraepelins Expedition in den Untergrund ergab nämlich, dass die Rohre und Leitungen unter der Oberfläche nicht nur *Durchgangs*orte für Tiere und Pflanzen bildeten, sondern mithin zu permanenten Lebensräumen für ausreichend widerstandsfähige Flora und Fauna wurden – »*Lebensgemeinschaften* […], zu welchen die Tiere unserer Leitung vereinigt sind«.[45] Während die von Möbius untersuchten Lebensgemeinschaften der Austernbänke im Meer durch Überfischung bedrohlich zurückgingen, bildeten sich gleichzeitig in den dunklen Wasserräumen der städtischen Infrastrukturen neue aus. Und während das ›natürliche‹ Gleichgewicht der Austern im Meer durch menschliche Eingriffe längst kippte, stabilisierten sich die ›wilden‹ Lebensgemeinschaften der Wasserleitung zusehends.[46] Eine solche »Verstädterung der Arten«[47] war selbst Produkt und Teil der Urbanisierungsprozesse des 19. Jahrhunderts. Mit ihrer zunehmenden Aneignung verschwand ›Natur‹ nicht einfach; Urbanisierung bedeutete vielmehr eine Ko-Produktion von Stadt mit und durch Tiere.[48] Im Zuge dessen entstanden in den

gen der Crenothrix-Commission zu Rotterdam vom Jahre 1887, Jena 1890; Heinrich Kayser: *Die Flora der Strassburger Wasserleitung*, [Dissertation], Kaiserslautern 1900.

44 Dabei lassen sich durchaus Parallelen in der Sammelleidenschaft ausmachen. Zum Sammeln mariner Objekte als naturkundliche Freizeitbeschäftigung gesellte sich im urbanen Raum das Sammeln der ›Leitungstiere‹, von dem Richard Evans berichtet. Vgl. Evans 1990, S. 199.

45 Kraepelin 1885, S. 14.

46 Vgl. ebd., S. 14-15.

47 Vgl. hierzu die gleichnamige Ausgabe der Zeitschrift *dérive. Zeitschrift für Stadtforschung* (2013) 51.

48 Vgl. Fahim Amir, Christina Linortner: »Die Verstädterung der Arten«, in: *dérive. Zeitschrift für Stadtforschung* (2013) 51, S. 4-7. Donna Haraway bezeichnet die auch im vorliegenden Kontext zum Tragen kommende Im-

urbanen Zentren neue, hybride Räume[49], und zwar solche wie Zoos und Aquarien, die eine planmäßige Einhegung tierlicher Räume intendierten, und solche, die Tieren nicht zugedacht waren, aber von ihnen besetzt wurden – wenn sie sich etwa im städtischen ›Leitungsmeer‹ einrichteten und so den urbanen Untergrund aneigneten.

Diese Unwägbarkeit des uneinsehbaren Raums der Leitungen und Kanäle drückte sich häufig in einer maritimen Metaphorik des Urbanen aus. Antonia von Schöning hat gezeigt, wie im 19. Jahrhundert die großstädtischen Fließräume als unterirdisches Meer ungeregelter Ströme beschrieben wurden.[50] Die *terra incognita* war damit vom Grund des Meeres in die Tiefen des urbanen Untergrundes verlagert und mit ihr der Topos vom Meer als ›Gefahrenraum‹.[51]

Umgekehrt wurden die Leitungssysteme wiederum mit der Begrifflichkeit des Aquariums gefasst. In mancher Hinsicht glichen nämlich die Verhältnisse in den Leitungssystemen dem künstlichen Naturraum des Aquariums. Die Rohre boten »die überaus günstige Gelegenheit zur Festheftung«, ein reiches Nahrungsangebot und von Fressfeinden keine Spur. Damit waren »für viele Mitglieder der Wasserleitungsfauna Lebensbedingungen [geschaffen], wie sie in der freien Natur wohl nirgends so günstig zusammentreffen«.[52] Viele Tierarten, die 1879 von der Elbe direkt in die Röhren der Wasserleitung eingedrungen waren, hatten sich daher zum Teil so stark vermehrt, »daß der Individuenreichtum in der Röhrenleitung den des Elbstromes um

plosion von Natur und Kultur als »naturecultures«. Vgl. Donna Haraway: »Otherworldly Conversations; Terrain Topics; Local Terms«, in: *Science as Culture* 3 (1992) 1, S. 64-98.

49 In Gandys Worten: »The urbanization of nature, a transformation that has gained accelerated momentum over the last few decades, is clearly much more than a gradual process of appropriation until the last vestiges of ›first nature‹ have disappeared.« Matthew Gandy: »Urban Nature and the Ecological Imagery«, in: Nik Heynen, Maria Kaika, Erik Swyngedouw (Hg.): *In the Nature of Cities. Urban Political Ecology and the Politics of Urban Metabolism*, London/New York 2006, S. 63-74, hier S. 63.

50 Vgl. Antonia von Schöning: *Die Administration der Dinge. Technik und Imagination im Paris des 19. Jahrhunderts*, Zürich/Berlin 2018.

51 Zum Topos des Meeres als Gefahrenraum und den davon ausgehenden maritimen Versicherungspraktiken vgl. Burkhardt Wolf: *Fortuna di mare. Literatur und Seefahrt*, Zürich/Berlin 2013, insb. S. 98-133; sowie zur ›Stadt als Meer‹ auch von Schöning 2012.

52 Joseph König: *Chemie der menschlichen Nahrungs- und Genussmittel*, Bd. 3. Untersuchung von Nahrungs-, Genussmitteln und Gebrauchsgegenständen [1879], Berlin 1918 (4. Aufl.), S. 554.

das Vielfache überstieg«.[53] Hugo de Vries vermeinte angesichts der »üppigen und merkwürdigen Vegetation von Thieren und Pflanzen« in den Kanälen des Rotterdamer Wasserwerks gar in ein »prachtvolles Aquarium«[54] zu blicken. Das Aquarium diente folglich sowohl als Vorlage für den Blick in einen Naturraum wie in einen technischen Raum; als Modell für saubere, disziplinierte wie auch für ungesunde, gestaute Wohn- und Stadträume.

Migrationen und Mobilisierungen

Die Beziehungen zwischen Heimaquarien und den Lebensgemeinschaften in der Wasserleitung beschränken sich indes nicht auf metaphorische Übertragungen. Vielmehr sind ihre Verbindungen strukturell, genauer gesagt infrastrukturell, und zwar nicht nur auf Ebene der städtischen, sondern der globalen Infrastrukturen. Das hängt mit der Frage zusammen, *wie* das wirre Durcheinander der mannigfachsten Lebewesen in die Leitungsnetze gelangte. Diese Frage umspannt ein Netz zusammenhängender Faktoren und wird wiederum am Beispiel Hamburgs besonders augenfällig.

Als in den 1860er Jahren im Hamburger Hafen immer mehr Aquarientiere ankamen und in die heimischen und öffentlichen Aquarienbehälter überführt wurden, gelangten gleichzeitig abseits dieser geregelten Einfuhr zahllose weitere Lebewesen als ›blinde Passagiere‹ in die Stadt, drangen in die Wassernetze ein und bewegten sich dort weiterhin unterhalb der Grenze von Sichtbarkeit und Kontrolle. Solche »infamen Passagiere«[55] reisten auf denselben Verkehrswegen, die im Zuge des globalisierten Handels ausgebaut worden waren und diesem zugleich den Weg geebnet hatten.[56] Sie waren damit nicht zuletzt selbst eine Folge der Globalisierung von Verkehrs- und Handelsrouten im 19. Jahrhundert. Eben jene Verbreitungskanäle, die dazu beitrugen,

53 Ebd.

54 De Vries 1890, S. 22.

55 Zu den infamen Passagieren des städtischen Untergrundes vgl. auch Schöning: »Kartenwissen und Kanalisation«, insb. S. 3.

56 Dabei geht Kraepelin nicht nur von einem einseitigen Transfer, sondern auch von Rückwanderungen aus, wenn er darauf hinweist »wie zahlreich die Fälle sind, in denen europäische, aber in fremde Länder verschleppte Formen, nach Einbürgerung daselbst, nun wieder durch den Schiffsverkehr in die alte Heimat zurückgelangen«. Karl Kraepelin: »Ueber die durch den Schiffsverkehr in Hamburg eingeschleppten Tiere«, in: *Mitteilungen aus dem Naturhistorischen Museum, Hamburg* 18 (1900), S. 185-209, hier S. 207.

den gesamten Transfer von Wasserlebewesen zunehmend auszuweiten und in sicheres Fahrwasser zu lenken, wurden selbst zu potenziell gefährlichen Transport- und Distributionsräumen.

Zu ihnen zählen auch künstliche Wasserstraßen wie der 1895 eröffnete Nord-Ostsee-Kanal, offiziell auf den Namen Kaiser-Wilhelm-Kanal getauft.[57] Der staatlich finanzierte Kanal sollte aus militärstrategischen Überlegungen eine rasche Durchfahrt der deutschen Kriegsflotte zwischen Ost- und Nordsee ermöglichen. Zugleich bediente er wirtschaftliche Interessen, indem er die Kieler Förde mit der Elbe verband. Auf dem knapp einhundert Kilometer langen und neun Meter tiefen Kanal gelangten fortan nicht nur Schiffe, sondern darunter, im Kanalwasser auch Fische weiter nach Hamburg, wo wiederum die Landungen zu transozeanischen Passagen abgingen.

Die Tiere, die später die Leitungsnetze besetzten, gelangten aber nicht nur auf denselben Verkehrswegen, sondern mitunter auf denselben Transportmitteln wie Aquarientiere in die Städte. Damit führt die Frage der Mobilisierung – unter umgekehrten Vorzeichen – wieder zum Ausgangspunkt dieses Buches, zum Wardian Case und den Anfängen des Aquarienhandels zurück. Gerade verbesserte Transporttechnologien wie der Wardian Case, die massenhaft neue Tier- und Pflanzenarten nach Europa brachten, schleppten auch unerwünschte Lebewesen und Krankheiten ein. Der Wardian Case, der den Pflanzentransport dadurch erleichterte, dass in seinem Innern stabile klimatische Bedingungen herrschten, schuf eben hierdurch auch für andere Lebewesen ideale Voraussetzungen, um lange Reisen zu überleben. In der Tat transportierten die Wardian Cases, wie der Wissenschaftshistoriker Stuart McCook ausführt, nicht nur kostbare Nutz- und Zierpflanzen, sondern auch zahlreiche andere Lebewesen, darunter wilde Pflanzen, Insekten oder sogar Amphibien und Reptilien.[58] Die während der Reise meist nicht kontrollierten Kästen wurden als *Black Boxes* zum temporären Überlebensraum und Transportmittel für diese Parasiten der Passage, deren Versendung nicht vorgesehen war. Häufig verbreiteten sich anschließend die »eingeschleppten und

57 Zur Bedeutung des 1870 fertiggestellten Suezkanals als Migrationsweg für Lebewesen zwischen Mittelmeer und Rotem Meer vgl. zeitgenössisch Conrad Keller: *Das Leben des Meeres*, Leipzig 1895; H. Barfod: »Das Vordringen der Ostseeorganismen in den Kaiser-Wilhelm-Kanal mit besonderer Berücksichtigung der wichtigsten Nutzfische«, in: *Nerthus. Illustrierte Zeitschrift für volkstümliche Naturkunde* 6 (1904) 6, S. 101-109.

58 Vgl. McCook 2016; sowie Kraepelin 1900, insb. S. 188-206.

verwilderten«[59] Pflanzen und Tiere am neuen Ort, wie etwa der Hamburger Lehrer Justus J.H. Schmidt 1890 in einem Aufsatz über *Die eingeschleppten und verwilderten Pflanzen der Hamburger Flora* berichtete:

> »Da nun in den letzten Jahren so sehr viele neue Eindringlinge in unserer Flora beobachtet worden sind, so dürften wir wohl behaupten, daß das Einwandern fremder Pflanzen durch die bessere Verbindung der Handelsplätze begünstigt worden ist. Unsere älteren Botaniker [...] erwähnen eingeschleppte Pflanzen fast gar nicht.«[60]

Die Auswirkungen dieser unabsichtlich importierten Pflanzen und Tiere auf lokale Ökosysteme konnte geradezu verheerend sein. Stuart McCook hat gezeigt, wie bei vielen Kulturpflanzen der vormals lokal auftretende Krankheitsbefall durch den Wardian Case zum globalen Problem wurde und strikte Auflagen und Regulationen notwendig machte.[61] In umgekehrter Blickrichtung hat Alfred Crosby bereits in den 1980er Jahren die Auswirkungen von Imperialismus und Kolonialismus auf lokale Ökosysteme in der Neuen Welt untersucht.[62] Was den Pflanzen der Wardian Case war, wurde nun für die Wassertiere der Schiffskörper selbst. Die unbemerkte Einfuhr aquatischer Lebewesen erfolgte vor allem durch das Ballastwasser von Schiffen, das seit etwa 1880 zur Stabilisierung nicht voll beladener Schiffe verwendet wurde und in dem (bis heute) Wassertiere aus nah oder weit entfernten Gewässern in Hafenstädte wie Hamburg gelangen.[63] Die für Aquarien bestimmten Tiere reisten auf den Dampfern als umhegte Passagiere und erhielten besondere Pflege und den Ehrenplatz neben der Kapitänskajüte, weil dort »die Fische unter besserer Aufsicht sind [und] Unbefugte hier keinen Zutritt haben«.[64] Im Gegensatz zu den etikettierten, umhegten und versicherten Lebewesen bewegten sich die blinden Passagiere meist unterhalb der Schwelle von Sichtbarkeit und Kontrolle.[65] Wurden bei den einen keine Kosten und Mühen gescheut, um

59 Justus J.H. Schmidt: *Die eingeschleppten und verwilderten Pflanzen der Hamburger Flora*, Hamburg 1890, S. 7.

60 Ebd.

61 Vgl. McCook 2016.

62 Alfred Crosby: *Ecological Imperialism. The Biological Expansion of Europe, 900-1900*, Cambridge 1986.

63 Auch die Cholera-Erreger gelangten durch den globalisierten Verkehr nach Hamburg, allerdings wahrscheinlich durch den Menschen-Verkehr.

64 Nitsche 1901, S. 53.

65 Von den zahllosen eingeschleppten Tieren gelangte Kraepelin zufolge »zweifellos ein ganz erheblicher Bruchteil überhaupt nicht zur Beobachtung«.

sie lebend an ihr Ziel zu bringen, erschien es bei den anderen mitunter als potenzielle Katastrophe für lokale Ökosysteme oder die menschliche Gesundheit, wenn sie den Transport unbeschadet überstanden. Und doch sind auch hier der Transfer von Aquarientieren und die Einschleppung fremder Arten miteinander verknüpft. Das stellte bereits Karl Kraepelin im Zuge seiner Untersuchungen fest. Am Beispiel derjenigen Tierarten, die mit den Ladungen der Schiffe lebend nach Hamburg gelangten, wollte er »die Bedeutung der Schiffahrt im Allgemeinen für die geografische Verbreitung der Tiere auf der Erde exakter [nachweisen]«.[66] Die biologischen und ökologischen Gefährdungen stellen somit eine der Folgen des Ausbaus jener Handelsrouten dar, auf denen massenhaft (exotische) Wassertiere transportiert wurden – diese Diagnose musste entsprechend in das Wissen um geografische Verbreitung und Migration von Tieren eingerechnet werden.

Ortswechsel – Statuswechsel

Die zeitgenössischen tiergeografischen Untersuchungen, die sich wie jene von Kraepelin mit den Verbreitungs- und Migrationsprozessen von Tieren befassten, stellten eine erstaunliche Anpassungsfähigkeit vieler Tiere fest. Sowohl von Süßwassertieren, die in Brack- oder Meerwasser migrierten, wurde berichtet, als auch von Meerestieren, die von salzigen in süße Gewässer vordrangen. William Marshall etwa beschreibt einen Kolonien bildenden Salzwasserpolypen *(Cordylophora lacustris)*, gesichtet zunächst 1861 »an den Seetonnen der Elbmündung«, der 1889 in Hamburg bereits so häufig auftrat, »daß er bisweilen die Röhren der Wasserleitung verstopft«.[67] Auch dies hing mit dem Ausbau verkehrstechnischer Infrastrukturen zusammen und gehörte zum Phänomen einer Verstädterung der Arten. Der Kaiser-Wilhelm-Kanal etwa, der in die Elbe mündete, wurde für eine bessere Tragfähigkeit des Kanalwassers und zum Schutz vor winterlichem Zufrieren systematisch mit Ostseewasser gespült. Diese Durchsalzung führte in verstärktem Maße dazu, dass Meeresorganismen – darunter

Kraepelin 1900, S. 185. Er zählte 500 eingeschleppte Arten in einem Zeitraum von drei Jahren, wobei er davon ausging, dass »trotz aller Sorgfalt immerhin nur ein Bruchteil der Gesamtmasse erbeutet wurde«. Ebd., S. 206.

66 Ebd., S. 185.

67 William Marshall: »Tierverbreitungen«, in: Alfred Kirchhoff: *Anleitung zur Deutschen Landes- und Volksforschung*, Stuttgart 1889, S. 253-298, hier S. 294.

Fische, Seepocken oder Miesmuscheln, in den Kanal vordrangen, während gleichzeitig verschiedene Süßwasserfische sich an das gesalzene Brackwasser anpassten.[68] Indem sie sich den lokalen Verhältnissen anpassten, entzogen sich solche Tiere eindeutigen Zuordnungen.[69] Mit den Anpassungen an neue (urbane) Bedingungen drohten somit auch Kategorisierungen immer wieder in ihr Gegenteil zu kippen. Was die Aquarienratgeber fein säuberlich in Süß- und Salzwassertiere einteilten, hatte sich im wilden Raum der Wasserleitung und der Kanäle längst hybridisiert. So lässt sich im späten 19. Jahrhundert die Spannung zwischen einer epistemischen Hygiene der Aquarientiere und dem wilden Leben in den infrastrukturellen Netzen nicht einfach auflösen.

Der jeweilige Status eines Tiers hing also maßgeblich davon ab, in welchem Raum es sich bewegte. Das galt ebenso für seinen epistemischen Status wie für seine gesamte Existenzweise.[70] Ortswechsel konnten Statuswechsel bedeuten und umgekehrt wurde Tieren mit einer neuen Identität häufig ein anderer Raum zugewiesen. Die Frage, was ins Aquarium gehörte und was nicht; was überhaupt Aquarientier war (oder werden konnte) und was nicht, erwies sich als nicht immer eindeutig festgelegt, denn mitunter gelangten ›blinde Passagiere‹ ins Aquarium und umgekehrt Aquarientiere in die Wasserleitungen oder fremde Gewässer. Das zeigt beispielhaft ein Fall aus dem Jahr 1865. Über den Tierhändler Carl Hagenbeck erstand William Alford Lloyd für das neu eingerichtete Aquarium im Hamburger Zoologischen Garten eine Sendung Pfeilschwanzkrebse *(Limnulus polyphemus)*, die aus der Umgebung von New York stammten.[71] Nachdem er den Überschuss lebender Krabben versucht hatte, an Aquarianer zu verkaufen oder zu verschenken, blieb am Ende noch immer eine stattliche Anzahl übrig. In Ermangelung geeigneter Haltungsmöglichkeiten übergab er diesen Rest einem Dampfer der Hamburg-New-York-Linie mit dem Hinweis, die Tiere auf hoher See über Bord zu werfen (»a little on the British side of the island of Heligoland«) – um sich ein Jahr später zu fragen, ob die vor der Küste Hollands neuerdings aus dem Meer

68 Vgl. Barfod 1904.

69 Das ›disziplinierte‹ Pendant findet sich in den zeitgenössischen Akklimatisierungsversuchen, deren Ziel es war, Tiere in anderen Klimazonen anzusiedeln.

70 Vgl. Bruno Latour: *Existenzweisen. Eine Anthropologie der Modernen*, Frankfurt a.M. 2014.

71 Weitere Exemplare dieser Sendung waren für die privaten Aquarien von Heinrich Adolf Meyer und Karl August Möbius bestimmt. Die Einrichtung dieser Aquarien hatte Lloyd übernommen, der auch den Transport der Krabben von New York nach Hamburg organisierte. Vgl. Lloyd 1874, S. 3845.

gefischten Pfeilschwanzkrebse die Nachkommen seiner heimlichen Entsorgungsaktion waren.[72] Aquarianer waren so mitunter selbst für die Übertretungen und Vermischungen und die Ansiedelungen neuer Arten in neuen Räumen verantwortlich.

Während auf diese Weise die aus New York stammenden Aquarientiere in europäische Gewässer gelangten, landeten manche ›blind‹ eingeschleppten Lebewesen wiederum im Aquarium. So berichtete 1904 der Hobbyaquarianer Walter Köhler, Mitglied im Leipziger Aquarienverein *Nymphaea*, von einem unbeabsichtigten Import eines Aquarientiers etwa sieben Jahre zuvor.[73] Die Spitz-Quellschnecke *Physa actua*, vormals ausschließlich in Südfrankreich verbreitet, war offenbar beim Import von Aquarienpflanzen unbemerkt nach Deutschland gelangt. Nachdem die Schnecken gemeinsam mit den Wasserpflanzen unbeabsichtigt von den Gärtnereien weiterverteilt und schon bald in zahlreichen Heimaquarien gesichtet worden waren, galten sie unter den Aquarianern schon bald als »wirklich nützliche Tiere«[74] und wurden daher fortan offiziell als Aquarientiere gehandelt.

Am Ende wechselte auch die von Karl Kraepelin gesammelte Hamburger Leitungsfauna ein weiteres Mal den Ort und damit ihren Status. Die Proben aus der Wasserleitung, die er zunächst im zoologischen Laboratorium untersucht hatte, wanderten anschließend als Nasspräparate in die Schausammlung des Hamburger Naturhistorischen Museums – eben jener Institution, in der einige Jahre zuvor die Aquarien von Möbius und Meyer aufgestellt waren und zu deren Direktor Kraepelin im Jahr 1889 ernannt wurde.[75] Fortan war im Hauptgeschoss neben Exponaten der einheimischen Fauna des Niederelbgebietes, der Nord- und der Ostsee in Schrank Nr. 33 die »Ehemalige Fauna der Hamburger Wasserleitung« ausgestellt, über die es im *Führer durch das Naturhistorische Museum* heißt: »Das unterirdische Röhrensystem

72 Vgl. ebd., S. 3845-3846.

73 Walter Köhler: »Physa acuta, die Spitz-Quellschnecke, ein unbeabsichtigter Import in unseren Aquarien«, in: *Nerthus. Illustrierte Zeitschrift für volkstümliche Naturkunde* 6 (1904), S. 206-208.

74 Ebd., S. 207.

75 Im Mai 1843 wurde die Sammlung des alten Naturalienkabinetts mit jener des Naturwissenschaftlichen Vereins verschmolzen und erhielt eine eigene Verwaltung und den Namen »Naturhistorisches Museum in Hamburg«. Im Jahr 1882 ging die Leitung in die Hände eines staatsseitig ernannten Direktors sowie wissenschaftlicher Beamter über. Im Jahr 1886 wurde der Bau eines eigenen Gebäudes am Steinthorwall begonnen und am 16. September 1891 eröffnet. Kraepelin war von 1889 bis 1914 Direktor. Vgl. hierzu Nyhart 2009, S. 236-237.

der Hamburger Wasserleitung bot, so lange es unfiltriertes Wasser führte, der Tierwelt ausserordentlich günstige Bedingungen dar. Ein grosser Teil der Elbfauna war in ihm nachzuweisen, zum Teil in ungeheurer Individuenzahl«.[76]

Indem die ansonsten unsichtbaren Infrastrukturen hier als Habitat sichtbar und als Schauplatz zoologischer, insbesondere biogeografischer Studien ausgewiesen wurden, sind sie selbst als Ort der Wissensproduktion und damit als Wissensraum markiert. Die Objekte dieser Forschung avancierten wiederum zu naturhistorischen Wissens- und Schauobjekten, die innerhalb eines institutionellen Rahmens ausgestellt werden. Allerdings wurde die »ehemalige Fauna« dabei dezidiert als ausgestorbene Art in Szene gesetzt und das Leben in der Wasserleitung mit seiner ins Monströse tendierenden »ungeheuren Individuenzahl« eindeutig in der Vergangenheit verortet, genauer gesagt in die Zeit *vor* der Einführung moderner Filteranlagen datiert und damit als gelöstes Problem präsentiert. Der Kolonisierung der urbanen Fließräume durch größere und kleinere Wassertiere, die in diesen verkehrten und sich darin ansiedelten, folgte auch in praktischer Hinsicht eine effizientere Regulierung und Regierung dieser Räume. Kraepelin selbst hatte empfohlen, engmaschigere Siebe in den Wasserleitungssystemen zu installieren, um die Zahl größerer Tiere darin zu reduzieren.[77] Was mit der Ausstellung der Leitungsfauna somit vorgeführt wurde, war ihre Abschaffung. Das Verschwinden der Leitungstiere wird so in eine technische Erfolgserzählung eingebettet, in der verbesserte Filtrationstechniken veraltete Systeme ablösen und dadurch die Gefahren aus dem städtischen Untergrund zu bannen vermögen.

Indem die ›wilden‹ Lebensgemeinschaften des städtischen Untergrundes zu Ausstellungsstücken im Museum wurden, avancierten sie, im Tod eingehegt, zu naturhistorischen Wissens- und Schauobjekten und zugleich zu konservierten Erinnerungsträgern im Zeichen moderner ›Reinigungsarbeit‹ und technischer Fortschrittserzählung. Ihre Relokalisierung lässt sich somit als nachträgliche Bewältigungsstrategie deuten. Aus den potenziell gefährlichen Tieren, welche in die städtischen Fließräume unbeabsichtigt eingewandert waren und darin gleichsam unsichtbar verkehrten, wurden sichtbare, etikettierte

76 Die Leitungsfauna ist mindestens in den Museumsführern von 1893, 1909 und 1914 erwähnt. Vgl. *Führer durch das Naturhistorische Museum zu Hamburg*, Hamburg 1893; 1909; 1914.

77 Karl Kraepelin an Kirchenpauer, 17.4.1885, Staatsarchiv Hamburg, Hochschulwesen: Dozenten- u. Personalakten I 37: Personalakte des Prof. Dr. Karl Matthias Friedrich, zit. nach Nyhart 2009, S. 237.

und (ein-)geordnete Objekte, die im Museum ein naturkundliches Nachleben führten und von bewältigten Leitungs- und Einwanderungsproblemen erzählen sollten.

Meer, städtischer Untergrund und Aquarium – alle drei Räume wurden im späten 19. Jahrhundert als Orte wuchernden Lebens erfahren. Ziel war daher, diese Räume und ihre Lebewesen territorial zu erfassen, wissenschaftlich zu erschließen, symbolisch in Besitz zu nehmen und praktisch unter Kontrolle zu bringen. Worum es ging, war letztlich eine möglichst umfassende Sichtbarmachung, Aneignung und Regulierung. Dennoch hat die vorliegende Studie klargemacht, dass ein solches Programm eindeutiger Grenzziehungen immer wieder mit Vermischungen zu kämpfen hatte, ja diese mitunter selbst hervorbrachte. Was im Aquarium zu einem epistemischen und ästhetischen Objekt ersten Ranges zu avancieren vermochte, konnte im Leitungsnetz zum Störfall werden und dieser wiederum zum Schauobjekt im Museum. Spätestens hier wird deutlich, wie sehr das Wissen und die Wissensordnungen aquatischer Lebewesen von den Räumen abhängen, in denen die Tiere verkehren, sowie von den Techniken, Praktiken und Medien, die sie sichtbar machen, zurichten und so de- und rekontextualisieren. Phänomene wie überfischte Meere, künstliche Austernzuchten im Aquarium und wilde Lebensgemeinschaften im städtischen Leitungsnetz werden dann als miteinander zusammenhängende Aspekte sichtbar und so die Verflechtungen von Wissensproduktion und Ästhetik, von Ökologie und Ökonomie erkennbar.

Schluss

Schließungen?

Mit den ausgewählten Schauplätzen aus der frühen Aquariengeschichte hat dieses Buch in seinem Verlauf einen Bogen von der experimentellen Praxis mit privaten Heimaquarien in den frühen 1850er Jahren bis zu wissenschaftlichen Forschungs- und öffentlichen Schauaquarien um 1900 aufgespalten. Hieran ließ sich verfolgen, auf welche Weise mit dem Aquarium neues Wissen gewonnen, präsentiert und weitergegeben wurde – und nicht selten auch verloren ging. Im Rückblick werden dabei verschiedene Momente innerhalb der frühen Aquariengeschichte greifbar, in denen sich Form, Status und Funktion des Aquariums änderten. Sie können vor allem nach jenen zwei Wissensfiguren unterschieden werden, die jeweils Versuche darstellten, dem Aquarium eine geschlossene epistemische Form zu geben und sich im Buch in der zweiteiligen Gliederung niederschlagen.

Die erste dieser Wissensfiguren ist die des *balanced aquarium*, die aus den Aquarienversuchen des englischen Chemikers Robert Warington um 1850 hervorgeht. Unter Rückgriff auf die Vorstellung chemischer Stoffkreisläufe ging es bei seinen ersten Aquarienexperimenten darum, ein sich selbst erhaltendes Gleichgewicht im Aquarium herzustellen, um die äußere Bewegung von Menschen und Wasser durch einen geschlossenen inneren Stoffkreislauf zu ersetzen. Vielfältige Störfälle im Gleichgewicht – in Waringtons Fall die fortwährende Überproduktion verwesender organischer Stoffe – zwangen jedoch ständig zu Erweiterungen und Angleichungen – bei Warington etwa in Form einer Wasserschnecke zur Beseitigung jenes »green slimy matter«. Gerade die praktische Notwendigkeit, für das Überleben der Tiere fortwährend neue Anpassungen an der experimentellen aquatischen Vorrichtung vorzunehmen, führte wiederum zu einem Umgebungswissen, das auf spezifische lokale Begebenheiten eingeht, Lebewesen und Milieu zusammen betrachtet und deren Stofflichkeit von der Bewegung und Prozessualität her denkt.

Das Aquarium, verstanden als stofflicher Zirkulationsraum im Sinne Waringtons, rückt damit die Beziehungen zwischen Pflanzen, Fischen und Schnecken als Funktionszusammenhänge in den Blick. Auf diesem Weg bildet sich mit der frühen Aquarienpraxis ein Wissen darüber heraus, welche Elemente für das Leben im Aquarium und damit im Wasser notwendig sind und wie diese Elemente miteinander zusammenhängen. Gleichzeitig festigte sich durch wiederholte Versuche die dem *balanced aquarium* zugrunde liegende Vorstellung einer im Kleinen (re-)konstruierbaren Natur, die davon ausging, dass die Kenntnis um die einzelnen Komponenten und ihre richtige Anzahl, Zusammensetzung und Anordnung zu einem sich selbst erhaltenden Gleichgewicht führt. Die amateurbetriebenen Aquarienexperimente arbeiteten somit im gleichen Zuge an einer umfassenden Regierbarkeit von Umwelten mit.

Mit dem Versuch, die Umgebung im Aquarium zu stabilisieren, ging schließlich auch die Bemühung um eine Stabilisierung des Wissens und eine Festigung der sozialen und epistemischen Gemeinschaft der Aquarianer einher, die sich über ihren Gegenstand – das Lebendige – profilierte, über ihre Praxis und die Verbindung von Meer und Aquarium legitimierte und damit von den akademischen Wissenskulturen bewusst abgrenzte. Gleichzeitig wurde aber auch deutlich, auf welche Weise die Aquarianer von den angewendeten Techniken der Kontrolle und der Regulierung selbst erfasst waren, sodass an den kontrollierten Aquarien und disziplinierten Blicken historische Techniken der Regulierung und (Selbst-)Disziplinierung nicht nur tierlicher, sondern auch menschlicher Subjekte nachvollziehbar wurden.

Weil indessen das *balanced aquarium* in der Praxis selten ein ausgeglichenes und vorhersagbares System als vielmehr ein widerständiges Ensemble lebendiger und nichtlebendiger Elemente bildete, wurden technische Aufrüstungen notwendig. Neben das Konzept des *balanced aquarium* trat damit als zweite Wissensfigur diejenige des technisch regulierten *circulated aquarium*, bei dem Kreisläufe nicht mehr auf geschlossenen inneren Stoffkreisläufen zwischen Tieren und Pflanzen basierten, sondern auf ununterbrochener Maschinenarbeit, die eine perfekte Regelung verkörperte. Zu Chemie, Naturkunde und Naturtheologie trat somit als weiteres Wissens- und Praxisfeld die Ingenieurstechnik – hier beispielhaft vom Londoner Ingenieur und Aquarienhändler William Alford Lloyd repräsentiert. Sein patentiertes *circulation system* verband Aquarien mit unterirdischen Wasserreservoirs im Haus, wodurch sie architektonisch und technisch unauflöslich in das gesamte Gebäude verstrickt waren. Indem das Buch weiterverfolgt hat, wie diese Systeme wenig später in die ersten öffentlichen Aquarienhäusern in ganz Europa integriert wurden, weitete es seinen Radius über Großbritannien und die frühen amateurbetriebenen Heimaquarien hinaus aus, um die Prozesse der Mobilisierung und zugleich Stabilisierung des Wissens, der Praktiken und Techniken der Aquaristik in den Blick zu nehmen. Bei diesem Blick auf die rasante Verbreitung von Aquarien in Europa und darüber hinaus lag der Schwerpunkt insbesondere auf dem Übergang nach Deutschland und der zunehmenden Verlagerung von den Küsten in die Städte, auf den Erweiterungen vom naturkundlichen zum Ingenieurswissen und den Verschiebungen von improvisierten Praktiken zu stabilisierten Techniken und institutionalisierten Formen.

Dadurch wurden Prozesse der Kommerzialisierung und Professionalisierung der Aquaristik greifbar, in deren Folge die vormals lokalen Transfers der Aquaristik globale Ausmaße annahmen und die Ausbildung verbesserter Mobilisierungstechniken vorantrieben. Gleichzeitig wurden die technisch aufgerüsteten, handelsfertigen Aquarien mehr und mehr in den Wohn- und Stadtraum eingelassen, in bürgerliche Salons integriert und bürgerlichen Wohnvorstellungen gemäß eingerichtet, kurzum: zum Salonobjekt, das selbst wiederum Wohnpraxis und Wohnraum veränderte. Im Zuge dessen avancierten die Diskussionen um ›geschmackvolle Einrichtung‹ und ›gesundes Klima‹ im Aquarium zum Teil des Aquariendiskurses, der wiederum im Austausch mit den damaligen Wohndiskursen stand. Gemeinsam war auch ihnen der mithin normativ geprägte Gleichgewichtsgedanke, der auf Ordnung, Maßhaltung und (Selbst-)Disziplinierung als Form historischer Subjektbildung zielte.

Zur gleichen Zeit fanden Aquarien zunehmend Eingang in die wissenschaftliche Forschung, wie das Beispiel des deutschen Zoologen und Meeresbiologen Karl August Möbius gezeigt hat, für den Aquarien in den 1860er und 1870er Jahren als Medien biologisch-ökologischer Wissensproduktion über spezifische Milieus, Lebensgemeinschaften und ihre Beziehungen dienten. Bei Möbius' Versuchen, die er zunächst mit privaten Aquarien und später im Hamburger Naturhistorischen Museum und dem Aquarium des Hamburger Zoologischen Gartens durchführte, wird das Aquarium systematisch zum ökologischen Experimentalraum. Mit dessen Hilfe erforschte er den komplexen stofflichen Austausch zwischen Lebewesen und Milieu und entwickelte das Konzept der Biozönose. Wie bereits bei Waringtons *balanced aquarium* war in Möbius' Konzept der Biozönose sowohl der Meeres- als auch der Aquarienraum mit einem Gleichgewichtstopos verknüpft, der in der Folge für die im Entstehen begriffene Disziplin der Ökologie überaus bedeutsam wurde. An der frühen Aquariengeschichte werden damit sowohl historische Transformationen wie auch Kontinuitäten und Stabilisierungen von Wissen und Vorstellungen über den Unterwasserraum ablesbar.

Wenn für offene Objekte wie das frühe Aquarium symptomatisch ist, dass sie »ihren Status erst allmählich heraus[bilden], indem sie Entscheidungen hervorrufen und Positionierungen einfordern«[1], so lässt sich eine solche klarere Positionierung des Aquariums um 1900 ausmachen. Seiner epistemischen, materiellen und ontologischen Offenheit wirkte die Geschichte entgegen, insofern historische Strategien der funktionalen Ausdifferenzierung, der technischen Standardisierung, der Kommodifizierung und Institutionalisierung das Offene zugunsten einer Geschlossenheit, Abgrenzbarkeit und funktionalen Klassifizierbarkeit des Objekts ›Aquarium‹ zurückdrängten. Dadurch wurden hybride und komplexe Beobachterpositionen vereindeutigt und kategorial geschieden. Das Buch endet somit zwar nicht mit einem klar gesetzten historischen Datum, doch setzt es einen vorläufigen Schlusspunkt mit dieser zunehmenden »Stabilisierung in einem Netzwerk«[2] zu Beginn des 20. Jahrhunderts.[3]

Muddy History

Ist die Aquariengeschichte im 19. Jahrhundert also doch eine Geschichte linearer Stabilisierungen, fortschreitender Einsichten und Aneignungen? Indem sich das Buch auf das Störpotenzial der Technik, des Lebendigen und seines Milieus konzentriert hat, konnte es vielmehr zeigen, dass sich Aquarien – vom *balanced aquarium* bis zu den technisch angeschlossenen und durchlüfteten Aquarien am Ende des Jahrhunderts – beständig zwischen Gleichgewicht und Exzess, zwischen Einhegung und Grenzüberschreitung bewegten. So sehr das Aquarium mit der Idee eines selbstgenügsamen Gleichgewichts verbunden war, so häufig verkehrte es sich in einen exzessiven Raum.

1 Engell/Siegert 2011, S. 8.

2 Ebd., S. 9.

3 Mit und nach dem Ersten Weltkrieg wandelte sich dieses wiederum grundlegend. Mit Kriegsbeginn kam die Vereinstätigkeit vieler privater Aquarianer und zahlreicher Vereine fast vollständig zum Erliegen. Nach 1918 veränderte sich die Funktion des Aquariums ebenso wie die sozialen Organisationformen teilweise tiefgreifend.

Gleiches galt für die Vorstellung einer klaren hierarchischen Trennung zwischen Innen- und Außenraum, ›Natur‹ und Technik, Tieren und Menschen. Wo das Aquarium einen klärenden Blick und so ein sich immer weiter ausdifferenzierendes Wissen ermöglichen sollte, trübte sich die Sicht aufgrund unreiner Stoffgemische, wurden Bewegungsaufnahmen unscharf und zeigten leere Aquarien die Leerstellen des Wissens auf. Wo das Versprechen einer praktischen und epistemischen Beherrschbarkeit von Lebewesen und Umwelten auf den Plan trat, wurden das Lebendige und sein Milieu immer wieder als widerständig erfahren, ungreifbar und eigensinnig. Und wo umgekehrt das Aquarium als ›Naturraum‹ eine induktive Wissensübertragung aufs Meer ermöglichen sollte, war es längst öko-technisches Netz.

Mit der Analyse dieser gegenläufigen Bewegungen, die für die Aquarienpraxis im 19. Jahrhundert symptomatisch sind, wird beispielhaft der Aufbau eines neuen Wissensfeldes nachvollziehbar. Gleichzeitig konnten die zeitliche und epistemische (Eigen-)Dynamik des Aquariums offengelegt und damit ein Beitrag zur Wissens- und Mediengeschichte der Störung ebenso wie zur Geschichte ökologischen Wissens geleistet werden. So erweist sich das frühe Aquarium als bislang vernachlässigter wissens- und mediengeschichtlicher Ort der Verhandlung von Wissensformen und -ordnungen, an dessen Geschichte sich Prozesse der (reinigenden) Stabilisierung von Wissen ebenso wie die (schmutzigen) Dynamiken von Wissensordnungen ablesen lassen.

Beispielhaft hierfür steht in diesem Buch der Schlamm, dieses Gemisch aus Sand und organischen Stoffen, das die innere Ordnung des Aquarienhaushalts störte, dadurch selbst zum epistemischen Objekt wurde und als solches schließlich zur Entstehung von neuem ökologischen Wissen beitrug. Denn so sehr sich im Zuge der technisch regulierten *circulated aquaria* das Paradigma von Transparenz und die Vorstellung einer rekonstruierbaren und kontrollierbaren Natur festigte, stellte der Schlamm dieses wieder infrage. Damit einhergehend geriet auch die Vorstellung eines ›reinen Wissens‹ wieder ins Wanken, die auf einem unvermittelten (Ein-)Blick gründete, der Lebewesen und Umgebung durch säuberliche Trennung eindeutig zu identifizieren suchte. Möbius' experimentelle Praxis mit Aquarien ist ein anschauliches Beispiel dafür, wie aus dem toten Abfallprodukt ein Wissensding und ein produktives Stoffgefüge wurde. Fälle wie diese können somit als ›Verunreinigungsarbeit‹ im besten Sinne verstanden werden, die mit dem Schlamm (wieder) ein ›schlammiges‹ Wissen in das Aquarium einführt.Gerade dadurch wurden Einsichten in die im heutigen Denken so selbstverständliche Wechselbedingung zwischen dem lebendigen Organismus und seiner stofflichen Umgebung vorangetrieben, die zu einer neuen Bewertung der Stoffe und so zu einer Verschiebung in der Wissensordnung führten. Die Konsequenzen waren weitreichend: Die Bestandteile, von denen die Tiere umgeben waren und von denen ihr Überleben im Aquarium abhing, ließen sich selbst nicht mehr durchgehend als eindeutig identifizierbare und quantifizierbare Stoffe bestimmen, gehörte doch zu ihnen nun unabdingbar auch jenes unreine Stoffgefüge ›Schlamm‹.

Mehr noch als Gleichgewicht, Zirkulation und Transparenz erscheint aus diesem Blickwinkel der Schlamm als eine zentrale Wissensfigur des Aquariums. Mit dieser wird Aquariengeschichte als »muddy history« beschreibbar, als eine Geschichte, bei der es weniger um eindeutige Identifizierungen und Quantifizierungen geht als um die Ausbildung eines Wissens über Gemengelagen, Mischungen und nicht zuletzt schlammige Milieus. Denn gerade dort, wo es der frühen Aquaristik um ein (praktisches) Wissen über räumliche und epistemische Grenzziehungen ging, brachte sie zugleich ein Wissen über Abhängigkeiten und Beziehungen zwischen Lebewesen und Umwelten hervor.

Was somit auf den ersten Blick als handliches, überschaubares Objekt erscheinen mag, erweist sich keineswegs als eindeutig eingrenzbar und verortbar: Kontext und Inhalt definieren sich beim Aquarium gegenseitig immer wieder neu; aus Kontext wird Inhalt, aus Abfallprodukten Wissensdinge. Gleiches gilt auf methodischer Ebene für das Aquarium als historisches Forschungsobjekt. Wenn dieses Buch eines gezeigt hat, dann, dass sich die materiellen und epistemischen Konturen seines Gegenstandes im Laufe des 19. Jahrhunderts immer weiter verschieben. Methodisch folgte daraus eine Pluralisierung der Betrachtungspositionen. Anstatt sein Untersuchungsobjekt daher disziplinär und theoretisch einhegen zu wollen, ging es vielmehr darum, den Blick auf dessen mögliche Kontexte und Anschlüsse zu öffnen. Das bedeutet, nicht nur das Aquarium und seinen offensichtlichen Referenzraum, die Unterwasserwelt, einzubeziehen, sondern die diversen Räume, die für das Aquarium relevant waren und für die es relevant wurde. Diese reichten von der lokalen Ausweitung der Aquarienarchitektur im Haus bis zur globalen Ausweitung der Verkehrsstrukturen, die Aquarien und aquatische Tiere in Bewegung versetzten.

Indem das Buch auf diese Weise von unterschiedlichen Standpunkten aus kaleidoskopartig auf die Aquarienpraxis in der zweiten Hälfte des 19. Jahrhunderts geblickt hat, konnten vermeintlich getrennte Wissensfelder, Diskurse und Kontexte neu zusammengedacht werden. Dadurch lässt sich auch den ›blinden Flecken‹ des Aquariums, also jenen Stellen, wo die aquaristische ›Reinigungsarbeit‹ ganze Arbeit geleistet hat, auf die Spur kommen. Denn während das Aquarium neue Einblicke in die Unterwasserwelt ermöglichte, die zu neuen Erkenntnissen über ökologische Zusammenhänge führten, verschwanden häufig seine eigenen technologischen, ökonomischen und ökologischen Bedingungen der Wissensproduktion und die Situiertheit der eigenen (Forschungs)Perspektive als Einflussfaktoren aus dem Blickfeld. Das technisch-mediale Apriori des Aquariums blieb in der frühen Aquarienpraxis und ihren Diskursen meist unsichtbar– und das Aquarium eben damit ein Medium *par excellence*.

Indem die ›Reinigungsarbeiten‹ als aquaristische Praxis, untersucht und die wirkmächtigen Narrative der Aquaristik an ihre konkreten Herstellungsbedingungen rückgebunden wurden, werden historische Mechanismen der Naturalisierung medientechnischer Bedingungen, der Normalisierung historischer Blickperspektiven und der Vereindeutigung prekären Wissens beschreibbar. Dadurch werden zugleich historische Zusammenhänge sichtbar, die im Aquarium im 19. Jahrhundert selbst ausgeblendet bleiben und dort als isolierte Phänomene erscheinen. Das gilt für die untrennbare Verschränkung von ›Natur‹ und Technik im Aquarium, die menschengemachten Aspekte einer vermeintlich natürlichen Umwelt wie auch für die Zusammenhänge zwischen überfischten Meeren, künstlicher Austernzucht im Aquarium und wilden Lebensgemeinschaften im städtischen Leitungsnetz.

Ausblicke

Wenn dieses Buch gezeigt hat, dass sich die Geschichte des Aquariums und seiner Wissens- und Medienpraktiken im 19. Jahrhundert gerade nicht durch einen einheitlichen Blickwinkel fassen lässt (so sehr die aquaristischen Narrative dies versprechen mögen), kann ihr Schlusspunkt keine allgemeine Definition des Aquariums sein, die unabhängig von dessen jeweiligen situativen Konfigurationen Bestand hat. Am Ende steht daher vielmehr ein weitverzweigtes Netz materieller und diskursiver Anschlüsse, die von diesem Objekt ausgehen und die zugleich wieder auf dieses zurückverweisen. Nichtsdestotrotz musste freilich auch dieses Buch, um das gleichsam wuchernde historische Material zu bändigen, Auslassungen in Kauf nehmen, deren weitere Untersuchung zukünftigen Studien überlassen bleiben muss. Das gilt zum einen für sozialgeschichtliche Themenkomplexe; ein wichtiger Beitrag wäre hier, sich weiteren ›unsichtbaren‹ Akteuren und Akteursgruppen und damit auch der Gender-Frage stärker zuzuwenden. Das gilt ebenso für eine systematische Aufarbeitung der Verflechtungen von Aquarien- und Kolonialgeschichte im 19. Jahrhundert auf globaler Ebene, und schließlich für die veränderte Lage der privaten und institutionalisierten Aquaristik in einzelnen Ländern unmittelbar vor und nach dem Ersten Weltkrieg.[4]

Obwohl Aquarien zu Beginn des 20. Jahrhunderts funktional ausdifferenziert, in diverse Räume integriert und als Praxis weitgehend etabliert waren, blieben und bleiben sie in ihrer Geschichtlichkeit permanent in Veränderung. Die Bewegung räumlich-funktionaler Verteilung kann daher ebenso gut als eine Bewegung der Entgrenzung hin zu neuen aquaristischen Räumen des 20. und 21. Jahrhunderts verstanden werden, deren Netze verteilter Agentenschaft weiterzuverfolgen sich ohne Zweifel lohnt. Mit Blick auf die Frage, welche neuen Formen das Aquarium im Laufe der Zeit annahm, welche neuen materiellen und medialen Verbünde es einging und in welchen Wissensfeldern und Diskursen es wirksam blieb, neu integriert wurde oder aus denen es verschwand oder entsorgt wurde, seien zumindest drei Richtungen angsprochen.

Erstens lassen sich die Fragestellungen dieses Buches in Richtung einer globalen Mobilisierungsgeschichte aquatischer Lebewesen ins 20. und 21. Jahrhundert weiterverfolgen, die Verkehrs- und Infrastrukturgeschichte mit neueren Ansätzen der Umwelt- und Technikgeschichte sowie der Human-Animal-Studies verknüpft. Wiederum ausgehend von der materiellen Kultur, können hierdurch lokale Praktiken und globale Infrastrukturen in ihren ökonomischen, ökologischen und epi-

4 Gründungen von Organisationen wie der Arbeitervereinigung für Aquarien- und Terrarienkunde *Linné* in Hamburg und Artikel wie »Das Aquarium im Heim des deutschen Arbeiters« deuten darauf, dass sich die Interessensschwerpunkte der Aquaristik in Deutschland zu Beginn des 20. Jahrhunderts entlang sozialer Gemengelagen verschoben. Vgl. Felix Alexander: »Das Aquarium im Heim des deutschen Arbeiters«, in: *Nerthus. Illustrierte Zeitschrift für volkstümliche Naturkunde* 6 (1904) S. 114-115. Nach dem Ersten Weltkrieg wiederum hatten sich die Bedingungen für die Aquaristik und allgemein für das Vereinswesen grundlegend verändert. Die Untersuchung der veränderten Nutzungsformen und der sozialen Organisationsformen müssen zukünftigen Studien vorbehalten bleiben. Vgl. Dieter Hohl: »Ein Verband bestimmt die Entwicklung. Die Zeit von 1911 bis 1933«, in: Verband deutscher Vereine für Aquarien- und Terrarienkunde e.V. (Hg.): *Festschrift zum 90jährigen Jubiläum. Beiträge zur Geschichte der Aquaristik und Terraristik in Deutschland*, Bochum 2001, S. 73-121.

stemischen Zusammenhängen in den Blick rücken. Ansätze hierzu liefert die Aquarientechnik – und die Frage wie etwa im ersten Jahrzehnt des 20. Jahrhunderts elektrische Heizanlagen die Haltung und Zucht zahlloser neue Arten ermöglichte[5] oder wie mit dem Acrylglas (Plexiglas) im Jahr 1933 ein bruchfester transparenter Kunststoff auf den Markt kam, der die Aquarienarchitektur (samt ihrem Unfalltypus des ›Bruchs‹) nachhaltig beeinflusste. Davon ausgehend ließe sich fragen, auf welchen Wegen, über welche Akteurs-Netzwerke und mittels welcher Medien und Techniken im 20. und 21. Jahrhundert Wassertiere transportiert, Daten transferiert und Wissen mobilisiert wurden. Damit eng verbunden ist die Frage, wie mit der fortgeschrittenen Globalisierung des Handelsverkehrs, als dessen Produkt und Motor im 19. Jahrhundert nicht zuletzt die Aquaristik gelten kann, späterhin die Einschleppung sogenannter invasiver Arten zum ökologischen Störfall wurde.

Zweitens lässt sich die historische Experimentalisierung von ›Natur‹ in der aquarienbasierten Forschung zeitlich weiterverfolgen, um die Rolle von Aquarien innerhalb der Wissenschaftsgeschichte der Ökologie und der Biologie im 20. und 21. Jahrhundert systematisch zu beleuchten. Welche neuen Verbünde ging dabei das Aquarium mit anderen Medien – vom Film bis zu digitalen Formaten – ein? Welche experimentellen Praktiken, Wissensbestände, Techniken und medialen Formate wurden fortgeführt, adaptiert oder transformiert? Noch in den 1960er Jahren verweist etwa die ökologische Mikrokosmosforschung, bei der komplexe Zirkulations- und Regulationsprozesse mithilfe von mehr oder weniger abgeschlossenen Behältern und Behältersystemen modelliert werden, explizit auf Robert Warington und die frühen Aquarienexperimente des 19. Jahrhunderts.[6] Mit dem hier skizzierten Ansatz lässt sich zum einen die Geschichte des Aquariums als Ort wissens- und mediengeschichtlicher Aushandlungen der Beziehungen zwischen Lebewesen und ihrer Umwelt bis in die Gegenwart konturieren. Umgekehrt lassen sich hierdurch aktuelle (politische)

5 1906 wurde der erste geregelte Heizapparat, bestehend aus einer Petroleumlampe mit einem temperaturabhängigen Schwimmer, zum Patent angemeldet; 1907 folgte die erste sich selbsttätig regulierende Heizlampe und mit dem 1908 vorgestellten »Voss'schen Etagen-Heiztisch« konnten bereits kleine Zuchtanlagen beheizt werden. Vgl. Hohl 2001a, insb. S. 45.

6 Vgl. Robert J. Beyers, Eugene P. Odum: *Ecological Microcosms*, New York 1993 insb. S. 178-179; Mark Nelson, Tony L. Burgess u.a.: »Using a Closed Ecological System to Study Earth's Biosphere«, in: *BioScience* 43 (1993) 4, S. 225-236.

Technikutopien, die auf eine technisierte, verbesserte, immunisierte Natur bauen sowie Umweltvorstellungen, die sich auf eine verlorene ›ursprüngliche‹ und ›unvermittelte‹ Natur berufen, historisieren.

Methodisch schließlich ließe sich das Vorgehen dieses Buches im Sinne einer »muddy historiography« weiterdenken, deren Praxis frei nach Latour als ›Verunreinigungsarbeit‹ beschrieben werden könnte.[7] Dabei geht es freilich nicht nur um die positiven Effekte von Störungen und Mischungen. Das ist allein an den weitreichenden und teilweise verheerenden ökologischen Folgen vermeintlich fortschrittlicher, verbesserter Transporttechnologien und Infrastrukturen deutlich geworden, die an der globalen Verbreitung etwa von Krankheiten durch ›blinde Passagiere‹ maßgeblich beteiligt waren und sind. Vielmehr wäre zu untersuchen, wie etwa Störungen in einem ersten Schritt selbst Objekte, Praktiken und Wissensordnungen dynamisieren, dadurch zu neuen Stabilisierungen und Standardisierungen führen, um dann als *Black Boxes* wieder eigene Störfälle, häufig in noch größerem Ausmaße, zu produzieren.[8] Der wissens- und mediengeschichtliche Einsatz einer solchen »muddy historiography« läge also mithin darin, störende Überschüsse, ausgeschlossene Reste und unsaubere Vermischungen auf ihre materielle, epistemische und ästhetische Produktivität, ihre Wirkmacht und Effekte hin zu befragen und dadurch historische und theoretische Vermischungen und Wechselwirkungen zwischen Wissenspraktiken, Wissensfeldern und -formen in einer symmetrischen Betrachtungsweise auszuloten.

7 Dabei radikalisiert die Figur des Schlamms mithin Latours Konzept der »Hybriden« in dem Sinne, dass Letzteres noch die Vorstellung einer Verschränkung einzeln benennbarer und trennbarer Elemente nahelegt, die sich zumindest potenziell in die eine oder andere Richtung auflösen lassen.

8 Vgl. Butis Butis 2007; zur Sicht der *Science and Technology Studies* auf diese Folgen vgl. John Law: *After Method. Mess in Social Science Research*, London 2004.

Dank

Das Projekt einer frühen Geschichte des Aquariums, das mich seit über neun Jahre begleitet, hat in den verschiedenen Formen und Stadien seiner Existenz – von der ersten Idee eines Dissertationsthemas bis zum gedruckten Buch – zahlreiche Wegbegleiter gehabt. Sie haben meine Arbeit auf vielfältige Weise unterstützt, mitgestaltet und möglich gemacht. Bei ihnen möchte ich mich ganz herzlich bedanken.

Mein Dank gilt zunächst meinen beiden Betreuern Bernhard Siegert und Wolfgang Struck sowie dem DFG-Graduiertenkolleg Mediale Historiographien der Universitäten Weimar, Jena und Erfurt, das ich als außergewöhnliches, diskussionsfreudiges, engagiertes und inspirierendes Forum erlebt habe. Ganz besonders möchte ich hier Julia Heunemann danken, für ihre Ausdauer, die kritische Lektüre und ihre Bereitschaft zu gemeinsamen Gedankenexperimenten. Isabel Kranz und Silke Förschler haben mich nicht nur fachlich unterstützt, sondern mir in verschiedenen Phasen neue Energie und Impulse gegeben und mich zum Weitermachen motiviert. Danke ebenso herzlich an Christian Reiß – mit wohl niemand anderem lässt sich so ausgiebig und ausgelassen über Aquarientechnik im 19. Jahrhundert diskutieren. Bedanken möchte ich mich außerdem bei Nils Güttler für seine treffsicheren und umsichtigen Kommentare, die mir neue Blicke auf mein Thema eröffnet haben. Für seine Hilfsbereitschaft und vielfältige Unterstützung danke ich auch Robert Alexander, der mir gezeigt hat, dass der offene Austausch der frühen Amateuraquarianer im 19. Jahrhundert sich heute im Feld der Aquarienhistoriografie fortsetzt.

Ein ganz besonderer Dank gebührt der Andrea von Braun Stiftung, die meine Dissertation in der Abschlussphase mit einem Stipendium gefördert und ebenso die Publikation dieses Buches durch ihre großzügige Unterstützung ermöglicht hat. Ebenso möchte ich der Bauhaus-Universität Weimar für ihre Unterstützung durch ein Abschlussstipendium und Martin Wiegand für die Betreuung der Publikation beim Wallstein Verlag danken. Außerdem möchte ich den Mitarbeiterinnen und Mitarbeitern in der Bibliothek und dem Archiv des Horniman Museum and Gardens einen Dank aussprechen, die es möglich gemacht haben, die wundervollen Skizzen von Philip Henry Gosse trotz des überaus unhandlichen Albumformats zu digitalisieren. Dem Nachwuchsforschernetzwerk CLAS (Cultural and Literary Animal Studies) sei für den intensiven gemeinsamen Austausch gedankt, besonders Roland Borgards, Alexander Kling und Esther Köhring.

Für tage- und nächtelange gemeinsame Diskussionen, kritische Lektüren und wichtige Hinweise danke ebenso dem Berliner Lesekreis Cultural Animal Studies, besonders Matthias Preuss, Katja Kynast, Dan Gorenstein, Denise Reimann, Kerstin Weich, Sebastian Schönbeck, Stephan Zandt, Mariel Supka. Für zahllose Anregungen, Gespräche, Motivation und fachliche wie persönliche Unterstützung und Inspiration danke ich außerdem besonders David Sittler, Pascal Schillings und Gregor Kanitz, Daniel Eschkötter, Sarah Sander, Hannah Zindel, Karin Kröger, Theres Rohde, Christoph Eggersglüß, Thomas Brandstetter, Antonia von Schöning, Tobias Nanz, Sabine Frost, Christina Vagt, Anke te Heesen und Alexander Gall. Ein großer Dank auch an das Gemeinschaftsbüro »Peter kommt auch« für die so herzliche Aufnahme in ihren Kreis, an Michael Essers für die Unterstützung über all die Jahre und Mira Frye, Wilma Renfordt, Bastian Wiegelmann und meiner Familie fürs Mitfiebern.

Bildnachweis

Bei Archivmaterialien und publizierten Abbildungen, die aus Sondersammlungen reproduziert wurden, ist dies in eckigen Klammern vermerkt.

Die Autorin hat sich nach Kräften bemüht, sämtliche Bildrechte und ihre Inhaber zu ermitteln. Sollte dies nicht in allen Fällen gelungen sein, bitten wir, sich mit uns in Verbindung zu setzen.

Abb. 1 Anonym: »Eine Wasserkatastrophe im Neuyorker Aquarium«, in: *Illustrirte Zeitung*, 11.11.1876, Nr. 1741, S. 406.

Abb. 2 Nathaniel Bagshaw Ward: *On the Growth of Plants in Closely Glazed Cases* [1842], London 1852 (2. Aufl.), S. 21.

Abb. 3 Fotografie eines Wardian Case ©RBG, Kew, Foto: Andrew McRobb, 1988.

Abb. 4 John Ellis: *Directions For Bringing Over Seeds and Plants, From the East Indies and Other Distant Countries, in a State of Vegetation*, London 1770, o.S.

Abb. 5 John Ellis: *Directions For Bringing Over Seeds and Plants, From the East Indies and Other Distant Countries, in a State of Vegetation*, London: L. Davis 1770, o.S.

Abb. 6 Fotografie eines leeren Wardian Case ©RBG, Kew, Foto: wahrscheinlich E.J. Wallis.

Abb. 7 Fotografie eines gefüllten Wardian Case mit Harry Ruck in Kew Gardens ©RBG, Kew, Foto: unbekannt, ca. 1940er Jahre.

Abb. 8 Handzeichnung von Robert Warington ©Lawes Agricultural Trust/Rothamsted Research.

Abb. 9 Ernst Nieselt: »Praktische Gesellaquarien«, in: *Blätter Aquarien- und Terrarienkunde* 20 (1909) 29, S. 463.

Abb. 10 William Alford Lloyd: *A List, with Descriptions, Illustrations, and Prices of Whatever Relates to Aquaria*, London 1858, S. 154.

Abb. 11 Fotografie eines Aquarienbehälters mit Seeanemonen an Deck der »Valdivia«, ca. 1898-1899 ©MfN, HBSB, K001 Nr. 843.

Abb. 12 Johann Jakob Scheuchzer: *Kupfer-Bibel, In welcher Die Physica Sacra, oder geheiligte Natur-Wissenschaft derer in Heil; Kupfer; Schrifft vorkommenden Natürlichen Sachen, deutl. erkl. und bewährt von Joh[ann] Jacob Scheuchzer*, Augsburg/Ulm 1731, Tafel XV.

Abb. 13 Philip Henry Gosse: *The Aquarium* (Notebook), o.S. © University of Leeds, Brotherton Collection.
Abb. 14 Philip Henry Gosse: *The Aquarium* (Notebook), o.S. © University of Leeds, Brotherton Collection.
Abb. 15 William Alford Lloyd: *A List, with Descriptions, Illustrations, and Prices of Whatever Relates to Aquaria*, London 1858, o.S.
Abb. 16 Anonym: »The Aquatic Plant Case, or Parlour Aquarium«, in: *The Garden Companion, and Florists' Guide* (1852), S. 5.
Abb. 17 Albert Bergeret: »Récréations scientifiques. Les Cadres-Aquariums«, in: *La Nature* 583 (1884), S. 144.
Abb. 18 Anonym: »Terrific Accident«, in: *Punch* 33 (1857), S. 250.
Abb. 19 Karl Gottlob Lutz: *Das Süßwasser-Aquarium und Das Leben im Süßwasser,* Stuttgart 1886, S. 8.
Abb. 20 Anonym: »Ausstellung des ›Vereins für Aquarien- und Terrarienkunde‹ zu Erzgebirge«, in: *Blätter für Aquarien- und Terrarienkunde* 22 (1911) 48, S. 778, Foto: Kurt Möckel.
Abb. 21 Anzeige, in: *Blätter für Aquarien- und Terrarienkunde* 16 (1906) 18, o.S.
Abb. 22 Wilhelm Roth: »Über eine Aquarieneinrichtung am Wohnzimmerfenster«, in: *Blätter für Aquarien- und Terrarienkunde* 18 (1907) 47, S. 469.
Abb. 23 Anonym: »Kleinere Mitteilungen«, in: *Blätter für Aquarien- und Terrarienkunde* 14 (1903) 12, S. 165.
Abb. 24 William Alford Lloyd: »The Aquarium«, in: *The Popular Recreator* (1873), S. 189.
Abb. 25 John James Drysdale, John Williams Hayward: *Health and Comfort in House Building*, London, New York 1872, o.S.
Abb. 26 G. Schmitt: »Ein Wasserfiltrier- und Druck-Apparat«, in: *Blätter für Aquarien- und Terrarien-Freunde* 9 (1898) 22, S. 265.
Abb. 27 Hermann Lachmann: »Mein Durchlüftungs-Apparat für Zimmer-Aquarien«, in: *Naturwissenschaftliche Wochenschrift* 3 (1889) 25, S. 199.
Abb. 28 Johannes Peter: *Das Aquarium. Ein Leitfaden bei der Einrichtung und Instandhaltung des Süßwasser-Aquariums und der Pflege seiner Bewohner*, Leipzig 1906, Tafel I.
Abb. 29 Henry Scherren: *The Zoological Society of London. A Sketch of its Foundation and Development, and the Story of its Farm*, London 1905, Tafel 18.
Abb. 30 William Alford Lloyd: »Aquaria, their Present, Past and Future«, in: *Popular Science Review* 15 (1876), S. 261.
Abb. 31 Paul Nitsche: *Der Import von lebenden Fischen*, Berlin 1901, S. 87.
Abb. 32 William Alford Lloyd: *A Supplement to ›A List, with Descriptions, Illustrations, and Prices of Whatever Relates to Aquaria‹*, London 1858, S. 103.

Abb. 33 Paul Nitsche: *Der Import von lebenden Fischen*, Berlin 1901, S. 28.
Abb. 34 Paul Nitsche: *Der Import von lebenden Fischen*, Berlin 1901, S. 27.
Abb. 35 William T. Innes: *Exotic Aquarium Fishes. A Work of General Reference* [1935], Philadelphia 1935 (2. Aufl.), S. 462, Foto: William T. Innes.
Abb. 36 William Alford Lloyd: *A Supplement to ›A List, with Descriptions, Illustrations, and Prices of Whatever Relates to Aquaria‹*, London 1858, S. 103.
Abb. 37 Ernst Bade: *Praxis der Aquarienkunde*, Magdeburg 1899, S. 148.
Abb. 38 Ernst Bade: *Handbuch für Naturaliensammler. Eine Praxis der Naturgeschichte*, Berlin 1913, S. 21.
Abb. 39 William T. Innes: *The Complete Aquarium Book. The Care and Breeding of Goldfish and Tropical Fishes* [1917], New York 1936 (8. Aufl.), S. 162, Foto: William T. Innes.
Abb. 40 William T. Innes: *The Complete Aquarium Book. The Care and Breeding of Goldfish and Tropical Fishes* [1917], New York 1936 (8. Aufl.), S. 162, Foto: William T. Innes.
Abb. 41 Hermann Meerwarth: *Photographische Naturstudien. Eine Anleitung für Amateure und Naturfreunde*, Esslingen/München 1905, S. 61.
Abb. 42 William T. Innes: *The Complete Aquarium Book. The Care and Breeding of Goldfish and Tropical Fishes* [1917], New York 1936 (8. Aufl.), S. 132, Foto: William T. Innes.
Abb. 43 William T. Innes: *The Complete Aquarium Book. The Care and Breeding of Goldfish and Tropical Fishes* [1917], New York 1936 (8. Aufl.), S. 134.
Abb. 44 Paul Louis Fabre-Domergue: *La Photographie des animaux aquatiques*, Paris 1899, Abb. 2, S. 4.
Abb. 45 William T. Innes: *The Complete Aquarium Book. The Care and Breeding of Goldfish and Tropical Fishes* [1917], New York 1936 (8. Aufl.), S. 157, Foto: William T. Innes.
Abb. 46 William T. Innes: *The Complete Aquarium Book. The Care and Breeding of Goldfish and Tropical Fishes* [1917], New York 1936 (8. Aufl.), S. 157, Foto: William T. Innes.
Abb. 47 Jules Verne: *Vingt mille lieues sous les mers*, Paris 1876, S. 104, Holzstich: Alphonse-Marie-Adolphe de Neuville.
Abb. 48 Anonym: »The Thaw and the Streets«, in: *Punch* 40 (1861), S. 48.
Abb. 49 Ernst Bade: *Das Süßwasseraquarium. Geschichte, Flora und Fauna des Süßwasser-Aquariums, seine Anlage und Pflege*, Berlin 1896, S. 50.
Abb. 50 Hugo Musolff: »Mein Durchlüftungsapparat«, in: *Blätter für Aquarien- und Terrarienkunde* 25 (1914) 30, S. 526.

Tafel I — Philip Henry Gosse: *The Aquarium. An Unveiling of the Wonders of the Deep Sea*, London 1854, Tafel III.

Tafel II — Philip Henry Gosse: *The Aquarium. An Unveiling of the Wonders of the Deep Sea*, London 1854, Tafel II.

Tafel III — »Schuppenflosser«, in: *Meyers Konversationslexikon*, Leipzig 1889 (4. Aufl.), Bd. 14, S. 662-663.

Tafel IV — Anonym: »Prachtfische der südlichen Meere«, in: *Meyers Konversations-Lexikon, Nachträge*, Leipzig u.a. 1898 (5. Aufl.), o.S.

Tafel V — Philip Henry Gosse: *Actinologia Britannica. A History of the British Sea-Anemones and Corals*, London 1860, Tafel V.

Tafel VI — *British Sea-Anemones and Corals. Original Sketches and Drawings in Colour by Philip Henry Gosse and his Correspondents (1839-1861)*, S. 10, o.J. ©Horniman Museum and Gardens Archives, London.

Tafel VII — *British Sea-Anemones and Corals. Original Sketches and Drawings in Colour by Philip Henry Gosse and his Correspondents (1839-1861)*, Skizze 50x, S. 30, o.J. ©Horniman Museum and Gardens Archives, London.

Tafel VIII — *British Sea-Anemones and Corals. Original Sketches and Drawings in Colour by Philip Henry Gosse and his Correspondents (1839-1861)*, Skizze 44, S. 25, o.J. ©Horniman Museum and Gardens Archives, London.

Tafel IX — *British Sea-Anemones and Corals. Original Sketches and Drawings in Colour by Philip Henry Gosse and his Correspondents (1839-1861)*, Skizze 32, S. 18, o.J. ©Horniman Museum and Gardens Archives, London.

Tafel X — *British Sea-Anemones and Corals. Original Sketches and Drawings in Colour by Philip Henry Gosse and his Correspondents (1839-1861)*, S. 52, o.J. ©Horniman Museum and Gardens Archives, London, Foto: Heini Schneebeli, SEP08.

Tafel XI — *British Sea-Anemones and Corals. Original Sketches and Drawings in Colour by Philip Henry Gosse and his Correspondents (1839-1861)*, Skizze 28, S. 15, o.J. ©Horniman Museum and Gardens Archives, London.

Tafel XII — *British Sea-Anemones and Corals. Original Sketches and Drawings in Colour by Philip Henry Gosse and his Correspondents (1839-1861)*, Skizze 55, S. 33, o.J. ©Horniman Museum and Gardens Archives, London, Foto: Heini Schneebeli, SEP08.

Tafel XIII — Philip Henry Gosse: *Actinologia Britannica. A History of the British Sea-Anemones and Corals*, London 1860, Tafel IV.

Tafel XIV — Philip Henry Gosse: *Actinologia Britannica. A History of the British Sea-Anemones and Corals*, London 1860, Tafel I.

Tafel XV John Graham Dalyell: *Rare and Remarkable Animals of Scotland*, Bd. 2, London 1848, Tafel XLV.

Tafel XVI Sammelkarte »Erdbeerrose« Bild Nr. 2, Serie »Unter dem Meeresspiegel«, Seriennummer 445/595 Liebig Company, Antwerpen, 1899.

Tafel XVII J..F.G. Umlauff (Hg.): *Grosser illustrierter Catalog über Muscheln, Corallen, Gorgonien und Seethiere*, Hamburg 1900, Umschlag.

Tafel XVIII J..F.G. Umlauff (Hg.): *Grosser illustrierter Catalog über Muscheln, Corallen, Gorgonien und Seethiere*, Hamburg 1900, S. 1.

Tafel XIX Paul Louis Fabre-Domergue: *La Photographie des animaux aquatiques*, Paris 1899, Tafel X. Foto: Paul Louis Fabre-Domergue.

Tafel XX Paul Louis Fabre-Domergue: *La Photographie des animaux aquatiques*, Paris 1899, Tafel III. Foto: Paul Louis Fabre-Domergue.

Tafel XXI Paul Louis Fabre-Domergue: *La Photographie des animaux aquatiques*, Paris 1899, Tafel VII. Foto: Paul Louis Fabre-Domergue.

Tafel XXII Gustav Jaeger: *Das Leben im Wasser und das Aquarium*, Hamburg 1868, S. 263.

Quellen und Literatur

Archive

Horniman Museum and Gardens Archives, London

Archive of the Royal Botanic Gardens, Kew, London

Brotherton Collection, University of Leeds Library

Sheffield City Archives

Natural History Museum's Library and Archives, London

Library Special Collections, Edinburgh University

William Henry Archer Collection, University of Melbourne Archives

Ungedruckte Quellen

British Sea-Anemones and Corals. Original Sketches and Drawings in Colour by Philip Henry Gosse and his Correspondents (1839-1861), [zusammengestellt von Alfred Cort Haddon], Horniman Museum and Library, London, ohne Datum.

Philip Henry Gosse an Charles Kingsley, 28.7.1853, in: Leeds University, Brotherton Collection, BC Gosse correspondence.

Philip Henry Gosse an Charles Kingsley, 24.4.1854, in: Leeds University, Brotherton Collection, BC Gosse correspondence.

Philip Henry Gosse an William Alford Lloyd, 26.6.1856, in: Edinburgh University Library Special Collections (La II. 425/22).

Philip Henry Gosse an William Alford Lloyd, 15.9.1856, in: Edinburgh University Library Special Collections (La II. 425/22).

Philip Henry Gosse an William Alford Lloyd, 19.9.1856, in: Edinburgh University Library Special Collections (La II. 425/22).

Philip Henry Gosse an William Alford Lloyd, 29.9.1856, in: Edinburgh University Library Special Collections (La II. 425/22).

Philip Henry Gosse an William Alford Lloyd, 10.12.1857, in: Edinburgh University Library Special Collections (La II. 425/22).

Philip Henry Gosse an William Alford Lloyd, 6.1.1858, in: Edinburgh University Library Special Collections (La II. 425/22).

Philip Henry Gosse: *The Aquarium*, in: Leeds University Library, Brotherton Collection, BC 19c Gosse MSS B-1.4q.

Jahresbericht des Zoologischen Institutes für 1890/91, in: HU-Archiv, Zoologisches Museum, 149, Die Jahresberichte, 1880-1935.

William Alford Lloyd an Richard Owen, 8.10.1870, in: Natural History Museum's Library and Archives, London, Lloyd to Owen – 10 (9a). P.S. Ref 440, Brief 6.

William Alford Lloyd an Richard Owen, 20.10.1877, in: Natural History Museum's Library and Archives, London, Lloyd to Owen – 10 (9a). P.S. Ref 440.

William Alford Lloyd an William Jackson Hooker, 14.9.1857, in: Royal Botanic Gardens, Kew: DC/38/361: Directors' Correspondence XXXVIII, S. American Letters, 1852-1858, f.361.

William Alford Lloyd an William Henry Archer, 22.1.1862, in: William Henry Archer Collection, 1964.0010, 2/110, University of Melbourne Archives.

William Alford Lloyd an Margaret Gatty, 10.10.1858, in: Sheffield City Archives: MD2138.

William Alford Lloyd an Margaret Gatty, 19.11.1858, in: Sheffield City Archives: MD2138.

William Alford Lloyd an Margaret Gatty, 5.10.1860, in: Sheffield City Archives: MD2138.

William Alford Lloyd an Margaret Gatty, 8.8.1862, in: Sheffield City Archives Ref; MD2138.

Literatur

Anonym: »Report from Mr. James Yates, as One of the Committee for Making Experiments on the Growth of Plants Under Glass, and Without any Free Communication with the Outward Air, on the Plan of Mr. N.B. Ward, of London«, in: *Report of the Seventh Meeting of the British Association for the Advancement of Science, held in Liverpool in September 1837* 6 (1838), S. 501-505.

Anonym: »The Apothecaries' Hall, Water Lane, Bridge Street, Blackfriars«, in: *The British Metropolis in 1851. A Classified Guide to London*, London 1851, S. 199-200.

[Anonym 1852a]: Anonym: »A Naturalist's Sojourn in Jamaica. By P.H. Gosse«, in: *Annals and Magazine of Natural History* 9 (1852) 49, S. 50-54.

[Anonym 1852b]: Anonym: »Der Kasten für die Wasserpflanzen, oder das Zimmeraquarium«, in: *Deutsches Magazin für Garten- und Blumenkunde* 5 (1852), S. 220-223.

[Anonym 1852c]: Anonym: »The Aquatic Plant Case; or Parlour Aquarium«, in: *The Garden Companion, and Florists' Guide* (1852), S. 5-7.

[Anonym 1852d]: Anonym: »The Parlour Aquarium«, in: *Chambers's Edinburgh Journal* 18 (1852) 445, S. 22.

[Anonym 1853a]: Anonym: »Marine Wonders. Zoological Gardens, Regent's Park, and the Marine Vivarium«, in: *Southern Times*, 18.6.1853, o.S.

[Anonym 1853b]: Anonym: »The Aquatic Vivarium«, in: *The London Times*, 31.5.1853, S. 8.

[Anonym 1854a]: Anonym: »Customs and Manners under the Water«, in: *Chamber's Journal* 22 (1854) 28, S. 35-37.

[Anonym 1854b]: Anonym: »Der Ocean auf dem Tische«, in: *Die Gartenlaube* (1854) 33, S. 392.

[Anonym 1854c]: Anonym: »The Aquarium«, in: *Fraser's Magazine* 50 (1854) 296, S. 190-203.

[Anonym 1855a]: Anonym: »A Manual of Marine Zoology for the British Isles, by Philip Henry Gosse«, in: *Annals and Magazine of Natural History* 16 (1855) 94, S. 277-278.

[Anonym 1855b]: Anonym: »Glaucus; or the Wonders of the Shore. By Charles Kingsley«, in: *Annals and Magazine of Natural History* 16 (1855) 95, S. 354-356.

[Anonym 1855c] Anonym: »Wie er- und behält man den Ocean auf dem Tische, oder das Marine-Aquarium«, in: *Die Gartenlaube* (1855c) 38, S. 503-506.

Anonym: »The Aquarium Mania«, in: *Titan* 13 (1856), S. 322-323.

[Anonym 1857a] Anonym: »Aquariums – No. 1«, in: *Godey's Lady's Book* 54 (1857), S. 525-526.

[Anonym 1857b]: Anonym: »Naturwissenschaftlicher Seehandel oder: Der Ozean auf dem Tische noch einmal«, in: *Die Gartenlaube* (1857) 3, S. 41-44.

[Anonym 1857c]: Anonym: »Terrific Accident«, in: *Punch* 33 (1857), S. 250.

Anonym: »The Aquarium«, in: *The North American Review* 87 (1858) 180, S. 143-157.

Anonym: »The Thaw and the Streets«, in: *Punch* 40 (1861), S. 48.

Anonym: »How to Transport Live Fish During Long Voyages at Sea«, in: *Land and Water*, 13.10.1866, S. 278.

Anonym: »The Literature of the Aquarium«, in: *National Magazine* 3 (1867) 13, S. 46-48.

[Anonym 1871a] Anonym: »Ferns in Glass Cases and Shades«, in: *Land and Water* 11 (1871), S. 97.

[Anonym 1871b] Anonym: »The Crystal Palace Aquarium«, in: *The Illustrated London News* 22, 30.12.1871, S. 637-638.

Anonym: »The Practical Uses of the Brighton Aquarium«, in: *Land and Water* (1874), S. 296-297.

[Anonym 1876a]: Anonym: »An Aquarium *in Nubibus*«, in: *The Saturday Review* 41, 29.1.1876, S. 136-137.

[Anonym 1876b]: Anonym: »Aquarium und Zimmerluft«, in: *Isis. Zeitschrift für alle naturwissenschaftlichen Liebhabereien* 1 (1876), S. 133.

[Anonym 1876c]: Anonym: »Eine Wasserkatastrophe im Neuyorker Aquarium«, in: *Illustrirte Zeitung*, 11.11.1876, Nr. 1741, S. 406.

[Anonym 1876c]: Anonym: »Bursting of a Tank. Damage of the New-York Aquarium. Three Men Badly Injured«, in: *New York Times*, 25.6.1876, S. 12.

[Anonym 1876d]: Anonym: »Opening of the Royal Westminster Aquarium«, in: *The Musical Times and Singing Class Circular* 17 (1876) 396, S. 362.

[Anonym 1876e]: Anonym: »The Royal Aquarium«, in: *The London Times*, 24.1.1876, S. 5.

[Anonym 1876f]: Anonym: »The New York Aquarium«, in: *New York Aquarium Journal* 1, 25.10.1876, 2, S. 9-19.

[Anonym 1876g]: Anonym: »The Opening of the New York Aquarium«, in: *New York Aquarium Journal* 1, 25.10.1876, 2, S. 12-13.

Anonym: »Die Versendung lebender Thiere mit der Post«, in: *Archiv für Post und Telegraphie. Beihefte zum Amtsblatt der Deutschen Reichs-Post- und Telegraphenverwaltung* 6 (1878), S. 553-560.

Anonym: »Die englische Post und Telegraphie im Jahre 1877/78«, in: *Archiv für Post und Telegraphie. Beihefte zum Amtsblatt der Deutschen Reichs-Post- und Telegraphenverwaltung* 7 (1879), S. 308-313.

Anonym: »Turbot and Soles; Experiments made of Introducing these Fish into American Waters«, in: *The New York Times*, 28.10.1881, S. 5.

Anonym: »Metalldrahtbürsten zum Reinigen der Aquarium-Scheiben«, in: *Blätter für Aquarien- und Terrarien-Freunde* 3 (1891) 6, S. 55-56.

Anonym: »Ueber das Präpariren todter Thierkörper«, in: *Blätter für Aquarien- und Terrarien-Freunde* 3 (1892), S. 35-38.

Anonym: »Die Konservierung von Aquarien- und Terrarientieren«, in: *Natur und Haus* 10 (1902), S. 329-332.

Anonym: »Kleinere Mitteilungen«, in: *Blätter für Aquarien- und Terrarienkunde* 14 (1903) 12, S. 165.

[Anonym 1908a]: Anonym: »Bericht der Sitzung vom 8. November 1907 [des Wiener Vereins für Aquarien- und Terrarienkunde ›Lotus‹]«, in: *Blätter für Aquarien- und Terrarienkunde* 19 (1908) 4, S. 35.

[Anonym 1908b]: Anonym: »Erstes Preisausschreiben des Bundes der Aquarien- und Terrarien-Freunde«, in: *Blätter für Aquarien- und Terrarienkunde* 19 (1908) 2, S. 13.

Anonym: »Ausstellung des ›Vereins für Aquarien- und Terrarienkunde‹ zu Erzgebirge«, in: *Blätter für Aquarien- und Terrarienkunde* 22 (1911) 48, S. 777-779.

Anonym: »Ein Rundgang durch die Ausstellung«, in: Hugo Behrens (Hg.): *Führer durch die Jubiläumsausstellung des Triton, Verein für Aquarien- und Terrarienkunde zu Berlin (E. V.)*, Braunschweig 1913, S. 6-13.

Anonym: »Dr. Fish. Nerve Specialist!«, in: *The Fort Wayne Sentinel*, 8.5.1915, S. 19.

Ernst Bade: *Das Süßwasser-Aquarium. Geschichte, Flora und Fauna des Süßwasser-Aquariums, seine Anlage und Pflege*, Berlin 1896.

Ders.: *Handbuch für Naturaliensammler. Eine Praxis der Naturgeschichte*, Berlin 1913.

Ders.: *Praxis der Aquarienkunde. Süßwasser-Aquarium, Seewasser-Aquarium, Aqua-Terrarium*, Magdeburg 1899.

H. Barfod: »Das Vordringen der Ostseeorganismen in den Kaiser-Wilhelm-Kanal mit besonderer Berücksichtigung der wichtigsten Nutzfische«, in: *Nerthus. Illustrierte Zeitschrift für volkstümliche Naturkunde* 6 (1904) 6, S. 101-109.

Gregory C. Bateman: *Fresh-Water Aquaria. Their Construction, Arrangement, and Management*, London 1890.

Henry Thomas De La Beche: *Anleitung zum naturwissenschaftlichen Beobachten für Gebildete aller Stände: I. Geologie*, Berlin 1836.

William Beebe: »A Half Mile Down. Strange Creatures, Beautiful and Grotesque as Figments of Fancy, Reveal Themselves at Windows of the Bathysphere«, in: *The National Geographic Magazine* 66 (1934) 6, S. 661-704.

Ders.: *The Arcturus Adventure. An Account of the New York Zoological Society's First Oceanographic Expedition*, New York/London 1926.

Samuel Orchart Beeton: *Beeton's Book of Garden Management*, London 1862.

Hugo Behrens (Hg.): *Führer durch die Jubiläumsausstellung des Triton, Verein für Aquarien- und Terrarienkunde zu Berlin (E. V.)*, Braunschweig 1913.

Albert Bergeret: »Récréations scientifiques. Les Cadres-Aquariums«, in: *La Nature* 583 (1884), S. 144.

Claude Bernard: *Leçon sur les phénomènes de la vie commune aux animaux et aux végétaux*, Paris 1878.

R. Berndl: »Das Schulaquarium«, in: *Pädagogische Monatshefte* 3 (1902) 5, S. 165-168.

Heinrich Bettziech-Beta: »Das Meer im Glashause«, in: *Die Gartenlaube* (1865) 25, S. 388-391.

Ders.: »Die Natur als Hausfreundin. Zweiter Artikel«, in: *Die Natur* 6 (1857) 26, S. 203-206.

Ders.: »Ein Besuch im Zoophythenhause des zoologischen Gartens zu London«, in: *Die Natur* 6 (1855) 31, S. 251-252.

Leopold Blaschka: *Katalog über Blaschkas Modelle von Wirbellosen Thieren dargestellt von Leopold Blaschka in Dresden*, Stolpen 1885.

Leopold Blaschka: *Marine Aquarien mit Actinien: Blumenpolypen usw. Zierde für elegante Zimmer wie zur Belehrung für Unterrichtsanstalten und Museen und höchst naturgetreu dargestellt*, [Kat.], Dresden 1870/71.

Louis Boutan: »L'Instantané dans la Photographie sous-marine«, in: *Archives de Zoologie Expérimentale et Générale* 6 (1898) 3, S. 299-330.

Robert Boyle: *The Sceptical Chymist; or Chymico-Physical Doubts & Paradoxes*, London 1661.

M. Braun: »Seewasser-Aquarien im Kleinen«, in: *Blätter für Aquarien- und Terrarien-Freunde* 1 (1890) 11, S. 99-100.

Alfred Brehm: *Führer durch das Berliner Aquarium. Eine kurze Beschreibung der in ihm zur Schau gestellten Tiere* [1869], Berlin 1870 (9. Aufl.).

C.B. Brigham: »The Fresh-Water Aquarium«, in: *The American Naturalist* 3 (1869) 3, S. 131-136.

F.ten Brink: »Ueber Herstellung und Pflege von Aquarien«, in: *Isis. Zeitschrift für alle naturwissenschaftlichen Liebhabereien* 48 (1880) 5, S. 381-383.

E. Buck: »Die Zweckmäßigkeit des Schlammes im Aquarium«, in: *Blätter für Aquarien- und Terrarien-Freunde* 6 (1895) 7, S. 75-76.

Frank Buckland: »The Crystal Palace Aquarium«, in: *Land and Water* (15.4.1871), S. 262-263.

Georges-Louis Leclerc de Buffon: *Allgemeine Historie der Natur*. 1. Teil, Erste Abhandlung, Hamburg/Leipzig 1750.

Henry D. Butler: *The Family Aquarium; or, Aqua Vivarium*, New York 1858.

Edwin Chadwick: *Report to Her Majesty's Principal Secretary of State for the Home Department, from the Poor Law Commissioners, on an Inquiry into the Sanitary Condition of the Labouring Population of Great Britain*, House of Commons Parliamentary Papers, London 1842.

Henri-Émile Chevalier: »Grand Aquarium des Champs-Elysées«, in: *La Chasse Illustrée: Journal des chasseurs et la vie à la campagne* 9 (1872) 11, S. 353.

Carl Chun: *Wissenschaftliche Ergebnisse der Deutschen Tiefsee-Expedition auf dem Dampfer ›Valdivia‹ 1898-1899*, Jena 1902-1940.

William Pennington Cocks: »Actiniæ (or Sea-Anemones), Procured in Falmouth and its Neighbourhood«, in: *Annual Report of the Royal Cornwall Polytechnic Society* 19 (1851), S. 3-11.

Ders.: »Contributions to the Fauna of Falmouth«, in: *Annual Report of the Royal Cornwall Polytechnic Society* 17 (1850), S. 38-101.

Charles Dickens: »Apothecaries«, in: *Household Words* 14 (1856) 333, S. 108-115.

Ders.: *Bleak House*, London 1852-53.

Ders.: »Sea Views«, in: *Household Words* 9 (1854) 225, S. 506-510.

John James Drysdale, John Williams Hayward: *Health and Comfort in House Building*, London/New York 1872.

Bruno Dürigen: »Beilage«, in: *Blätter für Aquarien- und Terrarien-Freunde* 1 (1890) 1/2, S. 17.

Ders.: *Fremdländische Zierfische. Winke zur Beobachtung, Pflege und Zucht der Makropoden, Guramis, Gold-, Teleskop-, Hundsfische u. a.*, Lankwitz-Südende bei Berlin 1886.

Arthur M. Edwards: *Life beneath the Waters; or, The Aquarium in America*, New York/London 1858.

Daniel Ellis: »Description of a Plant Case; or Portable Conservatory, for Growing Plants Without Fresh Supplies of Water and Air, According to the Method of N.B. Ward, Esq.; with Physiological Remarks«, in: *The Gardener's Magazine* 15 (1839) 114, S. 481-505.

John Ellis: *Directions For Bringing Over Seeds and Plants, From the East Indies and Other Distant Countries, in a State of Vegetation*, London 1770.

Johann Ellis: *Anweisung wie man Saamen und Pflanzen aus Ostindien und andern entlegenen Ländern frisch und grünend über See bringen kann*, Leipzig 1775.

Paul Louis Fabre-Domergue: *La Photographie des animaux aquatiques*, Paris 1899.

Ders.: »Photographies d'Aquarium«, in: *Photo-Gazette* (1898), zit. nach Louis Boutan: »L'Instantané dans la photographie sous-marine«, in: *Archives de Zoologie Expérimentale et Générale* 6 (1898) 3, S. 299-330.

Johann Albert Fabricius: *Hydrotheologie Oder Versuch, durch aufmerksame Betrachtung der Eigenschaften, reichen Austheilung und Bewegung der Wasser, die Menschen zur Liebe und Bewunderung ihres gütigsten, weisesten, mächtigsten Schöpfers zu ermuntern*, Hamburg 1743.

Stephen Alfred Forbes: *Ecological Investigations of Stephen Alfred Forbes*, New York 1977.

Ders.: »The Aquarium of the United States Fish Commission at the World's Columbian Exposition«, in: *Bulletin of the United States Fish Commission* 13 (1893), S. 143-158.

Ders.: »The Lake as a Microcosm«, in: *Bulletin of the Scientific Association of Peoria* (1887), S. 77-87.

John Fothergill: *Directions for Taking up Plants and Shrubs, and Conveying them by Sea*, London 1796.

George William Francis: *An Analysis of the British Ferns and Their Allies*, London 1837.

Hans Frey: *Bunte Welt im Glase. Das Aquarium biologisch gesehen* [1854], Radebeul/Berlin 1955 (2. Aufl.).

Friedrich-Wilhelms-Universität zu Berlin (Hg.): *Chronik der Königlichen Friedrich-Wilhelms-Universität zu Berlin. Für das Rechnungsjahr 1894/95*, Berlin 1895.

Friedrich-Wilhelms-Universität zu Berlin (Hg.): *Chronik der Königlichen Friedrich-Wilhelms-Universität zu Berlin. Für das Rechnungsjahr 1896/97*, Berlin 1897.

Führer durch das Naturhistorische Museum zu Hamburg, Hamburg 1893; 1909; 1914.

Wilhelm Geyer: *Katechismus für Aquarienliebhaber*, Magdeburg 1892.

Edmund Gosse: *The Life of Philip Henry Gosse*, London 1890.

Eliza Gosse: »Appendix I. Reminiscences of my Husband From 1860 to 1888«, in: Edmund Gosse: *The Life of Philip Henry Gosse*, London 1890, S. 353-373.

Philip Henry Gosse: »The Shores of Britain», in: Ders.: *The Ocean*, London 1849, S. 23-102.

Ders.: *A Naturalist's Sojourn in Jamaica*, London 1851.

Ders.: »On Keeping Marine Animals and Plants Alive in Unchanged Sea-Water«, in: *Annals and Magazine of Natural History* 10 (1852) 58, S. 263-268.

Ders.: *A Naturalist's Rambles on the Devonshire Coast*, London 1853.

[Gosse 1854a]: Philip Henry Gosse: »A List of Marine Animals Obtained at Weymouth«, in: *The Zoologist* 12 (1854) 22, S. 4368-4369.

[Gosse 1854b]: Ders.: »On Manufactured Sea-Water for the Aquarium«, in: *Annals and Magazine of Natural History* 14 (1854) 79, S. 65-67.

[Gosse 1854c]: Ders.: *The Aquarium. An Unveiling of the Wonders of the Deep Sea*, London 1854.

Ders.: *A Handbook to the Marine Aquarium. Containing Practical Instructions for Constructing, Stocking, and Maintaining a Tank, and for Collecting Plants and Animals*, London 1855.

Ders.: *A Manual of Marine Zoology for the British Isles*, Bd. 1, London 1855-1856.

Ders.: *Tenby. A Sea-Side Holiday*, London 1856.

[Gosse 1858a]: Philip Henry Gosse: *A Handbook to the Marine Aquarium. Containing Practical Instructions for Constructing, Stocking, and Maintaining a Tank, and for Collecting Plants and Animals*, London 1858 (2. Aufl.).

[Gosse 1858b]: Ders.: »Synopsis of the Families, Genera, and Species of the British Actiniae«, in: *Annals and Magazine of Natural History* 1 (1858) 6, S. 414-419.

Philip Henry Gosse: *Actinologia Britannica. A History of the British Sea-Anemones and Corals*, London 1860.

Ders.: *A Year at the Shore*, London 1865.

Ders.: *The Romance of Natural History*, London 1871.

Eduard Graeffe: *Das Süßwasseraquarium. Kurze Anleitung zur besten Construction der Aquarien und Instandhaltung derselben, sowie Schilderung der Süßwasserthiere*, Hamburg 1861.

John Harper: *The Seaside and Aquarium; or, Anecdote and Gossip on Marine Zoology*, Edinburgh 1858.

Charles S. Harris: »On the Marine Vivarium«, in: *Annals and Magazine of Natural History* 15 (1855) 86, S. 130-134.

Arthur Hill Hassall: *Adulterations Detected; or, Plain Instructions for the Discovery of Frauds in Food and Medicine*, London 1857.

Georges Eugène Haussmann: *Mémoire sur les Eaux de Paris, présenté à la Commission Municipale (4.8.1854)*, Paris 1854.

Wilhelm Hess: *Das Süßwasseraquarium und seine Bewohner. Ein Leitfaden für die Anlage und Pflege von Süßwasseraquarien*, Stuttgart 1886.

Shirley Hibberd: »Crystal Palaces for Home«, in: *National Magazine* 1 (1857) 3, S. 207-208.

Ders.: »Crystal Palaces for Home«, in: *National Magazine* 1 (1857) 4, S. 221.

Ders.: »Management of Aquaria«, in: *Recreative Science* 1 (1860) 3, S. 73.

[Hibberd 1856a] Ders.: *Rustic Adornments for Homes of Taste*, London 1856.

[Hibberd 1856b] Ders.: *The Aquarium and Water-Cabinet*, London 1856.

[Hibberd 1856c] Ders.: *The Book of the Freshwater Aquarium*, London 1856.

Ders.: *Rustic Adornments for Homes of Taste*, London 1870 (3. Aufl.).

Emil Holthorn: »Hilfsmittel zur bequemen Instandhaltung von Zimmer-Aquarien«, in: *Blätter für Aquarien- und Terrarien-Freunde* 4 (1893) 12, S. 135-139.

William R. Hughes: *On the Principles and Management of the Marine Aquarium*, London 1875.

Alexander von Humboldt: *Idee zu einer Geographie der Pflanzen*, hg. von Mauritz Dittrich, Leipzig 1960.

Edmund William Hunt Holdsworth: *Handbook to the Fish-House in the Gardens of the Zoological Society of London*, London 1860.

William T. Innes: *Exotic Aquarium Fishes. A Work of General Reference* [1935], Philadelphia 1935 (2. Aufl.).

Ders.: *Goldfish Varieties and Tropical Aquarium Fishes. A Complete Guide to Aquaria and Related Subjects*, Philadelphia 1917.

Ders.: *The Complete Aquarium Book. The Care and Breeding of Goldfish and Tropical Fishes* [1917], New York 1936 (8. Aufl.).

Gustav Jaeger: *Das Leben im Wasser und das Aquarium*, Hamburg 1868.

Charles Alexander Johns: *Hints for the Formation of a Fresh-Water Aquarium* [1857], London 1859 (2. Aufl).

George Johnston: *A History of the British Zoophytes*, London 1838.

Thomas Rymer Jones: *The Aquarian Naturalist. A Manual for the Sea-Side*, London 1858.

Heinrich Kayser: *Die Flora der Strassburger Wasserleitung*, [Dissertation], Kaiserslautern 1900.

C. Kerbert: »Ein Beitrag zur Geschichte des Aquariums«, in: *Blätter zur Aquarien- und Terrarienkunde* 17 (1906) 29, S. 288-293.

Charles Kingsley: *Glaucus; or, The Wonders of the Shore*, London 1855.

Ders.: »The Wonders of the Shore«, in: *North British Review* 22 (1854), S. 1-56.

Friedrich Knauer: *Das Süßwasser-Aquarium. Seine Herstellung, Einrichtung, Besetzung und Instandhaltung*, München/Regensburg 1907.

Walter Köhler: »Lebensbilder aus der Thierwelt«, in: *Blätter für Aquarien- und Terrarienkunde* 19 (1908) 29, S. 386-387.

Ders.: »*Physa acuta*, die Spitz-Quellschnecke, ein unbeabsichtigter Import in unseren Aquarien«, in: *Nerthus. Illustrierte Zeitschrift für volkstümliche Naturkunde* 6 (1904), S. 206-208.

Joseph König: *Chemie der menschlichen Nahrungs- und Genussmittel*, Bd. 3: Untersuchung von Nahrungs-, Genussmitteln und Gebrauchsgegenständen [1879], Berlin 1918 (4. Aufl.).

Karl Kraepelin: »Die Fauna der Hamburger Wasserleitung«, in: *Abhandlungen aus dem Gebiete der Naturwissenschaften* 9 (1885), S. 3-8.

Ders.: »Ueber die durch den Schiffsverkehr in Hamburg eingeschleppten Tiere«, in: *Mitteilungen aus dem Naturhistorischen Museum Hamburg* 18 (1900), S. 185-209.

Hugo Kurz: »Die Entwicklung moderner Konservierungsmethoden«, in: *Der Präparator* 23/24 (1877/78) 2, S. 180-187.

Hermann Lachmann: »Mein Durchlüftungs-Apparat für Zimmer-Aquarien«, in: *Naturwissenschaftliche Wochenschrift* 3 (1889) 25, S. 197-200.

Ders.: »Süßwasser-Zimmer-Aquarien, ihre Herstellung und Einrichtung«, in: *Blätter für Aquarien- und Terrarien-Freunde* 2 (1891) 3, S. 24-29.

Ders.: »Süßwasser-Zimmer-Aquarien, ihre Herstellung und Einrichtung«, in: *Blätter für Aquarien- und Terrarien-Freunde* 2 (1891) 4, S. 36-40.

Edwin Lankester: *The Aquavivarium, Fresh and Marine; Being An Account of the Principles and Objects Involved in the Domestic Culture of Water Plants and Animals*, London 1856.

Eduard Lent: »Zur Frage der Fluss-Verunreinigung in Deutschland«, in: *Correspondenz-Blatt des Niederrheinischen Vereins für öffentliche Gesundheitspflege* 6 (1877) 7, S. 105-123.

John Coakley Lettsom: »Directions for Bringing over Seeds and Plants from Distant Countries«, in: *The Naturalist's and Traveller's Companion* [1772], London 1799 (3. Aufl.), S. 23-40.

George Henry Lewes: *Sea-Side Studies at Ilfracombe, Tenby, Scilly Islands, and Jersey* [1858], Edinburgh/London 1860 (2. Aufl.).

Carl Linné: *L'Équilibre de la Nature*, textes traduits par Bernard Jasmin, introduction et notes par Camille Limoges, Collection *L'histoire des sciences. Textes et études*, Paris 1972.

William Alford Lloyd.: »Memoranda on the Employment of Artificial Sea-Water in Marine Aquaria«, in: *Quarterly Journal of Microscopical Science* 3 (1855), S. 315-316.

Ders.: *A List, With Descriptions, Illustrations, and Prices of Whatever Relates to Aquaria*, London 1858.

Ders.: »Marine Aquaria«, in: *Atheneum*, 10.12.1859, zit. nach Ders.: *A*

List, With Descriptions, Illustrations, and Prices of Whatever Relates to Aquaria, London 1859, S. 159.

Ders.: »Das Aquarienhaus des zoologischen Gartens in Hamburg«, in: *Der Zoologische Garten* 5 (1864) 3, S. 84-87.

Ders.: »Aquarian Difficulties«, in: *Hardwicke's Science Gossip* 1 (1865), S. 154.

Ders.: »The Grey Mullet«, in: *Hardwicke's Science Gossip* 2 (1866) 19, S. 145-147.

Ders.: „The Crystal Palace Aquarium", in: Nature 4 (1871) 102, S. 469-473.

[Lloyd 1872a]: Ders.: *A Guide Book to the Marine Aquarium of the Crystal Palace Aquarium Company*, London 1872.

[Lloyd 1872b]: Ders..: *Official Handbook to the Marine Aquarium of the Crystal Palace Aquarium Company* [1872], London 1872 (2. Aufl.).

Ders.: »The Aquarium«, in: *The Popular Recreator* (1873), S. 113-116; 170-171; 187-190; 218-220.

William Alford Lloyd: »On the Occurence of Limulus Polyphemus off the Coast of Holland, and on the Transmission of Aquarium Animals«, in: *The Zoologist* 9 (1874), S. 3845-3855.

Ders.: »Aquaria, their Present, Past and Future«, in: *Popular Science Review* 15 (1876), S. 253-265.

Langer: *Das Aquarium und seine Bewohner als Zimmer- und Gartenschmuck*, Berlin 1877.

Justus von Liebig: *Die organische Chemie in ihrer Anwendung auf Agricultur und Physiologie*, Braunschweig 1840.

Ders.: »Dreiunddreissigster Brief«, in: ders.: *Chemische Briefe*, Bd. 2, Leipzig/Heidelberg 1859 (4. Aufl.), S. 197-207.

Otto Lindheimer: »Aquarien«, in: *Handbuch der Architektur*, 4. Teil: Entwerfen, Anlagen und Einrichtung der Gebäude, 6. Halbband: Gebäude für Erziehung, Wissenschaft und Kunst, 4. Heft: Gebäude für Sammlungen und Aufstellungen. Archive und Bibliotheken. Museen. Pflanzenhäuser und Aquarien, Aufstellungsbauten, Stuttgart 1906 (2. Aufl.), S. 542-559.

John Loudon: »Growing Ferns and other Plants in Glass Cases«, in: *The Gardener's Magazine and Register of Rural & Domestic Improvement* 10 (1834), S. 162-163.

Luks: »Zimmerluft und Aquarien«, in: *Natur und Haus* 2 (1893), S. 36.

Karl Gottlob Lutz: *Das Süßwasseraquarium und Das Leben im Süßwasser*, Stuttgart 1886.

Étienne-Jules Marey: »La Locomotion dans l'eau étudiée par la photochronographie«, in: *La Nature*, 15.11.1890, S. 375-378.

William Marshall: »Tierverbreitungen«, in: Alfred Kirchhoff (Hg.): *Anleitung zur Deutschen Landes- und Volksforschung*, Stuttgart 1889, S. 253-298.

Philipp Leopold Martin: *Die Praxis der Naturgeschichte. Ein vollständiges Lehrbuch*, 1. Teil: Taxidermie oder die Lehre vom Präparieren, Konservieren und Ausstopfen der Tiere und ihrer Teile; vom Naturaliensammeln auf Reisen und dem Naturalienhandel [1869-82], Weimar 1886 (3. Aufl.).

Hermann Meerwarth: *Lebensbilder aus der Tierwelt*, Leipzig 1909-1912.

Ders.: *Photographische Naturstudien. Eine Anleitung für Amateure und Naturfreunde*, Esslingen/München 1905.

C. Mettenheimer: »Ueber Seewasseraquarien«, in: *Der Zoologische Garten* 1 (1860) 4, S. 62-66.

Heinrich Adolph Meyer, Karl A. Möbius: *Die Fauna der Kieler Bucht*, Bd. 1, Die Hinterkiemer oder Opisthobranchia, Leipzig 1865.

Dies.: *Die Fauna der Kieler Bucht*, Bd. 2, Die Prosobranchia und Lamellibranchia, Leipzig 1872.

Henri Milne-Edwards: *Histoire naturelle des coralliaires; ou, polypes proprement dits*, Paris 1857-1860.

David William Mitchell: *A Popular Guide to the Gardens of the Zoological Society of London*, London 1855.

Karl A. Möbius: »Einrichtung und Erhaltung der Aquarien, mit Berücksichtigung der Aquarien des naturhistorischen Museums in Hamburg«, in: *Hamburger Garten- und Blumenzeitung* 16 (1860), S. 221-225.

[Möbius 1862a] Ders.: »Ostseeaquarien«, in: *Der Zoologische Garten* 3 (1862) 7, S. 165-168.

[Möbius 1862b] Ders.: »Ostseeaquarien«, in: *Der Zoologische Garten* 3 (1862) 8, S. 192-194.

Ders: »Einige Bemerkungen über Aquarien«, in: *Der Zoologische Garten* 4 (1863), S. 211-212.

Ders: »Einige Fingerzeige für die Bevölkerung und Erhaltung der Aquarien«, in: *Der Zoologische Garten* 6 (1865), S. 211-214.

Ders.: *Das Aquarium des Zoologischen Gartens zu Hamburg, für die Besucher desselben beschrieben* [1864], Hamburg 1866 (4. Aufl.).

Ders: »Das Verhalten einiger Fische bei Nacht«, in: *Der Zoologische Garten* 8 (1867) 4, S, 148-150.

Ders.: »Wo kommt die Nahrung für die Tiefseethiere her?«, in: *Zeitschrift für wissenschaftliche Zoologie* 21 (1871), S. 294.

Ders: *Die Auster und die Austernwirthschaft*, Berlin 1877.

Ders.: »Ratschläge für den Bau und die innere Einrichtung zoologischer Museen«, in: *Zoologischer Anzeiger* 7 (1884) 171, S. 378-383.

Ders.: *Anleitung zum Sammeln, Konserviren und Verpacken von Thieren für die zoologische Sammlung des Museums für Naturkunde in Berlin*, Berlin 1896.

Ders.: »Über den Umfang und die Einrichtung des zoologischen Museums in Berlin«, in: *Sitzungsberichte der Königlich Preußischen Akademie der Wissenschaften zu Berlin* 29 (1898), S. 363-374.

Thomas Moore: *A Handbook for British Ferns*, London 1848.

Gabriel de Mortillet: »Exposition Universelle de 1878. Palais du Trocadéro«, in: *La Nature* 226 (1877), S. 273-274.

S. Mülleger: »Das Aquarium des Zoologischen Gartens in Hamburg«, in: *Blätter für Aquarien- und Terrarienkunde* 20 (1909) 7, S. 94-97.

Ludwig Müller: *Aquarium. Belehrung und Anleitung solche anzulegen und zu unterhalten*, Leipzig 1856.

Hugo Musolff: »Mein Durchlüftungsapparat«, in: *Blätter für Aquarien- und Terrarienkunde* 25 (1914) 30, S. 526-527.

Edward Newman: *A History of British Ferns*, London 1840.

Ernst Nieselt: »Praktische Gestellaquarien«, in: *Blätter für Aquarien- und Terrarien-Freunde* (1874), S. 462-464.

Paul Nitsche: *Der Import von lebenden Fischen. Rathschläge und Winke für die Einführung von Reptilien, Amphibien, Seewasserthieren und Wasserpflanzen für Aquarien- und Terrarienzwecke; gleichzeitig eine Anweisung für jeden Seereisenden, sich leicht einen reichlichen Nebenverdienst zu schaffen*, Berlin 1901.

[Nitsche 1894a] Ders.: »Mein Fischtransport nach Süd-Amerika«, in: *Blätter für Aquarien- und Terrarien-Freunde* 5 (1894) 4, S. 40-41.

[Nitsche 1894b]: Ders.: »Mein Fischtransport nach Süd-Amerika«, in: *Blätter für Aquarien- und Terrarien-Freunde* 5 (1894) 5, S. 49-52.

Offizieller Katalog und Führer für die Deutsche Armee-, Marine- und Kolonial-Ausstellung (15. Mai bis 15. September 1907), hg. im Auftrag des Arbeitsausschusses, Berlin 1907.

Alexandre-Jean-Baptiste Parent-Duchâtelet: *Hygiène publique ou Mémoire sur les questions les plus importantes de l'Hygiène*, 2 Bde., Paris 1836.

Albert Otto Paul: *Das Seewasser-Aquarium*, Leipzig ca. 1900.

J. Paul: »An Aquarium in Trouble«, in: *National Magazine* 1 (1857) 5, S. 352.

Melchior Péligot: *Le Verre. Son histoire, sa fabrication*, Paris 1877.

Johannes Peter: *Das Aquarium. Ein Leitfaden bei der Einrichtung und Instandhaltung des Süßwasser-Aquariums und der Pflege seiner Bewohner*, Leipzig 1906.

Hartwig Petersen: »Die Bewohner der Hamburger Wasserleitung«, in: *Verhandlungen des Vereins für Naturwissenschaftliche Unterhaltungen Hamburg* 4 (1877), S. 246-248.

Protokoll Aquarienfreunde, 11.3.1903, in: *Blätter für Aquarien- und Terrarienkunde* 14 (1903), S. 128.

Protokoll Humboldtrose, [Datum vermutlich Anfang Juli 1913], in: *Wochenschrift für die Interessen der Aquarien- und Terrarienliebhaber* 10 (1913), S. 496.

Protokoll Nymphaea alba, 2.5.1900, in: *Nerthus. Illustrierte Zeitschrift für volkstümliche Naturkunde* 2 (1900), S. 575.

Protokoll Nymphaea alba, 8.1.1902, in: *Nerthus. Illustrierte Zeitschrift für volkstümliche Naturkunde* 4 (1902), S. 163.

Protokoll Triton, 5.10.1888, in: *Isis. Zeitschrift für alle naturwissenschaftlichen Liebhabereien* 13 (1888), S. 342.

Protokoll Triton, 1.5.1891, in: *Blätter für Aquarien- und Terrarien-Freunde* 2 (1891), S. 159.

Protokoll Triton, 21.9.1894, in: *Blätter für Aquarien- und Terrarien-Freunde* 5 (1894), S. 262.

Protokoll Triton, 16.3.1894, in: *Blätter für Aquarien- und Terrarien-Freunde* 5 (1894), S. 98. Ausstellungen.

Protokoll Triton, 5.4.1895, in: *Blätter für Aquarien- und Terrarien-Freunde* 6 (1895), S. 105.

Protokoll Triton, 18.10.1901, in: *Natur und Haus* 10 (1902), S. 96.

Protokoll Triton, 1.11.1901, in: *Natur und Haus* 10 (1902), S.125.

Jahresbericht Triton, 3.4.1903, in: *Natur und Haus* 11 (1903), S. 238.

A. Ramsay Jr.: »Hints for Marine Aquaria«, in: *Science Gossip* 1 (1865), S. 129-130.

John Ray: *The Wisdom of God Manifested in the Works of the Creation*, London 1691.

Julius Reymhold: *Die Reise in's Meer. Ein Aquarium für die wißbegierige Jugend*, Berlin 1869.

Emil Adolf Roßmäßler: »Das Gebirgsdörfchen: Eine Perspektive in die Naturgeschichte des Volkes, mit einer Einleitung. Über die Bedeutung der naturwissenschaftlichen Heimatkunde in Roßmäßlers Sinne für die Volksbildung«, in: Wilhelm Kobelt (Hg.): *Die Volkskultur* 7, Leipzig 1909.

Ders.: *Das Süßwasseraquarium. Eine Anleitung zur Herstellung und Pflege desselben*, Leipzig 1857.

Ders.: »Der See im Glase«, in: *Die Gartenlaube* (1856) 19, S. 252-256.

Ders.: »Des Herzogs Ernst Reise nach dem tropischen Afrika«, in: *Aus der Heimat* 4 (1862) 7, S. 97-100.

Ders.: *Iconographie Der Land- Und Süßwasser-Mollusken, Mit Vorzüglicher Berücksichtigung Der Europäischen Noch Nicht Abgebildeten Arten*, 3 Bde., Dresden/Leipzig 1835.

Wilhelm Roth: »Allerhand Kleinigkeiten aus dem Aquarium. 10. ›Der braue Scheibenbelag‹«, in: *Blätter für Aquarien- und Terrarienkunde* 19 (1908) 29, S. 380-382.

Ders.: »Über eine Aquarieneinrichtung am Wohnzimmerfenster«, in: *Blätter für Aquarien- und Terrarienkunde* 18 (1907) 47, S. 457-470.

W.J.S.: »A Few London Notes, By an Occasional Correspondent«, in: *Midland Naturalist* 1 (1878), S. 22-23.

Adolf Sasse: »Mein Seewasser-Zimmeraquarium«, in: *Der Zoologische Garten. Zeitschrift für die gesamte Tiergärtnerei* 19 (1878), S. 141-148.

Henry Scherren: *The Zoological Society of London. A Sketch of its Foundation and Development, and the Story of its Farm*, London 1905.

Johann Jakob Scheuchzer: *Kupfer-Bibel, in welcher die Physica sacra, oder beheiligte Naturwissenschafft derer in Heil. Schrifft vorkommenden natürlichen Sachen, deutlich erkläret und bewahrt von Joh. Jacob Schevchzer*, 4 Bd., Augsburg/Ulm 1731-1735.

G. Schickler: »Zimmer-Aquarium oder Thier- und Pflanzen-Welt im Kleinen«, in: *Deutsches Magazin für Garten- und Blumenkunde* 9 (1856), S. 145-146.

Justus J.H. Schmidt: *Die eingeschleppten und verwilderten Pflanzen der Hamburger Flora*, Hamburg 1890.

Leonhard Schmitt: »Die geeignetsten resp. haltbarsten Tiere für unsere Seewasser-Behälter«, in: *Blätter für Aquarien- und Terrarienkunde* 14 (1903) 16, S. 216-218.

Ders.: *Wie pflege ich Seetiere im Seewasser-Aquarium?*, Stuttgart 1909.

G. Schmitt: »Ein Wasserfiltrier- und Druck-Apparat«, in: *Blätter für Aquarien- und Terrarien-Freunde* 9 (1898) 22, S. 263-267.

G.H. Schneider: »Das Leben und Treiben auf dem Meeresgrunde. Bilder aus dem Aquarium zu Neapel I« in: *Die Gartenlaube* (1878) 41, S. 672-676.

Wilhelm Schreitmüller: »Ein Durchlüftungsapparat der Neuzeit«, in: *Blätter für Aquarien- und Terrarienkunde* 19 (1908) 44, S. 630-632.

Gustav Schubert: »Nächtliche Wanderung durch das Berliner Aquarium«, in: *Die Gartenlaube* (1878) 21, S. 346-347.

G. Schweitzer: »Analysis of Sea-water as it Exists in the English Channel near Brighton«, in: *The London and Edinburgh Philosophical Magazine and Journal of Science* 15 (1839), S. 51-60.

Robert Wilson Shufeldt: »Experiments of Photography of Live Fishes«, in: *Bulletin of the United States Fish Commission Washington, D.C.* (1899), S. 1-5.

Ders.: »Photographing Living Fishes Under Water«, in: *Outing Magazine. Sport, Adventure, Travel, Fiction* 38 (1901), S. 543-547.

Wilhelm Stein: »Die Glasfabrikation«, in: Peter Bolley (Hg.): *Handbuch der chemischen Technologie*, Braunschweig 1869, S. 148-190.

Walter Steinmann: »Über die Fixierung und Konservierung in Flüssigkeit«, in: *Der Präparator* 18 (1972) 1, S. 3-17.

John Ellor Taylor: *The Aquarium. Its Inhabitants, Structure, and Management*, London 1876.

William Thompson: »Marine Vivaria«, in: *Annals and Magazine of Natural History* 11 (1853) 66, S. 487.

Ders.: »On Marine Vivaria«, in: *Annals and Magazine of Natural History* 11 (1853) 65, S. 382-386.

André Thouin: *Instruction pour les voyageurs et pour les employés dans les colonies, sur la manière de recueillir, de conserver et d'envoyer les objets d'histoire naturelle. Rédigée sur l'invitation de Son Excellence le Ministre de la Marine et des Colonies, par l'administration du Muséum Royal d'Histoire Naturelle*, Paris 1824.

Anna C. Thynne: »On the Increase of Madrepodes, with Notes from P.H. Gosse, F.R.S.«, in: *Annals and Magazine of Natural History* 3 (1859) 18, S. 449-461.

R. Timm: »Über die Flora der Hamburger Wasserkasten vor Betriebs-

Eröffnung der Filtrations-Anlagen«, in: *Verhandlungen des Naturwissenschaftlichen Vereins in Hamburg* 3 (1893) 1, S. 1-14.

Vereinigte Zierfisch-Züchtereien in Rahnsdorfer Mühle (Hg.): *Die exotischen Zierfische in Wort und Bild*, Braunschweig 1914.

Jules Verne: *Vingt mille lieues sous les mers* [1876], Paris 1926, (Reihe: Voyages extraordinaires).

Ders.: *20000 Meilen unter den Meeren*, aus dem Französischen neu übersetzt und herausgegeben von Volker Dehs, München 2013.

Hugo de Vries: *Die Pflanzen und Tiere in den dunklen Räumen der Rotterdamer Wasserleitung. Bericht über die biologischen Untersuchungen der Crenothrix-Commission zu Rotterdam vom Jahre 1887*, Jena 1890.

Nathaniel Bagshaw Ward: »A Letter from Mr. N.B. Ward to Sir W.J. Hooker, On the Growth of Plants Without Open Exposure to Air«, in: *Companion to the Botanical Magazine* 2 (1836), S. 340.

Ders.: »Letter from N.B. Ward to Dr. Hooker, On the Subject of His Improved Method of Transporting Living Plants«, in: *Companion to the Botanical Magazine* 1 (1835), S. 317-320.

Ders.: »No. II. Letter Addressed to R.H. Solly, Esq., from N.B. Ward, Esq., Respecting His Method of Conveying Ferns and Mosses from Foreign Countries, and of Growing Them with Success in the Air of London«, in: *Transactions of the Society, Instituted at London, for the Encouragement of Arts, Manufactures, and Commerce* 50 (1833), S. 225-227.

Ders.: »On Growing Ferns and Other Plants in Glass Cases, in the Midst of the Smoke of London, and on Transplanting Plants from One Country to Another, by Similar Means«, in: *Gardener's Magazine* 10 (1834), S. 207-8.

Ders.: *On the Growth of Plants in Closely Glazed Cases*, London 1842.

Ders.: *On the Growth of Plants in Closely Glazed Cases* [1842], London 1852 (2. Aufl.).

Nathaniel Bagshaw Ward, W.H. Wills: »Back Street Conservatories«, in: *Household Words*, (14.12.1850), S. 271-275.

Frederick Oldfield Ward, Edwin Chadwick: »Circulation or Stagnation« [1852], in: Benjamin Ward Richardson: *The Health of Nations. A Review of the Works of Edwin Chadwick*, Bd. 2, London 1887, S. 297-298.

Stephen H. Ward: *On Wardian Cases for Plants, and Their Applications*, London 1854.

Robert Warington: »Examination of a Native Sulphureted of Bismuth«, in: *The Philosophical Magazine or Annals of Chemistry, Mathematics, Astronomy, Natural History, and General Science* 9 (1831), S. 29-31.

Ders.: »Notice of Observations on the Adjustment of Relations between the Animal and Vegetable Kingdoms, by which the Vital Functions of Both are Permanently Maintained«, in: *Quarterly Journal of the Chemical Society* 3 (1851), S. 52-54.

Ders.: »Observations on the Natural History of the Water-Snail and Fish

Kept in a Confined and Limited Portion of Water«, in: *Annals and Magazine of Natural History* 10 (1852) 58, S. 273-280.

[Warington 1853a] Ders.: »On Preserving the Balance between Animal and Vegetable Organisms in Sea Water«, in: *Annals and Magazine of Natural History* 12 (1853) 71, S. 319-324.

[Warington 1853b] Ders.: »Note on his Aquarium«, in: *The Zoologist* 11 (1853), S. 3881-3882.

[Warington 1854a] Ders.: »Memoranda of Observations Made in Small Aquaria, in which the Balance Between the Animal and Vegetable Organisms was Permanently Maintained«, in: *Annals and Magazine of Natural History* 14 (1854) 83, S. 366-373.

[Warington 1854b] Ders.: »On Artificial Sea-Water«, in: *Annals and Magazine of Natural History* 14 (1854) 84, S. 419-421.

[Warington 1855a] Ders.: »Observations on the Natural History and Habits of the Common Prawn, Palaemon serratus«, in: *The Zoologist* 13 (1855), S. 4695-4701.

[Warington 1855b] Ders.: »On the Injurious Effects of an Excess or Want of Heat and Light on the Aquarium«, in: *Annals and Magazine of Natural History* 16 (1855) 95, S. 313-315.

[Warington 1858a] Ders.: »On the Aquarium« [1857], in: *Notices and Proceedings at the Meetings of the Members of the Royal Institution of Great Britain* 2 (1858), S. 403-408.

[Warington 1858b] Ders.: »On the Aquarium«, in: *Quarterly Journal of Microscopical Science* 6 (1858), S. 67-73.

Ders.: »On Some Alterations in the Composition of Carbonate-of-Lime Waters, Depending on the Influence of Vegetation, Animal Life, and Season«, in: *Annals and Magazine of Natural History* 1 (1868) 2, S. 145-151.

W. Weltner: »Formolconservierung von Süsswasserthieren«, in: *Sitzungsberichte der Gesellschaft Naturforschender Freunde zu Berlin* 6 (1898), S. 57-63.

F. Werner: »Einrichtung und Besetzung von Aquarien und Terrarien für den Unterricht«, in: *Blätter für Aquarien- und Terrarienkunde* 19 (1908) 31, S. 414-415 und (1908) 32, S. 430-432 und (1908) 33, S. 443-446.

Paul Wiesenthal: »Ein neuer Durchlüftungsapparat für Zimmeraquarien«, in: *Isis. Zeitschrift für alle naturwissenschaftlichen Liebhabereien* 4 (1879) 20, S. 159-162.

Benjamin Samuel William: *Select Ferns and Lycopods. British and Exotic. Comprising Descriptions of Nine Hundred and Fifty Choice Species and Varieties, Accompanied by Directions for their Management in the Tropical, Temperate, and Hardy Fernery* [1868], London 1873 (2. Aufl.).

John George Wood: *Common Objects of the Microscope*, London 1861.

Ders.: *The Fresh and Salt-Water Aquarium*, London 1868.

Ders.: *The Common Objects of the Sea Shore; Including Hints for an Aquarium*, London 1859.

Ernst Zernecke: *Leitfaden für Aquarien- und Terrarienfreunde* [1895], Berlin 1897 (2. Aufl.).

Sekundärliteratur

Natascha Adamowsky: »Annäherungen an eine Ästhetik des Geheimnisvollen. Beispiele aus der Meeresforschung des 19. Jahrhunderts«, in: Viola Weigel (Hg.): *Unter Wasser, über Wasser. Vom Aquarium- zum Videobild* [anlässlich der Ausstellung Unter Wasser, über Wasser. Vom Aquarium- zum Videobild, Kunsthalle Wilhelmshaven, 17.5.-12.7.2009], Bielefeld 2009, S. 8-17.

Dies.: *Ozeanische Wunder. Entdeckung und Eroberung des Meeres in der Moderne*, Paderborn 2017.

David Elliston Allen: »Tastes and Crazes«, in: Nicholas Jardine, James A. Secord, Emma C. Spary (Hg.): *Cultures of Natural History*, Cambridge 1996, S. 394-407.

Ders.: *The Naturalist in Britain. A Social History*, Princeton 1994.

Ders.: *The Victorian Fern Craze. A History of Pteridomania*, London 1969.

Jan Altmann: »Färbung, Farbgestaltung und früher Farbdruck am Ende der Naturgeschichte«, in: Horst Bredekamp u.a. (Hg.): *Farbstrategien*, Berlin 2006, (Reihe: Bildwelten des Wissens), S. 69-77.

Ders.: *Zeichnen als beobachten. Die Bildwerke der Baudin-Expedition (1800-1804)*, Berlin 2012.

Fahim Amir, Christina Linortner: »Die Verstädterung der Arten«, in: *dérive. Zeitschrift für Stadtforschung* (2013) 51, S. 4-7.

Warwick Anderson: »Climates of Opinion. Acclimatization in Nineteenth-Century France and England«, in: *Victorian Studies* 35 (1992), S. 135-157.

Celia Applegate: *A Nation of Provincials. The German Idea of Heimat*, Berkeley u.a. 1990.

Isobel Armstrong: *Victorian Glassworlds. Glass Culture and the Imagination 1830-1880*, Oxford-New York 2008.

Eric Ashby, Mary Anderson: *The Politics of Clean Air*, Oxford 1981.

Stephen T. Asma: *Stuffed Animals and Pickled Heads. The Culture of Natural History Museums*, Oxford 2001.

Peter J. Atkins: »Social History of the Science of Food Analysis and the Control of Adulteration«, in: Anne Murcott, Warren Belasco, Peter Jackson (Hg.): *The Handbook of Food Research*, London/New Delhi u.a. 2013, S. 97-109.

Reyner Banham: *The Architecture of the Well-Tempered Environment*, Chicago 1969.

Lynn Barber: *The Heyday of Natural History (1820-1870)*, London 1980.

Theodore Cardwell Barker: *Pilkington. An Age of Glass. The Illustrated History*, London 1994.

Volker Barth: *Mensch versus Welt. Die Pariser Weltausstellung von 1867*, Darmstadt 2007.

Susanne Bauer, Sarah Blacker, Nils Güttler, Martina Schlünder: »The Racehorse on the Runway. The Hybrid Ecologies of Frankfurt Airport show how Homes and Borders Intersect«, in: *Nautilus* 2013, o.S. [http://nautil.us/issue/8/home/the-racehorse-on-the-runway, zuletzt gesehen am 27.3.2018].

Thomas Bäumler, Benjamin Bühler, Stefan Rieger (Hg.): *Nicht Fisch – nicht Fleisch. Ordnungssysteme und ihre Störfälle*, Zürich 2011.

Patrick Beaver: *The Crystal Palace, 1851-1936. A Portrait of Victorian Enterprise*, London 1970.

Viola van Beek: »›Man lasse doch diese Dinge selber einmal sprechen‹. Experimentierkästen, Experimentalanleitungen und Erzählungen zwischen 1870 und 1930«, in: *NTM. Zeitschrift für Geschichte der Wissenschaften, Technik und Medizin* 17 (2009) 4, S. 387-414.

Jan Behnstedt, Christina Hünsche, Alexander Klose, Helga Lutz: »Einleitung«, in: Butis Butis (Hg.): *Stehende Gewässer. Medien der Stagnation*, Zürich 2007, S. 7-27.

William Beinart, Karen Middleton: »Plant Transfers in Historical Perspective. A Review Article«, in: *Environment and History* 10 (2004) 1, S. 3-29.

Norbert Benecke: *Der Mensch und seine Haustiere. Die Geschichte einer jahrtausendealten Beziehung*, Stuttgart 1994.

Tony Bennett: »The Exhibitionary Complex«, in: *new formations* 4 (1988), S. 73-102.

John Berger: »Why Look at Animals?« [1977], in: ders.: *Why Look at Animals?*, London 2009, S. 12-37.

Andreas Bernard: *Die Geschichte des Fahrstuhls. Über einen beweglichen Ort der Moderne*, Frankfurt a.M. 2006.

Peter Berz: »Biologische Ästhetik«, in: *Trajekte. Zeitschrift des Zentrums für Literatur- und Kulturforschung Berlin* 17 (2008), S. 17-24.

Robert J. Beyers, Eugene P. Odum: *Ecological Microcosms*, New York 1993.

Edgar Biella: »Das Berliner Aquarium Unter den Linden/Schadowstraße. Zur Konzeption des Rundganges und Bedeutung des Grottenstils als Ausstellungsarchitektur«, in: *Der Bär von Berlin. Jahrbuch des Vereins für die Geschichte von Berlin* 49 (2000), S. 63-80.

Neville S. Billington: »A Historical Review of the Art of Heating and Ventilating«, in: *Architectural Science Review* (1959) 3, S. 118-130.

Ann Blair, Richard Yeo (Hg.): »Note-Taking in Early Modern Europe«, in: *Intellectual History Review* 20 (2010) 3, S. 301-433.

Daniela Bleichmar: *Visible Empire. Botanical Expeditions and Visual Culture in the Hispanic Enlightment*, Chicago 2012.

Johanna Bleker: »Die Stadt als Krankheitsfaktor. Eine Analyse ärztlicher Auffassungen im 19. Jahrhundert«, in: *Medizinhistorisches Journal* 18 (1983) 1/2, S. 118-136.

Ann Blum: *Picturing Nature. American Nineteenth Century Zoological Illustration*, Princeton 1993.

Stephen Bocking: »Stephen Forbes, Jacob Reighard, and the Emergence of Aquatic Ecology in the Great Lakes Region«, in: *Journal of the History of Biology* 23 (1990) 3, S. 461-498.

Raf de Bont: *Stations in the Field. A History of Place-Based Animal Research, 1870-1930*, Chicago 2015.

Gudrun Bott (Hg.): *Post naturam – nach der Natur*, [aus Anlaß der gleichnamigen Ausstellung in der Städtischen Ausstellungshalle Am Hawerkamp, Münster, und im Geologisch-Paläontologischen Museum der Westfälischen Wilhelms-Universität Münster vom 29. März bis 10. Mai 1998, und im Hessischen Landesmuseum Darmstadt vom 14. Juni bis 30. August 1998], Bielefeld 1998.

Patrice Bourdelais, Jean-Yves Raulot: *Une Peur bleu. Histoire de la choléra en France 1832-1854*, Paris 1987.

Christine N. Brinckmann: »Das Aquarium«, in: dies., Britta Hartmann, Ludger Kaczmarek (Hg.): *Motive des Films. Ein kasuistischer Fischzug*, Marburg 2012, S. 100-108.

William Hodson Brock: »The Warington-Gosse Aquarium Controversy. Two Unrecorded Letters«, in: *Archives of Natural History* 18 (1991) 2, S. 179-183.

Lucille Brockway: *Science and Colonial Expansion. The Role of the British Royal Botanic Gardens*, New York 1974.

John Hedley Brooke: *Science and Religion. Some Historical Perspectives*, Cambridge 1991.

Matthew Brower: »›Take Only Photographs‹. Animal Photography's Production of Nature Love«, in: *Invisible Culture* 9 (2005) [https://www.rochester.edu/in_visible_culture/Issue_9/issue9_brower.pdf, zuletzt gesehen am 27.3.2018].

Janet Browne: »Wardian Case«, in: John L. Heilbron (Hg.): *The Oxford Companion to the History of Modern Science*, Oxford 2003, S. 826.

Bernd Brunner: *Wie das Meer nach Hause kam. Die Erfindung des Aquariums*, Berlin 2011.

Benjamin Bühler: »Austernwirtschaft und politische Ökologie«, in: Anne von der Heiden, Joseph Vogl (Hg.): *Politische Zoologie*, Zürich/Berlin 2007, S. 275-286.

Jürgen Büschenfeld: »Natürliches Element im technischen Zeitalter. Wasser- und Abwassertechniken und ihre wissenschaftlichen Begründungszusammenhänge«, in: Susanne Frank, Matthew Gandy (Hg.): *Hydropolis. Wasser und die Stadt der Moderne*, Frankfurt a.M./New York 2006, S. 94-116.

Butis Butis (Hg.): *Stehende Gewässer. Medien der Stagnation*, Zürich 2007.

Georges Canguilhem: »Das Lebendige und sein Milieu«, in: ders.: *Die Erkenntnis des Lebens*, Berlin 2009, S. 233-279.

Neil Chambers: *Scientific Correspondence of Sir Joseph Banks, 1765-1820.* Bd. 1. The Early Period, 1765-1784. Letters 1765-1782, London 2007.

Isabelle Charmantier, Staffan Müller-Wille: »Carl Linnaeus's Botanical Paper Slips (1767-1773)«, in: *Intellectual History Review* 24 (2014), S. 1-24.

Clément Chéroux: »Zu einigen Schaufensterbildern«, in: Berliner Filmfestspiele, Bibliothèque Nationale de France (Hg.): *Eugène Atget. Retrospektive*, Berlin 2007, S. 85-93.

Erhard Ciolina, Evamaria Ciolina: *Garantirt aecht. Das Reklame-Sammelbild als Spiegel der Zeit*, München 1986.

Richard Clough: »Opening the Wardian Case. Experiments in Plant Transportation«, in: *Australian Garden History* 19 (2007) 1, S. 4-6.

Alexis Cooper: »Homes and Households«, in: Katherine Park, Lorraine Daston (Hg.): *The Cambridge History of Science* 3: Early Modern Science, Cambridge 2006, S. 224-237.

Alain Corbin: *Meereslust. Das Abendland und die Entdeckung der Küste 1750-1840*, Frankfurt a.M. 1999.

Ders.: *Pesthauch und Blütenduft. Eine Geschichte des Geruchs*, Frankfurt a.M. 1988.

James Cordingley: *Early Colour Printing and George Baxter. A Monograph*, London 1950.

Alfred W. Crosby: *Ecological Imperialism. The Biological Expansion of Europe, 900-1900*, Cambridge 1991, (Reihe: Studies in Environment and History).

Peter Dance: *The Art of Natural History. Animal Illustrators and their Work*, London u.a. 1978.

Lorraine Daston: »Attention and the Values of Nature in the Enlightenment«, in: Fernando Vidal, Lorraine Daston (Hg.): *The Moral Authority of Nature*, Chicago 2004, S. 101-105.

Dies. (Hg.): *Biographies of Scientific Objects*, Chicago/London 2000.

Dies.: *Eine kurze Geschichte der wissenschaftlichen Aufmerksamkeit*, München 2001.

Dies.: »The Moral Economy of Science«, in: *Osiris* 10 (1995), S. 2-24.

Dies. (Hg.): *Things that Talk. Object Lessons from Art and Science*, New York 2004.

Dies., Peter Galison: »The Image of Objectivity«, in: *Representations* (1992) 40, S. 81-128.

Dies., Peter Galison: *Objektivität*, Frankfurt a.M. 2007.

Dies., Elisabeth Lunbeck (Hg.): *Histories of Scientific Observation*, Chicago 2011.

Andreas Daum: »Science, Politics, and Religion. Humboldtian Thinking and the Transformations of Civil Society in Germany, 1830-1870«, in: *Osiris* 17 (2002), S. 107-140.

Andreas Daum: *Wissenschaftspopularisierung im 19. Jahrhundert. Bürgerliche Kultur, naturwissenschaftliche Bildung und die deutsche Öffentlichkeit, 1848-1914*, München 1998.

Graeme Davison: »The City as a Natural System. Theories of Urban Society in Early Nineteenth Century Britain«, in: Derek Fraser, Anthony Sutcliffe (Hg.): *The Pursuit of Urban History*, London 1983, S. 357-366.

Volker Dehs: *Jules Verne. Eine kritische Biographie*, Düsseldorf/Zürich 2005.

James Delbourgo, Staffan Müller-Wille: »Introduction«, in: *Isis* 103 (2012) 4, S. 710-715.

James Delbourgo: »Listing People«, in: *Isis* 103 (2012) 4, S. 735-742.

Dérive. Zeitschrift für Stadtforschung (2013) 51, (Themenheft: Verstädterung der Arten).

Ray Desmond: »The Problems of Transporting Plants«, in: John Harris (Hg.): *The Garden. A Celebration of One Thousand Years of British Gardening*, London 1979, S. 99-104.

Barbara Dettke: *Die asiatische Hydra. Die Cholera von 1830/1831 in Berlin und den preußischen Provinzen Posen, Preußen und Schlesien*, Berlin/New York 1995.

Astrid Deuber-Mankowsky, Christoph F. E. Holzhey (Hg.): *Situiertes Wissen und regionale Epistemologie. Zur Aktualität Georges Canguilhems und Donna J. Haraways*, Wien/Berlin 2013.

Ralph W. Dexter: »History of American Marine Biology and Marine Biology Institutions Introduction. Origins of American Marine Biology«, in: *American Zoologist* 28 (1988) 1, S. 3-6.

Sven Dierig: *Wissenschaft in der Maschinenstadt. Emil Du Bois-Reymond und seine Laboratorien in Berlin*, Göttingen 2006.

Bettina Dietz: »Die Naturgeschichte und ihre prekären Objekte«, in: Ulrich J. Schneider (Hg.): *Kulturen des Wissens im 18. Jahrhundert*, Berlin/New York 2009, S. 615-621.

Alfred Docker: *Colour Prints of William Dickes*, London 1924.

Katharina Dohm (Hg.): *Diorama. Erfindung einer Illusion* [Kat.], Köln 2017.

Jörg Döring, Tristan Thielmann (Hg.): *Spatial Turn. Raumparadigma in den Kultur- und Sozialwissenschaften*, Bielefeld 2008.

Mary Douglas: *Reinheit und Gefährdung. Eine Studie zu Vorstellungen von Verunreinigung und Tabu* [engl. Original 1966], Berlin 1985.

Jörg Dünne: »Portable Media und Weltverkehr. Der Taschenatlas des Perthes Verlags«, in: Steffen Siegel, Petra Weigel (Hg.): *Die Werkstatt des Kartographen. Materialien und Praktiken visueller Welterzeugung*, München 2011, S. 185-203.

David L. Edgerton: *The Shock of the Old. Technology and Global History since 1900*, London 2006.

Frank N. Egerton: »Changing Concepts of the Balance of Nature«, in: *Quarterly Review of Biology* 48 (1973), S. 322-350.

Ders.: *Early Marine Ecology*, New York 1977.

Ders.: »The History of Ecology. Achievements and Opportunities, Part One«, in: *Journal of the History of Biology* 16 (1983), S. 281-290.

Christoph Eggersglüß: »Bastlergeschichte(n). Was es heißt, Tinkerer zu sein«, in: *eject – Zeitschrift für Medienkultur* 1 (2011), (Themenheft: Anthropotechniken), S. 35-49.

Edward Eigen: »Dark Space and the Early Days of Photography as a Medium«, in: *Grey Room* (2001) 3, S. 90-111.

Ders.: »On the Screen and in the Water. On Photographically Envisioning the Sea«, in: Centre d'études foréziennes, École d'architecture de Saint-Étienne: *L'Architecture, les sciences et la culture de l'histoire au XIXe siècle*, Saint-Étienne 2001, S. 229-248.

Roy Ellen, Simon Platten: »The Social Life of Seeds. The Role of Networks of Relationships in the Dispersal and Cultural Selection of Plant Germplasm«, in: *Journal of the Royal Anthropological Institute* 17 (2011) 3, S. 563-84.

Lorenz Engell, Bernhard Siegert: »Editorial«, in: dies. (Hg.): *Zeitschrift für Medien- und Kulturforschung* (2011) 1, (Themenheft: Offene Objekte), S. 5-9.

Kijan Espahangizi: »›Immutable Mobiles‹ im Glas. Grenzbetrachtungen zur Zirkulationsgeschichte nicht-inskribierter Objekte«, in: David Gugerli u.a. (Hg.): *Nach Feierabend. Zürcher Jahrbuch für Wissensgeschichte* 7 (2011), (Themenheft: Zirkulationen), S. 105-125.

Ders.: »The Twofold History of Laboratory Glassware«, in: Mathias Grote, Max Stadler, Laura Otis (Hg.): *Membranes, Surfaces and Boundaries. Interstices in the History of Science, Technology and Culture*, Berlin 2011, S. 17-33.

Ders.: *Wissenschaft im Glas. Eine historische Ökologie moderner Laborforschung*, [unveröffentlichte Dissertation], Zürich 2010.

Richard Etlin: »L'air dans l'urbanisme des lumières«, in: *Dix-huitième siècle* (1977) 9, S. 123-134.

Arthur B. Evans: »The Illustrators of Jules Verne's *Voyages Extraordinaires*«, in: *Science-Fiction Studies* 25 (1998) 2, S. 241-270.

Richard J. Evans: *Tod in Hamburg. Stadt, Gesellschaft und Politik in den Cholera-Jahren 1830-1910*, übersetzt von Karl A. Klewer, Reinbek bei Hamburg 1990.

G. Feldhamer, J. Whittaker, A. Monty: »Charismatic Mammalian Megafauna. Public Empathy and Marketing Strategy«, in: *The Journal of Popular Culture* (2002), S. 160-167.

Erika Fischer-Lichte: *Ästhetik des Performativen*, Frankfurt a.M. 2004.

Margaret Flanders Darby: »Unnatural History. Ward's Glass Cases«, in: *Victorian Literature and Culture* 35 (2007) 2, S. 635-647.

Silke Förschler: »Georg Hinz' gemaltes Kunstkammerregal als Raumordnung mobiler Dinge in der Frühen Neuzeit«, in: Dominic Delarue, Thomas Kaffenberger, Christian Nille (Hg.): *Bildräume, Raumbilder. Studien aus dem Grenzbereich von Bild und Raum*, Regensburg 2017, S. 79-91.

Fotogeschichte 31 (2011) 122, (Themenheft: Fotografische Experimente).

Michel Foucault: »Andere Räume«, in: Karlheinz Barck u.a. (Hg.): *Aisthesis. Wahrnehmung heute oder Perspektiven einer anderen Ästhetik*, Leipzig 1991, S. 34-46.

Ders.: »Geschichte der Sexualität«, in: *Ästhetik und Kommunikation* 57/58 (1985), S. 157-164.

Ders.: *Geschichte der Gouvernementalität I. Sicherheit, Territorium, Bevölkerung. Vorlesung am Collège de France 1977-1978*, Frankfurt a.M. 2004.

Ders.: *Sexualität und Wahrheit I. Der Wille zum Wissen*, Frankfurt a.M. 1983.

Ders.: *Überwachen und Strafen. Die Geburt des Gefängnisses*, Frankfurt a.M. 1976.

Manuel Frey: *Der reinliche Bürger. Entstehung und Verbreitung bürgerlicher Tugenden in Deutschland, 1760-1860*, Göttingen 1997.

Susanne Friede: »Die Welt als Aquarium. Spuren eines Schlüsselmotivs in Gides *Paludes*, Prousts *Recherche* und Robbe-Grillets *Les Gommes*«, in: *Romanistische Zeitschrift für Literaturgeschichte* 27 (2003), S. 161-188.

Alan Frost: *Sir Joseph Banks and the Transfer of Plants To and From the South Pacific, 1786-1798*, Melbourne 1993.

Hansjörg Gadient: »Matrosen sind keine Gärtner«, in: *mare* (2010) 81, S. 117-121.

Alexander Gall: »Lebende Tiere und inszenierte Natur. Zeichnung und Fotografie in der populären Zoologie zwischen 1860 und 1910«, in: *NTM. Zeitschrift für Geschichte der Wissenschaften, Technik und Medizin* 25 (2017) 2, S. 169-209.

[Gandy 2006a] Matthew Gandy: »Das Wasser, die Moderne und der Niedergang der bakteriologischen Stadt«, in: Susanne Frank, Matthew Gandy (Hg.): *Hydropolis. Wasser und die Stadt der Moderne*, Frankfurt a.M./New York 2006, S. 19-40.

[Gandy 2006b] Ders.: »Urban Nature and the Ecological Imagery«, in: Nik Heynen, Maria Kaika, Erik Swyngedouw (Hg.): *In the Nature of Cities. Urban Political Ecology and the Politics of Urban Metabolism*, London/New York 2006, S. 63-74.

L.J.P. Gaskin: »On a Collection of Original Sketches and Drawings of British Sea-Anemones and Corals by Philip Henry Gosse, and his Correspondents, 1839-1861, in the Library of the Horniman Museum«, in: *Journal of the Society for the Bibliography of Natural History* 1 (1937) 3, S. 65-67.

Peter Geimer: *Bilder aus Versehen. Eine Geschichte fotografischer Erscheinungen*, Hamburg 2010.

Nacim Ghanbari, Marcus Hahn (Hg.): *ZfK – Zeitschrift für Kulturwissenschaften* 1 (2013), (Themenheft: Reinigungsarbeit).

Moritz Gleich: »Architect and Service Architect. The Quarrel between Charles Barry and David Boswell Reid«, in: *Interdisciplinary Science Review* 37 (2012) 4, S. 333-345.

Ders.: »Vom Speichern zum Übertragen. Architektur und die Kommunikation der Wärme«, in: *Zeitschrift für Medienwissenschaft* (2015) 1, S. 19-32.

Erving Goffman: *Rahmen-Analyse. Ein Versuch über die Organisation von Alltagserfahrungen* [1974], Frankfurt a.M. 2000.

Stephen Jay Gould: »Seeing Eye to Eye – Through a Glass Clearly«, in: ders.: *Leonardo's Mountain of Clams and the Diet of Worms. Essays on Natural History*, New York 1998, S. 57-73.

Gabriele Gramelsberger: »Das epistemische Gewebe simulierter Welten«, in: Andrea Gleiniger, Georg Vrachliotis (Hg.): *Simulation. Präsentationstechnik und Erkenntnisinstrument*, Basel u.a. 2008, S. 83-91.

Matthias Graubrecht: »Karl August Möbius. Von Lebensgemeinschaften zur Artenvielfalt«, in: *Naturwissenschaftliche Rundschau* (2008) 5, S. 230-236.

Christiane Groeben: »The Stazione Zoologica Anton Dohrn as a Place for the Circulation of Scientific Ideas. Vision and Management«, in: Kristen L. Anderson, Cecile Thiery (Hg.): *Information for Responsible Fisheries. Libraries as Mediators. Proceedings of the 31st Annual Conference. Rome, Italy, October 10-14, 2005*, Fort Pierce 2006.

Richard Grove: *Green Imperialism. Colonial Expansion, Tropical Island Edens and the Origin of Environmentalism, 1600-1860*, Cambridge 1996.

Stephan Günzel (Hg.): *Raum. Ein interdisziplinäres Handbuch*, Stuttgart 2010.

Nils Güttler: *Das Kosmoskop. Karten und ihre Benutzer in der Pflanzengeographie des 19. Jahrhunderts*, Göttingen 2014.

Christopher David Gugerli, Barbara Orland (Hg.): *Ganz normale Bilder. Historische Beiträge zur visuellen Herstellung von Selbstverständlichkeit*, Zürich 2002.

Stephan Habscheid, Lars Koch (Hg.): *Zeitschrift für Literaturwissenschaft und Linguistik* 173 (2014), (Themenheft: Katastrophen, Krisen, Störungen).

Judith Hamera: *Parlor Ponds. The Cultural Work of the American Home Aquarium, 1850-1970*, Ann Arbor 2012.

Christopher Hamlin: *A Science of Impurity. Water Analysis in Nineteenth Century Britain*, Berkeley 1990.

Ders.: »Edwin Chadwick and the Engineers, 1842-1854. Systems and Antisystems in the Pipe-and-Brick Sewers War«, in: *Technology and Culture* 33 (1992) 4, S. 680-709.

Ders.: »Robert Warington and the Moral Economy of the Aquarium«, in: *Journal of the History of Biology* 19 (1986) 1, S. 131-153.

Ders.: »The City as a Chemical System? The Chemist as Urban Environmental Professional in France and Britain, 1780-1880«, in: *Journal of Urban History* 33 (2007), S. 702-728.

Donna Haraway: »Otherworldly Conversations; Terrain Topics; Local Terms«, in: *Science as Culture* 3 (1992) 1, S. 64-98.

Dies.: »Situated Knowledge. The Science Question in Feminism as a Site of Discourse on the Privilege of Partial Perspective«, in: *Feminist Studies* 14 (1988) 3, S. 575-599.

Ursula Harter: *Aquaria in Kunst, Literatur und Wissenschaft*, Heidelberg 2014.

Dies.: »Künstliche Ozeane oder die Erfindung des Aquariums«, in: *Das Meer im Zimmer. Von Tintenschnecken und Muscheltieren* [Kat.], Graz/Köln 2005, S. 115-119.

Dies.: »Le Paradis artificiel. Aquarien, Leuchtkästen und andere Welten aus Glas«, in: Wolfgang Kemp, Gert Mattenklott, Monika Wagner, Martin Warnke (Hg.): *Vorträge aus dem Warburg-Haus*, Bd. 6, Berlin 2002, S. 77-124.

Dies.: »Vor den Schaufenstern des Ozeans. Das Meer, die Aquarien und die Literatur: Inspirationsquellen von Jules Verne«, in: *Frankfurter Allgemeine Zeitung* 73, 30.3.2005, S. N3.

Anke te Heesen: »Boxes in Nature«, in: *Studies in the History and Philosophy of Science* 31 (2000) 3, S. 381-403.

Dies.: »Fleiß, Gedächtnis, Sitzfleisch. Eine kurze Geschichte von ausgeschnittenen Texten und Bildern«, in: Barbara Büscher, Christoph Hoffmann, Anke te Heesen, Hans-Christian von Hermann (Hg.): *Cut and Paste um 1900. Der Zeitungsausschnitt in den Wissenschaften*, Berlin 2002, S. 146-154.

Dies.: »Die doppelte Verzeichnung. Schriftliche und räumliche Aneignungsweisen von Natur im 18. Jahrhundert«, in: Harald Tausch (Hg.): *Gehäuse der Mnemosyne. Architektur als Schriftform der Erinnerung*, Göttingen 2003, S. 263-286.

[te Heesen 2005a] Dies.: »Pflanzen in Kästen. Zur Geschichte eines ordnenden Gevierts«, in: Johannes Bilstein, Matthias Winzen (Hg.): *Park. Zucht und Wildwuchs in der Kunst*, Nürnberg 2005, S. 143-149.

[te Heesen 2005b] Anke te Heesen: »The Notebook. A Paper Technology«, in: Bruno Latour, Peter Weibel (Hg.): *Making Things Public. Atmospheres of Democracy*, Cambridge 2005, S. 582-589.

Dies.: *Der Zeitungsausschnitt. Ein Papierobjekt der Moderne*, Frankfurt a.M. 2006.

Dies.: »Vom Einräumen der Erkenntnis«, in: Dies., Anette Michels (Hg.): *Auf/Zu. Der Schrank in den Wissenschaften*, Berlin 2007, S. 90-97.

Dies., Anette Michels: »Der Schrank als wissenschaftlicher Apparat«, in: Dies. (Hg.): *Auf/Zu. Der Schrank in den Wissenschaften*, Berlin 2007, S. 8-15.

Dies., Emma C. Spary: *Sammeln als Wissen. Das Sammeln und seine wissenschaftsgeschichtliche Bedeutung*, Göttingen 2001.

Dies., Juliane Vogel (Hg.): *Papieroperationen. Der Schnitt in die Zeitung*, Stuttgart 2004.

Elisabeth Heidenreich: *Fließräume. Die Vernetzung von Natur, Raum und Gesellschaft seit dem 19. Jahrhundert*, Frankfurt a.M./New York 2004.

Daniel Hendrik: *The Tentacles of Progress. Technology Transfer in the Age of Imperialism, 1850-1940*, New York 1988.

David R. Hershey: »Doctor Ward's Accidental Terrarium«, in: *The American Biology Teacher* 58 (1996) 5, S. 276-281.

Dan Hicks: »The Material-Cultural Turn. Event and Effect«, in: ders., Mary C. Beaudry (Hg.): *The Oxford Handbook of Material Culture Studies*, Oxford 2010, S. 25-98.

Torkild Hinrichsen: *Die Welt im Glashaus. Die Kulturgeschichte gläserner Räume und künstlicher Welten*, Husum 2007.

Christoph Hoffmann: »The Design of Disturbance. Physics Institutes and Physics Research in Germany, 1870-1910«, in: *Perspectives on Science* 9 (2001) 2, S. 173-195.

Ders.: *Unter Beobachtung. Naturforschung in der Zeit der Sinnesapparate*, Göttingen 2006.

Ders., Jutta Schickore: »Secondary Matters. On Disturbances, Contamination, and Waste as Objects of Research«, in: *Perspectives on Science* 9 (2001) 2, S. 123-125.

[Hohl 2001a] Dieter Hohl: »Von den vivaristischen Anfängen bis zur VDA-Gründung«, in: Verband Deutscher Vereine für Aquarien- und Terrarienkunde e.V. (Hg.): *Festschrift zum 90jährigen Jubiläum. Beiträge zur Geschichte der Aquaristik und Terraristik in Deutschland*, Bochum 2001, S. 13-72.

[Hohl 2001b] Dieter Hohl: »Ein Verband bestimmt die Entwicklung. Die Zeit von 1911 bis 1933«, in: Verband deutscher Vereine für Aquarien- und Terrarienkunde e.V. (Hg.): *Festschrift zum 90jährigen Jubiläum. Beiträge zur Geschichte der Aquaristik und Terraristik in Deutschland*, Bochum 2001, S. 73-121.

Eilean Hooper-Greenhill: *Museums and the Shaping of Knowledge*, London/New York 1992.

Nick Hopwood: »Pictures of Evolution and Charges of Fraud. Ernst Haeckel's Embryological Illustrations«, in: *Isis* 97 (2006) 2, S. 260-301.

Erich Hörl: »Tausend Ökologien. Der Prozess der Kybernetisierung und die Allgemeine Ökologie«, in: Diedrich Diederichsen, Anselm Franke (Hg.): *The Whole Earth. Kalifornien und das Verschwinden des Außen*, Berlin 2013, S. 121-130.

Gottfried Hösel: *Unser Abfall aller Zeiten. Eine Kulturgeschichte der Städtereinigung*, München 1990.

Penelope Hunting: *A History of the Society of Apothecaries*, London 1998.

A.J. Jansen: »An Analysis of ›Balance in Nature‹ as an Ecological Concept«, in: *Acta Biotheoretica* 21 (1972), S. 86-114.

Martin Jay: »In the Empire of the Gaze. Foucault and the Denigration of Vision in Twentieth-Century French Thought«, in: Barry Smart (Hg.): *Michel Foucault. Critical Assessments*, New York/London 1994, S. 201-223.

M.D.H. Jones, A. Henderson-Sellers: »History of the Greenhouse Effect«, in: *Progress in Physical Geography* 14 (1990) 1, S. 1-18.

Christian Kassung (Hg.): *Die Unordnung der Dinge. Eine Wissens- und Mediengeschichte des Unfalls*, Bielefeld 2009.

Michael Kempe: *Wissenschaft, Theologie, Aufklärung. Johann Jakob Scheuchzer (1672-1733) und die Sintfluttheorie*, Epfendorf 2003.

Amy M. King: »Reorienting the Scientific Frontier. Victorian Tide Pools and Literary Realism«, in: *Victorian Studies* 47 (2005) 2, S. 153-163.

Darin Kinsey: »Seeding the Water as the Earth. The Epicentre and Peripheries of a Western Aquacultural Revolution«, in: *Environmental History* 11 (2006) 3, S. 527-566.

Friedrich Kittler: *Aufschreibesysteme 1800-1900*, München 1995.

Ders.: *Grammophon, Film, Typewriter*, Berlin 1986.

Albert J. Klee: *The Toy Fish. A History of the Aquarium Hobby in America – the First One-Hundred Years*, Pascoag 2003.

Marianne Klemun: »Live Plants On the Way. Ship, Island, Botanical Garden, Paradise and Container as Systemic Flexible Connected Spaces in Between«, in: *Host. Journal of History of Science and Technology* 5 (2012), S. 30-48.

Andreas von Klewitz: *Carl Chun, die Valdivia und die Entdeckung der Tiefsee*, Berlin 2013.

Karin Knorr-Cetina: »Tinkering Toward Success. Prelude to a Theory of Scientific Practice«, in: *Theory and Society* 8 (1979), S. 347-526.

Ders., Christer Petersen: »Störfall – Fluchtlinien einer Wissensfigur«, in: dies., Joseph Vogl: *Zeitschrift für Kulturwissenschaften* 2 (2011), (Themenheft: Störfälle), S. 7-12.

Robert E. Kohler: *All Creatures. Naturalists, Collectors and Biodiversity, 1850-1950*, Princeton 2006.

Ders.: »Finders, Keepers. Collecting Sciences and Collecting Practice«, in: *History of Science* 45 (2007), S. 428-54.

Ders.: *Landscapes and Labscapes. Exploring the Lab-Field Border in Biology*, Chicago 2002.

Georg Kohlmaier: *Das Glashaus, ein Bautypus des 19. Jahrhunderts*, München 1981.

Reinhard Kölmel: »Zwischen Universalismus und Empirie. Die Begründung der modernen Ökologie und Biozönose-Konzeption durch Karl Möbius«, in: *Mitteilungen aus dem Zoologischen Museum der Universität Kiel* 1 (1981) 7, S. 17-34.

Stefan Koppelkamm: *Künstliche Paradiese. Gewächshäuser und Wintergärten des 19. Jahrhunderts*, Berlin 1988.

Walter Koschatzky: *Die Kunst der Photographie. Technik, Geschichte, Meisterwerke*, Salzburg/Wien 1984.

Susanne Köstering: *Natur zum Anschauen. Das Naturkundemuseum des deutschen Kaiserreichs 1871-1914*, Köln/Weimar 2003.

Markus Krajewski: *Restlosigkeit. Weltprojekte um 1900*, Frankfurt a.M. 2006.

Isabel Kranz: »›Parlor oceans‹, ›crystal prisons‹. Das Aquarium als bürgerlicher Innenraum«, in: Thomas Brandstetter, Karin Harrasser, Günther Friesinger (Hg.): *Ambiente. Das Leben und seine Räume*, Wien 2010, S. 155-175.

Dies.: »Zur Felsengrotte im Heimaquarium«, in: Butis Butis (Hg.): *Stehende Gewässer*, Zürich 2007, S. 249-260.

Carsten Kretschmann: *Räume öffnen sich. Naturhistorische Museen im Deutschland des 19. Jahrhunderts*, Berlin 2006.

Udo Krolzik: »Das physikotheologische Naturverständnis und sein Einfluß auf das naturwissenschaftliche Denken im 18. Jahrhundert«, in: *Medizinhistorisches Journal* 15 (1980) 1/2, S. 90-102.

Albert Kümmel: »Störung«, in: Alexander Roesler, Bernd Stiegler (Hg.): *Grundbegriffe der Medientheorie*, Paderborn 2005, S. 229-236.

Katja Kynast: »Geschichte der Haustiere«, in: Roland Borgards (Hg.): *Tiere. Ein kulturwissenschaftliches Handbuch*, Stuttgart 2016, S. 130-138.

Dirk van Laak: »Der Begriff ›Infrastruktur‹ und was er vor seiner Erfindung besagte«, *Archiv für Begriffsgeschichte* 41 (1999), S. 280-299.

Ders.: »Infra-Strukturgeschichte«, in: *Geschichte und Gesellschaft* 27 (2001), S. 367-393.

Sofie Lachapelle, Heena Mistry: »From the Waters of the Empire to the Tanks of Paris. The Creation and Early Years of the Aquarium Tropical, Palais de la Porte Dorée«, in: *Journal of the History of Biology* 47 (2014) 1, S. 1-27.

Marianne de Laet, Annemarie Mol: »The Zimbabwe Bush Pump. Mechanics of a Fluid Technology«, in: *Social Studies of Science* 30 (2000) 2, S. 225-263.

Jürgen Landwehr (Hg.): *Natur hinter Glas. Zur Kulturgeschichte von Orangerien und Gewächshäusern*, St. Ingbert 2003.

Jörg Lange: *Zur Geschichte des Gewässerschutzes am Ober- und Hochrhein. Eine Fallstudie zur Umwelt- und Biologiegeschichte*, [Dissertation], Freiburg 2002.

Petra Lange-Berndt: »Unheimliche(s) Gestalten. Damien Hirsts ›*Naturgeschichte*‹ und das historische Verfahren der Naßpräparation«, in: Andreas Haus, Franck Hofmann, Änne Söll (Hg.): *Material im Prozess. Strategien ästhetischer Produktivität*, Berlin 2000, S. 165-178.

Bruno Latour: *Das Parlament der Dinge. Für eine politische Ökologie*, Frankfurt a. M. 2001.

Ders.: *Die Hoffnung der Pandora. Untersuchungen zur Wirklichkeit der Wissenschaft*, Frankfurt a. M. 2002.

Ders.: »Die Logistik der *immutable mobiles*« in: Jörg Döring, Tristan Thielmann (Hg.): *Mediengeographie. Theorie – Analyse – Diskussion*, Bielefeld 2009, S. 111-144.

Ders.: »Drawing Things Together. Die Macht der unveränderlich mobilen Elemente« in: Andréa Belliger, David J. Krieger (Hg.): *ANThology. Ein einführendes Handbuch zur Akteur-Netzwerk-Theorie*, Bielefeld 2006, S. 259-308.

Ders.: *Existenzweisen. Eine Anthropologie der Modernen*, Frankfurt a.M. 2014.

Ders.: *Science in Action. How to Follow Scientists and Ingeneers through Society*, Cambridge 2003.

Ders.: »Where are the Missing Masses? The Sociology of a Few Mundane Artifacts«, in: Deborah J. Johnson, Jameson M. Wetmore (Hg.): *Technology and Society. Building Our Sociotechnical Future*, Cambridge 2008, S. 151-180.

Ders.: *Wir sind nie modern gewesen. Versuch einer symmetrischen Anthropologie*, Berlin 1995.

John Law: *After Method. Mess in Social Science Research*, London 2004.

Ders.: »Objects and Space«, in: *Theory, Culture & Society* 19 (2001) 5/6, S. 91-105.

Ders., Vicky Singleton: »Object Lessons«, in: *Organization* 12 (2005), S. 331-353.

Ders., Michael Lynch: »Lists, Field Guides, and the Descriptive Organization of Seeing: Birdwatching as an Examplary Observational Activity«, in: *Human Studies* 11 (1988), S. 271-303.

N. Leader-Williams, H.T. Dublin: »Charismatic Megafauna as Flagship Species«, in: *Priorities for the Conservation of Mammalian Diversity. Has the Panda had its Day?*, Cambridge 2000, S. 53-81.

Thomas Lekan: *Imagining the Nation as Nature. Landscape Preservation and German Identity, 1885-1945*, Cambridge 2004.

Wolf Lepenies: *Das Ende der Naturgeschichte. Wandel kultureller Selbstverständlichkeiten in den Wissenschaften des 18. und 19. Jahrhunderts*, München u.a. 1976.

Bernard Lightman, Aileen Fyfe (Hg.): *Science in the Marketplace. Nineteenth-Century Sites and Experiences*, Chicago u.a. 2007.

David N. Livingston, Charles W.J. Withers (Hg.): *Geographies of Nineteenth Century Science*, Chicago u.a. 2011.

Thad Logan: *The Victorian Parlour*, Cambridge u.a. 2001.

Steven Lubar, W. David Kingery (Hg.): »Introduction«, in: dies. (Hg.): *History from Things. Essays on Material Culture*, Washington/London 1993, S. 8-17.

Thomas Macho: »Was tun? Skizzen zu einer Wissensgeschichte der Beratung«, in: Thomas Brandstetter, Claus Pias u.a. (Hg.): *Think Tanks. Die Beratung der Gesellschaft*, Zürich/Berlin 2010, S. 59-85.

[Mariss 2016a] Anne Mariss: »›... for fear they might decay‹. Die materielle Prekarität von Naturalien und ihre Inszenierung in naturhistorischen Zeichnungen«, in: Annette Cremer, Martin Mulsow (Hg.): *Objekte als Quellen der historischen Kulturwissenschaften*, Köln/Weimar/Wien 2016, S. 137-148.

[Mariss 2016b] Dies.: »Globalisierung der Naturgeschichte im 18. Jahrhundert. Die Mobilisierung der Dinge und ihr materieller Eigensinn«, in:

Debora Gerstenberger, Joël Glasman (Hg.): *Techniken der Globalisierung. Globalgeschichte meets Akteur-Netzwerk-Theorie*, Bielefeld 2016, S. 67-93.

[Mariss 2016c] Dies.: »Johann Reinhold Forster and the Ship Resolution as a Space of Knowledge Production«, in: Hartmut Berghoff, Frank Biess, Ulrike Strasser (Hg.): *Germans and Pacific Worlds. From the Early Modern Era to World War I*, New York/Oxford 2016 (in Vorbereitung).

Erland Mårland: »Everything Circulates. Agricultural Chemistry and Recycling Theories in the Second Half of the Nineteenth Century«, in: *Environment and History* 8 (2002) 1, S. 65-84, [http://www.environmentandsociety.org/node/3111, zuletzt gesehen am 27.3.2018].

Christopher Marsden: *The English at the Seaside*, London 1947.

Christina May: »Hagenbecks Tierpark zwischen Utopie und Ökologie«, in: Sylvia Butenschön (Hg.): *Garten – Kultur – Geschichte*, Berlin 2011, S. 123-128.

Dies.: »Künstliche Savannen. Afrikanisch thematisierte Landschaften in zoologischen Gärten seit 1900«, in: Winfried Speitkamp, Stephanie Zehnle (Hg.): *Afrikanische Tierräume. Historische Verortungen*, Köln 2014, S. 161-178.

Maren Mayer-Schwieger: »Umwege auf See. Zur Pflanzenverschiffung Ende des 18. Jahrhunderts«, in: *ilinx. Berliner Beiträge zur Kulturwissenschaft* (2017) 4, S. 145-156.

Stuart McCook: »›Squares of Tropic Summer‹. The Wardian Case, Victorian Horticulture, and the Logistics of Global Plant Transfers, 1770-1910«, in: Patrick Manning, Daniel Rood (Hg.): *Global Scientific Practice in an Age of Revolutions, 1750-1850*, Pittsburgh 2016, S. 199-215.

Sven Mesinovic: »Reshaping Nature. Underwater Laboratories, Ecology, and Outer Space in West Germany and the United States«, in: William Beinart, Karen Middleton, Simon Pooley (Hg.): *Wild Things. Nature and Social Imagination*, Cambridge 2013, S. 265-287.

Charles B. Metz (Hg.): »The Naples Zoological Station and the Marine Biological Laboratory. One Hundred Years of Biology«, in: *Biological Bulletin* 168 (1985) 3, S. 1-207.

Ralo Meyer: »We Have Never Been Earth. *Biosphere 2* als ungeplantes Post-Human Experiment«, in: *dérive. Zeitschrift für Stadtforschung* 51 (2013), S. 24-29.

Gloria Meynen: »Routen und Routinen«, in: Bernhard Siegert, Joseph Vogl (Hg.): *Europa. Kultur der Sekretäre*, Zürich/Berlin 2003, S. 195-219.

David Philip Miller: »Joseph Banks, Empire, and ›Centers of Calculation‹ in late Hanoverian London«, in: ders., Peter Hanns Reill (Hg.): *Visions of Empire. Voyages, Botany, and Representations of Nature*, Cambridge u.a., S. 21-37.

Samantha K. Muka: *Working at Water's Edge. Life Sciences at American Marine Stations, 1880-1930*, [unveröffentlichte Dissertation], Pennsylvania 2014.

Dorit Müller, Sebastian Scholz (Hg.): *Raum, Wissen, Medien. Zur raumtheoretischen Reformulierung des Medienbegriffs*, Bielefeld 2009.

Katja Müller-Helle, Florian Sprenger (Hg.): *Blitzlicht*, Zürich 2012.

John M. Munro: *The Royal Aquarium. Failure of a Victorian Compromise*, Beirut 1971.

Toby Musgrave: »The Remarkable Case of Dr Ward. A Victorian Fern Enthusiast Changed Gardening Forever«, in: *The Telegraph*, 19.1.2002, o.S.

Klaus Nathaus: *Organisierte Geselligkeit. Deutsche und britische Vereine im 19. und 20. Jahrhundert*, Berlin 2009.

Mark Nelson, Tony L. Burgess, Abigail Alling, Norberto Alvarez-Romo, William F. Dempster, Roy L. Walford, John P. Allen: »Using a Closed Ecological System to Study Earth's Biosphere«, in: *BioScience* 43 (1993) 4, S. 225-236.

Christoph Neubert, Gabriele Schabacher (Hg.): *Verkehrsgeschichte und Kulturwissenschaft. Analysen an der Schnittstelle von Technik, Kultur und Medien*, Bielefeld 2013.

Kärin Nickelsen: »Draughtsmen, Botanists and Nature. Constructing Eighteenth-Century Botanical Illustrations«, in: *Studies in History and Philosophy of Biological and Biomedecial Sciences* 37 (2006), S. 1-25.

Meike Niepelt: »Ein Meer aus Kunst und Wissenschaft. Leopold und Rudolf Blaschka. Kunsthandwerker, Glasmodelleure, Naturforscher«, in: dies., Karlheinz Wiegman (Hg.): *Kunstformen des Meeres. Zoologische Glasmodelle von Leopold und Rudolf Blaschka 1863-1890*, Tübingen 2006, S. 13-35.

Irene Nierhaus, Andreas Nierhaus: »Wohnen Zeigen. Schau_Plätze des Wohnwissens«, in: Dies. (Hg.): *Wohnen. Zeigen. Modelle und Akteure des Wohnens in Architektur und visueller Kultur*, Bielefeld 2014, S. 9-35.

Irene Nierhaus, Kathrin Heinz, Christiane Keim: »Verräumlichung von Kultur. wohnen+/-ausstellen. Kontinuitäten und Transformationen eines kulturellen Beziehungsgefüges«, in: Andreas Hepp, Andreas Lehmann-Wermser (Hg.): *Transformationen des Kulturellen. Prozesse des gegenwärtigen Kulturwandels*, Wiesbaden 2013, S. 117-130.

Lynn K. Nyhart: »Civic and Economic Zoology in Nineteenth-Century Germany. The ›Living Communities‹ of Karl Möbius«, in: *Isis* 89 (1998), S. 605-630.

Dies.: *Modern Nature. The Rise of the Biological Perspective in Germany*, Chicago 2009.

Christine von Oertzen, Maria Rentetzi, Elisabeth S. Watkins: »Finding Science in Surprising Places. Gender and the Geography of Scientific Knowledge Introduction to ›Beyond the Academy. Histories of Gender and Knowledge‹«, in: *Centaurus* 55 (2013) 2, S. 73-80.

Brian W. Ogilvie: »Natural History, Ethics, and Physico-Theology«, in: Gianna Pomata, Nancy G. Siraisi (Hg.): *Historia. Empiricism and Erudition in Early Modern Europe*, Cambridge/London 2005, S. 75-103.

Richard G. Olson: *Science and Religion, 1450-1900. From Copernicus to Darwin*, Westport/London 2004.
Michael A. Osborne: »Acclimatizing the World. A History of the Paradigmatic Colonial Science«, in: *Osiris* 15 (2000), S. 135-151.
Rudi Palla: *Valdivia. Die Geschichte der ersten deutschen Tiefsee-Expedition*, Berlin 2016.
Kerstin Pannhorst: »Verpacken, Verkaufen, Verschenken. Entomologische Praktiken zwischen Formosa und Berlin 1902-1914«, in: *Berichte zur Wissenschaftsgeschichte* 39 (2016) 3, S. 230-244.
Eric Pawson: »Plants, Mobilities and Landscapes. Environmental Histories of Botanical Exchange«, in: *Geography Compass* 2 (2008) 5, S. 1464-1477.
Mathias Pechauf: »Erste erfolgreiche Einführung eines tropischen Aquarienfisches nach Europa. Makropode, Großflosser oder Paradiesfisch (*Macropodus opercularis*)«, in: *Roßmäßler-Vivarium Rundbrief* 18 (2009), S. 14-17.
Wolfgang Philipp: *Das Werden der Aufklärung in theologiegeschichtlicher Sicht*, Göttingen 1957.
Ders.: »Die Physikotheologie«, in: ders. (Hg.): *Das Zeitalter der Aufklärung*, Bremen 1963, S. VIII-LXVIII.
Claus Pias: »Paradiesische Zustände. Tümpel – Erde – Raumstation«, in: Butis Butis (Hg.): *Stehende Gewässer. Medien der Stagnation*, Zürich 2007, S. 47-66.
Michael Polanyi: *Implizites Wissen* [1966], Frankfurt a.M. 1985.
Sue Ann Prince (Hg.): *Stuffing Birds, Pressing Plants, Shaping Knowledge. Natural History in North America, 1730-1860*, Philadelphia 2003.
Patrick Ramponi: »Vom dunklen Kontinent zum Planet Tiefsee. Zur Genealogie des maritimen Sachbuchs aus Aquarium und ozeanischem Expeditionsbericht«, in: Andy Hahnemann, David Oels (Hg.): *Sachbuch und populäres Wissen im 20. Jahrhundert*, Frankfurt a.M. 2008, S. 247-261.
Philip F. Rehbock: »The Victorian Aquarium in Ecological and Social Perspective«, in: Mary Sears, Daniel Merriman (Hg.): *Oceanography: the Past. Proceedings of the Third International Congress on the History of Oceanography, held September 22-26, 1980 at the Woods Hole Oceanographic Institution*, New York u.a. 1980, S. 522-539.
Henri Reiling: »The Blaschkas' Glass Animal Models. Origins of Design«, in: *Journal of Glass Studies* 40 (1998), S. 105-126.
Karsten Reise: »Hundert Jahre Biozönose. Die Evolution eines ökologischen Begriffes«, in: *Naturwissenschaftliche Rundschau* 22 (1980) 8, S. 328-334.
Christian Reiß: *Der Axolotl. Ein Labortier im Heimaquarium*, Göttingen 2018 [im Druck].
[Reiß 2012a] Ders.: »Gateway, Instrument, Environment. The Aquarium as a Hybrid Space between Animal Fancying and Experimental Zoology«, in: *NTM. Zeitschrift für Geschichte der Wissenschaften, Technik und Medizin* 20 (2012) 4, S. 309-336.

[Reiß 2012b] Ders.: »Wie die Zoologie das Füttern lernte. Die Ernährung von Tieren in der Zoologie im 19. Jahrhundert, in: *Berichte zur Wissenschaftsgeschichte* (2012) 35, S. 286-299.

Ders., Mareike Vennen: »Muddy Waters. Das Aquarium als Experimentalraum (proto-)ökologischen Wissens, 1850-1877«, in: Kijan Malte Espahangizi, Barbara Orland (Hg.): *Stoffe in Bewegung. Beiträge zu einer Wissensgeschichte der materiellen Welt*, Zürich/Berlin 2014, S. 121-142.

Hans-Jörg Rheinberger: »Natur, NATUR« [1995], in: ders.: *Iterationen*, Berlin 2005, S. 30-50.

Ders.: *Räume des Wissens. Repräsentation, Codierung, Spur*, Berlin 1997.

Ders., Michael Hagner (Hg.): *Die Experimentalisierung des Lebens. Experimentalsysteme in den biologischen Wissenschaften 1850/1950*, Berlin 1993.

Dies.: »Experimentalsysteme«, in: dies. (Hg.): *Die Experimentalisierung des Lebens. Experimentalsysteme in den biologischen Wissenschaften 1850/1950*, Berlin 1993, S. 7-27.

Werner Rieck, Klaus-Georg Mau: *Eine Vereinschronik 1888-2008. 120 Jahre »Triton«, Gesellschaft für Vivarienkunde 1888 e. V. – zu Berlin – Verein für allgemeine Naturkunde, Aquarien-, Terrarien-, Insektarienkunde und Naturschutz*, Berlin 2008.

Nigel Rigby: »The Politics and Pragmatics of Seaborne Plant Transportation, 1769-1805«, in: Margarette Lincoln (Hg.): *Science and Exploration in the Pacific. European Voyages to the Southern Oceans in the Eighteenth Century*, Woodbridge 1998, S. 81-100.

Theres Rohde: *Die Bau-Ausstellung zu Beginn des 20. Jahrhunderts oder ›Die Schwierigkeit zu wohnen‹*, [Dissertation], Weimar 2015.

Helen M. Rozwadowski: *Fathoming the Ocean. The Discovery and Exploration of the Deep Sea*, Cambridge/London 2005.

Martin Rudwick: »George Cuvier's Paper Museum of Fossil Bones«, in: *Archives of Natural History* 27 (2000) 1, S. 51-68.

Ders.: *Scenes from Deep Time. Early Pictorial Representations of the Prehistoric World*, Chicago/London 1992.

Philipp Sarasin: *Reizbare Maschinen. Eine Geschichte des Körpers 1765-1914*, Frankfurt a.M. 2001.

Gabriele Schabacher: »Medium Infrastruktur. Trajektorien soziotechnischer Netzwerke in der ANT«, in: *Zeitschrift für Medien- und Kulturforschung* 2 (2013), (Themenheft: ANT und die Medien), S. 1-20.

Wolfgang Schäffner: »Architecture of the Openings. Windows, Doors and Switches«, in: Joachim Krausse, Stephan Pinkau (Hg.): *Architecture and the Media Space*, Dessau 2007, S. 1-4.

Ders.: »Elemente architektonischer Medien«, in: *Zeitschrift für Medien- und Kulturforschung* 1 (2010), S. 137-149.

Londa Schiebinger: *Plants and Empire. Colonial Bioprospecting in the Atlantic World*, Cambridge/London 2004.

Henrik Schoenefeldt: »Adapting Glasshouses for Human Use. Environmental Experimentation in Paxton's Designs for 1851 Great Exhibition Building and the Crystal Palace, Sydenham«, in: *Architectural History* 54 (2011), S. 233-73.

Ders.: »The Crystal Palace. Environmentally Considered«, in: *Architectural Research Quarterly* 12 (2008) 1/3, S. 283-294.

Antonia von Schöning: *Die Administration der Dinge. Technik und Imagination im Paris des 19. Jahrhunderts*, Zürich/Berlin 2018.

Dies.: »Kartenwissen und Kanalisation«, in: Stephan Günzel, Lars Nowak (Hg.): *KartenWissen. Territoriale Räume zwischen Bild und Diagramm*, Wiesbaden 2012, S. 201-216.

Ludwig Schorn, Eduard Kolloff: »Der Daguerreotyp«, in: Wolfgang Kemp (Hg.): *Theorie der Fotografie*, Bd. 1, München 1980, S. 56-59.

Engelbert Schramm: »Gleichgewicht«, in: *Archiv der Geschichte der Naturwissenschaften* 7 (1983), S. 355-358.

Ders.: *Im Namen des Kreislaufs. Ideengeschichte der Modelle vom ökologischen Kreislauf*, Frankfurt a.M. 1997.

Ders.: *Ökologie-Lesebuch. Ausgewählte Texte zur Entwicklung ökologischen Denkens*, Frankfurt a.M. 1984.

Johannes Schult: *Geschichte der Hamburger Arbeiter 1890-1919*, Hannover 1968.

Angela Schwarz: »›Seaside Studies‹. Eine populäre Freizeitbeschäftigung von Reisenden ans Meer im England des 19. Jahrhunderts«, in: Karlheinz Wöhler (Hg.): *Erlebniswelten. Herstellung und Nutzung touristischer Welten*, Münster 2005, S. 71-85.

Astrid E. Schwarz: *Wasserwüste – Mikrokosmos – Ökosystem. Eine Geschichte der ›Eroberung‹ des Wasserraumes*, Freiburg im Breisgau 2003.

Thomas A. Sebeok: *The Play of Musement*, Bloomington 1981.

Harro Segeberg: »Rahmen und Schnitt. Zur Mediengeschichte des Sehens seit der Aufklärung«, in: *Wirkendes Wort. Deutsche Sprache und Literatur in Forschung und Lehre* 43 (1993) 2, S. 286-301.

Allan Sekula: »Die trostlose Wissenschaft. Teil 2«, in: ders.: *Seemannsgarn*, Düsseldorf 2002, S. 106-112.

Steven Shapin, Simon Schaffer: *Leviathan and the Air-Pump. Hobbes, Boyle, and the Experimental Life*, Princeton 1985.

Steven Shapin: »The Invisible Technician«, in: *The American Scientist* 77 (1989) 6, S. 554-563.

Bernhard Siegert: »Kulturtechnik«, in: Harun Maye, Leander Scholz (Hg.): *Einführung in die Kulturwissenschaft*, München 2011, S. 95-118.

Ders.: *Relais. Geschicke der Literatur als Epoche der Post, 1751-1913*, Berlin 1993.

Ders.: »Türen. Zur Materialität des Symbolischen«, in: *Zeitschrift für Medien- und Kulturforschung* 1 (2010), (Themenheft: Kulturtechnik), S. 151-170.

Ders.: »Weiße Flecken und finstre Herzen. Von der symbolischen Weltordnung zur Weltentwurfsordnung«, in: Daniel Gethmann, Susanne Hauser (Hg.): *Kulturtechnik Entwerfen. Praktiken, Konzepte und Medien in Architektur und Design Studies*, Bielefeld 2009, S. 19-47.

Hans Reiner Simon: *Anton Dohrn und die Zoologische Station Neapel*, Frankfurt a.M. 1980.

John von Simson: *Kanalisation und Stadthygiene im 19. Jahrhundert*, Düsseldorf 1983.

David Sittler: *Die Geschichte der metropolitanen Straße als Massenmedium, Chicago 1870-1930*, [unveröffentlichte Dissertation], Erfurt 2015.

Jonathan Smith: *Charles Darwin and Victorian Visual Culture*, Cambridge/New York u.a. 2006.

Pamela H. Smith, Benjamin Schmidt (Hg.): *Making Knowledge in Early Modern Europe. Practices, Objects, and Texts, 1400-1800*, Chicago u.a. 2007.

Pamela H. Smith (Hg): *Ways of Making and Knowing. The Material Culture of Empirical Knowledge*, Ann Arbor 2004.

Christian Spies: »Vor Augen Stellen. Vitrinen und Schaufenster bei Edgar Degas, Eugène Atget, Damian Hirst und Louise Lawler«, in: Gottfried Boehm, Sebastian Egenhofer, Christian Spies (Hg.): *Zeigen. Die Rhetorik des Sichtbaren*, München 2010, S. 261-288.

Jane Shadel Spillman: *Glass from World's Fairs, 1851-1904*, Corning 1986.

Leo Spitzer: »Milieu and Ambiance. An Essay in Historical Semantics«, in: *Philosophy and Phenomenological Research* 3 (1942), S. 1-42 und 169-218.

Florian Sprenger: *Medien des Immediaten. Elektrizität, Telegraphie, McLuhan*, Berlin 2012.

Ders.: »Architekturen des ›Environment‹. Reyner Banham und das dritte Maschinenzeitalter«, in: *Zeitschrift für Medienwissenschaft* 1 (2015), S. 55-67.

Ders.: »Zwischen *Umwelt* und *milieu*. Zur Begriffsgeschichte von *environment* in der Evolutionstheorie« in: *Forum Interdisziplinäre Begriffsgeschichte* 3 (2014) 2, o.S. [http://www.zfl-berlin.org/tl_files/zfl/downloads/publikationen/forum_begriffsgeschichte/ZfL_FIB_3_2014_2_Sprenger.pdf, zuletzt gesehen am 27.3.2018].

Timm Starl: »Sammelfotos und Bildserien. Geschäft, Technik, Vertrieb«, in: *Fotogeschichte* 3 (1983) 9, S. 3-20.

David G. Stern: »The Practical Turn«, in: Stephen P. Turner, Paul A. Roth (Hg.): *The Blackwell Guide to the Philosophy of Social Sciences*, Oxford 2003, S. 185-206.

Martin Stingelin, Matthias Thiele: »Portable Media. Von der Schreibszene zur mobilen Aufzeichnungsszene«, in: dies. (Hg.): *Portable Media. Schreibszenen in Bewegung zwischen Peripatetik und Mobiltelefon*, München 2010, S. 7-27.

Wolfgang Struck: »Über die wirbelreichen Tiefen des Meeres. Momentaufnahmen einer literarischen Hydrographie«, in: Steffen Siegel, Petra

Weigel (Hg.): *Die Werkstatt des Kartographen. Materialien und Praktiken visueller Welterzeugung*, München u.a. 2011, S. 123-142.

Geoffrey N. Swinney: »Granny (c. 1821-1887), ›a zoological celebrity‹«, in: *Archives of Natural History* 34 (2008) 2, S. 219-228.

Ariane Tanner: »Utopien aus Biomasse. Plankton als wissenschaftliches und gesellschaftspolitisches Projektionsobjekt«, in: Christian Kehrt, Franziska Torma (Hg.): *Lebensraum Meer. Umwelt- und entwicklungspolitische Ressourcenfragen in den 1960er und 1970er Jahren* 40 (2014) 3, S. 323-353.

Peter Joseph Thorsheim: *Inventing Air Pollution. The Social Construction of Smoke in Britain*, [unveröffentlichte Dissertation], University of Wisconsin/Madison 2000.

Nigel Thrift: »Transport and Communications 1730-1914«, in: Robert Dodgshon, Robin Butlin (Hg.): *A Historical Geography of England and Wales*, London 1990, S. 453-486.

Ann Thwaite: *Glimpses of the Wonderful. The Life of Philip Henry Gosse (1810-1888)*, London 2002.

Georg Toepfer: »Gleichgewicht«, in: ders.: *Historisches Wörterbuch der Biologie. Geschichte und Theorie der biologischen Grundbegriffe*, Bd. 2, Gefühl–Organismus, Stuttgart/Weimar 2011, S. 98-116.

Ders.: »Kreislauf«, in: ders.: *Historisches Wörterbuch der Biologie. Geschichte und Theorie der biologischen Grundbegriffe*, Bd. 2, Gefühl–Organismus, Stuttgart/Weimar 2011, S. 302-339.

John F. Travis: *The Rise of the Devon Seaside Resorts, 1750-1900*, Exeter 1993.

Mareike Vennen: »Bis es kippt. Versuchsanordnungen im Aquarium zwischen Ästhetik und Ökologie«, in: Erika Fischer-Lichte, Daniela Hahn (Hg.): *Ökologie und die Künste*, Paderborn 2015, S. 181-197.

Dies.: »Die Hygiene der Stadtfische und das wilde Leben in der Wasserleitung. Zum Verhältnis von Aquarium und Stadt im 19. Jahrhundert«, in: *Berichte zur Wissenschaftsgeschichte* 36 (2013) 2, S. 148-171.

Dies.: »›Echte Forscher‹ und ›wahre Liebhaber‹. Der Blick ins Meer durch das Aquarium im 19. Jahrhundert«, in: Alexander Kraus, Martina Winkler (Hg.): *Weltmeere. Wissen und Wahrnehmung im langen 19. Jahrhundert*, Göttingen 2014, (Reihe: Umwelt und Gesellschaft), S. 84-102.

Dies.: »›In a small tank in the heart of London‹. Mediale Praktiken der Formierung und Formatierung experimentellen Wissens im Heimaquarium (1850-1880)«, in: Justyna Aniceta Turkowska u.a. (Hg.): *Wissen transnational. Funktionen – Praktiken – Repräsentationen*, Marburg 2016, S. 99-116.

Verband Deutscher Vereine Aquarien- und Terrarienkunde e.V. (Hg.): *Festschrift zum 90jährigen VDA-Jubiläum. Beiträge zur Geschichte der Aquaristik und Terraristik in Deutschland*, Bochum 2001.

Jeremy Vetter: »Introduction. Lay Participation in the History of Scientific Observation«, in: *Science in Context* 24 (2011) 2, S. 127-141.

Paul Virilio: »Versuche, per Unfall zu denken. Gespräch mit Paul Virilio«, in: *Tumult. Zeitschrift für Verkehrswissenschaften* 1 (1979), S. 83-87.

Ders., Sylvère Lotringer: *Der reine Krieg*, Berlin 1984.

Joseph Vogl: *Kalkül und Leidenschaft. Poetik des ökonomischen Menschen*, München 2002.

Ders.: »Kreisläufe«, in: Anja Lauper (Hg.): *Transfusionen. Blutbilder und Biopolitik in der Neuzeit*, Zürich 2005, S. 99-117.

Ders.: »Medien-Werden. Galileis Fernrohr«, in: Lorenz Engell, Joseph Vogl (Hg.): *Mediale Historiographien*, Weimar 2001, S. 115-124.

Ders.: »Mittler und Lenker. Goethes Wahlverwandtschaften«, in: ders. (Hg.): *Poetologien des Wissens um 1800*, München 2010, S. 146-161.

Geoffrey Wakeman: *The Production of Nineteenth Century Colour Illustration*, Loughborough 1975.

M.J. Walpole, N. Leader-Williams: »Tourism and Flagship Species in Conservation«, in: *Biodiversity and Conservation* 11 (2002) 3, S. 543-547.

James Wavin: *Beside the Seaside. A Social History of the Popular Seaside Holiday*, London 1978.

Herbert Weidner: »Die Anfänge meeresbiologischer und ökologischer Forschung in Hamburg durch Karl August Möbius (1825-1908) und Heinrich Adolf Meyer (1822-1889)«, in: *Historisch-Meereskundliches Jahrbuch* 2 (1994), S. 69-84.

Ursula Weisser: »Die Cholera in Hamburg 1892. Nachbetrachtungen zur Diagnose der ersten Erkrankungen und zu den Therapieansätzen in den Krankenhäusern«, in: Rainer Ansorge (Hg.): *Schlaglichter der Forschung zum 75. Jahrestag der Universität Hamburg 1994*, Berlin/Hamburg 1994, S. 85-109.

Dies.: »Zur Cholera in Hamburg 1892. Medizin- und sozialhistorische Aspekte«, in: *Hamburger Ärzteblatt* 46 (1992) 12, S. 424-428.

Christina Wessely: *Künstliche Tiere. Zoologische Gärten und urbane Moderne*, Berlin 2008.

Dies.: »Wässrige Milieus. Ökologische Perspektiven in Meeresbiologie und Aquarienkunde um 1900«, in: *Berichte zur Wissenschaftsgeschichte* 36 (2013) 2, S. 128-147.

Dies., Florian Huber (Hg.): *Milieu. Umgebungen des Lebendigen in der Moderne*, Paderborn 2017.

Richard S. Westfall: *Science and Religion in Seventeenth-Century England*, New Haven 1958.

Dorle Weyers, Christoph Kock: *Die Eroberung der Welt. Sammelbilder vermitteln Zeitbilder*, Detmold 1992.

Sarah Whittingham: *Fern Fever. The Story of Pteridomania; a Victorian Obsession*, London 2012.

Dies.: *The Victorian Fern Craze*, Oxford 2009.

Hartmut Winkler: *Basiswissen Medien*, Frankfurt a.M. 2008.

Burkhardt Wolf: *Fortuna di mare. Literatur und Seefahrt*, Zürich/Berlin 2013.

Ders.: »Schiffbruch mit Beobachter. Zur Geschichte des nautischen Gefahrenwissens«, in: Christian Kassung (Hg.): *Die Unordnung der Dinge. Eine Wissens- und Mediengeschichte des Unfalls*, Bielefeld 2009, S. 19-47.
Frederick Everard Zeuner: *Geschichte der Haustiere*, München/Basel u.a. 1967.

http://www.parlouraquariums.org.uk, zuletzt gesehen am 27.3.2018.